图解数控职业技能训练丛书

CAXA 制造工程师编程与图解操作技能训练

主　编　卢孔宝
副主编　周　超　陈　银　李会萍
参　编　程　超　王　婧　赵　嵬
主　审　沈　琪　叶　俊

机 械 工 业 出 版 社

本书以图解为表现手法，主要详解 CAXA 制造工程师的基本操作、平面轮廓绘制与编辑、实体造型以及外轮廓、内腔轮廓、钻孔、曲线加工等数控铣削的编程与仿真和综合零件编程与仿真等，同时将 CAXA 制造工程师 2016 与 FANUC 0i mate-MD 数控铣床相结合，对图样分析、工艺分析、刀具（装备）准备、典型零件程序的生成、程序传输、典型零件的加工与精度检测等以图解形式做了详细介绍。在切削用量选择、CAXA 制造工程师机床设置、后置处理设置、刀具路径设定等方面均从实际应用角度出发进行讲解。所提供的简答题和练习题由易到难，供读者进行系统性练习，读者可通过配套的网站下载简答题和练习题的参考加工工艺、参考使用刀具、CAXA 制造工程师编程参考源文件、所生成的参考程序等。

本书中的操作过程讲解引用的图片与 CAXA 制造工程师 2016 软件、FANUC 0i mate-MD 数控系统界面完全一致，读者按照书中的操作图解步骤结合 CAXA 制造工程师 2016、FANUC 0i mate-MD 数控铣床，可快速掌握并能独立使用软件、操作设备，起到举一反三的作用。

本书与《CAXA 数控车编程与图解操作技能训练》一书配套，配有 PPT 文档，适合应用型本科院校、高职高专院校及中等职业技术学校作为 CAXA 制造工程师编程与操作、数控实训的教材或教学参考书，也适合作为数控编程、数控机床操作等技术人员的培训材料。

图书在版编目（CIP）数据

CAXA 制造工程师编程与图解操作技能训练/卢孔宝主编．—北京：机械工业出版社，2020.5
（图解数控职业技能训练丛书）
ISBN 978-7-111-65365-3

Ⅰ.①C… Ⅱ.①卢… Ⅲ.①数控机床-计算机辅助设计-应用软件-图解 Ⅳ.①TG659-64

中国版本图书馆 CIP 数据核字（2020）第 062510 号

机械工业出版社（北京市百万庄大街 22 号 邮政编码 100037）
策划编辑：李万宇 责任编辑：李万宇 王春雨
责任校对：张 力 封面设计：马精明
责任印制：孙 炜
河北宝昌佳彩印刷有限公司印刷
2020 年 7 月第 1 版第 1 次印刷
169mm×239mm · 17.5 印张 · 339 千字
0001—2500 册
标准书号：ISBN 978-7-111-65365-3
定价：39.00 元

电话服务
客服电话：010-88361066
010-88379833
010-68326294

网络服务
机 工 官 网：www.cmpbook.com
机 工 官 博：weibo.com/cmp1952
金 书 网：www.golden-book.com
机工教育服务网：www.cmpedu.com

前言

为了满足高素质高技能人才培养的需求，本书着重介绍 CAXA 制造工程师的基本操作，平面轮廓绘制与编辑，拉伸、除料等实体造型，外轮廓、内腔轮廓、钻孔、曲线加工等数控铣削的编程与仿真，综合零件编程与仿真等。在数控系统选型方面，以目前国内高等院校、职业技术院校及大多数生产企业中较为先进的 FANUC 0i mate-MD 系统为例进行讲解。本书内容由浅入深，要点、难点突出，并附有典型案例的分析讲解，采用了图文结合的方式进行编写，使读者学习本书内容变得更加容易。本书第 7 章有典型的加工练习题图样，由易到难，读者可自行练习，检验学习成果。

本书与《CAXA 数控车编程与图解操作技能训练》相配套，可作为高等院校、职业院校培养数控车床、数控铣床（加工中心）高技能人才的教材，同时也为企业技术人员操作数控机床提供了技术文档。

本书由浙江水利水电学院卢孔宝老师、杭州市临平职业高级中学周超老师、浙江经贸职业技术学院陈银老师、平湖技师学院程超老师、杭州师范大学钱江学院王婧老师、北京数码大方科技股份有限公司赵嵬工程师、北京数码大方科技股份有限公司李会萍工程师编写，其中卢孔宝任主编，周超、陈银、李会萍任副主编。全书由卢孔宝进行统稿，其中第 1、2、6 章内容由卢孔宝编写，第 3、4 章内容由陈银、王婧、李会萍、赵嵬编写，第 5、7 章内容由周超、卢孔宝、程超编写。本书由全国技术能手、全国数控技能竞赛裁判员、全国数控技能竞赛金牌教练沈琪高级工程师、叶俊高级工程师主审。本书在编写过程中参考了北京数码大方科技股份有限公司的 CAXA 制造工程师 2016 用户指南、北京发那科机电有限公司的数控系统操作和编程说明书，同时也参考了部分同行的著作，编者在此一并表示衷心的感谢。

本书在编写过程中虽然力求完善并经过反复校对，书中所有案例均在 CAXA

制造工程师 2016、FANUC 0i mate-MD 数控铣床中进行了验证，但因编者水平有限，书中难免存在不足和疏漏之处，敬请广大读者批评指正，以便改正。也欢迎大家加强交流，共同进步。

技术交流 QQ 群：364222900

编者邮箱：hzlukb029@ 163. com

编　者

目 录

第4章 CAXA 制造工程师特征实体造型

第5章 CAXA 制造工程师路径生成及后处理

第6章 数控铣床操作加工实例

第 7 章 CAXA 制造工程师编程练习题

附 录

参 考 文 献

数控铣床铣削基础知识

数控铣床（加工中心）是机械加工中主要切削设备之一，它利用数字化程序对零件进行切削加工。数控铣床（加工中心）控制的联动轴数一般为二轴半或三轴。它除了具有普通铣床所具有的功能，如完成平面、轮廓、孔、曲面轮廓零件的加工外，还可以加工复杂型面的零件。加工中心与数控铣床相比多了刀库，具有自动换刀的功能，更加智能化，两者的加工对象基本相同，编写的程序也基本一致，本书以数控铣床为例进行讲解。

数控铣床的程序一般有手动编程、自动编程两大类。手动编程常用于简单零件的编程，编程人员需要熟记 G 代码、M 代码、T 代码等，并能灵活应用。手动编程的优点是编程者可以直接在数控机床上进行编程、修改调试程序便捷；缺点是编制的程序出错率较高，对复杂零件编程需要花费大量时间。

自动编程是利用 CAM 软件对绘制好的切削轮廓进行编程零点、切削参数、切削路径等设置，自动编译出数控机床所需的程序代码，进行切削。自动编程的优点是编程速度快、出错率低、编程相对便捷；缺点是需要利用软件绘制切削轮廓、再进行刀具路径编制，最后通过数据传输将程序传输至数控机床进行加工。自动编程比较适合复杂零件、曲线类回转体零件的编程。

1.1　数控铣削加工技术概述

1.1.1　数控铣床加工对象

数控铣床主要利用预先编制好的程序对箱体类、平面类、曲面类零件的内外轮廓表面、孔、曲面、螺纹、规则曲线轮廓（椭圆、双曲线等）等进行切削加工。数控铣床常见加工对象如图 1-1 所示。

1.1.2　数控铣床的分类

数控铣床可以根据不同指标进行分类，常见的是根据主轴位置、构造进行分类。但不管根据哪种方法进行分类，数控铣床的组成基本相同，主要由机床本体、输入输出装置、CNC 装置（数控系统）、驱动装置、电气控制装置、辅助装

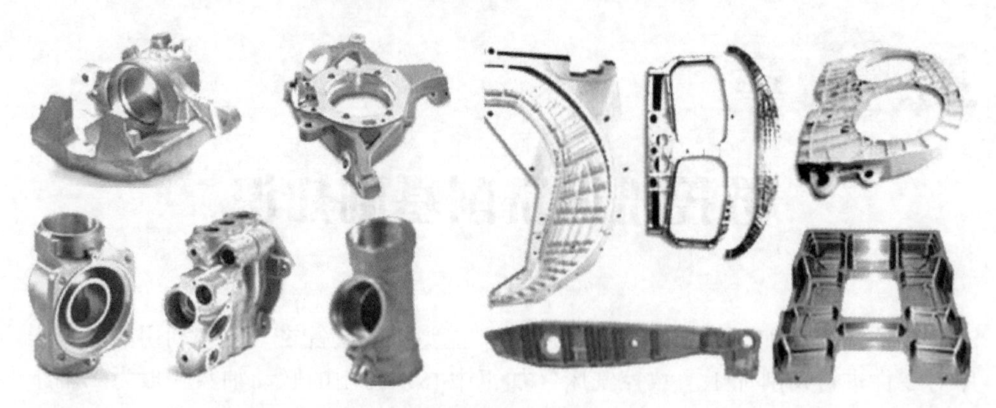

图 1-1　数控铣床常见加工对象

置等组成。不同类型数控铣床的编程也有所不同，本书以 FANUC 0i mate-MD 系统的立式数控铣床为例进行编写。

1. 按数控铣床主轴的位置分类

(1) 立式数控铣床

立式数控铣床是铣床中最常见的一种布局形式，主轴轴线与水平面垂直，其结构形式多为固定立柱式，工作台为长方形，主轴上装刀具，主轴带动刀具做旋转的主运动，工件装于工作台上，工作台移动带动工件做进给运动，适合加工盘、套、板类零件，如图 1-2a 所示。

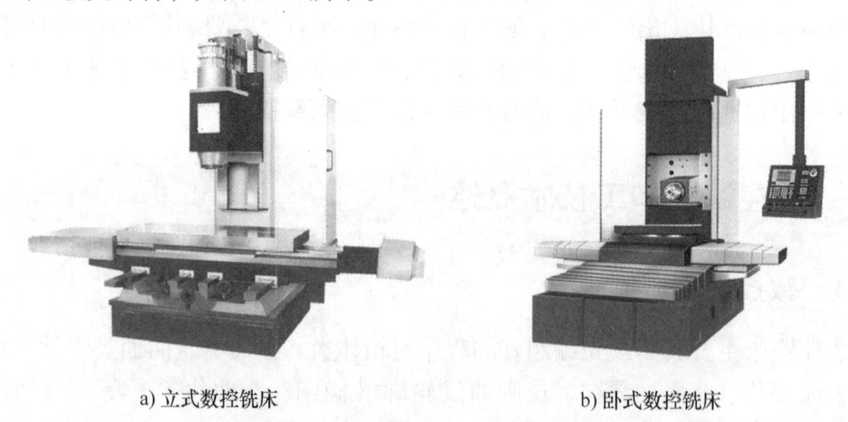

a) 立式数控铣床　　b) 卧式数控铣床

图 1-2　数控铣床按主轴位置分类

立式数控铣床应用范围较广，从数控铣床控制的坐标数量来看，目前三轴联动的立式数控铣床占大多数。三轴联动立式数控铣床可进行三坐标联动加工，但也有部分机床只能进行 3 个坐标中的任意两个坐标联动加工（常称为 2.5 坐标加工），一般具有三个直线运动坐标，并可在工作台上附加安装一个水平轴的数控回转台，用于加工螺旋线零件。

立式数控铣床（加工中心）具有结构简单、占地面积小、价格相对较低、装夹工件方便、便于操作、易于观察加工情况等优势，其劣势是加工时切屑不易排出，且受到立柱高度和换刀装置的限制，零件加工尺寸有限制。

（2）卧式数控铣床

卧式数控铣床的主轴轴线与工作台面平行（即主轴与地面平行），主要用来加工箱体类零件，如图 1-2b 所示。为了扩大加工范围和扩充功能，卧式数控铣床通常采用增加数控转盘或万能数控转盘来实现四、五坐标加工，不但工件侧面上的连续回转轮廓可以加工出来，而且可以实现在一次安装中，通过转盘改变工位，进行“四面加工”。

卧式数控铣床具有加工时排屑容易，可加工较大尺寸零件等优势，但其结构复杂，占地面积大，价格也较高，加工时不便监视，零件装夹和测量不方便。

（3）立、卧两用数控铣床

立、卧两用数控铣床的主轴轴线可以变换，使一台铣床同时具备立式数控铣床和卧式数控铣床的功能，如图 1-3 所示，能达到在一台机床上既可以进行立式加工，又可以进行卧式加工，其使用范围更广，功能更全，选择加工对象的余地更大，能给用户带来不少方便。特别是生产批量小，品种较多，又需要立、卧两种方式加工时，用户只需买一台这样的机床就行了。

图 1-3 立、卧两用数控铣床

2. 按数控铣床构造分类

1）工作台升降式数控铣床。其采用工作台移动、升降，而主轴不动的方式加工，如图 1-4a 所示。小型数控铣床一般采用此种方式。

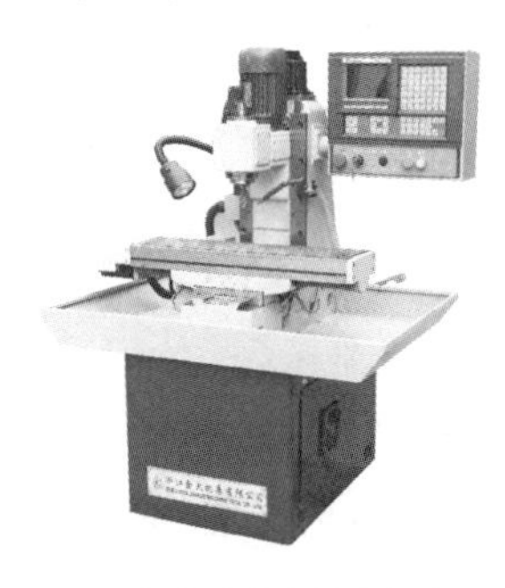

a) 工作台升降式数控铣床

b) 主轴头升降式加工中心

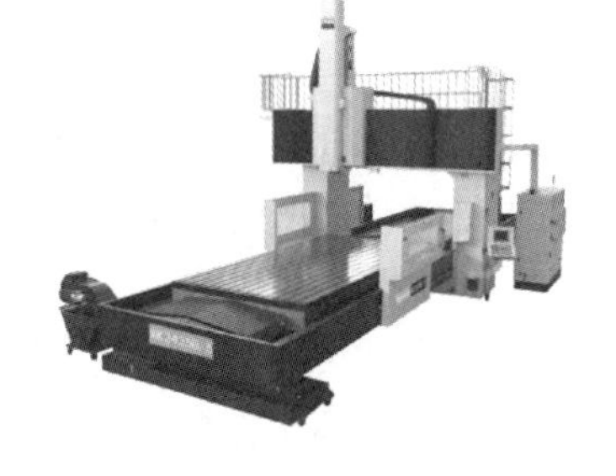

c) 龙门式数控铣床

图 1-4 数控铣床按构造分类

2）主轴头升降式数控铣床。其采用工作台纵向和横向移动，且主轴沿垂向溜板上下运动。主轴头升降式数控铣床在精度保持、承载重量、系统构成等方面具有很多优点，已成为数控铣床的主流，如图 1-4b 所示。

3）龙门式数控铣床。其主轴可以在龙门架的横向与垂向溜板上运动，而龙门架则沿床身做纵向运动。大型数控铣床，因要考虑到扩大行程，缩小占地面积及刚性等技术上的问题，往往采用龙门架移动式，如图 1-4c 所示。

1.1.3 数控铣床加工坐标系

数控铣床是利用所编制的程序对其执行电动机进行控制，实现切削加工的。在编写程序前需对数控铣床的坐标系进行认识和了解，否则可能会导致编程错误，出现报警，甚至由于坐标系认识错误导致安全事故。

1. 机床坐标系

为了确定数控铣床的运动方向和距离，首先要在数控铣床上建立一个坐标系，该坐标系称为数控铣床机床坐标系，也称机械坐标系。数控铣床机床坐标系确定后也就确定了刀柄位置和铣床运动的基本坐标，该坐标是数控铣床的固有坐标系。机床坐标系的零点一般设定在 X、Y、Z 轴的最大极限处，出厂后即为固定值，不轻易变更。

2. 工件坐标系

工件坐标系是编程时使用的坐标系，又称编程坐标系，该坐标系是人为设定的。为简化编程、确保程序的通用性，对数控机床的坐标轴和方向命名制定了统一的标准，规定直线进给坐标轴用 X、Y、Z 表示，常称基本坐标轴。X、Y、Z 坐标轴的相互关系用右手定则决定，如图 1-5 所示，图中大拇指的指向为 X 轴的正方向，食指指向为 Y 轴的正方向，中指指向为 Z 轴的正方向。

围绕 X、Y、Z 轴旋转的圆周进给坐标轴分别用 A、B、C 表示。根据右手螺旋定则，如图 1-5 所示，以大拇指的指向+X、+Y、+Z 方向，则食指、中指等的指向是圆周进给运动的+A、+B、+C 方向。

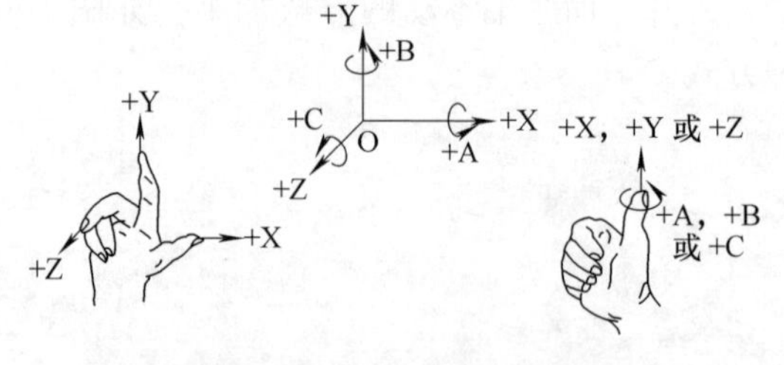

图 1-5　右手直角笛卡儿坐标系

（1）Z 轴

通常把传递切削力的主轴定为 Z 轴。对于数控铣床来说，装刀柄的轴为 Z 轴，其中远离工作台的方向为 Z 轴的正方向，接近工作台的方向为 Z 轴的负方向，如图 1-6a 所示。

（2）X 轴

对于刀具旋转的数控铣床而言，沿工作台的左右方向即为数控铣床 X 轴；若 Z 轴是垂直的（立式），面对刀具主轴向立柱看时，X 轴正向指向右；若 Z 轴是水平的（卧式），当从主轴向工件看时，X 轴正向指向右，如图 1-6b 所示。

（3）Y 轴

利用已确定的 X、Z 坐标的正方向，用右手定则或右手螺旋法则，确定 Y 坐标的正方向。右手定则：大拇指指向+X，中指指向+Z，则+Y 方向为食指指向。右手螺旋法则：在 XZ 平面，从 Z 至 X，拇指所指的方向为+Y，如图 1-6c 所示。

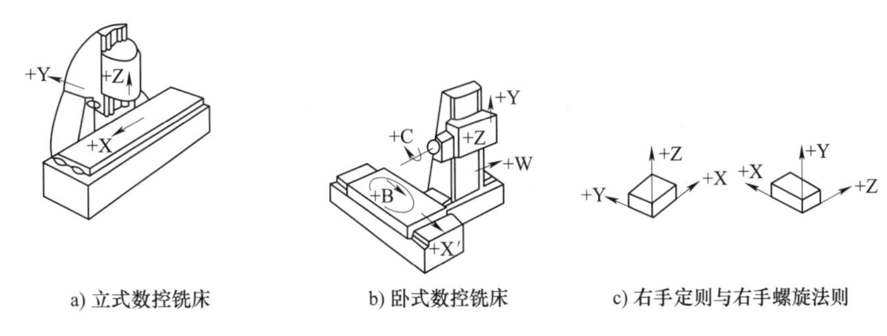

a) 立式数控铣床　　b) 卧式数控铣床　　c) 右手定则与右手螺旋法则

图 1-6　数控铣床工件坐标系

3. 机床坐标系与工件坐标系的关系

建立工件坐标系是数控铣床加工前必不可少的步骤。编程人员在编写程序时根据零件图样及加工工艺，以工件上某一固定点为零点建立的笛卡儿坐标系，其原点即为工件原点。对于数控铣床工件坐标系，一般把坐标系原点设置在工件 X、Y 方向的中心点，工件的上表面为 Z 零点。

机床坐标系与工件坐标系的关系如图 1-7 所示，其中 O_1 为机床坐标系，O_3 为工件坐标系。

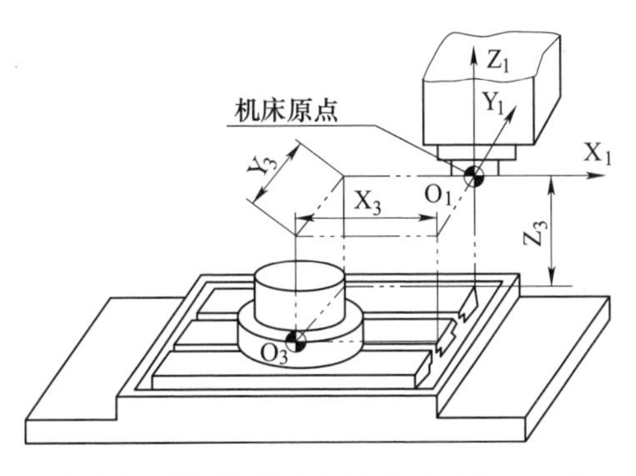

图 1-7　机床坐标系与工件坐标系的关系

1.2　数控铣床铣削参数设置

1.2.1　数控铣床常见刀柄类型

切削刀具通过刀柄与数控铣床主轴连接，刀柄通过拉钉和主轴内的拉刀装置固定在主轴上，由刀柄传递运动和转矩，刀柄的强度、刚性、耐磨性、制造精度以及夹紧力等对加工有直接的影响，进行高速铣削的刀柄还有动平衡、减振等要求。常用的刀柄规格有 BT30、BT40、BT50 或者 JT30、JT40、JT50，在高速加工中心则使用 HSK 刀柄。在我国应用最为广泛的是 BT40 和 BT50 系列刀柄和拉钉。其中，BT 表示采用日本标准 MAS403 的刀柄，其后数字为相应的 ISO 锥度号：如 50 和 40 分别代表大端直径 69.85mm 和 44.45mm 的 7∶42 锥度。在满足加工要求的前提下，刀柄的长度应尽量选择短一些，以提高刀具加工的刚性。数控铣床常见刀柄分整体式刀柄和模块式刀柄，如图 1-8 所示。

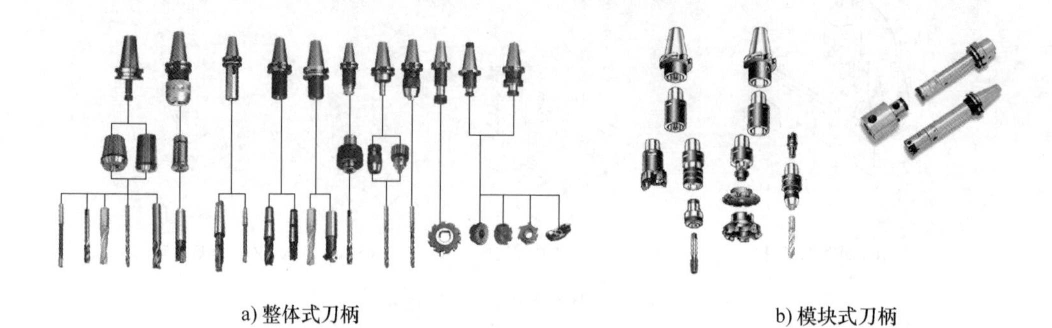

a) 整体式刀柄　　b) 模块式刀柄

图 1-8　数控铣床常见刀柄

1.2.2　数控铣床常见刀具类型

由于数控铣床加工的对象较多，根据加工对象不同，需要选择不同类型的刀具进行切削，否则将会在工件加工过程中产生干涉，甚至会导致工件报废。根据实际生产所需选取合理的刀具是数控铣床编程、加工的重要环节。在数控铣床上常用的刀具有面铣刀、立铣刀、球头铣刀、键槽铣刀、倒角刀、螺纹铣刀等。数控铣床常见刀具如图 1-9 所示。

1.2.3　数控铣床常见刀具安装方式

数控铣床刀柄与刀具连接的常见方式有弹簧夹头连接、侧固定连接、液压夹紧式连接、热装式连接等。

1. 弹簧夹头连接

弹簧夹头连接是数控铣床刀柄最常见的连接方式，其具有结构简单、装拆方便的优点，主要用于刀柄与钻头、铣刀、丝锥、铰刀等进行连接。采用 ER 型卡簧，适用于夹持 ϕ16mm 以下的铣刀进行铣削加工，如图 1-10a 所示；若采用 C 型卡簧，则称为强力夹头刀柄，可以提供较大夹紧力，适用于夹持 ϕ16mm 以上的铣刀进行强力铣削，如图 1-10b 所示。

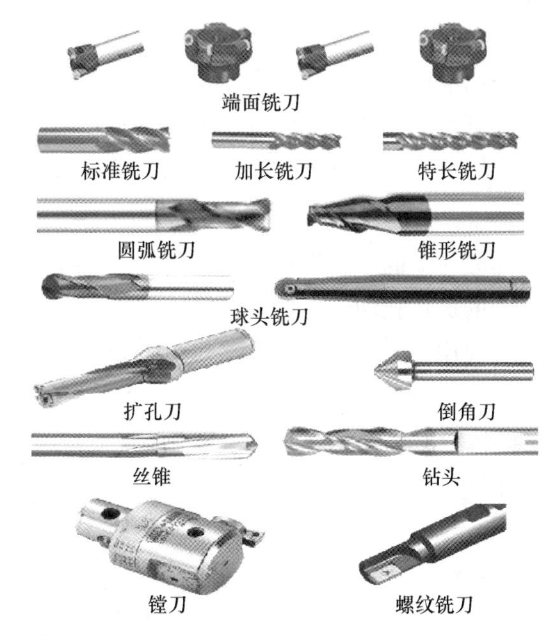

图 1-9　数控铣床（加工中心）常见刀具

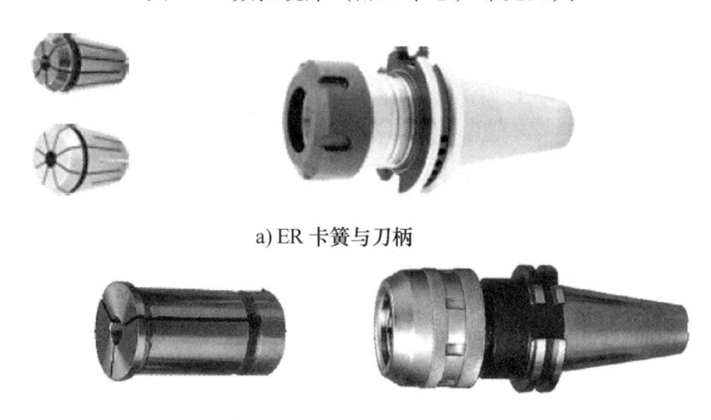

图 1-10　刀柄与卡簧

2. 侧固定连接

侧固定连接的刀柄采用侧向夹紧刀具，一般情况用于切削力大的场合。这种连接方式的刀柄只能固定一个直径的刀具，通用性较差，不同直径的刀具需要配备不同系列的刀柄，侧固定连接刀柄如图 1-11 所示。

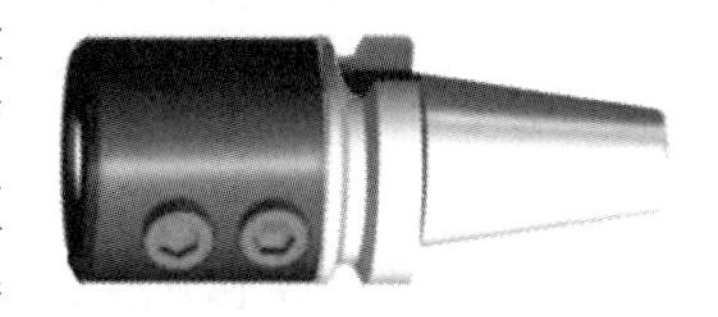

图 1-11　侧固定连接刀柄

3. 液压夹紧式连接

液压夹紧式连接采用液压夹紧，可提供非常大的夹紧力，主要用于粗加工时的强力切削。这种连接方式的刀柄只能固定一个直径的刀具，通用性较差，不同直径的刀具需要配备不同系列的刀柄，液压夹紧式连接刀柄如图 1-12 所示。

4. 热装式连接

热装式连接利用热胀冷缩的原理进行装卸刀具，刀具装拆需要在特定环境下进行，装拆时需对刀柄的加热孔加热，依靠自然冷却或强制冷却方式夹紧，一般用于不经常换刀的场合使用，热装式连接刀柄如图 1-13 所示。

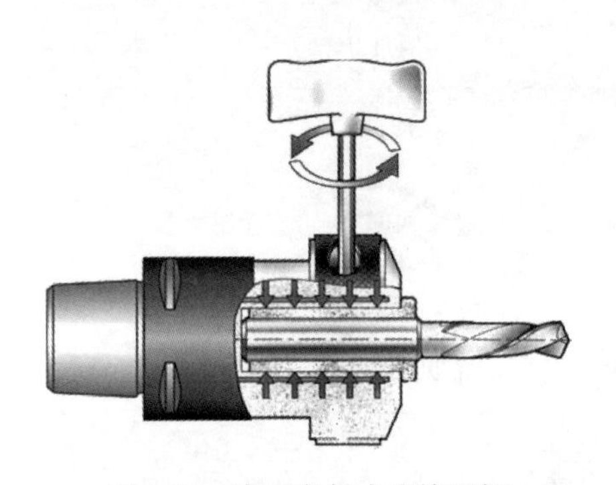

图 1-12　液压夹紧式连接刀柄

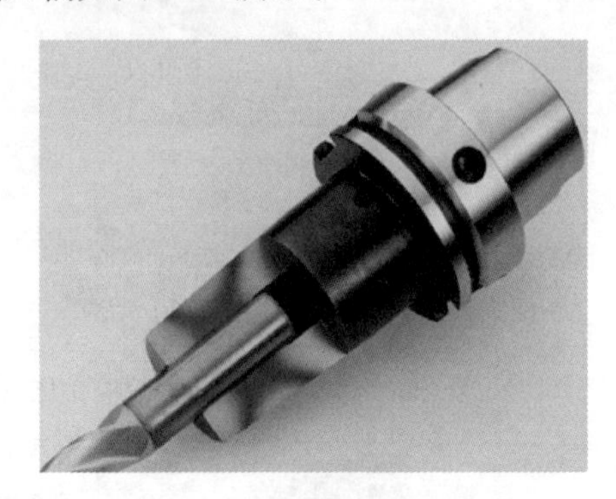

图 1-13　热装式连接刀柄

1.2.4　数控铣床铣削刀具选用原则

数控铣削加工工艺系统主要由数控铣床、刀柄、刀具、工件四大要素组成。铣削加工工艺系统中刀具是一个相对灵活、关键的因素，直接影响生产加工效率、尺寸稳定性、产品表面质量等，因此数控铣床刀具的选择相对较为关键。

数控铣床刀具选用的原则是：

- 刀具选择总的原则是适用、安全、经济。
- 应根据机床的加工能力、加工工件的材料性能、加工工序、切削用量以及其他相关因素正确选用刀具。
- 刀具在切削加工时不产生干涉；刀具安装调整方便，刚性好，耐用度和精度高；互换性好，便于实现快速更换刀具；在满足加工要求的前提下，尽量选择长度较短、刀直径较大的刀具，以提高刀具加工的刚性。
- 特殊场合需选用特定刀具进行铣削加工。

1.2.5　切削刀具材料与加工对象的性能匹配

切削刀具材料应与加工对象的各项性能匹配，才能获得最长的刀具使用寿命、最大的切削加工生产率、最大化地发挥出刀具的价值。一般选择切削刀具材料时主要考虑以下三方面。

1. 切削刀具材料与加工对象的力学性能匹配

切削刀具材料与加工对象的力学性能匹配主要包括：强度、韧性和硬度等力学性能参数的匹配。不同力学性能的刀具材料所适合加工的工件材料有所不同。

刀具材料硬度由高到低的顺序：金刚石刀具→立方氮化硼刀具→陶瓷刀具→硬质合金刀具→高速钢刀具。

刀具材料的抗弯强度由高到低的顺序：高速钢刀具→硬质合金刀具→陶瓷刀具→金刚石刀具→立方氮化硼刀具。

刀具材料的韧性由高到低的顺序：高速钢刀具→硬质合金刀具→立方氮化硼刀具→陶瓷刀具和金刚石刀具。

2. 切削刀具材料与加工对象的物理性能匹配

具有不同物理性能的刀具，如高导热和低熔点的高速钢刀具、高熔点和低热胀的陶瓷刀具、高导热和低热胀的金刚石刀具等，所适合加工的工件材料有所不同。加工导热性差的工件应采用导热较好的刀具材料，以便切削时所产生的热量迅速传出。如：金刚石刀具的导热系数及热扩散率高，切削热容易散出，不会产生较大的热变形，从而能保证工件的尺寸精度。

3. 切削刀具材料与加工对象的化学性能匹配

切削刀具材料与加工对象的化学性能匹配是指化学亲和性、化学反应、扩散性和溶解性等化学性能参数的匹配。不同化学性能的刀具材料所适合加工的工件材料有所不同。

刀具材料抗黏结温度从高到低的顺序：立方氮化硼刀具→陶瓷刀具→金刚石刀具→硬质合金刀具→高速钢刀具。

刀具材料抗氧化温度从高到低的顺序：陶瓷刀具→立方氮化硼刀具→硬质合金刀具→金刚石刀具→高速钢刀具。

1.3　数控铣床加工工艺分析

数控铣床的加工工艺与普通铣床加工工艺相比，具有更加严密、准确的特点。由于数控铣床的加工过程靠程序自动执行，在加工过程中可能遇到的问题必须事先精心考虑，否则可能会导致比较严重的后果。须事先精心考虑的问题主要有：选择合理的数控铣床；确定加工工序内容；分析被加工零件的图样，明确加工内容及技术要求；确定零件的加工方案，指定数控铣削加工工艺路线；加工工序的设计，包括零件定位基准选择、夹具方案的选择、工步划分、刀具选择、切削用量选择；数控铣削程序的编制；零件检验量具的选择和测量等。

1.3.1 常见夹具分类及特点

1. 数控铣床夹具的分类

数控铣床在切削过程中为了保证工件加工精度，要求将工件与机床、刀具确定相对位置，并能快速、可靠地实现夹紧、松开动作，实现这一功能的装备称为夹具。数控铣床加工的零件样式多样，其夹具的种类也非常丰富，数控铣床常见的夹具有平口钳、回转台、自定心卡盘、组合压板等。

（1）精密平口钳

平口钳是数控铣床最常见的夹具之一，分为一般平口钳和精密平口钳两大类，一般用于规则零件的装夹。工件安装在平口钳上时，工件的定位基准面与平口钳的固定钳口接触。平口钳如图 1-14a 所示，加工较长件时，可采用双平口钳对工件进行装夹，但必须保证两个平口钳的固定钳口处于同一平面内，如图 1-14b 所示。

a) 精密平口钳

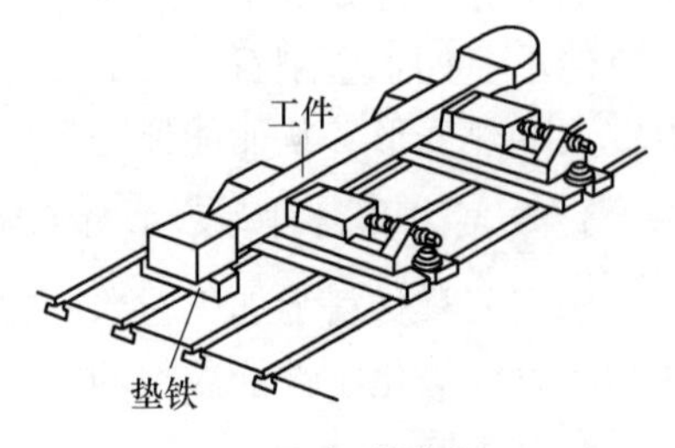

b) 双平口钳装夹

图 1-14　平口钳

（2）正弦精密平口钳

正弦精密平口钳主要由装有精密平口钳的底座和正弦尺组成，通过钳身上的孔及滑槽来改变角度，可用于斜面零件的装夹，正弦精密平口钳如图 1-15 所示。

（3）数控回转工作台

数控回转工作台主要用于数控铣床或数控镗床，其外形与通用工作台一致，但它的驱动是靠伺服系统驱动的，不仅可以单独回转工作，也可以与其他伺服进给轴联动工作。数控回转工作台的主要作用是根据数控装置发出的指令脉冲，完成圆周进给运动，进行各类圆弧加工或曲面加工，也可以进行圆周分度，如图 1-16 所示。

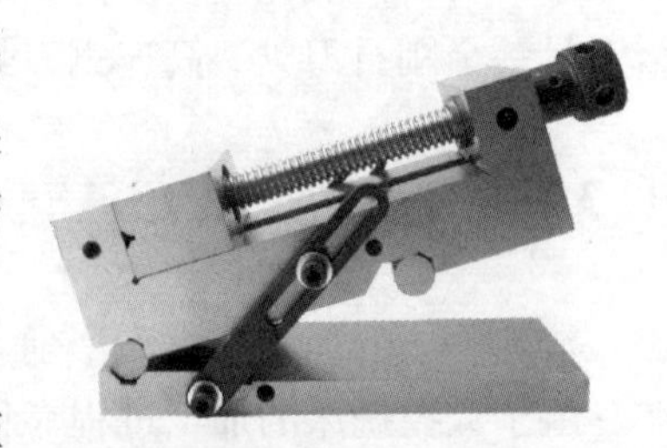

图 1-15　正弦精密平口钳

（4）自定心卡盘

自定心卡盘是数控铣床加工圆柱面零件最为常见的夹具，一般将自定心卡盘通过压板与机床工作台进行连接、固定。其具有装夹响应速度快，应用广泛等优点，适合对于圆柱面零件的装夹。自定心卡盘一般分为手动夹紧和液压夹紧两大类，如图 1-17 所示。

图 1-16 数控回转工作台

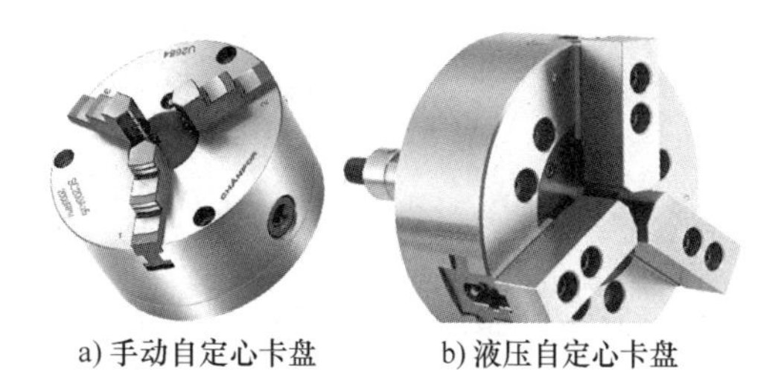

a) 手动自定心卡盘　b) 液压自定心卡盘

图 1-17 自定心卡盘

（5）四爪单动卡盘

四爪单动卡盘的四个卡爪可以单独移动，安装工件时需要找正，夹紧力大，用于装夹形状不规则或不对称的较重、较大的工件。一般采用手动方式对单个卡爪进行夹紧和松开操作，通过压板将四爪单动卡盘与机床工作台进行连接、固定，四爪单动卡盘如图 1-18 所示。

（6）组合压板

组合压板主要由 T 形槽螺母、法兰螺母、双端连接螺栓、阶梯压板、三角垫铁等组合构成，主要用于数控铣床工作台面与其他夹具或零件的装夹，其夹紧力大，结构简单，使用方便，且可以任意组合，灵活性强，组合压板如图 1-19 所示。

图 1-18 四爪单动卡盘

图 1-19 组合压板

（7）专用夹具

专用夹具是根据所加工零件进行专门开发的专属夹具，一般用于批量较大，且被加工零件外轮廓较为复杂的情况，图 1-20 所示为连杆加工专用夹具，该夹具利用工作台T形槽和夹具体上定位键，确定其在数控铣床上的位置，并用T形螺栓固定所加工的零件。

图1-20　专用夹具

2. 数控铣床夹具的特点

1）工件的被加工元素必须充分外露于夹具体，夹紧元件与被加工表面之间需保持一定的安全距离，以防铣削过程中出现干涉。

2）夹具安装应保证工件的方位与工件坐标系一致。

3）夹具的刚性和稳定性要好，尽量不采用更换压板的设计，若必须更换压板压紧工件时，要保证夹具更换过程中不破坏工件的定位。

4）生产批量较大时，可采用专用夹具，或考虑采用多工位夹具、气动夹具、液动夹具等，以提高生产效率。

3. 工件在夹具体上安装原则

1）尽量将设计基准、工艺基准与编程零点相统一。

2）减少工件被装夹的频率，完成一次装夹，实现多个工序的加工。

3）尽量避免长时间占用机床进行装夹，必要时可采用多工位夹具。

4）夹具尽量选用通用、组合夹具，必要时可采用专用夹具。

5）尽量迅速完成工件的定位和装夹，以减少辅助时间，提高生产效率。

1.3.2　典型加工工艺编制流程

数控铣削加工工艺规程是指零件在数控铣削过程中所使用的加工工序安排、操作方法等技术文件。数控铣削加工工艺规程一般包括：零件图的分析、加工方案的拟定、加工工艺编制、切削刀具选用、切削用量选用、检验量具的选用、确定工序加工时间定额等。切削刀具选用是影响零件生产效率、加工质量的重要因素，典型数控加工刀具信息见表1-1。加工工艺编制是否合理决定了工件加工生产效率、工件质量的成败，典型数控加工工艺卡见表1-2。制定数控铣削工艺规程的通常流程如下：

1）确定生产类型：大批、中批、小批、单件。

2）分析零件图：零件类型、重要尺寸、表面质量。

3）选择毛坯类型及尺寸：锻件、铸件、钢材、型材等。

4）拟定加工工艺路线：根据零件图及毛坯拟定工艺路线。

5）确定各工序内容、工序加工余量。

6）确定各工序所用的设备、刀具、夹具、量具、辅具。

7）确定切削用量及工时定额。

8）确定各主要技术要求及检验方法。

9）制定加工工艺文件。数控加工刀具信息详见表1-1，典型数控加工工艺详见表1-2。

表1-1　数控加工刀具信息表

<table>
<tr><td colspan="3">产品名称或代号</td><td colspan="2">× × ×× × ×</td><td>零件名称</td><td>× × ×</td><td>零件图号</td><td>01</td></tr>
<tr><td>序号</td><td>刀具号</td><td colspan="3">刀具规格名称</td><td>数量</td><td>加工表面</td><td>刀尖半径/mm</td><td>备注</td></tr>
<tr><td>1</td><td></td><td colspan="3"></td><td></td><td></td><td></td><td></td></tr>
<tr><td>2</td><td></td><td colspan="3"></td><td></td><td></td><td></td><td></td></tr>
<tr><td>编制</td><td>× × ×</td><td>审核</td><td>× × ×</td><td>批准</td><td>× × ×</td><td>××年 ×月×日</td><td>共1页</td><td>第1页</td></tr>
</table>

表1-2　数控加工工序卡

<table>
<tr><td rowspan="2">工厂名称</td><td rowspan="2">× × ×</td><td>产品名称或代号</td><td>零件名称</td><td>零件图号</td></tr>
<tr><td>× × ×</td><td>× × ×</td><td>× × ×</td></tr>
<tr><td>工序号</td><td>程序编号</td><td>夹具名称</td><td>使用设备</td><td>车间</td></tr>
<tr><td>001</td><td>× × ×</td><td>× × ×</td><td>× × ×</td><td>× × ×</td></tr>
</table>

<table>
<tr><td>工步号</td><td>工步内容</td><td>刀具号</td><td>刀具规格/mm</td><td>主轴转速/(r/min)</td><td>进给速度/(mm/r)</td><td>背吃刀量/mm</td><td>备注</td></tr>
<tr><td>1</td><td></td><td></td><td></td><td></td><td></td><td></td><td></td></tr>
<tr><td>2</td><td></td><td></td><td></td><td></td><td></td><td></td><td></td></tr>
<tr><td>3</td><td></td><td></td><td></td><td></td><td></td><td></td><td></td></tr>
<tr><td>4</td><td></td><td></td><td></td><td></td><td></td><td></td><td></td></tr>
<tr><td>5</td><td></td><td></td><td></td><td></td><td></td><td></td><td></td></tr>
<tr><td>6</td><td></td><td></td><td></td><td></td><td></td><td></td><td></td></tr>
<tr><td>7</td><td></td><td></td><td></td><td></td><td></td><td></td><td></td></tr>
<tr><td>8</td><td></td><td></td><td></td><td></td><td></td><td></td><td></td></tr>
<tr><td>9</td><td></td><td></td><td></td><td></td><td></td><td></td><td></td></tr>
</table>

<table>
<tr><td>编制</td><td>×××</td><td>审核</td><td>×××</td><td>批准</td><td>×××</td><td>××年×月×日</td><td>共1页</td><td>第1页</td></tr>
</table>

1.3.3　加工工艺编制的原则及依据

当零件加工质量要求较高时，通常需要多道工序逐步加工来满足要求。为保证工件的加工质量和合理使用设备、人力等，零件的加工过程按工序性质不同分为粗加工、半精加工、精加工和光整加工四个阶段。

1. 数控加工工序的划分原则

1）按所用刀具划分：以同一把刀具加工的所有工步集中起来加工，可使机床连续加工时间长、减少更换刀具的时间，从而提高生产率，主要适合工件待加工表面较多的场合。

2）按安装次数划分：以一次安装完成的所有工步集中起来加工，减少安装次数，主要适合加工内容不多，加工完成后即可检验尺寸的场合。

3）按粗、精加工划分：将所有的粗加工工步集中起来一次加工、所有的精加工工步集中起来一次加工；主要用于加工后变形较大，需划分粗、精加工的场合。

4）按加工部位划分：把完成工件相同型面的工步集中起来加工，主要适合加工表面多而复杂的零件，可按外轮廓、内腔、曲面或平面进行划分。

2. 数控铣削加工工艺编制原则及依据

1）基面先行原则：将作为精基准的表面先加工出来，以减小装夹误差。如箱体类零件先加工定位的两个面或孔，再加工其他的孔或平面。

2）先粗后精原则：各表面的加工顺序都是按照粗加工→半精加工→精加工→光整加工的顺序依次进行的，逐步提高加工表面的尺寸精度、降低表面粗糙度等。

3）先主后次原则：先加工零件的主要工作表面、主要装配基准面，再加工次要工作表面等。

4）先面后孔原则：对于箱体类、支架类零件，一般而言平面轮廓的尺寸较大，应先加工平面再加工孔和其他尺寸。

1.3.4 检验量具的选用

检验量具是指在数控铣削加工过程中对加工零件进行测量以获得合格的精度的检测器具。数控铣削加工的零件以平面类轮廓、箱体孔系类为主，检测的项目主要有内外轮廓尺寸、元素的间距、深度尺寸等，所用的量具可结合图样、加工工艺要求等选定。通常选用的量具主要有游标卡尺、外径千分尺、内径千分尺、螺纹量规、通止规、深度游标卡尺、角度尺等。

1）游标卡尺：利用游标卡尺的游标尺刻度间距与尺身上的刻度间距不同，形成分度值，测量时，在尺身上读取整数，在游标上读取小数值。其精度为 0.01~0.02mm，规格有 0~150mm、0~200mm、0~300mm 等，用于对毛坯尺寸进行测量，检测零件厚度、内外轮廓尺寸等。游标卡尺根据样式不同大致可分为普通游标卡尺、带表游标卡尺、数显游标卡尺等，如图 1-21 所示。

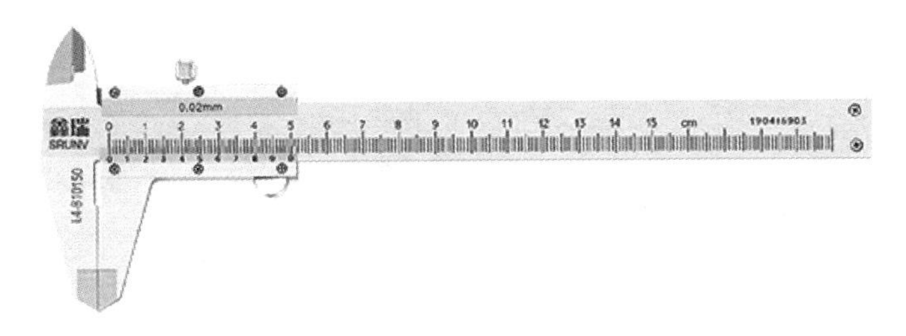

a) 普通游标卡尺

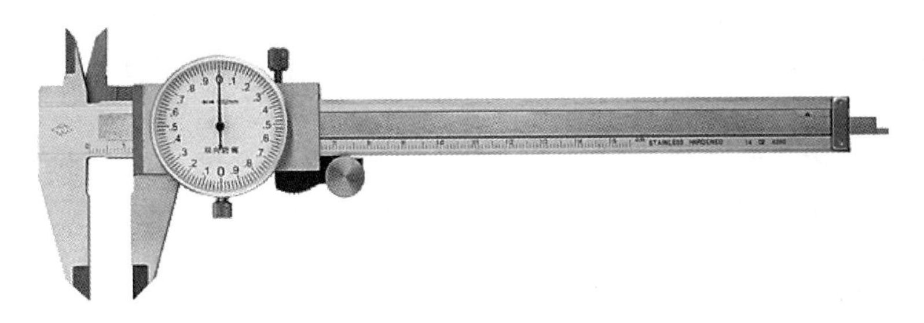

b) 带表游标卡尺

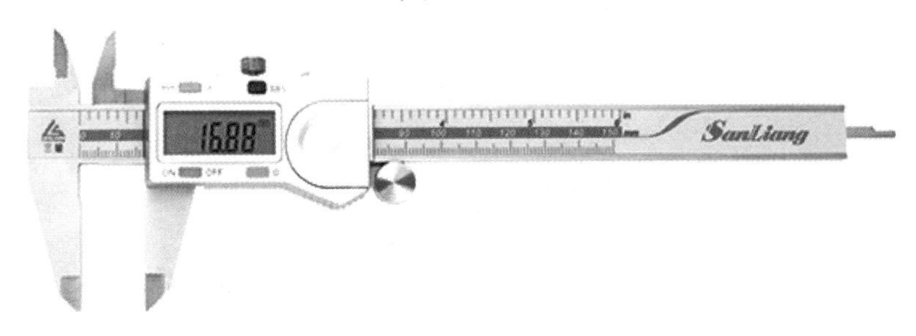

c) 数显游标卡尺

图 1-21　游标卡尺

2）外径千分尺：精度为 0.01mm，规格有 0~25mm、25~50mm、50~75mm 等。外径千分尺用于检测精度较高的尺寸，如尺寸精度要求较高的外轮廓尺寸、工件厚度尺寸等。常见的外径千分尺可分为刻度千分尺、数显千分尺，如图 1-22 所示。

3）内径千分尺：精度为 0.01mm，规格有 6~30mm、30~55mm 等。内径千分尺用于检测精度较高内孔的尺寸。常见的内径千分尺可分为两爪内径千分尺、三爪内径千分尺等，如图 1-23 所示。

4）螺纹量规：检测数控加工的螺纹是否合格。螺纹量规一般分为螺纹环规、螺纹通止规、螺距规等，如图 1-24 所示。

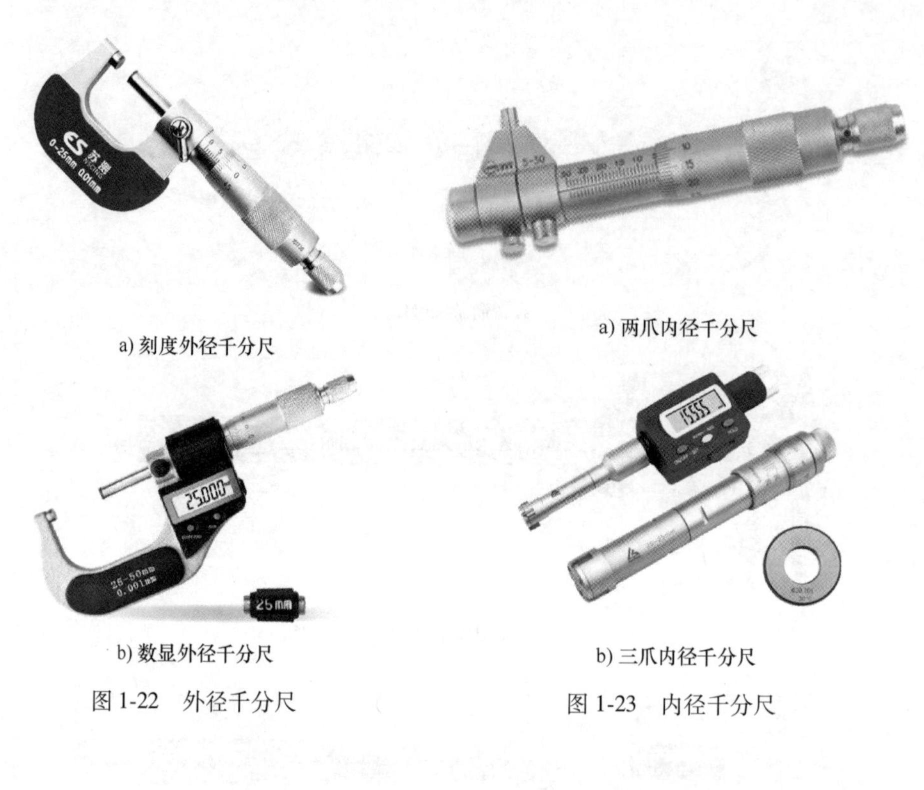

a) 刻度外径千分尺

b) 数显外径千分尺

图 1-22　外径千分尺

a) 两爪内径千分尺

b) 三爪内径千分尺

图 1-23　内径千分尺

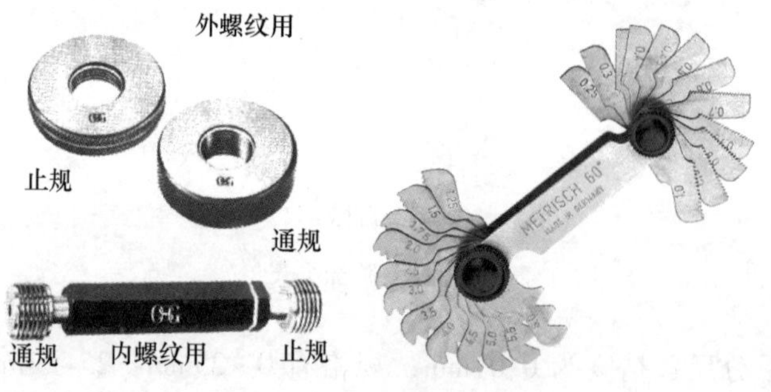

图 1-24　螺纹量具

5）深度游标卡尺：精度为 0.01～0.02mm，用于检测零件台阶孔深度尺寸、凹槽深度尺寸、不通孔深度尺寸等。深度游标卡尺根据样式不同大致可分为普通深度游标卡尺、带表深度游标卡尺、数显深度游标卡尺等，如图 1-25 所示。

6）高度游标卡尺：精度为 0.01～0.02mm，主要用于测量工件的高度，另外还经常用于测量形状和位置公差尺寸，有时也用于划线。高度游标卡尺一般可分为刻度高度游标卡尺、数显高度游标卡尺，如图 1-26 所示。

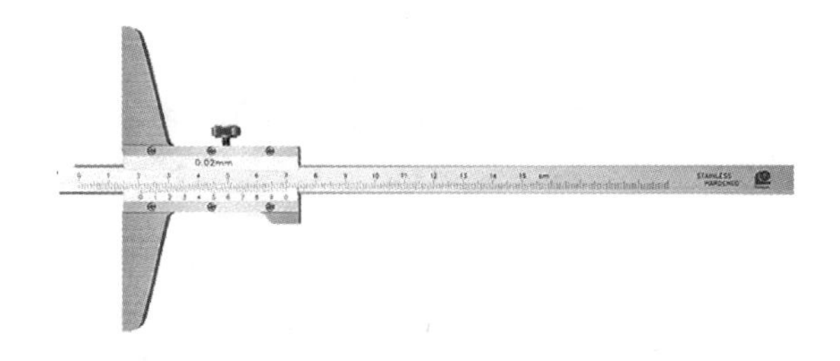

a) 普通深度游标卡尺

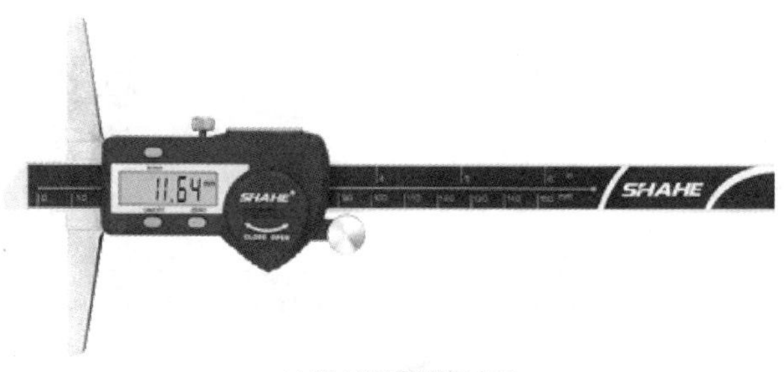

b) 数显深度游标卡尺

图 1-25 深度游标卡尺

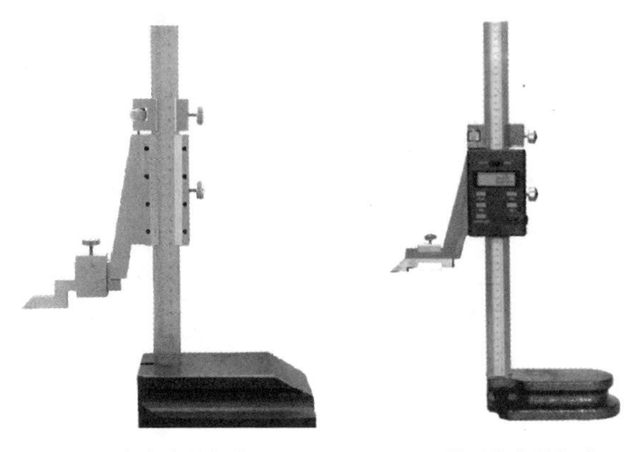

a) 刻度高度游标卡尺 b) 数显高度游标卡尺

图 1-26 高度游标卡尺

7）内径百分表：精度为 0.01mm，规格有 10～18mm、18～35mm、36～50mm、50～160mm 等，可用于检测精度较高内孔的尺寸，通过先校准再间接测量。精度要求较高时可考虑采用内径千分表。内径百分表如图 1-27 所示。

8）半径规：检测数控切削零件中凹凸圆弧精度，如图 1-28 所示。

9）角度尺：检测数控切削零件的内、外角度，可以检测零件 0°～320°的外角和零件 40°～130°的内角。万能角度尺如图 1-29 所示。

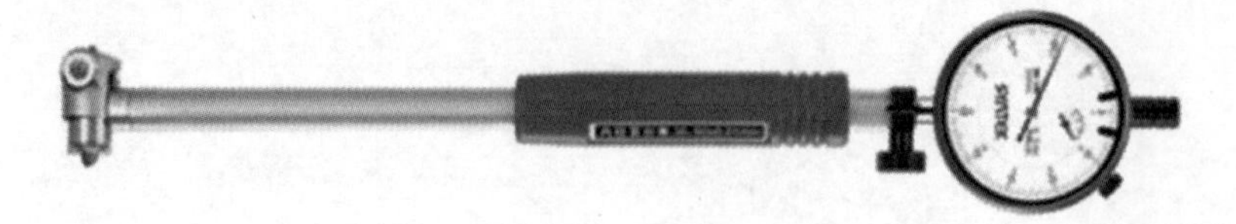

图 1-27　内径百分表

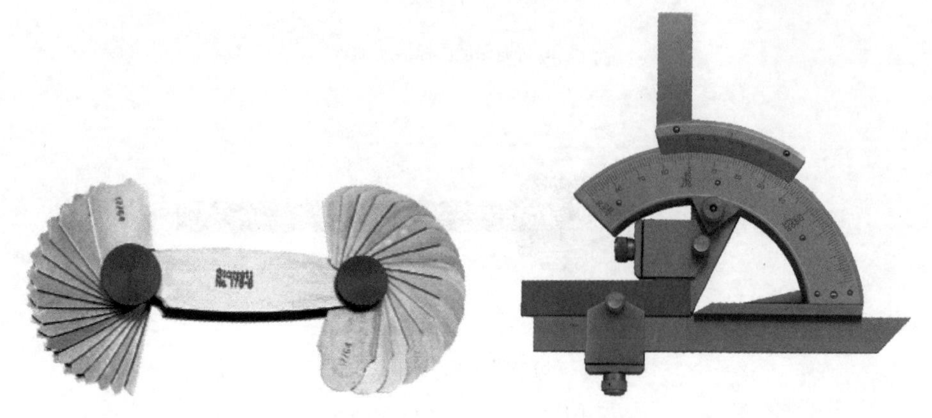

图 1-28　半径规

图 1-29　万能角度尺

简　答　题

1. 数控铣床根据构造分类有哪些？主要适应那些场合？
2. 数控铣床的机械坐标、工件坐标之间的关系是什么？
3. 试分析数控铣床常用的夹具有哪些？分别适用于什么场合？
4. 正确选择量具对数控铣削产品零件的意义是什么？

第 2 章

CAXA 制造工程师基础知识概述

CAXA2016 制造工程师具有强大的二维绘图、三维建模功能，可以对复杂图形进行绘制，对复杂三维进行建模；具有完善的外部数据接口，可通过 DXF、IGES 等数据接口与其他系统交换数据；具有轨迹生成及通用后置处理功能，可按操作者的设置，生成平面轮廓（含孔）的加工轨迹及曲面加工轨迹；具有强大的后置处理功能，可以满足不同数控系统（如 FANUC、西门子、华中、三菱数控系统）机床，输出与其对应的 G 代码，并可对生成的代码进行校验及加工仿真，使操作者更为直观地观察加工轨迹。

2.1 CAXA 制造工程师的安装与卸载

2.1.1 软件运行环境要求

CAXA 制造工程师对运行环境适应性相对较好，为使软件运行更流畅，推荐如下配置：操作系统，Win10；处理器，英特尔“酷睿”i7-9750H 及以上，内存，推荐 8GB 以上；显卡，GTX950M 以上，推荐 GTX1050(M)、GTX1050Ti(M) 等；硬盘，128GB 以上固态硬盘，推荐三星、英特尔、金士顿等品牌。

2.1.2 CAXA 制造工程师的安装

根据电脑安装系统选取 32 位或 64 位安装包，本教程以 64 位版本为实例进行讲解。

双击 CAXA 制造工程师安装包，即出现 CAXA 制造工程师 2016(x64) 安装向导界面，如图 2-1 所示，如果用户决定安装则单击“下一步”按钮，否则单击“取消”按钮。

单击“下一步”继续安装后，将弹出安装许可证协议如图 2-2 所示，用户根据实际情况选择是否接受以下协议，如用户不接受协议，系统将会弹出退出安装的对话框。

单击“我接受”按钮，系统将弹出安装路径对话框，并提示该软件安装估计容量及当前分区所剩的容量，如图 2-3 所示。默认将程序安装到“C：\

图 2-1　CAXA 制造工程师安装向导界面

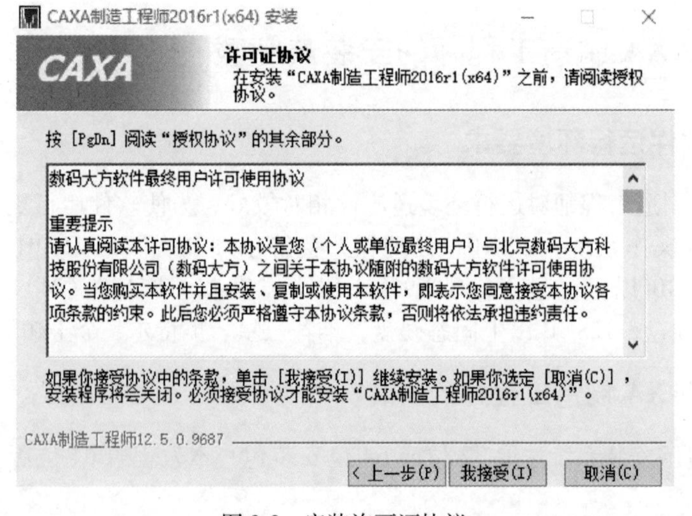

图 2-2　安装许可证协议

Program Files\CAXA\CAXACAM\12. 5\”目录下，如用户选择默认，则直接单击“安装”按钮，即可继续安装；如果用户希望安装到其他路径，可通过单击右侧的“浏览”按钮指定一个安装路径，再单击“安装”按钮继续安装。安装工程界面如图 2-4 所示。

安装后结束并显示完成，如图 2-5 所示，单击“完成”按钮，结束安装退出向导。此时桌面以生成该软件的快捷运行图标。如将“运行 CAXA 制造工程师 2016”的框选中，即立即运行该软件。

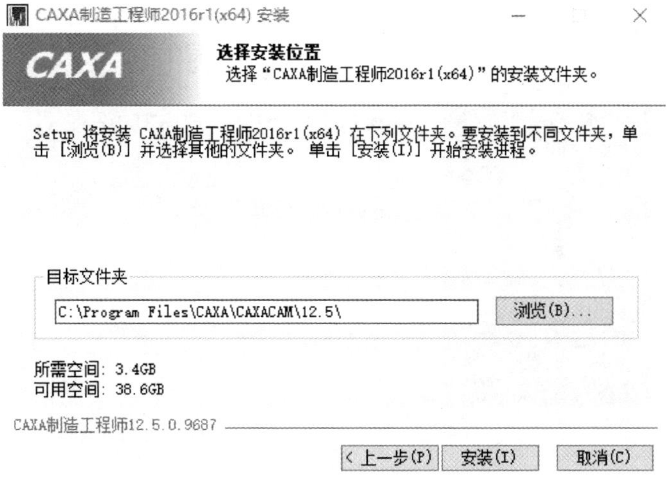

图 2-3　CAXA 制造工程师安装路径

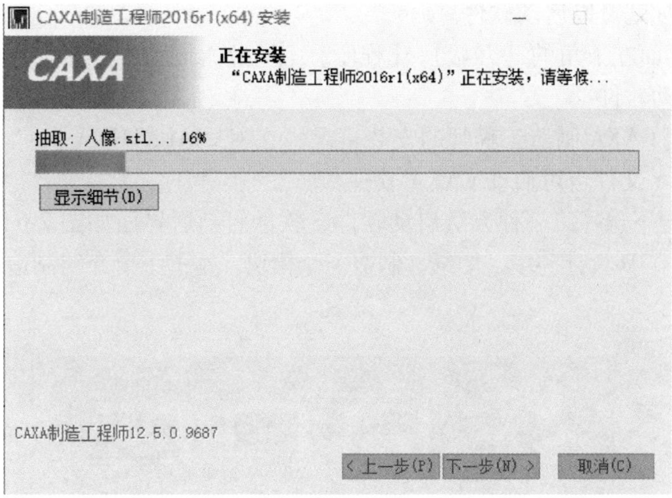

图 2-4　CAXA 制造工程师安装过程界面

2.1.3　CAXA 制造工程师的启动与退出

1. CAXA 制造工程师的启动

CAXA 制造工程师安装成功后需对软件进行试运行，运行 CAXA 制造工程师有三种方法：

图 2-5　CAXA 制造工程师安装完成

1）在 Windows 桌面找到“CAXA 制造工程师”的图标，双击“CAXA 制造工程师”图标就可以启动软件。

2）按桌面左下角的【开始】→【程序】→【CAXA 制造工程师】→【CAXA 制造工程师】启动软件。

3）找到 CAXA 制造工程师的安装目录，在 CAXALATHE \ bin \ 目录下双击 INOVATE. exe 文件也可启动 CAXA 软件。

通常情况下选择第一种方法启动软件，软件启动后界面如图 2-6 所示。CAXA 制造工程师有 3D 设计环境、图纸、制造三个模块，本书主要介绍制造模块。

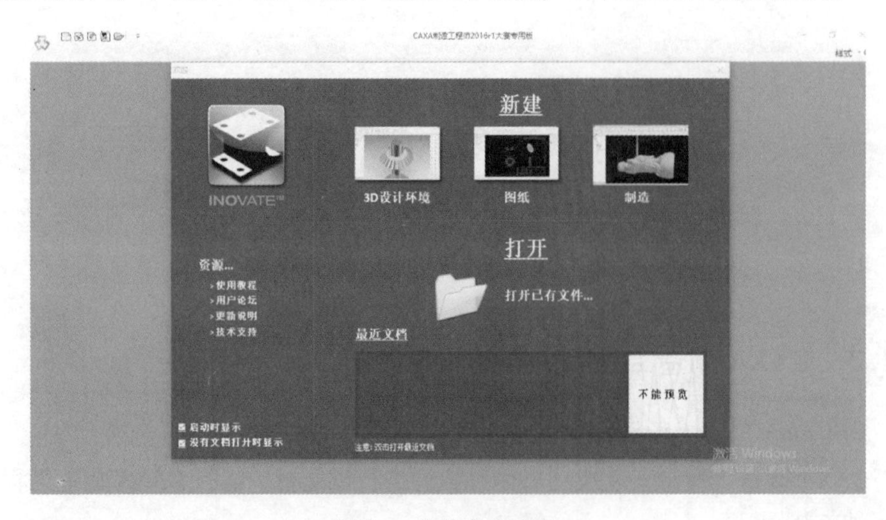

图 2-6　软件启动界面

2. CAXA 制造工程师的退出

单击主菜单中的“退出”命令或右上角的关闭按钮。如果系统当前文件没有保存，则弹出软件退出确认对话框如图 2-7 所示。系统提示用户是否要保存文件，用户根据对话框提示做出选择后，即退出系统。

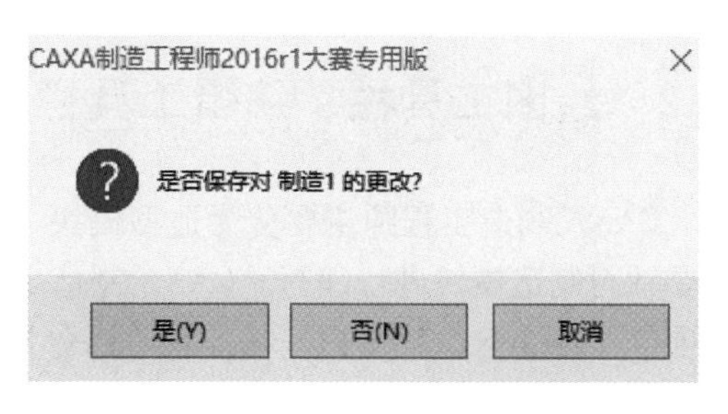

图 2-7　软件退出确认对话框

2.1.4　CAXA 制造工程师的卸载

单击桌面左下角的【开始】→【设置】→【应用】→【CAXA】→【CAXA 制造工程师】→【卸载】，弹出卸载对话框如图 2-8 所示。

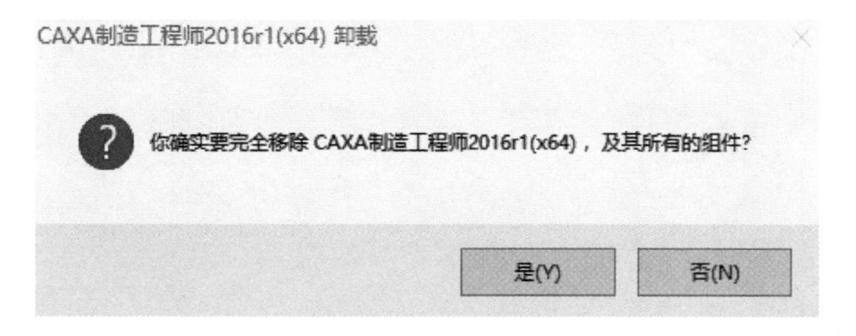

图 2-8　卸载对话框

再单击“是”按钮，系统弹出“CAXA 制造工程师卸载向导”单击“下一步”“卸载”，系统将开始卸载 CAXA 制造工程师软件，如图 2-9 所示。

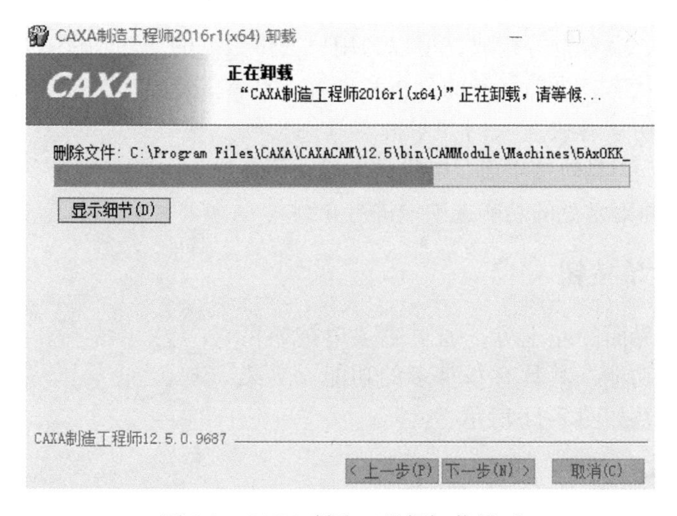

图 2-9　CAXA 制造工程师卸载界面

2.2 绘图工具栏、编辑工具栏、加工工具栏概述

CAXA 制造工程师主要分为造型模块、绘图模块、制造模块三大部分，本书主要针对制造模块进行编写。CAXA 制造工程师的软件界面主要由主菜单、功能选项卡、绘图区、轨迹树、状态栏等部分构成，如图 2-10 所示。

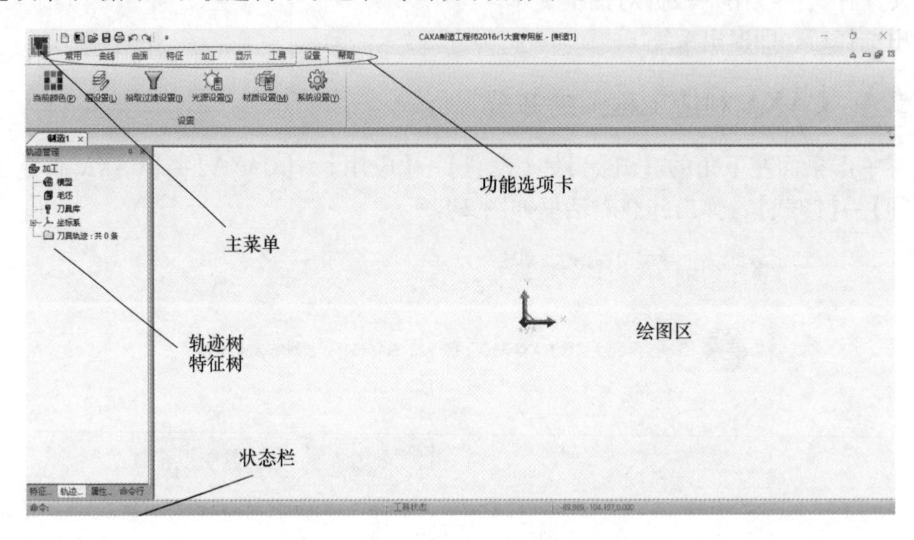

图 2-10 CAXA 制造工程师软件界面

操作者可以通过功能选项卡对绘图、编辑、加工制造等菜单功能进行操作；绘图区可进行二维图形绘制和三维建模；轨迹树菜单主要由特征管理、轨迹管理、属性列表、命令行等构成，可以为用户提供数据的交互功能；状态栏有助于操作者对当前状态、当前任务的分析和理解，具有一定导向指导功能。

为了便于初学者快速入门并掌握二维图形绘制、三维建模、刀具轨迹生成、G 代码生成、仿真模拟等，本节将对常见的功能选项卡进行介绍。

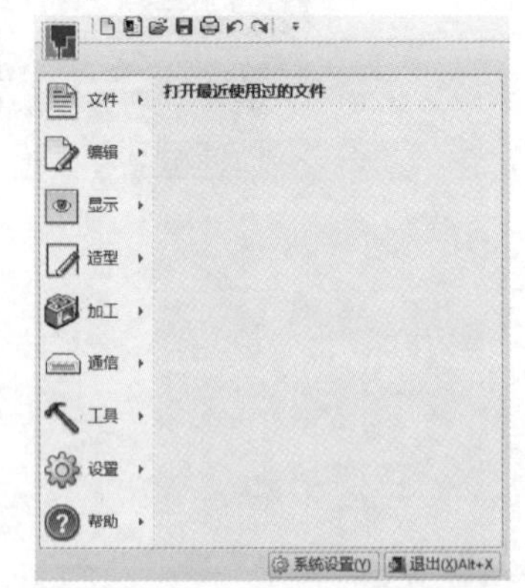

图 2-11 主菜单与子菜单关系图

2.2.1 主菜单按钮

主菜单在界面的左上方，通过主菜单按钮可以进入子菜单功能，其具有非常多的功能。主菜单与子菜单关系如图 2-11 所示。

2.2.2 功能选项卡

功能选项卡主要由常用、曲线、曲面、特

征、加工、显示、工具、设置、帮助等菜单构成。根据操作者需要进行相应的功能选择和操作。

1. 常用选项卡

常用选项卡的功能区包含了一些使用频率很高的命令，常用选项卡构成如图 2-12 所示。

图 2-12　常用选项卡

（1）模型选项卡

- 【导入零件】通过该功能可导入已绘制好的零件文档。
- 【导入模型】通过该功能可导入已绘制好的模型文档。
- 【创建模型】通过该功能可进入 CAXA 建模状态，并在 CAXA 中以直角坐标为中心建立所需的模型。
- 【摆放模型】通过该功能可将已建立好模型进行移动操作。

（2）毛坯选项卡

- 【定义毛坯】通过该功能可对工件毛坯进行定义。
- 【显示毛坯】通过该功能可对已建立的毛坯进行显示。
- 【隐藏毛坯】通过该功能可对已建立的毛坯进行隐藏。

（3）常用选项卡

- 【剪切】通过该功能可对现有的元素进行剪切/删除，单击选中目标后，右击，所选的元素将被剪切/删除。
- 【拷贝】通过该功能可对现有的元素进行复制，单击该按钮后，选中要复制的元素即可完成元素的复制，通常配合“粘贴”功能实现复制功能。
- 【粘贴】对元素进行复制操作后，单击该按钮，可实现对元素的复制功能。
- 【可见】通过该功能可对进行“隐藏”的元素重新显示出来（只是显示但不能呈现），选中被隐藏元素，点击该按钮后，所隐藏的元素将被真正显示出来。
- 【隐藏】通过该功能可对现有元素进行隐藏，单击该按钮后，用鼠标选中需隐藏的元素，选取完毕后右击可以将所选元素进行隐藏。
- 【显示全部】通过该功能可以对已绘制的元素进行重新布局显示，以最大显示形式绘图区域的所有元素。
- 【显示窗口】通过该功能可以对已绘制的元素以窗口放大形式展现在绘图区域。

- 【删除】通过该按钮可以删除已绘制的元素，通过鼠标选中元素后，单击该按钮即可实现删除功能。
- 【任务管理器】轨迹后台计算时显示相关进度信息。

（4）几何变换选项卡

- 【平移】通过该功能可以对曲线或曲面平移或复制。
- 【平面旋转】通过该功能可以对曲线或曲面进行同一平面的旋转或旋转复制。
- 【旋转】通过该功能可以对曲线或曲面进行空间的旋转或者旋转复制。
- 【平面镜像】通过该功能可以对曲线或者曲面以某直线为对称轴，进行平面上的对称镜像或对称复制。
- 【镜像】通过该功能可以对曲线或者曲面以直线为对称轴，进行空间上的对称镜像或对称复制。
- 【阵列】通过该功能可以对曲线或曲面，按照圆形或矩形方式进行阵列复制。
- 【缩放】通过该功能可以对曲线或曲面进行按比例放大或缩小。

2. 曲线选项卡

曲线选项卡的功能区包括了直线、圆弧、公式曲线、椭圆、样条等非常丰富的绘图命令；包括了曲线裁剪、曲线过渡、曲线打断等便捷的图像编辑命令。曲线选项卡如图 2-13 所示。

图 2-13　曲线选项卡

（1）绘制草图

单击后可在 XY、XZ、YZ 平面绘制草图。

（2）曲线生成选项卡

- 【直线】通过该功能可以在绘图区域绘制直线，软件提供了两点线、平行线、角度线、切线/法线、角等分线、水平/铅垂线等六种方式由操作者根据需求选择。
- 【圆弧】通过该功能可以在绘图区域绘制圆弧，软件提供了多种绘制圆弧的方式：三点圆弧，选择三个点就可以绘制圆弧；圆心+起点+圆心角，确定圆心和起点后输入圆心角就可以确定圆弧；圆心+半径+起终角，确定圆心输入半径，输入起始角和终止角确定圆弧；两点+半径，确定两点输入半径画圆弧；起点+终点+圆心角，确定起点终点输入圆心角画圆弧；起点+半径+起终角，先确定圆弧半径，再输入起始角和终止角，确定起点就可以画出圆弧。

- 【圆】通过该功能可以在绘图区域绘制整圆，软件提供了多种绘制整圆的方式：圆心+半径，确定圆心后输入圆半径即可确定整圆；三点画圆，确定三个点即可确定整圆；两点+半径画圆，先确定两个点然后输入半径即可确定整圆。
- 【矩形】通过该功能可以在绘图区域绘制矩形，软件提供了多种绘制矩形的方式：两点矩形，确定两个点即可绘制矩形；中心+长+宽，输入矩形的长和宽，选取中心点即可绘制矩形。
- 【椭圆】通过该功能可以在绘图区域绘制椭圆，先确定椭圆圆心，输入起始角和终止角，再输入长轴和短轴即可绘制椭圆。
- 【样条】通过在绘图区域输入点绘制样条曲线。
- 【点】通过该功能可以在绘图区域绘制点，可以通过光标确定点的位置，也可通过键盘输入坐标值确定点的位置。
- 【多边形】通过该功能可以在绘图区域绘制多边形，软件提供了多种绘制多边形的方式：边，先输入边数，确定一个顶点的位置，然后选取边长的方向即可绘制；中心，先输入边数，选择内接或者外切，再确定中心，大小和方向即可绘制。
- 【公式曲线】通过该功能可以在绘图区域绘制公式曲线，通过对公式曲线设置、输入相应公式即可画出所需的公式曲线。
- 【二次曲线】通过该功能可以在绘图区域对已有曲线进行修调，单击该按钮后选择曲线通过鼠标进行相应的修正。
- 【等距】通过该功能可以在绘图区域对已有元素进行等距偏移，软件提供了多种等距的方式：单根曲线，可实现对单根曲线的偏移；组合曲线，可实现对组合曲线的偏移。

（3）曲线编辑选项卡

- 【曲线裁剪】通过该功能可以实现曲线间的修剪，软件为操作者提供了多种修剪方式：快捷裁剪，点击需裁剪部分即可裁剪；修剪，选此项后要选中剪击该按钮裁剪部分即可裁剪；修建，点击该按钮后要选中剪刀线进行裁剪；线裁剪，点击该按钮后选择一条线段（剪刀线），再选取需要被裁剪的线段（鼠标处于保留侧），该线段将以剪刀线为界限完成裁剪；点裁剪，点击该按钮后选择一条线段（鼠标处于保留侧），再选取裁剪点，该线段完成裁剪。
- 【曲线过渡】通过该功能可以实现曲线间的过渡，软件为操作者提供了多种过渡方式：圆弧过渡，选取该选项后先输入要过渡圆弧半径，再选择要过渡的两条曲线即可实现倒圆功能；倒角，选取该选项后输入倒角角度和距离，再选择要倒角的两条曲线即可实现倒角功能；尖角，点击该按钮后所选的两条曲线将自动生成尖角。

●【曲线打断】通过该功能可以实现曲线打断，拾取要被打断的曲线，然后选择要打断的点即可。

●【曲线组合】通过该功能可以实现多条曲线的组合，选择要组合曲线，右击确定，即可组合曲线。

●【曲线拉伸】通过该功能可以实现曲线的拉伸，拾取要拉伸的曲线，选择需要拉伸的点或线即可。

●【曲线优化】通过该功能可以实现曲线的优化，选择要优化的曲线然后输入精度即可。

（4）文字选项卡

单击该按钮后弹出文字框输入文字即可，可对文字大小、字体等进行选择。

3. 曲面选项卡

曲面生成选项卡包括了直纹面、旋转面、扫描面等样式丰富的曲面造型命令；曲面编辑选项卡包括曲面裁剪、曲面过渡、曲面缝合、曲面拼接等曲面编辑命令。曲面选项卡如图2-14所示。

图2-14　曲面选项卡

（1）曲面生成选项卡

●【直纹面】通过该功能可以生成直纹曲面，软件为操作者提供了多种生成方式：曲线+曲线，由两条曲线生成曲面；点+曲线，由一个点和一条曲线生成曲面；曲线+曲面，由一条曲线和一张曲面生成曲面。

●【旋转面】通过该功能可以生成旋转曲面，选择旋转轴然后选择母线输入起始角和终止角即可。

●【扫描面】通过该功能可以生成扫描曲面，点击该按钮后先选择曲线的扫描方向输入扫描距离然后拾取曲线即可。

●【导动面】通过该功能可以实现导动面功能，软件为操作者提供了多种生成方式：平行导动，先拾取导动线选择方向再选择截面曲面即可；固接导动，先拾取导动线选择方向再拾取截面曲面，也可以选择双截面线；导动线+平面，先选择导动线，然后选取平面即可；导动线+边界线，先拾取导动线然后拾取边界曲线即可；双导动线，先拾取第一条导动线，再拾取第二条导动线，再拾取截面曲线即可；管道曲面，先拾取导动线，选择方向，输入起始半径和终止半径即可。

●【等距面】通过该功能可以实现等距面，输入等距距离然后点击平面选择方向即可。

● 【平面】通过该功能可以生成平面，软件为操作者提供了多种生成方式：裁剪平面，选择该选项后选择平面外轮廓线，右键确认可生成平面；工具平面，选择该选项后输入长和宽，选中一个点即可生成平面。

● 【边界面】通过该功能可以生成边界面，软件为操作者提供了多种生成方式：四边面，选择四条边即可生成边界曲面；三边面，选择三条边即可生成边界曲面。

● 【放样面】通过该功能可以生成放样面，软件为操作者提供了多种生成方式：截面曲线，选取截面曲线即可；曲面边界，先在第一条曲面边界上拾取其所在曲面，再拾取截面曲线，再在第二条曲面边界上拾取其所在曲面即可。

● 【网格面】通过该功能可以生成网格面，先拾取 U 向截面线，再拾取 V 向截面线，右键确认即可。

● 【实体表面】通过该功能可以生成实体表面，拾取绘制完成的实体表面即可。

（2）曲面编辑选项卡

● 【曲面裁剪】：通过该功能可对几个相交曲面进行裁剪，拾取被裁剪曲面（选取须保留的部分）即可。

● 【曲面过渡】通过该功能可对几个曲面进行过渡处理，软件为操作者提供了多种过渡方式：两面过渡，输入过渡半径，拾取第一张曲面，再拾取第二张曲面即可；三面过渡，先输入过渡半径，再依次拾取三张曲面即可。

● 【曲面缝合】通过该功能可对几个曲面进行缝合处理，拾取第一张曲面，再拾取第二张曲面即可将曲面进行缝合。

● 【曲面拼接】通过该功能可对几个曲面进行拼接处理，拾取要拼接的曲面即可将曲面进行拼接。

● 【曲面延伸】通过该功能可对曲面进行延伸处理，先输入要延伸曲面的长度，再拾取需延伸曲面的一侧即可进行曲面延伸。

● 【曲面优化】通过该功能可对曲面进行优化处理，拾取要优化曲面即可（可选择是否保留原曲面）。

● 【曲面重拟合】通过该功能可对两张曲面进行重拟合处理，拾取要重拟合的两张曲面即可（可选择是否保留原曲面）。

● 【曲面正反面】通过该功能可对曲面正反面进行改变，拾取曲面改变曲面方向，即可。

● 【查找异常曲面】通过该功能可对曲面进行异常查找，对三坐标内的曲面自动进行分析。

4. 特征功能选项卡

特征选项卡的功能区包括了拉伸增料、拉伸除料等实体建模命令，还包括常用的过渡、倒角等实体修改命令，特征选项卡如图 2-15 所示。

图 2-15　特征选项卡

（1）增料选项卡

- 【拉伸增料】通过该功能可对实体进行拉伸增料处理，单击该命令按钮后弹出对话框，在对话框中输入拉伸增料的深度然后选择草图即可，选择反向拉伸即可反向拉伸。
- 【旋转增料】通过该功能可对实体进行旋转增料处理，单击该命令按钮后弹出对话框先输入旋转角度在选择轴线和草图即可。
- 【放样增料】通过该功能可对实体进行放样增料处理，点击该命令按钮后拾取两个封闭轮廓线即可。
- 【导动增料】通过该功能可对实体进行导向增料处理，单击该命令按钮后先拾取轨迹线，再拾取轮廓截面线，然后选择平行导动还是固接导动即可。
- 【曲面加厚增料】通过该功能可对曲面进行加厚增料处理，单击该命令按钮后选择要加厚的曲面，并选择加厚的方向和是否闭合曲面填充即可。

（2）除料选项卡

- 【拉伸除料】通过该功能可对实体进行拉伸除料处理，单击该命令按钮后在跳出对话框输入深度，再选择草图，再选择拉伸方向即可。
- 【旋转除料】通过该功能可对实体进行旋转除料处理，单击该命令按钮后先输入旋转角度再拾取轴线和草图即可。
- 【放样除料】通过该功能可对实体进行放样除料处理，单击该命令按钮后拾取两个封闭轮廓线即可。
- 【导动除料】通过该功能可对实体进行异动除料处理，单击该命令按钮后先拾取轨迹线，再拾取轮廓截面线，然后选择平行导动还是固接导动即可。
- 【曲面加厚除料】通过该功能可对曲面进行加厚除料处理，单击该命令按钮后选择要加厚除料的曲面并选择加厚除料的方向和是否闭合曲面填充。
- 【裁剪】通过该功能可对曲面进行裁剪处理，单击该命令按钮后选择曲面然后选择除料方向即可。

（3）修改选项卡

- 【过渡】通过该功能可对曲面进行过渡处理，单击该命令按钮后拾取要过渡的边或面，输入半径即可。

- 【倒角】通过该功能可对曲面进行倒角处理，单击该命令按钮后拾取要倒角的边，输入距离和角度即可。
- 【筋板】通过该功能可对曲面进行加强筋板处理，单击该命令按钮后拾取草图，输入筋板厚度，选择加厚方向即可。
- 【抽壳】通过该功能可对曲面进行抽壳处理，单击该命令按钮后拾取要被抽掉的面，再输入其他面抽壳后的厚度即可。
- 【拔模】通过该功能可对曲面进行拔模处理，单击该命令按钮后拾取中性面，再选取拔模面输入拔模角度即可。
- 【打孔】通过该功能可对曲面进行打孔处理，单击该命令按钮后选择孔的类型，再拾取打孔平面即可。
- 【阵列】通过该功能可对曲面元素进行阵列处理，单击该命令按钮后拾取阵列对象和距离，再选择边/基准轴即可；
- 【环形阵列】通过该功能可对曲面元素进行环形阵列处理，单击该命令按钮后先选择阵列对象和角度，再选择边/旋转轴和数目即可。

（4）模具选项卡

- 【缩放】通过该功能可对曲面元素进行缩放处理，单击该命令按钮后在对话框输入收缩率，单击确认即可。
- 【型腔】单击该按钮后输入毛坯放大尺寸即可。
- 【分模】单击该按钮后选择分模曲面即可。

5. 加工选项卡

加工选项卡的功能区包括平面轮廓精加工、平面区域粗加工等二轴加工命令；包括等高线粗加工、等高线精加工、三维偏置加工、轮廓偏置加工等三轴加工命令；包括四轴加工、五轴加工等多轴加工命令；包括轨迹编辑、仿真、后置处理等加工编辑命令。加工选项卡如图 2-16 所示。

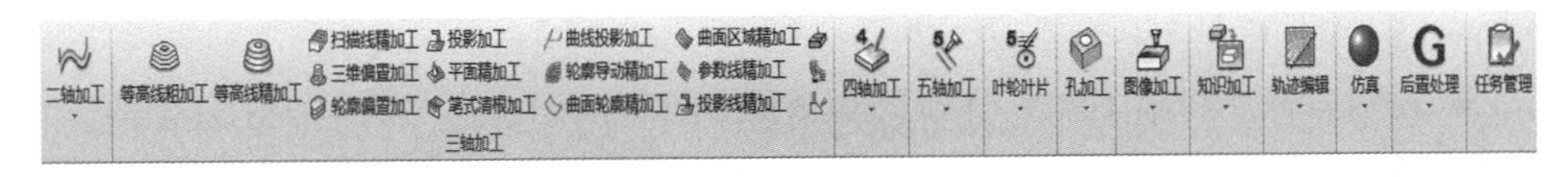

图 2-16 加工选项卡

（1）二轴加工

- 【平面轮廓精加工】主要用于加工封闭的和不封闭的轮廓，适合 2/2.5 轴精加工，支持具有一定拔模斜度的轮廓轨迹生成，可以为生成的每一层轨迹定义不同的余量，具有生成轨迹速度较快的特点。
- 【平面区域粗加工】生成具有多个岛的平面区域的刀具轨迹，适合 2/2.5

轴粗加工，支持轮廓和岛屿的分别清根设置，可以单独设置各自的余量、补偿及上下 刀信息。

- 【雕刻】主要用于在平面或者曲面上进行雕刻。

（2）三轴加工

- 【等高线粗加工】生成分层等高线粗加工轨迹，主要用于大面积的粗加工。
- 【等高线精加工】生成等高线精加工轨迹，用于曲面精加工。
- 【扫描线精加工】生成沿参数线加工轨迹。
- 【三维偏置加工】生成三维偏置加工轨迹。
- 【轮廓偏置加工】根据模型轮廓形状生成轨迹。
- 【投影加工】生成投影加工轨迹。
- 【平面精加工】在平坦部位生成平面精加工轨迹。
- 【笔式清根加工】生成笔式清根加工轨迹。
- 【曲线投影加工】拾取平面上的曲线，在模型某一区域内投影生成加工轨迹。
- 【轮廓导动精加工】平面轮廓法平面内的截面线沿平面轮廓线导动生成加工轨迹、平面轮廓的等截面导动加工。
- 【曲面轮廓精加工】生成加工曲面上的封闭区域的刀具轨迹。

（3）轨迹编程

- 【轨迹裁剪】用于裁剪轨迹。单击该按钮后先拾取需要裁剪的刀具轨迹，再拾取裁剪线即可。
- 【轨迹方向】用于改变刀具轨迹路径的方向。单击该按钮后拾取需要反向的刀具轨迹即可。
- 【插入刀位点】用于在刀具轨迹中插入刀位点。单击该按钮后可以在刀具轨迹中插入刀位点。
- 【删除刀位点】用于在刀具轨迹中删除刀位点。单击该按钮后拾取需要删除的刀位点即可。
- 【清除抬刀】用于在刀具轨迹中清除抬刀。单击该按钮后拾取需要清除的抬刀点即可。
- 【轨迹打断】用于对刀具轨迹进行打断。单击该按钮后拾取需要打断的轨迹即可。
- 【轨迹链接】用于对刀具轨迹进行链接。单击该按钮后拾取需要链接的轨迹即可。

6. 显示选项卡

显示选项卡的功能区包括了显示变换、渲染模式、视向设置、轨迹显示等命令。显示选项卡如图 2-17 所示。

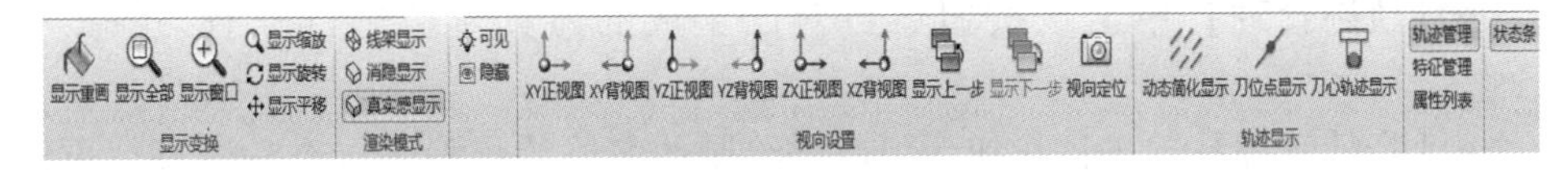

图 2-17　显示选项卡

（1）显示变换选项卡

- 【显示重画】通过该功能可对已绘制元素进行擦除痕迹处理。单击该按钮后会使画面刷新，擦除痕迹。
- 【显示全部】通过该功能可全部显示已绘制元素，单击该按钮后将已绘制的元素全部显示在绘图区域。
- 【显示窗口】通过该功能可对已绘制元素进行窗口显示处理。单击该按钮后可以以窗口形式显示所选的元素。
- 【显示缩放】通过该功能可对已绘制元素进行缩放显示。单击该按钮后按一定比例自动缩小窗口。
- 【显示旋转】通过该功能可对已绘制元素进行旋转处理。单击该按钮后可以利用鼠标左键对已绘制元素进行旋转。
- 【显示平移】通过该功能可对已绘制元素进行平移处理。单击该按钮后可以利用鼠标左键对已绘制元素进行平移。

（2）渲染模式选项卡

- 【线架显示】通过该功能可对已造型实体以线架形式进行显示。
- 【消隐显示】通过该功能可对已造型实体以线条形式显示。
- 【真实感显示】通过该功能可已造型实体以实体形式显示。
- 【可见】通过该功能可重新显示已隐藏的曲线、曲面。
- 【隐藏】通过该功能可隐藏已绘制的曲线、曲面。

（3）视向设置选项卡

软件为操作者提供了多种视向：XY 正视图、XY 背视图、YZ 正视图、YZ 背视图、ZX 正视图、XZ 背视图，操作者可以结合自己所需进行选择。

（4）轨迹显示选项卡

- 【动态简化显示】通过该功能可对已生成的轨迹进行仿真模拟处理。单击该按钮后拾取相关刀具轨迹，即可实现轨迹动态化显示。
- 【刀位点显示】通过该功能可对已生成的轨迹进行仿真模拟处理。单击该按钮后拾取相关刀具轨迹，即可实现轨迹刀位点显示。
- 【刀心轨迹显示】通过该功能可对已生成的轨迹进行仿真模拟处理。单击该按钮后拾取相关刀具轨迹，即可实现刀具中心轨迹显示。

【其他选项卡】

●【轨迹管理】单击该按钮后可对已生成的刀具轨迹进行查看、隐藏等管理。

●【特征管理】单击该按钮后可对已绘制的实体的步骤进行查看管理，更改实体特征等也在该按钮操作后进行查看管理。

●【属性列表】单击该按钮后，拾取相关曲线或曲面可以查看其属性值。

●【状态条】可对命令栏实现打开和关闭功能。

7. 工具选项卡

工具选项卡的功能区包括坐标系、查询、拾取工具等命令，工具选项卡如图2-18所示。

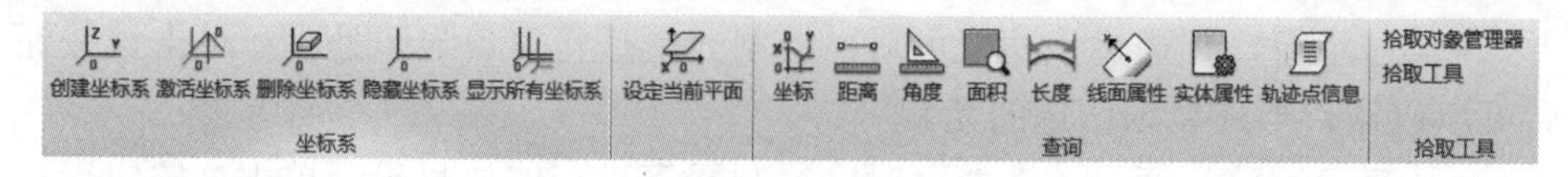

图 2-18　工具选项卡

（1）坐标系选项卡

●【创建坐标系】通过该功能可创建新的坐标系。单击该按钮后拾取一个点，输入坐标名即可创建。

●【激活坐标系】通过该功能可激活已有的坐标系。单击该按钮后拾取需要激活坐标系即可。

●【删除坐标系】通过该功能可删除已有的坐标系。单击该按钮后拾取需要删除坐标系即可。

●【隐藏坐标系】通过该功能可隐藏已有的坐标系。单击该按钮后拾取需要隐藏的工作坐标即可。

●【显示所有坐标系】通过该功能可显示已有的所有坐标系。单击该按钮后即可显示所有坐标。

●【设定当前平面】通过该功能可对当前平面进行设定。单击该按钮后拾取所需要平面进行设置即可。

（2）查询选项卡

●【坐标】通过该功能可对当前点坐标进行查询。单击该按钮后拾取坐标点即可。

●【距离】通过该功能可对两个点坐标距离进行查询。单击该按钮后选取要测量的线两端点即可。

●【角度】通过该功能可对两条线段的角度进行查询。单击该按钮后选取两条线即可。

● 【面积】通过该功能可对封闭轮廓的面积进行查询。单击该按钮后选取一个封闭轮廓即可。

● 【长度】通过该功能可对线段的长度进行查询。单击该按钮后选取要测量的线段即可。

● 【线面属性】通过该功能可对已绘制的线段、曲面等属性进行查询。单击该按钮后选取要测量的直线或面即可。

● 【实体属性】通过该功能可对已绘制的实体属性进行查询。单击该按钮后选取实体即可。

● 【轨迹点信息】通过该功能可对已生成的轨迹点进行查询。单击该按钮后显示轨迹点的信息。

8. 设置选项卡

设置选项卡的功能区包括当前颜色、层设置、材质设置、系统设置等命令。设置选项卡如图 2-19 所示。

图 2-19　设置选项卡

● 【当前颜色】通过该功能可对当前颜色进行修改。单击该按钮后对选择线和面的颜色进行改变。

● 【层设置】通过该功能可对层设定进行修改、新建、删除等管理修改，点击该按钮后可以修改、新建、删除图层。

● 【拾取过滤设置】通过该功能可选择拾取的对象进行过滤设置。

● 【光源设置】通过该功能可对光源进行设置。

● 【材质设置】通过该功能可对材质进行设置。

● 【系统设置】通过该功能可对系统进行设置。

2.2.3　绘图区

绘图区是用户进行绘图设计的工作区域，它位于屏幕的中心，并占据了屏幕的大部分面积，为显示全图提供了空间。在绘图区的中央设置了一个三维直角坐标系，该坐标系称为世界坐标系，坐标原点（0.0000，0.0000，0.0000），操作者可以自己单独创建坐标系，也可以把软件默认生成的坐标系作为数控铣床编程的零点。刀具路径轨迹生成及 G 代码生成，可以根据操作者所选择的坐标系生成 G 代码及坐标数值。

2.2.4 特征树、轨迹树

特征树记录了零件生成的操作步骤，操作者可以直接在特征树中对零件特征进行编辑修改。轨迹树记录了生成的刀具轨迹中刀具、加工方式、加工参数等信息，操作者可以通过轨迹树对刀具轨迹进行编辑及参数修改。特征树、轨迹树如图 2-20 所示。

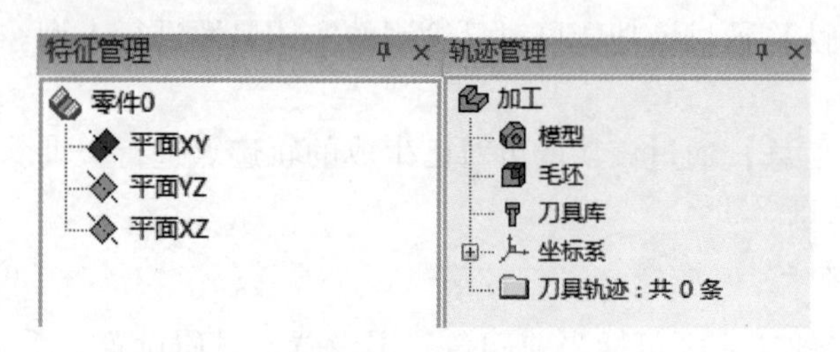

图 2-20　特征树、轨迹树

2.2.5 CAXA 制造工程师常用键的基本操作

1. 鼠标键

（1）鼠标左键

可以用来激活菜单，确定位置点、拾取元素等。

例如，要画一条直线，要先把鼠标光标移动到曲线选项卡，单击“直线”命令按钮，激活画直线功能。此时，在命令提示区出现下一步操作的提示：“第一点:”，把光标移动到绘图区内，在合理位置按鼠标左键，即确定直线的一个端点；再根据提示“第二点”，把光标移动到绘图区内，在合理位置按鼠标左键，即定义出直线的另一个端点，这就生成了一条直线。

（2）鼠标右键

用来确认拾取、结束操作、终止命令。

例如：在删除绘图元素时，当拾取完毕要删除的元素后，按鼠标右键就可以删除被拾取的元素；在生成样条曲线的过程中，当完成点的输入后，按鼠标右键就可以结束输入点的操作，生成样条曲线。

（3）鼠标中键

通过鼠标中键的滚动可以对元素进行缩放操作；按住鼠标中键，可以实现动态旋转功能，便于细节的观察及编辑等。

2. <Enter>键和数值键

在 CAXA 制造工程师中，在系统要求输入坐标或数值时，<Enter>键和数值键可以激活一个坐标输入条，在输入条中可以输入坐标值。如果坐标值以@ 开始，表示为相对于前一个输入点的相对坐标；在某些情况也可以输入字符串，如角度线的绘制可用@ 30<45，其中 30 表示角度线距离，45 表示与第一象限的 X 轴夹角为 45°。

2.3 加工前的基本设置

2.3.1 颜色设置

CAXA 制造工程师软件提供了较为丰富的颜色选项，操作者可以按照自己的视觉习惯进行设置，通常而言会将绘图区的颜色更改为白底界面，便于绘图、截屏及打印等。在 CAXA 制造工程师的设置选项卡单击“系统设置”按钮即可弹出 CAXA 制造工程师软件的系统设置对话框。点按“颜色设置”进入颜色设置对话框，如图 2-21 所示。根据需要设置相关颜色，设置完成后单击“确定”按钮即可完成颜色的设置。如需恢复系统默认的颜色设置单击“缺省设置”按钮即可。

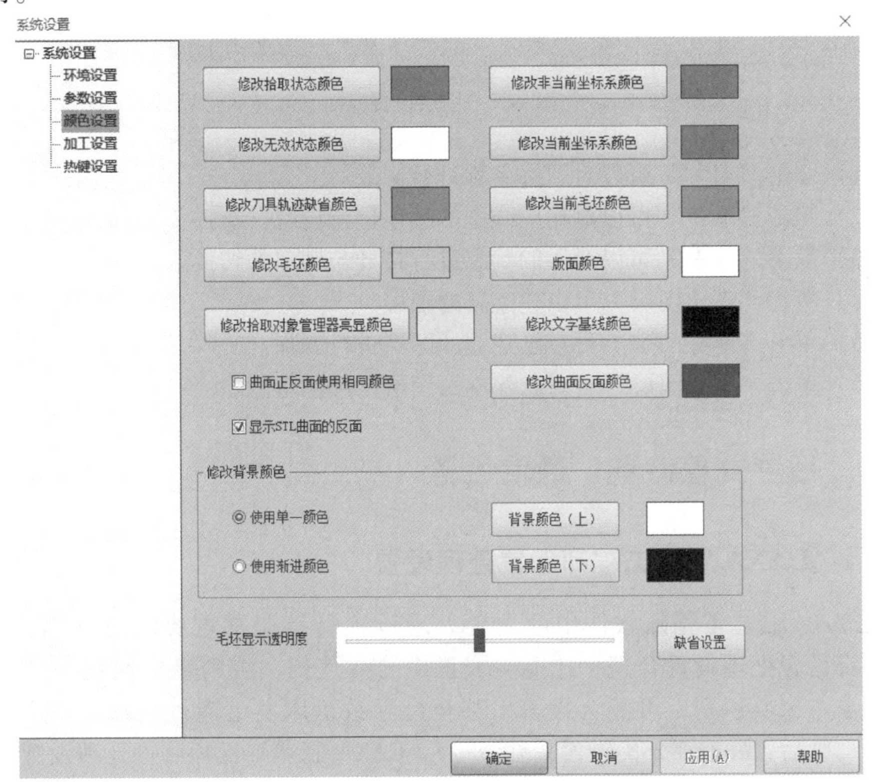

图 2-21 颜色设置对话框

2.3.2 图层设置

图层是CAXA制造工程师非常重要的管理方式，可以利用图层对指定的元素进行分层管理，相同图层元素具有相同的属性，更改起来非常便捷。在设置选项卡中单击“层设置”按钮，即可弹出层设置对话框，图层设置界面如图2-22所示。

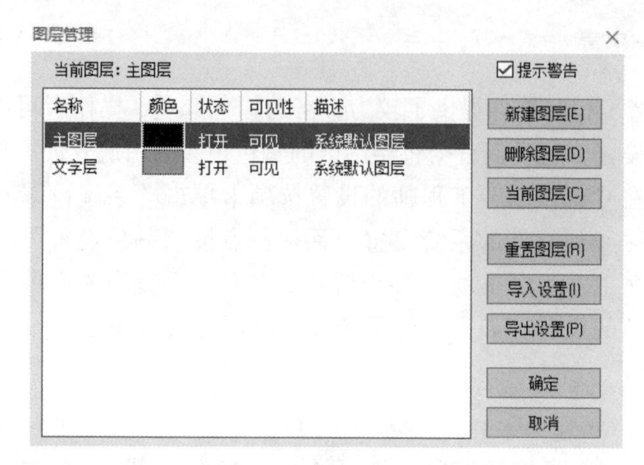

图2-22 图层设置界面

1）双击“名称”可以对图层名称进行修改。
2）双击“颜色”可以对相应线型的颜色进行设置。
3）双击“状态”可以对层的状态进行打开与锁定的切换。
4）单击“新建图层”可以建立新的图层。
5）单击“删除图层”可对已建立的图层进行删除。
6）单击“重置图层”可对已建立的图层全部进行删除。

2.4 后置处理设置、通信设置

2.4.1 CAXA制造工程师后置处理设置

CAXA制造工程师软件中的后置处理设置具有非常重要的意义和作用，只有将后置处理设置合理，才能生成正确的G代码。否则生成的程序将无法被数控车床所识别，可能会报警，甚至会导致机床发生撞机事故。CAXA制造工程师后置处理部分代码含义见表2-1，CAXA制造工程师后置处理设置值见表2-2。

表 2-1 CAXA 制造工程师后置处理部分代码含义

序号	代码	含义
1	@	换行
2	$	空格
3	$prog_no	程序名
4	$SPn_cw	M03，主轴正转
5	$Speed	S 指令
6	$SPn_ccw	M04 主轴反转
7	$Cool_on	M08，冷却开启
8	$Cool_off	M09，冷却关闭
9	$eob	行结束符
10	$prog_stop	程序停止
11	$seq	行号
13	$tool_comment	刀具注释
14	$safe_h	安全高度
15	#	屏蔽

表 2-2 CAXA 制造工程师后置处理设置值

项目	默认设置值	更改设置值

轮廓铣削	{
	$seq, $sgabsinc," G54 ", $sgcode, $startx, $starty, $speed, $spn_cw, $eob, @
	$seq," G43 ", $tool_adjust_reg, $startz, $cool_on, $eob, @
	$seq, $sgabsinc, $sgcode, $cx, $cy, $g00feed, $eob, @
	}
		{
		$seq, $sgabsinc," G54 G80 G40 ", @
		$seq, , $speed, $spn_cw, $eob, @
		$seq, $sgcode," G43 ", $tool_adjust_reg, $startz, $cool_on, $eob, @
		$seq, $g00feed, , $startx, $starty, $eob, @
		$seq, $sgabsinc, $sgcode, $cx, $cy, $g00feed, $eob, @
		}

钻孔加工	{
	$seq, $sgabsinc," G54 ", $sgcode, $startx, $starty, $speed, $spn_cw, $eob, @
	$seq," G43 ", $tool_adjust_reg, $startz, $cool_on, $eob, @
	$seq, $clearance, $eob, @
	}
		{
		$seq, $sgabsinc," G54 G80 G40 ", $eob, @
		$seq, $spn_cw, $speed, @
		$seq, $sgcode," G43 ", $tool_adjust_reg, $startz, $cool_on, $eob, @
		$seq, $sgcode, $startx, $starty, @
		$seq, $clearance, $eob, @
		}

（续）

项目	默认设置值	更改设置值

换刀	{
	#(",$process_name,")",$eob,@
	#"(=========LoadTool=====1===========)",$eob,@
	#"($tool_name",$tool_name,"$tool_rad=",$tool_rad,"$tool_corner_rad=",$tool_corner_rad,")",@
	#"($tool_num=",TT($tool_num),"$tool_cutcom_reg=",TT($tool_cutcom_reg),"$tool_cut_length=",$tool_cut_length,")",@
	#"(pathCoordinate:)",@
	#"($pathcoord0=",$pathcoord0,")",$eob,@
	#"($pathcoordx=",$pathcoordx,")",$eob,@
	#"($pathcoordy=",$pathcoordy,")",$eob,@
	#$seq,$tool_num,"M6",$eob,@
	#$seq,$tool_num,$tool_cutcom_reg,$tool_adjust_reg,"M6",$eob,@
	#$seq,$ntool_num,$eob,@
	#$seq,$rotatetable,$eob,@
	}
		{
		#"(",$process_name,")",$eob,@
		#"(=========LoadTool=====1===========)",$eob,@
		#"($tool_name",$tool_name,"$tool_rad=",$tool_rad,"$tool_corner_rad=",$tool_corner_rad,")",@
		#"($tool_num=",TT($tool_num),"$tool_cutcom_reg=",TT($tool_cutcom_reg),"$tool_cut_length=",$tool_cut_length,")",@
		#"(pathCoordinate:)",@
		#"($pathcoord0=",$pathcoord0,")",$eob,@
		#"($pathcoordx=",$pathcoordx,")",$eob,@
		#"($pathcoordy=",$pathcoordy,")",$eob,@
		$seq,$tool_num,"M6",$eob,@
		#$seq,$tool_num,$tool_cutcom_reg,$tool_adjust_reg,"M6",$eob,@
		#$seq,$ntool_num,$eob,@
		#$seq,$rotatetable,$eob,@
		}

2.4.2 CAXA 制造工程师通信设置

G 代码生成后，需将程序传输至数控机床上，通常用两种方式进行传输：CF 卡传输、RS232 接口传输，当操作者选用 RS232 接口传输时，需对机床的通信和 CAXA 制造工程师的通信进行设置，否则程序无法传输至数控机床。CAXA 制造工程师通信设置步骤如下：

单击 CAXA 制造工程师软件主菜单中的“通讯”→“标准本地通讯”→“设置”按钮，弹出通信参数设置对话框，主要对参数对话框中的波特率、数据口、发送前等待 XON 信号等结合所使用的数控机床进行设置即可，设置后的参数如图 2-23 所示。

提示：只有 CAXA 制造工程师软件和数控机床的波特率等参数设置一致，方可进行程序传输，否则将无法利用 RS232 接口实现程序传输功能。

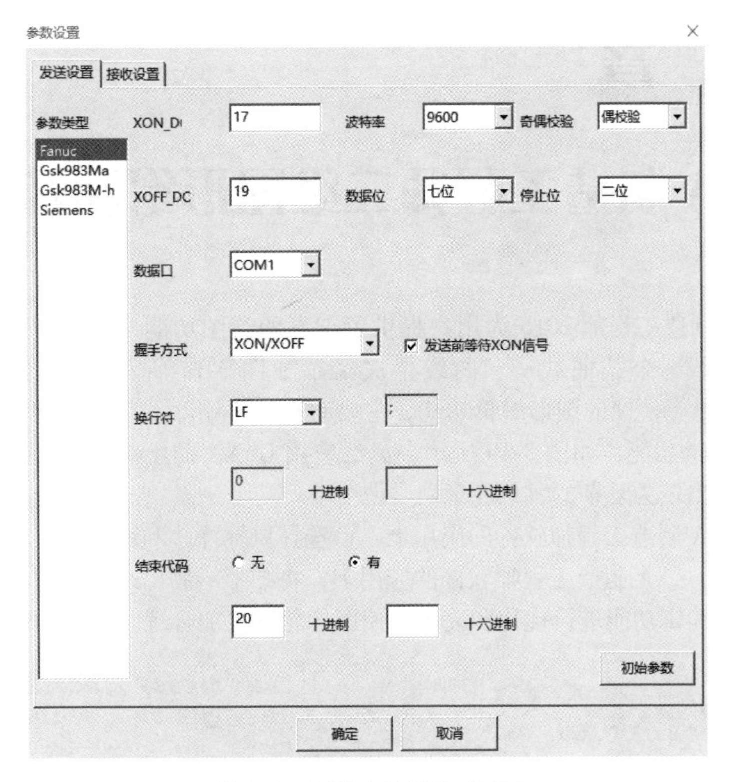

图 2-23　通信参数设置对话框

简　答　题

1. 简述 CAXA 制造工程师软件的界面含义。

2. 简述 CAXA 制造工程师软件中鼠标左键、中键、右键的功能。

3. 以 FANUC 系统为例，简述 CAXA 制造工程师软件如何进行后置处理的设置。

4. 试分析 CAXA 铣削程序如何传输至数控设备中，并简述几种不同传输方式的优缺点。

第3章

CAXA制造工程师二维图形绘制及编辑

CAXA制造工程师2016为用户提供了丰富的绘图功能，主要有点、线、圆弧、样条曲线、公式曲线等，曲线生成菜单如图3-1a所示；除绘图功能外，CAXA还提供了便捷的图形编辑功能，主要有拉伸、删除、裁剪、曲线过渡、曲线打断等编辑功能，如图3-1b所示。灵活应用CAXA的绘图功能、图形编辑功能可以绘制出较为复杂的零件轮廓。

在CAXA制造工程师软件的应用上，可选择鼠标操作和键盘输入命令操作两种方式。在CAXA制造工程师软件的应用上，将图形绘制出来后，通常情况都需要借助图形编辑功能进行优化和完善，使图像轮廓更加合理。

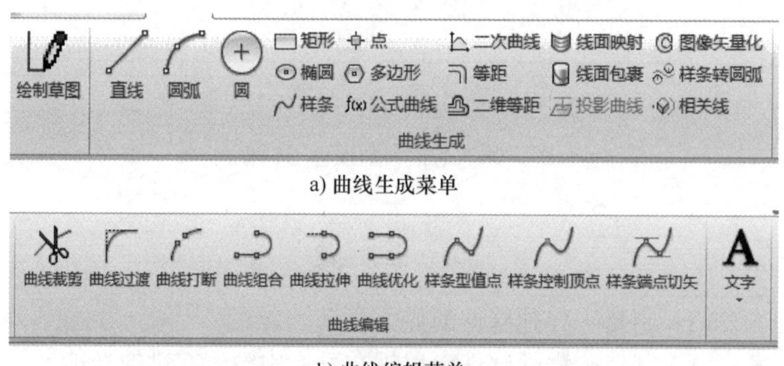

a) 曲线生成菜单

b) 曲线编辑菜单

图3-1　CAXA绘图功能菜单

3.1　简单要素的绘制

数控铣削加工的零件轮廓多以直线段构造而成，常见的有直线段、角度线、任意倒角线等。

3.1.1　直线的绘制与编辑

单击曲线生成工具栏上的“直线”按钮，即可激活直线绘制功能。通过左下角的菜单选择两点线、平行线、角度线、切线/法线、角等分线、水平/铅垂线六种方式中的一种，生成所需的直线，直线立即菜单如图 3-2 所示。

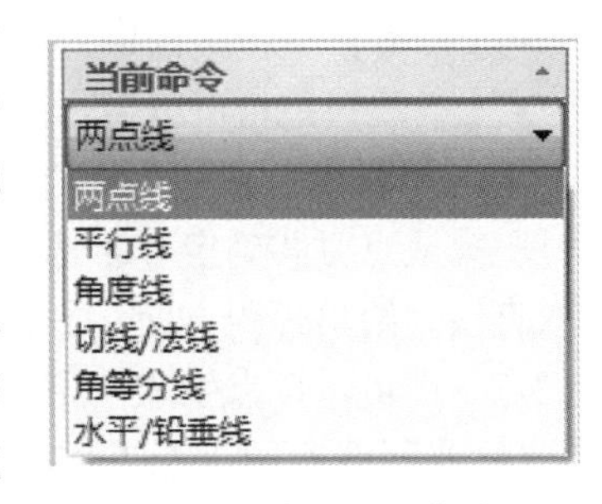

图 3-2 直线立即菜单

单击立即菜单，如图 3-2 所示，在立即菜单的下方弹出一个直线绘制方法的选择菜单。操作者可根据实际需求进行选择，直线的绘制方法主要有如下几种：

- 两点线：通过两个点生成一条直线。
- 平行线：按给定距离或通过给定的已知点绘制与已知线段平行、且长度相等的平行线段。
- 角度线：生成与坐标轴、已知直线具有一定角度的直线。
- 切线/法线：根据已知直线、圆弧、样条曲线生成相切或垂直的直线段。
- 角等分线：根据已知的两直线段生成其角度等分线。
- 水平/铅垂线：生成平行或垂直于当前平面坐标轴的给定长度的直线。

1. 两点线

通过两个点生成一条直线。选择两点线指令，弹出立即菜单，如图 3-3 所示。按照立即菜单的条件和提示要求，用鼠标拾取两点或利用键盘输入两个点的坐标/距离，则一条直线被绘制出来。

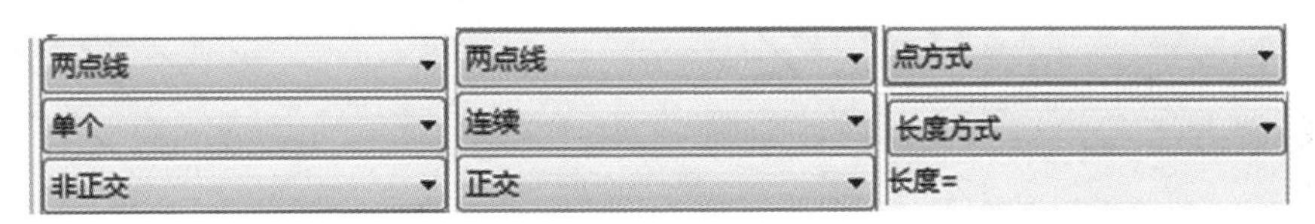

图 3-3 两点线立即菜单

- 【单个】用于绘制单条线段，每次都要提供起点和终点。
- 【连续】可连续绘制不间断线段，下一线段的起点为上一线段的终点。
- 【非正交】生成非正交（非水平或垂直线）的单个或连续线段。
- 【正交】生成正交（水平或垂直线）的单个或连续线段。
- 【点方式】通过输入点坐标或捕捉某一点，来定义直线段的端点。
- 【长度方式】以输入线段的长度数值的方式生成线段。

2. 平行线

按给定距离或通过给定的已知点绘制与已知线段平行且长度相等的平行线段。

- 【过点】是指过一点绘制已知直线的平行线。

- 【距离】是指按照输入的距离值绘制已知直线的平行线。
- 【条数】是指可以做出的平行线的数目。

单击“直线”按钮，在立即菜单中选择“平行线”，平行线的间隔距离可以通过距离或点方式确定。若选择距离方式，需输入距离值和条数。按状态栏提示拾取直线，给出等距方向，平行线生成。若为过点方式，按状态栏提示拾取需经过的点，即可过该点生成一条平行线。

1）平行线实例 1：过点方式绘制平行线，操作步骤如图 3-4a、图 3-4b、图 3-4c 所示。

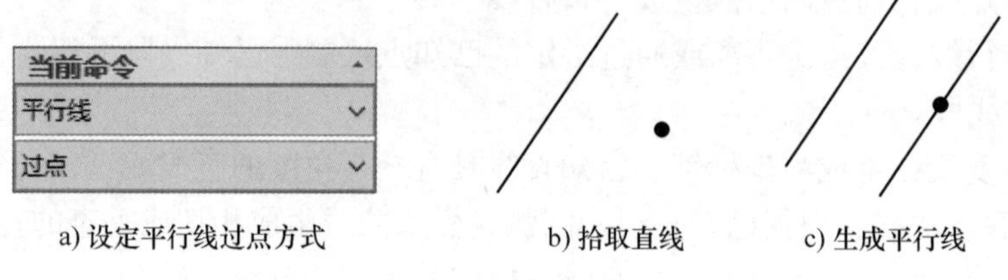

图 3-4　以过点方式绘制平行线步骤

2）平行线实例 2：以距离方式绘制多条平行线，操作步骤如图 3-5a、图 3-5b 所示。

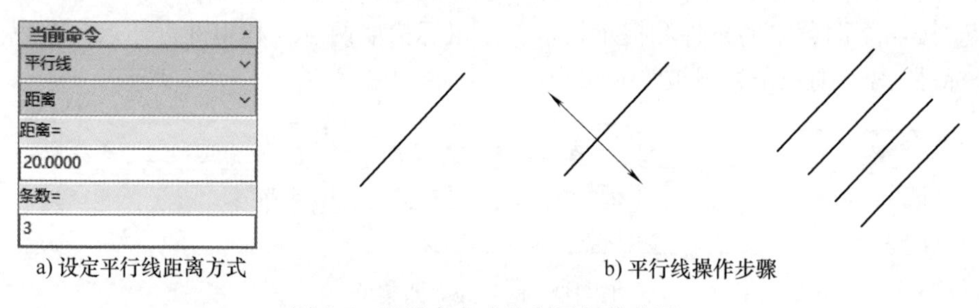

图 3-5　以距离方式绘制平行线步骤

3. 角度线

生成与坐标轴或一条直线成一定夹角的直线。

单击“直线”按钮，在立即菜单中可选择“角度线”，可选择直线夹角、X 轴夹角或 Y 轴夹角，输入角度值，如图 3-6 所示。若为直线夹角，拾取直线，给出第一点，给出第二点或长度，角度线生成。若为 X 轴夹角或 Y 轴夹角，设定好角度值后，给出第一点，给出第二点或长度，即可生成与 X 轴或 Y 轴的角度线。

角度线实例：

- 与 X 轴夹角：如图 3-7 所示，绘制出与 X 轴夹角为 30°的线，得到线段 a。

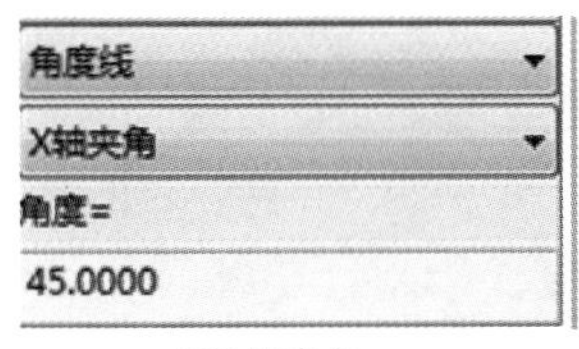

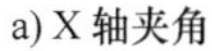

a) X 轴夹角

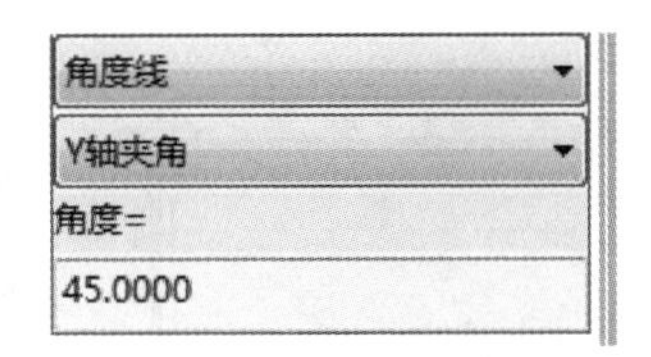

b) Y 轴夹角

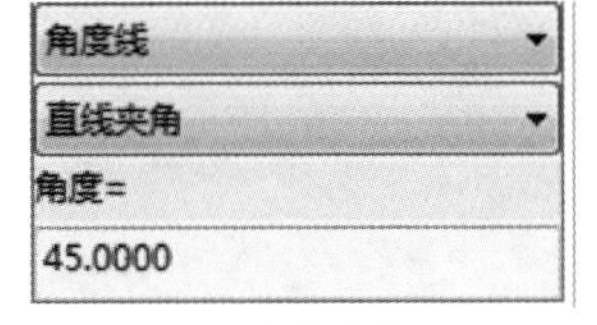

c) 直线夹角

图 3-6 角度线立即菜单

● 与 Y 轴夹角：如图 3-7 所示，绘制出与 Y 轴夹角为 30°的线，得到线段 b。

● 与直线夹角：如图 3-7 所示，绘制出与已有线段夹角为 30°的线，得到线段 c。

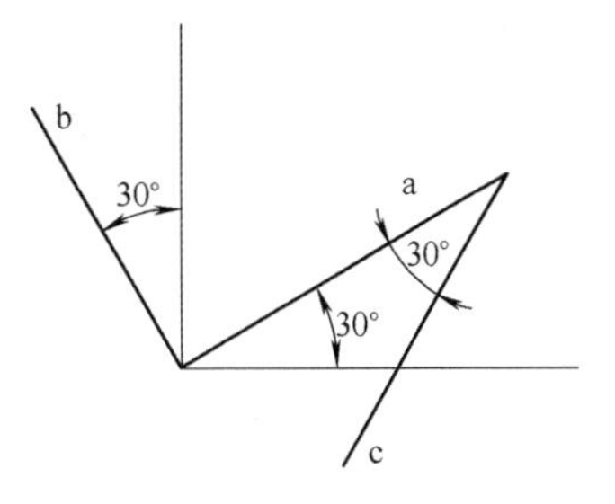

图 3-7 绘制角度线

4. 切线/法线

过给定点画已知曲线的切线或法线。如图 3-8 所示，以一整圆为例，过圆底端点绘制其切线如图 3-8a 所示，绘制法线如图 3-8b 所示。

5. 角等分线

按给定份数、给定长度，自动绘制完成一个角等分线。

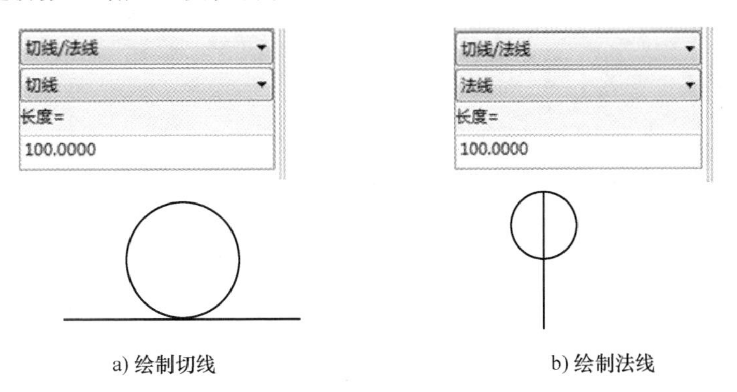

a) 绘制切线 b) 绘制法线

图 3-8 切线/法线立即菜单

角等分线实例：绘制角等分线操作步骤如图 3-9 所示。

6. 水平/铅垂线

生成平行或垂直于当前平面坐标轴的给定长度的线段。

绘制水平/铅垂线步骤如图 3-10 所示。单击“直线”命令按钮，在立即菜单中选择水平/铅垂线，选择水平（水平/铅垂+铅垂），输入直线中点，即可生成直线。

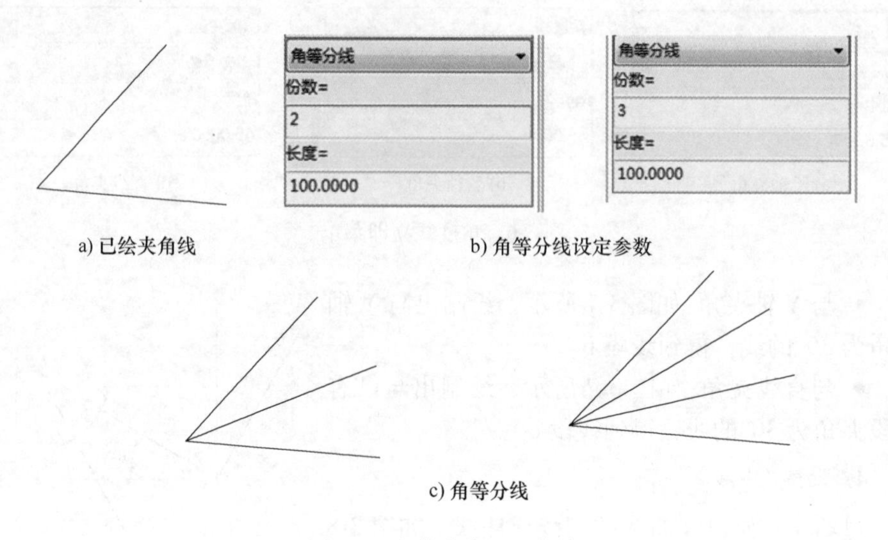

a) 已绘夹角线　　b) 角等分线设定参数

c) 角等分线

图 3-9　角等分线立即菜单

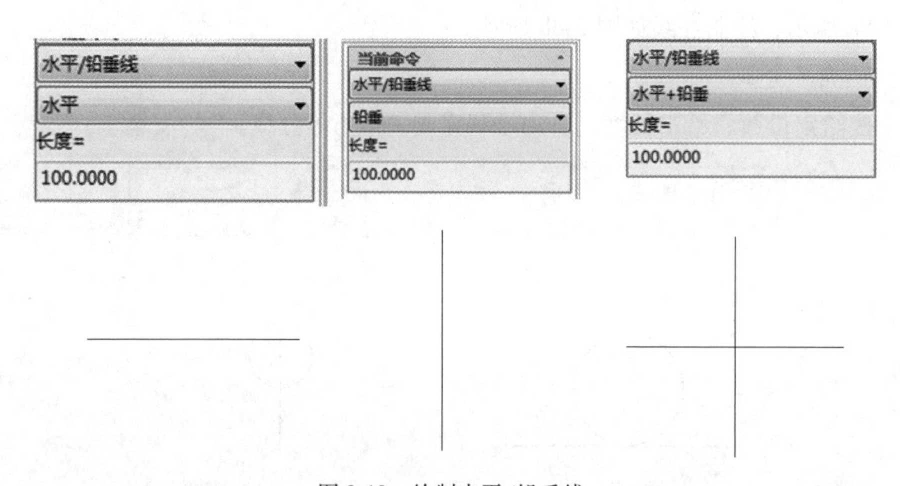

图 3-10　绘制水平/铅垂线

3.1.2　圆与圆弧的绘制与编辑

数控铣削加工的零件轮廓除常见的直线段构造外，还有利用圆弧、圆等构造的更为复杂的轮廓线。

单击曲线生成工具栏上的“圆”按钮，激活圆绘制功能。通过立即菜单“圆心_半径”“三点”“两点_半径”三种方式中的一种，生成所需的圆，圆立即菜单如图 3-11 所示。

1. 圆的绘制

单击立即菜单，在立即菜单的上方弹出一个整圆类型的选项菜单。操作者可根据实际需求对菜单中的转换开关进行选择。

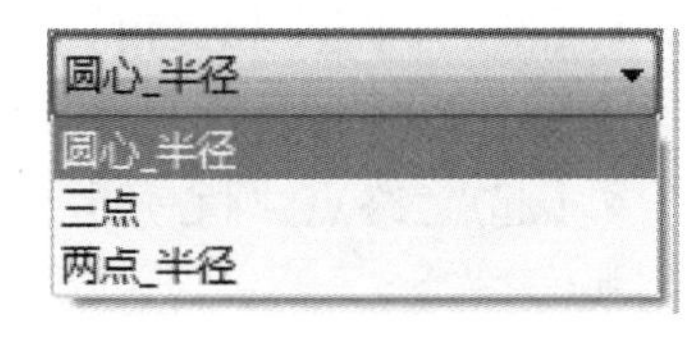

图 3-11　圆立即菜单

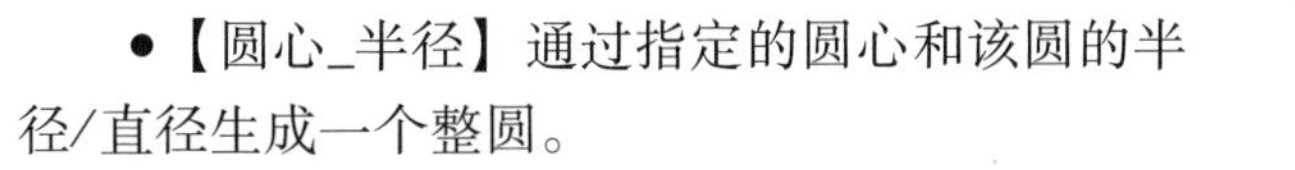

- 【圆心_半径】通过指定的圆心和该圆的半径/直径生成一个整圆。
- 【三点】通过指定的圆上的三个点生成一个整圆。
- 【两点_半径】通过指定的圆上的两个点和半径值生成一个整圆。

按照立即菜单的条件和提示要求，用鼠标选取圆心、整圆的两点，利用键盘输入圆半径值，或用鼠标点选整圆的三点，则指定的整圆被绘制出来。

圆生成方式见表 3-1。

表 3-1　圆生成方式

生成圆的方式	立即菜单	实　　例	说　　明
圆心_半径	圆心_半径		根据一个圆心点、半径构成一个整圆
三点	三点		根据圆上三点构成一个整圆
两点_半径	两点_半径		根据圆上的两点和给定的半径值构成一个整圆

2. 圆弧的绘制

单击曲线生成工具栏上的圆弧按钮，即可激活圆弧绘制功能。通过立即菜单选择“三点圆弧”“圆心_起点_圆心角”“圆心_半径_起终角”“两点_半径”“起点_终点_圆心角”“起点_半径_起终角”六种方式中的一种，生成所需的圆弧。圆弧立即菜单如图 3-12 所示。

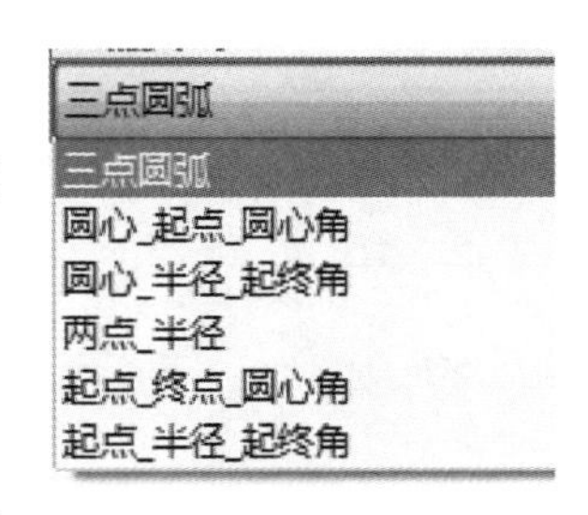

图 3-12　圆弧立即菜单

单击立即菜单，在立即菜单的上方弹出一个圆弧类型的选项菜单。操作者可根据实际需求对菜单中的转换开关进行选择。

- 【三点圆弧】通过指定的三点画圆弧，其中第一点为起点，第二点决定圆弧的位置和方向，第三点为终点。
- 【圆心_起点_圆心角】通过已知圆心、起点及圆心角生成圆弧。

- 【圆心_半径_起终角】通过圆弧的圆心、圆弧半径值和起终角生成圆弧。
- 【两点_半径】通过已知圆弧上的两个点和圆弧半径值生成圆弧。
- 【起点_终点_圆心角】通过圆弧的起点、圆弧的终点和该圆弧的圆心角生成圆弧。
- 【起点_半径_起终角】通过圆弧的起点、圆弧的半径和该圆弧的起终点生成圆弧。

提示：圆弧绘制中的立即菜单，相对较为直观，绘制圆弧时，根据实际情况进行选取即可。

圆弧生成方式见表 3-2 所示。

表 3-2　圆弧生成方式

生成圆弧的方式	立即菜单	实例	说明
三点圆弧	1: 三点圆弧		可根据圆弧上的任意三点绘制圆弧
圆心_起点_圆心角	1: 圆心_起点_圆心角		可根据圆心点、圆弧起点、圆心角绘制圆弧
圆心_半径_起终角	1: 圆心_半径_起终角 2:半径=3 3:起始角=0 4:终止角		根据圆心点、半径、起终角绘制圆弧
两点_半径	1: 两点_半径		可根据圆弧上的两点、圆弧半径绘制圆弧
起点_终点_圆心角	1: 起点_终点_圆心角 2:圆心角=60		可根据圆弧起点、终点、圆心角绘制圆弧
起点_半径_起终角	1: 起点_半径_起终角 2:半径=30 3:起始角=0 4:终止		可根据圆弧起点、半径、起始角、终止角绘制圆弧

3. 典型整圆/圆弧段的绘制及编辑

圆弧、整圆是制造工程师轮廓图形的基本要素之一，要快捷、正确地绘制圆弧、整圆，关键在于对整圆/圆弧绘图功能的灵活应用、对拾取点的把握、对图形编辑功能的熟练掌握。本节为了充分展示 CAXA 制造工程师圆弧、整圆、直线功能，虚构了一个连板图形进行项目案例介绍，展示圆弧、整圆的绘图功能，以达到举一反三的目的，连板图形如图 3-13 所示。

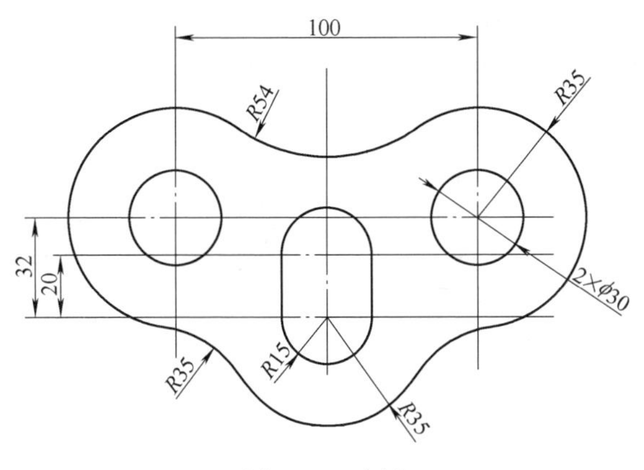

图 3-13　连板

1）单击 CAXA 制造工程师 2016 桌面快捷图标打开软件。

2）建立文件存储路径：单击“保存”按钮，弹出存储路径对话框，选取存储路径后单击“确定”按钮即可。本项目范例路径为：E：\2018-2019-2\CAXA 书籍\CAXA 制造工程师书籍\ 整圆圆弧命令范例，如图 3-14 所示。

E:\2018-2019-2\CAXA书籍\CAXA 制造工程师书籍\整圆圆弧命令范例.mxe

图 3-14　范例存储路径

3）单击曲线生成工具栏中的“直线”按钮，单击立即菜单中的【1：水平/铅垂线】、【2：水平+铅垂】、【3：长度】、【140】，点取绘图区域坐标系零点，绘制如图 3-15 所示的水平线和铅垂线。

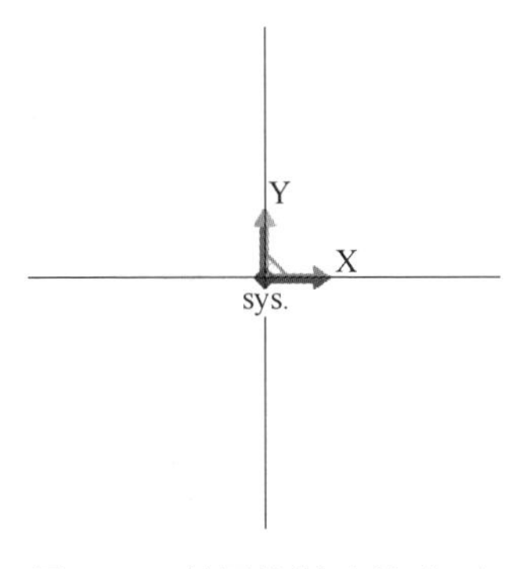

图 3-15　整圆绘制过程（一）

4）确定定位尺寸。单击曲线生成工具栏中的“直线”按钮，单击立即菜单中的【1：平行线】、【2：距离】、【3：距离 50】、【4：条数：1】，点取铅垂线，再点方向箭头向左和向右，重复执行平行线指令，输入数值 20、32，即可得到其他定位线，结果如图 3-16 所示。

5）单击曲线生成工具栏中的“圆”按钮，选取立即菜单中的【1：圆心_半径】，点选定位点（-50，32）作为圆心，通过键盘输入“15”，按<Enter>键，即可完成半径 15mm 的圆，同样方法绘制另一半径 15mm 的圆。重复执行圆指令，以（50，32）、（0，0）和（0，20）三点为圆心，绘制半径15mm的圆，如图3-17所示，绘制完成后按<Esc>键退出即可。

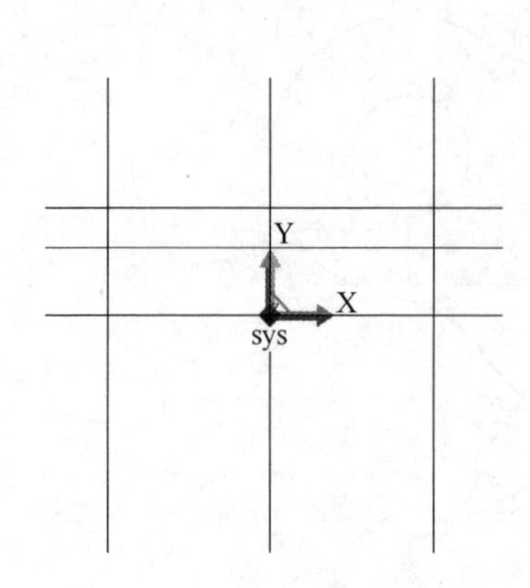

图3-16　整圆绘制过程（二）

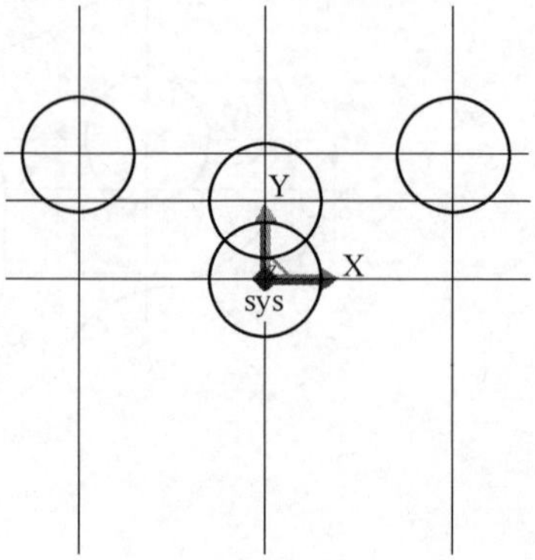

图3-17　半径15mm辅助圆绘制

6）单击曲线生成工具条中的“直线”按钮，单击立即菜单中的【1：两点线】、【2：单个】、【3：正交】、【4：点方式】，绘制如图3-18所示两条直线。

7）单击常用工具栏中的“删除”按钮删除和曲线工具栏中的“修剪”按钮曲线裁剪，修剪多余部分曲线，如图3-19所示。

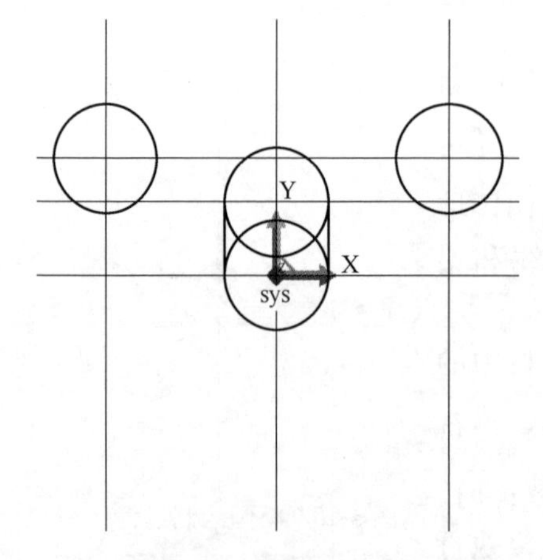

图3-18　直线段的绘制

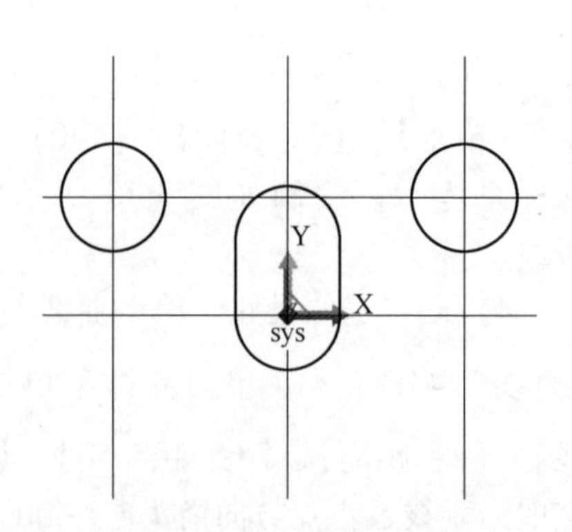

图3-19　多余曲线的裁剪

8）单击曲线工具栏中的“圆”按钮，单击立即菜单中的【1：圆心_半径】，点选定位点（-50，32）作为圆心，绘制辅助圆，输入“35”，按<Enter>键，即可完成半径35mm的圆。重复执行整圆指令，以（50，32）、（0，0）为圆心，分别绘制半径35mm的圆，如图3-20所示，绘制完成后按<Esc>键退出即可。

9）单击曲线生成工具栏中的“圆弧”按钮，单击立即菜单中的【1：两点_半径】，按空格键弹出如图3-21所示的捕捉点快捷菜单，选择切点，分别单击相邻两圆进行“切点、切点、半径”方式绘制圆弧：在圆心点（−50，32）、（0，0）的圆上分别自动捕捉切点，通过键盘输入“35”，按<Enter>键，即可完成半径35mm的圆弧，且与两圆相切。利用同样方法绘制其他两个相切的圆弧，如图3-22所示。绘制完成后按<Esc>键退出即可。

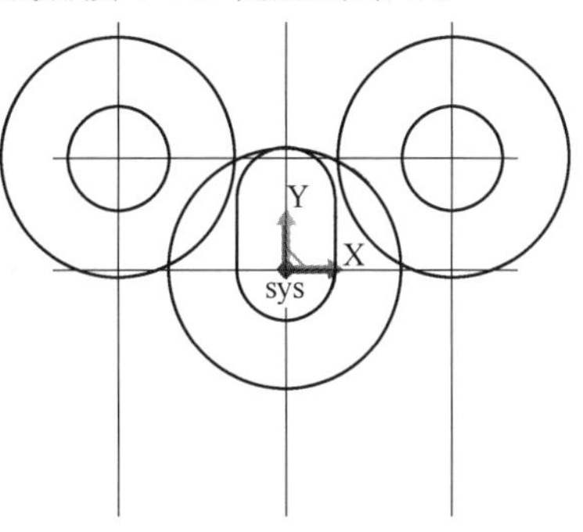

图3-20　*R*35mm圆的绘制

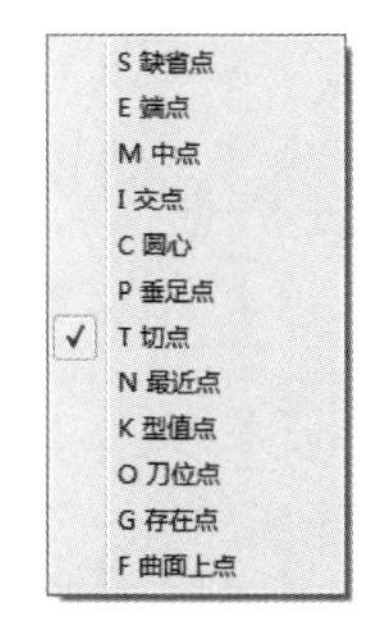

图3-21　捕捉点下拉菜单

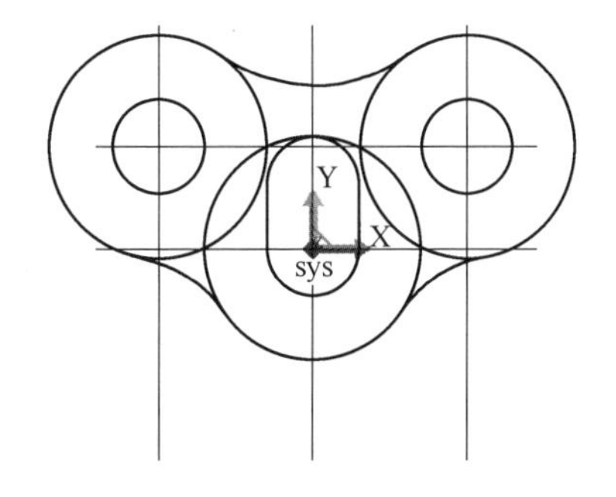

图3-22　圆弧过渡

10）通过上述的绘制过程，连板已基本成形，借助修剪工具对其进行裁剪即可完成制作。单击曲线编辑工具栏中的“删除”按钮、“曲线裁剪”按钮，根据提示，拾取需要被裁剪的线段或进行删除即可。修剪后的图形如图3-23所示。

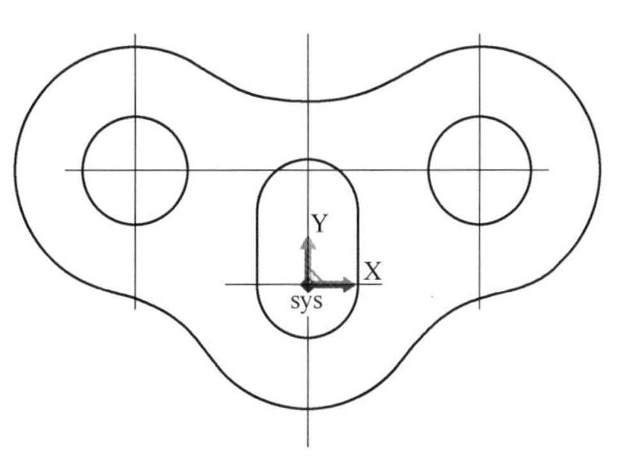

图3-23　修剪处理后的连板图

3.1.3　等距线的绘制与编辑

绘制给定曲线的等距线，单击方向箭头可以绘制等距线。

1. 单根曲线

单击“等距”按钮，在立即菜单中选择等距，输入距离，拾取曲线，选择等距方向，等距线即可生成。绘制步骤如图 3-24 所示。

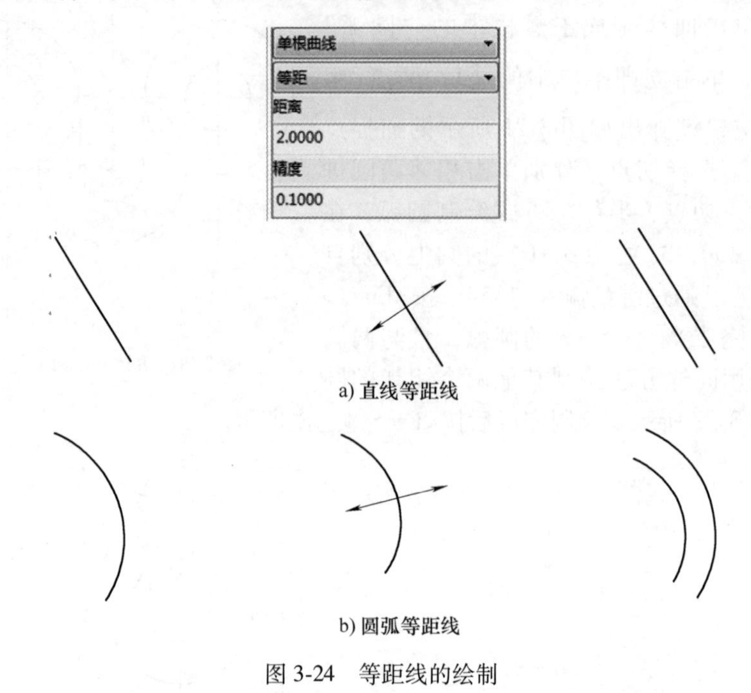

a) 直线等距线

b) 圆弧等距线

图 3-24　等距线的绘制

2. 组合曲线

除了可以对单根曲线绘制等距线，对于组合曲线也可以绘制等距线。组合曲线的等距线有两种过渡形式，分别是“组合曲线+直线”“组合曲线+圆弧”。采用“组合曲线+圆弧”，如图 3-25a 所示，单击按钮，在立即菜单中选择等距，输

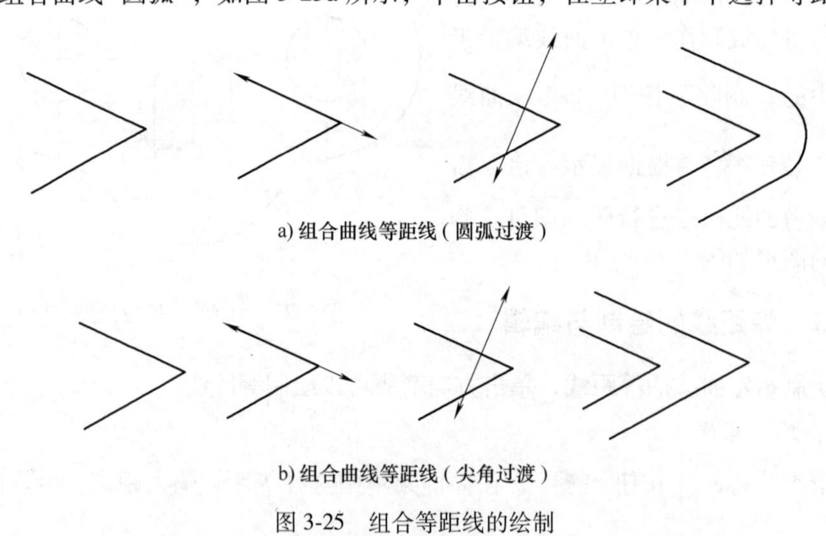

a) 组合曲线等距线（圆弧过渡）

b) 组合曲线等距线（尖角过渡）

图 3-25　组合等距线的绘制

入距离，拾取组合曲线，给出等距方向，等距线生成。采用“组合曲线+直线”，如图 3-25b 所示，单击按钮，在立即菜单中选择等距，输入距离，拾取组合曲线，给出等距方向，等距线生成。

3.1.4 样条曲线的绘制与编辑

复杂的零件除了直线、圆弧构成简单的轮廓外，还需要借助样条曲线进行构造。样条曲线是通过操作者给定相关顶点进行曲线拟合的样条线段，顶点坐标值可以通过鼠标选定、键盘输入或样条数据文件读取等形式给出。

1. 样条曲线的基本绘制方法

单击曲线生成工具栏上的“样条”按钮，即可激活样条曲线绘制功能。通过左侧栏的立即菜单选择“插值”“逼近”两种方式中的一种，生成所需的样条曲线。样条曲线立即菜单如图 3-26 所示。

图 3-26 样条曲线立即菜单

样条曲线的绘制步骤：单击立即菜单，在立即菜单的上方弹出一个样条曲线类型的选项菜单。操作者可根据实际需求对菜单中的转换开关进行选择。

（1）直接作图

通过鼠标给定、键盘输入的方式给出样条曲线的顶点坐标值，生成所需的样条曲线。顺序输入一系列点，系统根据给定的精度生成拟合这些点的光滑样条曲线。用逼近方式拟合一批点，生成的样条曲线品质比较好，适用于数据点比较多且排列不规则的情况。

【闭曲线】是指首尾相接的样条线。

【开曲线】是指首尾不相接的样条线。

（2）从文件读入

对于叶轮之类的样条曲线，由于其坐标点数较多，通过鼠标、键盘方法直接作图效率较低，且不精确。通过文件导入数据的方式绘出样条曲线较为合理。单击常用工具栏的“导入模型”按钮，找到指定文件夹后，选中数据文件（ *. dat 文件），软件将自动生成样条曲线。通过导入模型生成的样条曲线如图 3-27 所示。

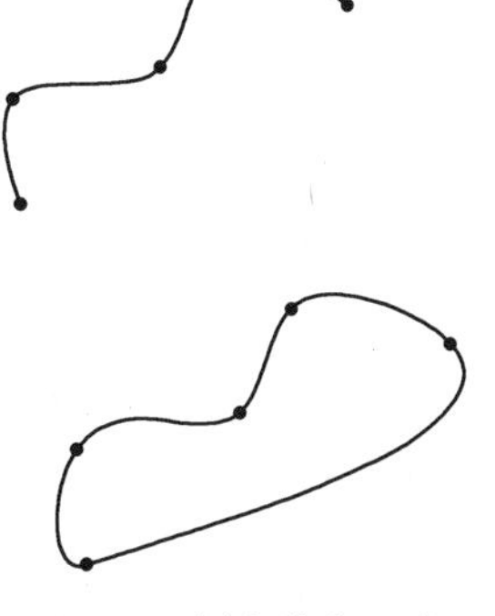

图 3-27 样条曲线生成

2. 典型样条曲线的绘制与编辑

样条曲线可以直接用鼠标操作完成，该方法相对简单。还有一种相对精确的操作方法就是利用现有的.dat 文件中的关键字生成开曲线或闭曲线。关键字 OPEN 表示开，CLOSED 表示闭合。没有 OPEN 或 CLOSED 的情况下默认为 OPEN。操作时可从样条功能函数处读入.dat 文件，也可从打开文件处读入.dat 文件。

例：

某叶轮曲线.dat 文件内容如下：

SPLINE
OPEN
7
15.0578，-38.5221，-0.0000
9.7506，-40.4552，-3.9523
4.9017，-41.9681，-8.5921
0.8008，-43.9576，-13.7361
-2.3747，-47.3994，-18.7416
-4.8445，-52.5897，-22.4812
-7.3561，-58.6341，-24.5000
SPLINE
OPEN
7
17.0533，-37.6813，-0.0000
11.8545，-39.8895，-3.9523
7.0914，-41.6541，-8.5921
3.1003，-43.8554，-13.7361
0.1093，-47.4587，-18.7416
-2.0856，-52.7712，-22.4812
-4.2774，-58.9387，-24.5000
SPLINE
OPEN
7
5.8562，-15.8937，-10.0000
2.0282，-20.1342，-17.1110
-0.6451，-25.5343，-23.7352
-2.3108，-32.8384，-28.6366
-3.5795，-41.2836，-31.3550
-5.1602，-50.0458，-32.4837

-8. 0303, -58. 5456, -32. 5000
SPLINE
OPEN
7
8. 5272, -14. 6354, -10. 0000
5. 2380, -19. 5435, -17. 0893
2. 7895, -25. 3057, -23. 6533
1. 1626, -32. 7485, -28. 5652
-0. 2986, -41. 2614, -31. 3441
-1. 6591, -50. 1741, -32. 4780
-3. 9268, -58. 9631, -32. 5000
EOF

直角坐标系中样条 . dat 文件的格式说明（参考上面例子中的 . dat 文件）：

第 1 行应为关键字 SPLINE。

第 2 行应为关键字 OPEN 或 CLOSED，若不写此关键字则默认为 OPEN。

第 3 行应为所绘制的样条的型值点数，这里假设有 7 个型值点。如果有 7 个型值点，则第 4~10 行应为型值点的坐标，每行描述一个点，用三个坐标 X、Y、Z 表示，Z 坐标为 0。

如果文件中要做多个样条，则从下一行开始继续输入 SPLINE……，格式如前所述。若文件到此结束，则最后一行可加关键字 EOF，也可以不加此关键字。本系统设置空行对格式没有影响。

通过读取数据的方式绘制样条曲线步骤如下：

1）单击 CAXA 制造工程师 2016 桌面快捷图标打开软件。

2）建立文件存储路径：单击保存按钮，弹出存储路径对话框，选取合适存储路径后单击“确定”按钮即可。本项目范例路径为：E：\ 2018-2019-2 \ CAXA 书籍 \ CAXA 制造工程师书籍 \ 样条曲线命令范例，如图 3-28 所示。

E:\2018-2019-2\CAXA书籍\CAXA制造工程师书籍\样条曲线命令范例.mxe

图 3-28 样条曲线命令范例存储路径

3）单击常用工具栏的“导入模型”按钮，找到指定文件夹 E：\ 2018-2019-2 \ CAXA 书籍 \ CAXA 制造工程师书籍 \ 叶轮样条数据. dat，如图 3-29 所示。单击打开按钮，自动生成叶轮样条曲线如图 3-30 所示。

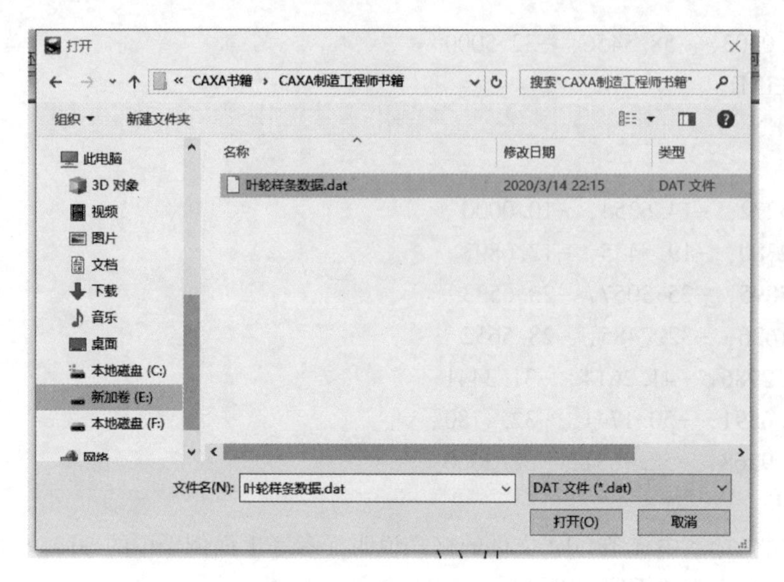

图 3-29 样条曲线数值导入

3.1.5 文字的输入与编辑

1）单击“曲线”中的“文字”，或者直接单击按钮。弹出文字输入对话框，如图 3-31 所示，在对话框中可以输入文字，并选择文字的定位点坐标。

2）如果需要改变字体，可以通过“字体设置”选项卡进行设置，如图 3-32 所示。同时 CAXA 制造工程师 2016r1 版添加了预显的功能，可以实时观察改动后的效果。

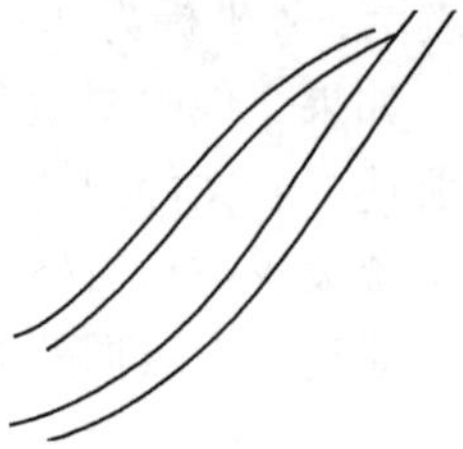

图 3-30 生成的叶轮曲线图

3.1.6 公式曲线的绘制与编辑

公式曲线即是数学表达式的曲线图形，也就是根据数学公式绘制出相应的数学曲线，公式的坐标既可以是直角坐标形式的，也可以是极坐标形式的。公式曲线为用户提供一种更方便、更精确的绘图手段，以适应某些形状精确的型腔、轨迹线形的绘制要求。操作者只要输入数学公式，给定参数，CAXA 制造工程师便会自动绘制出该公式描述的曲线。公式曲线相比样条曲线而言数据更加准确、线条更加光滑，常见的有椭圆、抛物线、双曲线等公式曲线。

1. 公式曲线的基本绘制方法

单击曲线生成工具栏上的“公式曲线”按钮，即可激活公式曲线绘制功能。通过弹出的公式曲线对话框选择直角坐标系、极坐标系等坐标系中的一种，

图 3-31 文字输入对话框（文字定位）

图 3-32 文字输入对话框（字体设置）

输入特定的参数、变量名、起终值等生成所需的公式曲线。

在编辑框中输入公式名、公式及精度。操作者可以单击【预显】按钮，在右上角的预览框中可以看到设定的曲线，如图 3-33 所示。

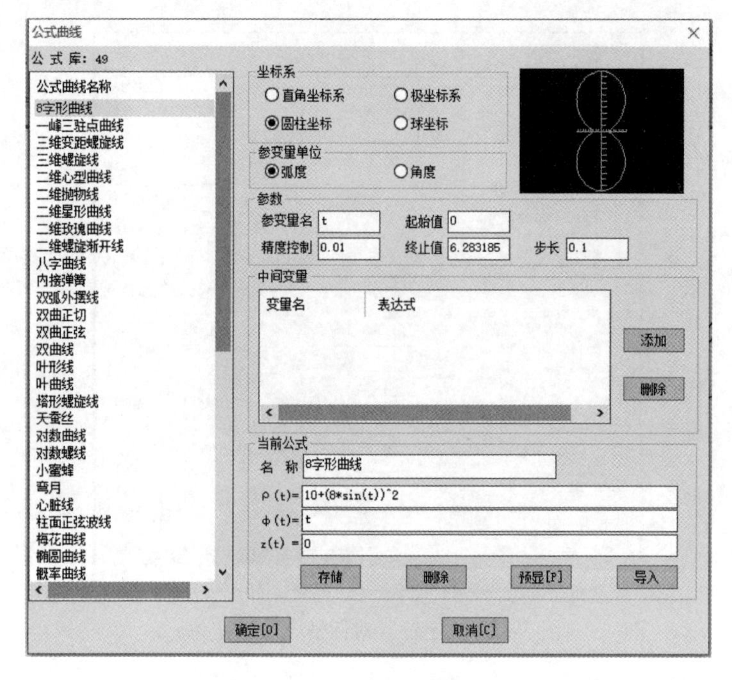

图 3-33　公式曲线对话框

操作者设定完曲线后，单击“确定”按钮，按照 CAXA 提示利用键盘输入定位点以后，生成公式曲线。公式及公式曲线如图 3-34 所示。

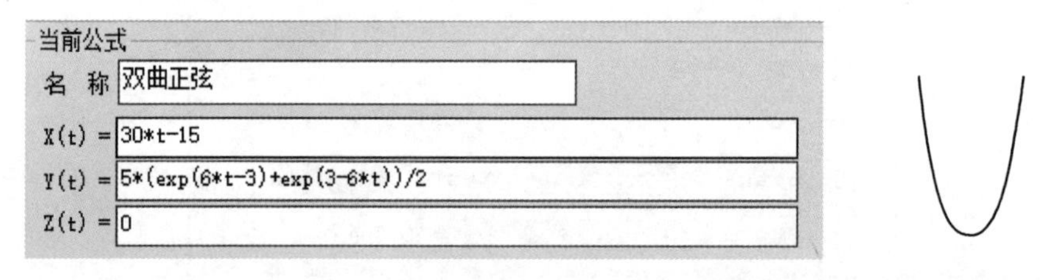

图 3-34　双曲正弦曲线公式及曲线

2. 公式曲线的案例

（1）案例 1：螺旋线公式

单击曲线生成工具栏上的“公式曲线”按钮，选择直角坐标系，输入曲线公式（输入时应为英文输入状态）：

X(t)= 30 * sin(t)

Y(t)= 30 * cos(t)

Z(t)= 5 * t/6.28

螺旋线参数设置如图 3-35a 所示，单击“确定”按钮，根据命令拾取曲线定

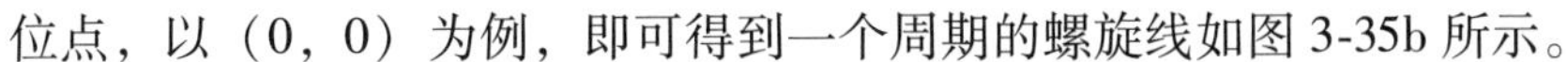
位点，以（0，0）为例，即可得到一个周期的螺旋线如图 3-35b 所示。

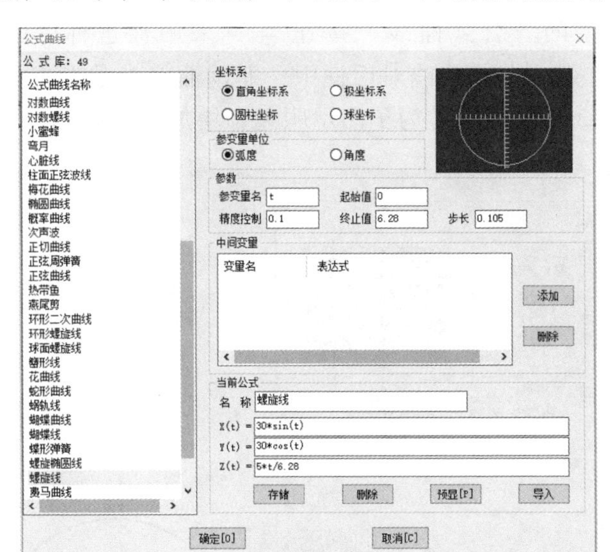

a) 螺旋线参数设置

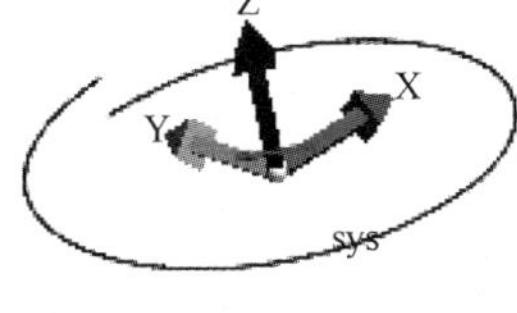

b) 单周期螺旋线

图 3-35 螺旋线参数设置与单周期螺旋线

（2）案例 2：螺旋线公式拓展

同上例，公式方程不变，将起始值和终止值设为【起始值：0】、【终止值：62.8】，则得到 10 个周期的螺旋线。螺旋线参数设置如图 3-36a 所示，10 个周期的螺旋线如图 3-36b 所示。

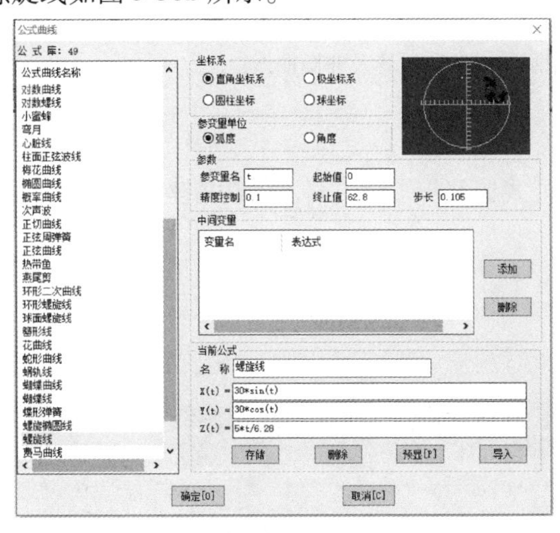

a) 螺旋线参数设置

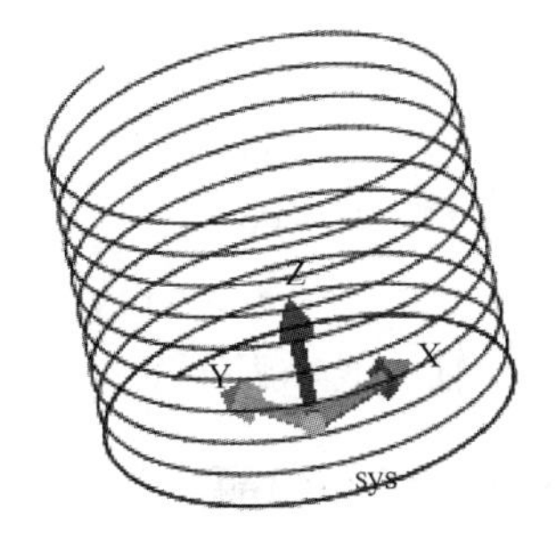

b) 10 个周期螺旋线

图 3-36 螺旋线参数设置与 10 个周期螺旋线

(3) 案例3：非圆曲线

单击曲线生成工具栏上的“公式曲线”按钮，采用极坐标的方程 ρ(t) = 1.5 * cos(t) + 13，输入公式曲线对话框中，非圆曲线参数设置如图3-37a所示，非圆曲线如图3-37b所示（为了图示明显，增加了象限轴）。

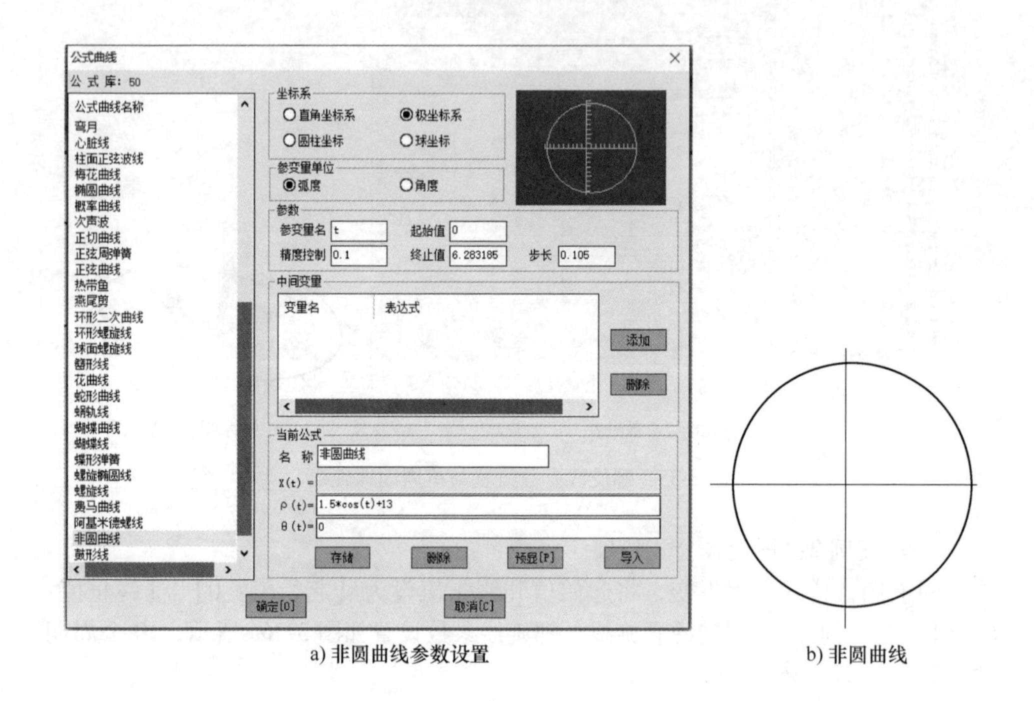

a) 非圆曲线参数设置　　b) 非圆曲线

图3-37　非圆曲线参数设置及非圆曲线

(4) 案例4：四轴曲线螺旋线

单击曲线生成工具栏上的“公式曲线”按钮，在直角坐标系下输入四轴曲线螺旋线公式：

X(t)= 27 * sin(t)；

Y(t)= 27 * cos(t)；

Z(t)= 3 * sin(3 * t)；

四轴曲线螺旋线参数设置如图3-38a所示，四轴曲线螺旋线如图3-38b所示。

3.1.7　线面包裹

线面包裹是将曲线以包裹的形式附着到曲面上，如图3-39所示。

在弹出的“线面包裹”对话框中，通过输入或者拾取圆锥底面中心点和轴

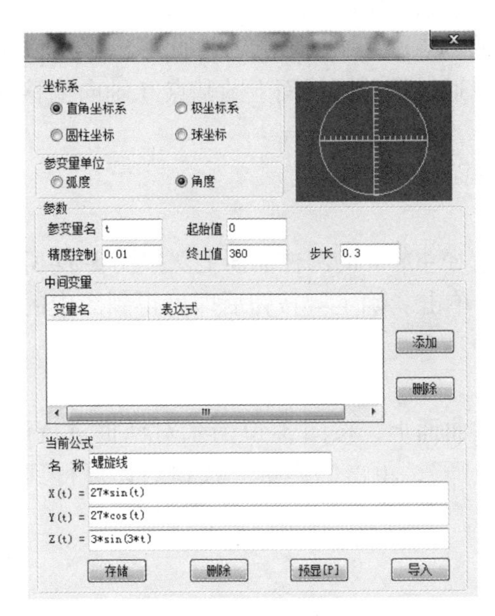

a) 四轴曲线螺旋线参数设置

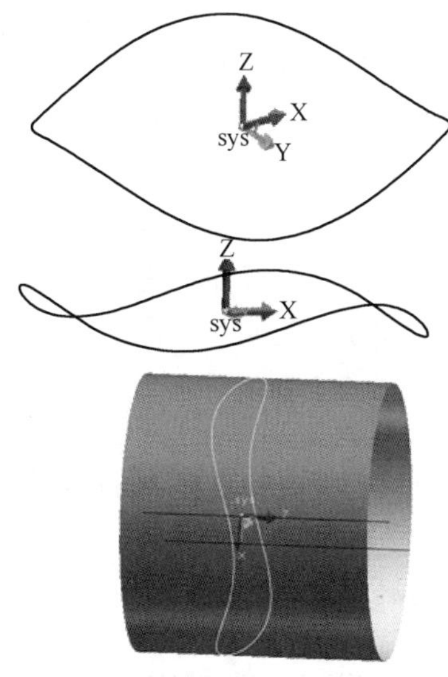

b) 四轴曲线螺旋线

图 3-38 四轴曲线螺旋线参数设置及四轴曲线螺旋线

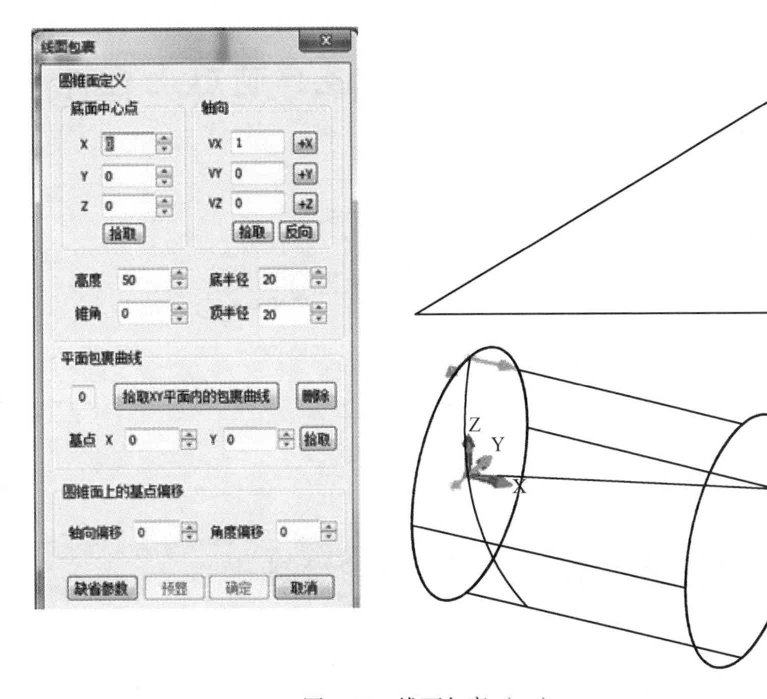

图 3-39 线面包裹（一）

向，定义好圆锥形状（高度，锥角，底半径和顶半径），然后拾取已经存在的用来包裹的曲线，并定义好拾取的曲线的基点（默认是原点），此时已经可以预览曲线包裹在圆锥面上的效果了。还可以通过调节圆锥面上的基点（轴向偏移和角度偏移）来调整包裹的位置。

注意：包裹曲线目前只支持 XY 平面内的曲线。

（1）案例 1

将一条水平直线和斜线包裹在一直径 40mm 的圆柱曲面上。按图 3-39 所示对话框进行设置，选取 XY 平面两条线，单击“确定”按钮后即可得到图中的线面包裹。

（2）案例 2

将文字包裹在一直径 36mm 的圆柱曲面上，按图 3-40 所示对话框进行设置，选取 XY 平面内文字“CAXA 制造工程师”，单击“确定”按钮后即可得到图中的线面包裹。

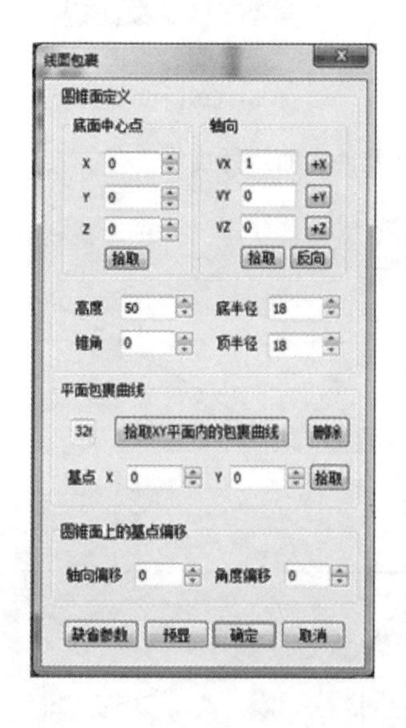

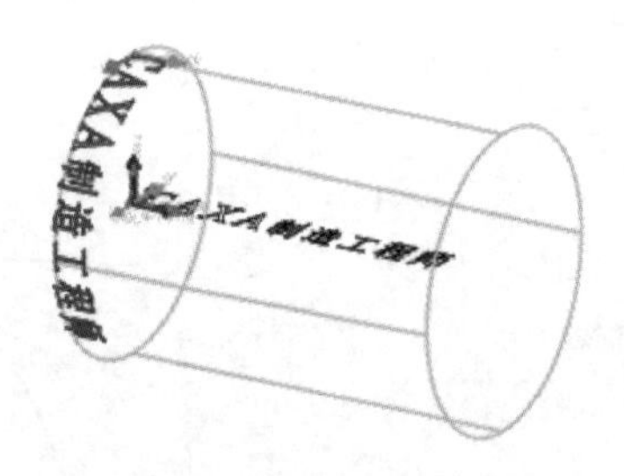

图 3-40　线面包裹（二）

3.2　CAXA 制造工程师典型案例的绘制

通过以上内容，对 CAXA 制造工程师软件的绘图功能有了一个基本的认知和了解。本节将在上节基础上展开一个典型案例——复杂二维平面轮廓的绘制，如图 3-41 所示。

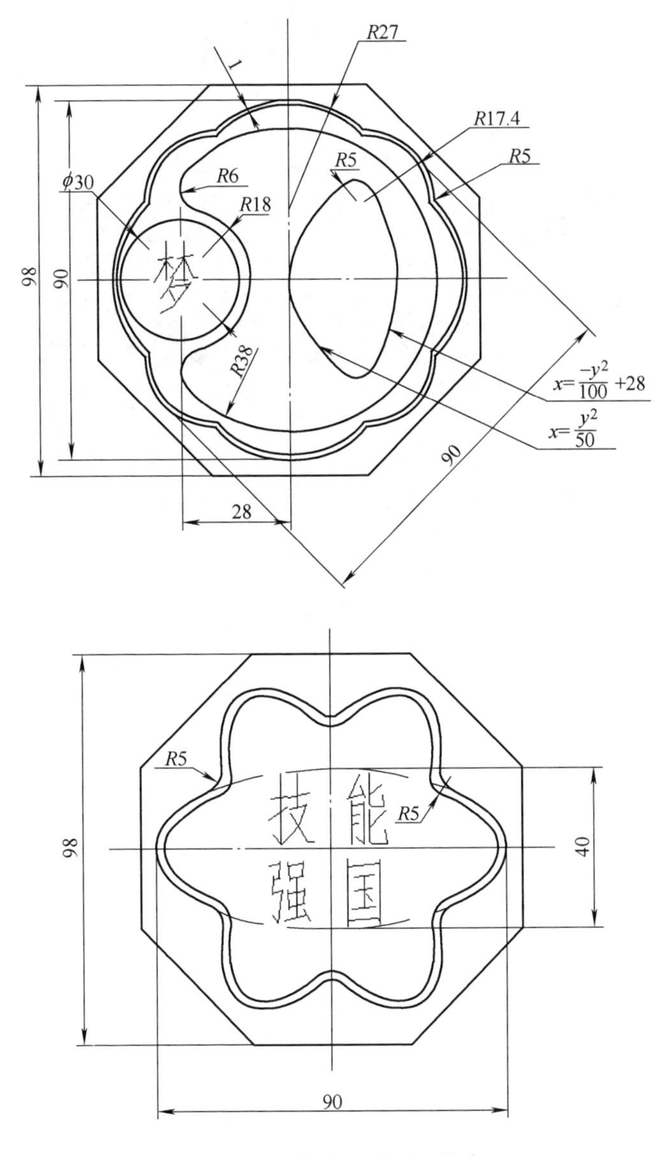

图 3-41 复杂二维平面轮廓

1. 文档建立与保存

1）单击 CAXA 制造工程师 2016 桌面快捷图标打开软件。

2）本节主要讲解二维平面图的绘制，以便于后面章节的加工讲解，故以绘制出用于加工的二维轮廓线为主，不进行全部的三视图绘制，对线型、标题栏等不作要求。单击图 3-42 所示“制造”图标 ，进入制造界面，如图 3-43 所示。

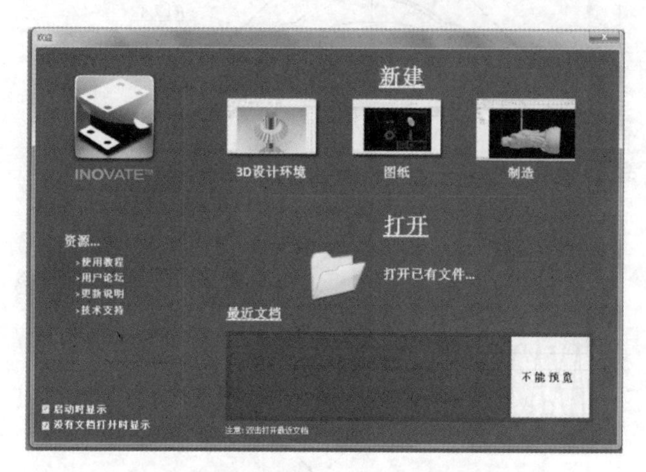

图 3-42　CAXA 制造工程师启动界面

图 3-43　CAXA 制造工程师制造界面

3）单击“保存”按钮 ，弹出存储对话框，选取合适路径，单击“确定”按钮即可。本项目范例路径为：E：\ 2018-2019-2 \ CAXA 书籍 \ CAXA 制造工程师书籍 \ 综合实体零件 1。

2. 绘制八边形轮廓

1）单击曲线生成工具栏中的“直线”按钮 ，单击立即菜单中的【1：水平/铅垂线】、【2：水平+铅垂】、【3：长度】、【110】，点取绘图区域坐标系零点，绘制如图 3-44 所示的水平铅垂线。

2）单击曲线生成工具栏中的“多边形”按钮 多边形，单击立即菜单中的【1：中心】、【2：边数：8】、【3：外切】，点取绘图区域坐标系零点，根据状态栏提示，输入中心边距离：49，得到八边形轮廓图形，如图 3-45 所示。

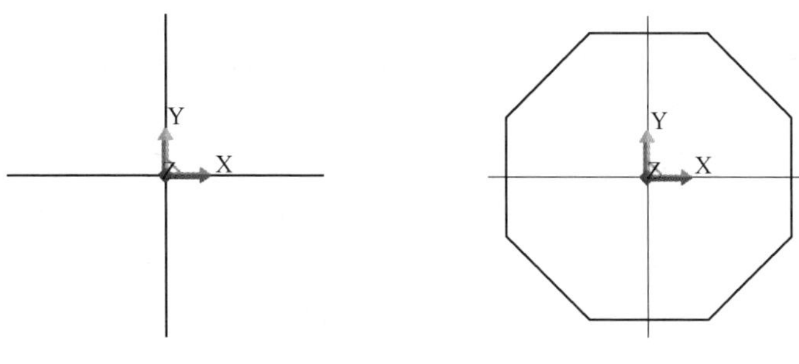

图 3-44　水平铅垂线绘制　　图 3-45　多边形绘制

3. 绘制 4×*R*27，4×*R*17.4 薄壁轮廓

1）单击曲线生成工具栏中的“圆”按钮，单击立即菜单中的【1：圆心_半径】、点取坐标原点（0，0），输入半径 45mm，按<Enter>键后绘制直径 90mm 的圆。再次执行圆命令，拾取点（0，18），输入半径 27mm，按<Enter>键后绘制完成直径 54mm 的整圆，如图 3-46 所示。

2）单击曲线生成工具栏中的“直线”按钮，单击立即菜单中的【1：角度线】、【2：X 轴夹角：45】，绘制如图 3-47 所示角度线。

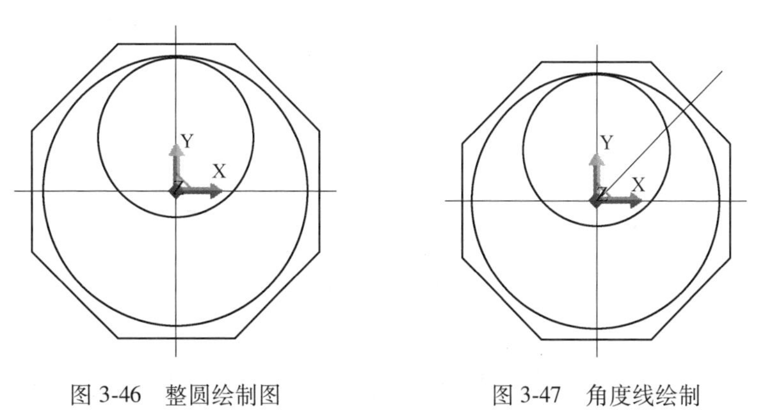

图 3-46　整圆绘制图　　图 3-47　角度线绘制

3）单击曲线生成工具栏中的“圆”按钮，单击立即菜单中的【1：圆

心_半径】、点取45°角度线与 R45mm 圆交点为圆心，输入半径17. 4mm，绘制如图3-48所示圆。也可以使用【1：两点_半径】一次性绘出 R17. 4mm 圆，第一点选取角度线与 R45mm 顶点交点，第二点按快捷键<T>，捕捉与 R45mm 圆的切点，再输入半径17. 4mm。也可一次性快速绘出 R17. 4mm 圆。

4）单击常用工具栏中的“删除”按钮 和曲线编辑工具栏中的“曲线裁剪”按钮 ，删除多余线段，并对曲线进行修剪，结果如图3-49所示。

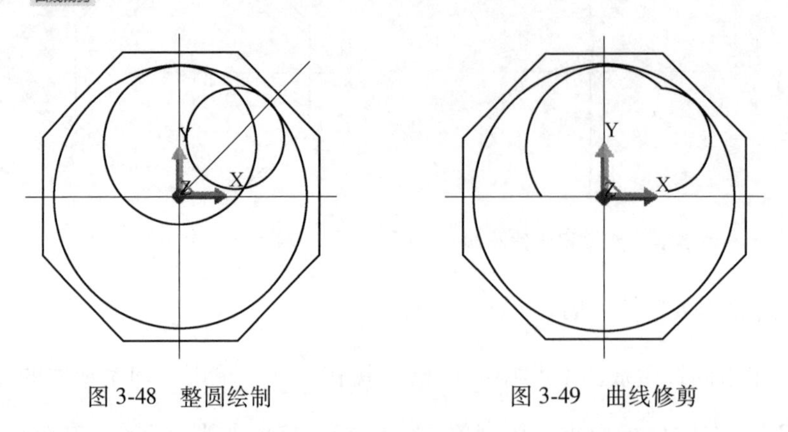

图3-48　整圆绘制　　　　图3-49　曲线修剪

5）单击常用工具栏中的“阵列”按钮 ，选取立即菜单中的【1：圆形】、【2：均布】、【3：份数=4】，根据状态栏提示拾取元素，即以上两段圆弧，右击确认，选取旋转中心坐标原点，右击确认，结果如图3-50所示。

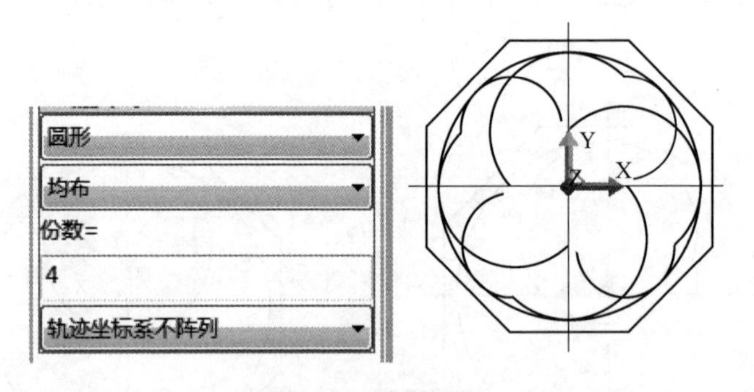

图3-50　阵列图形

6）单击常用工具栏中的“删除” 和曲线工具栏中的“曲线裁剪”按钮 ，删除多余线段，并对曲线进行修剪，结果如图3-51所示。

7）单击曲线生成工具栏中的“等距”按钮，单击立即菜单中的【1：组合曲线】、【2：尖角】、【3：裁剪】、【4：等距距离：2】、【5：精度：0.1】，根据状态栏提示拾取元素，先拾取已绘制的 R27mm 和 R17.4mm 组合曲线，再拾取链搜索方向：拾取等距方向为轮廓内侧，如图 3-52 所示，结果如图 3-53 所示。

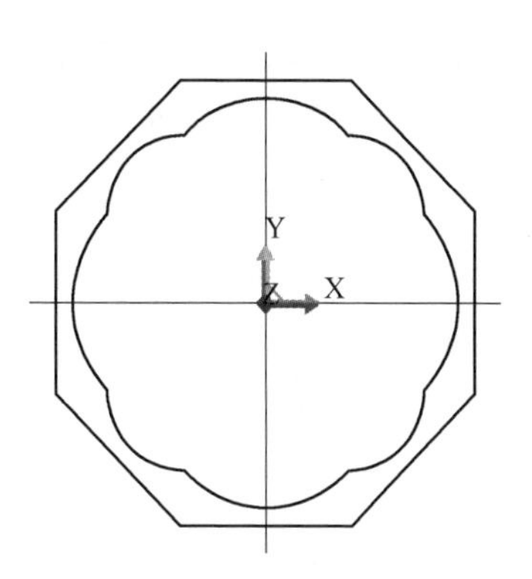

图 3-51 曲线修剪

8）单击曲线编辑工具栏中的“曲线过渡”按钮，单击立即菜单中的【1：圆弧过渡】、【2：半径：5】、【3：裁剪曲线 1】、【4：裁剪曲线 2】、根据状态栏提示拾取元素，重复操作，结果如图 3-54 所示。

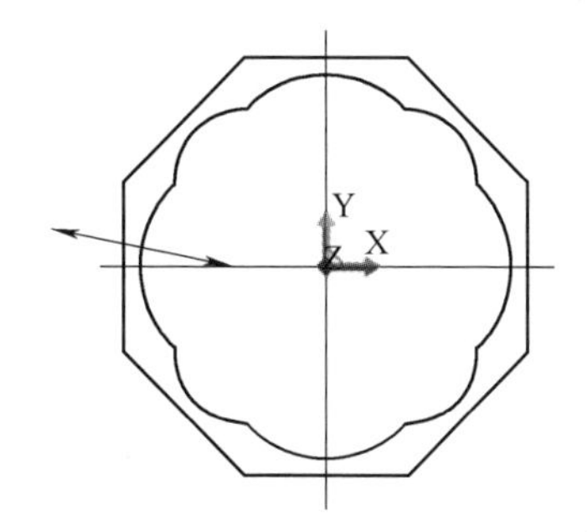

图 3-52 组合曲线等距线

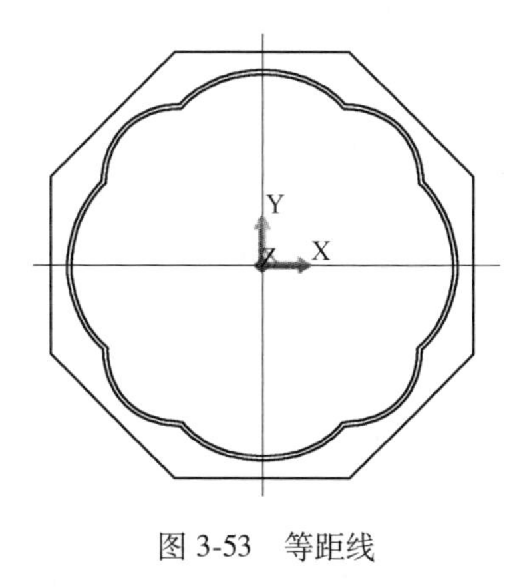

图 3-53 等距线

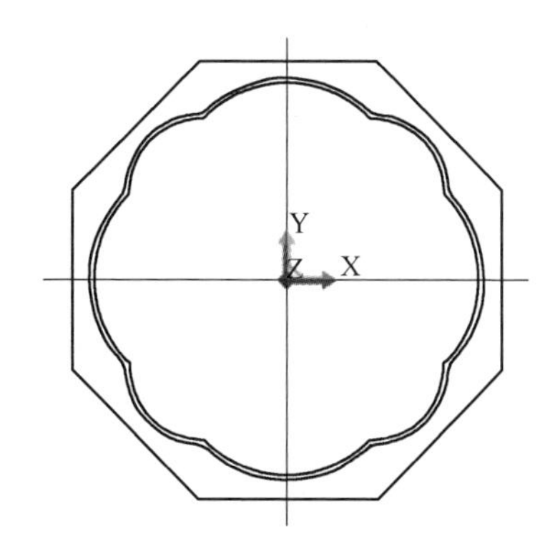

图 3-54 圆弧过渡

4. 绘制 R15mm、R18mm、R38mm 轮廓

1）单击曲线生成工具栏中的“等距”按钮，单击立即菜单中的【1：

单根曲线】、【2：等距：28】、【3：精度：0.1】，根据状态栏提示拾取中心坐标垂直线，选择偏移方向，得到如图 3-55 所示的等距线。

2）单击曲线生成工具栏中的“圆”按钮，单击立即菜单中的【1：圆心_半径】、以偏置线与水平线的交点为圆心，输入半径 15mm 绘制圆，再次以此点为圆心，输入半径 18mm 绘制圆；重复执行圆命令，以坐标原点为圆心，输入半径 38mm，分别绘制出 *R*15mm、*R*18mm、*R*38mm 三个圆，结果如图 3-56 所示。

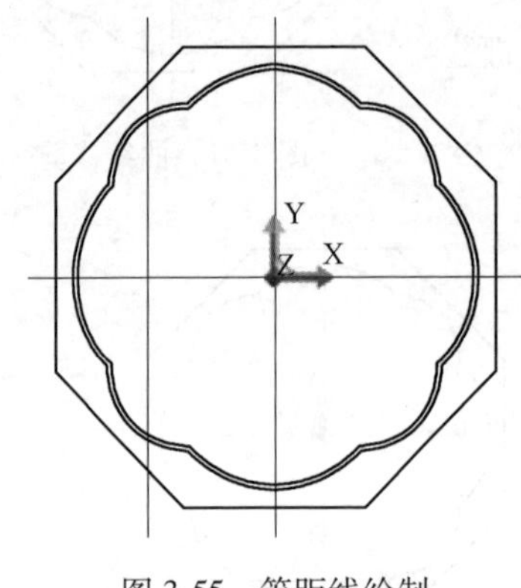

图 3-55　等距线绘制

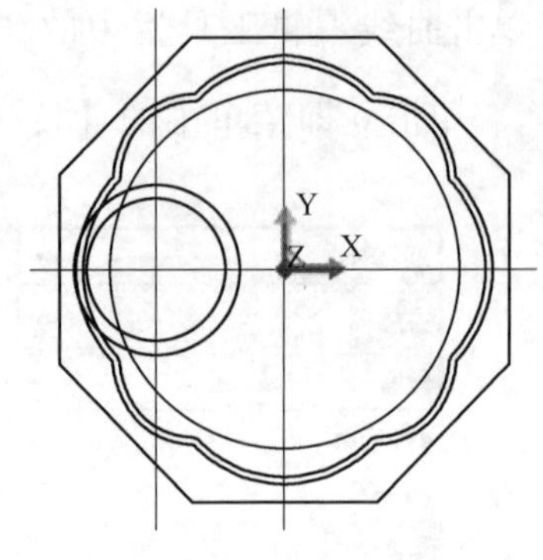

图 3-56　整圆绘制

3）单击曲线编辑工具栏中的“曲线过渡”按钮，单击立即菜单中的【1：圆弧过渡】、【2：半径：6】、【3：裁剪曲线 1】、【4：裁剪曲线 2】、根据状态栏提示拾取元素，拾取相关图素，结果如图 3-57 所示。

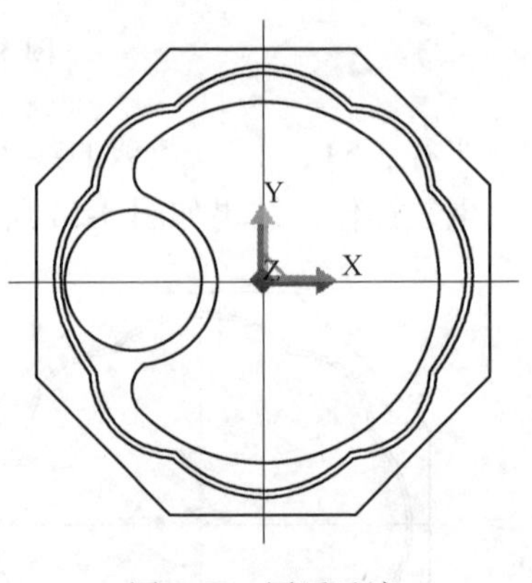

图 3-57　圆弧过渡

5. 公式曲线绘制

1）绘制公式曲线 $X=-Y^2/100+28$，按图 3-58 所示对话框进行参数设置，得到图示公式曲线。

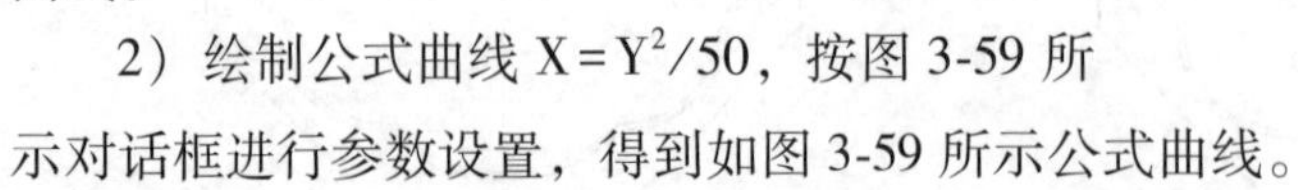

2）绘制公式曲线 $X=Y^2/50$，按图 3-59 所示对话框进行参数设置，得到如图 3-59 所示公式曲线。

6. 圆弧过渡

单击曲线编辑工具栏中的曲线过渡按钮，单击立即菜单中的【1：圆弧过渡】、【2：半径：2】、【3：裁剪曲线 1】、【4：裁剪曲线 2】，根据状态栏提示拾取元素，重复操作，结果如图 3-60 所示。

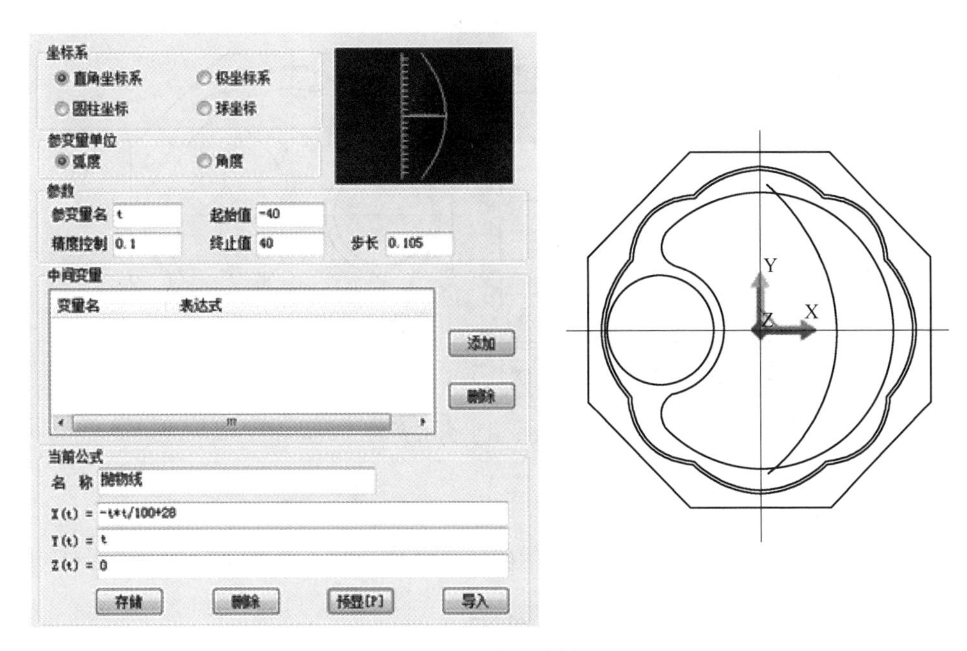

图 3-58 公式曲线绘制（一）

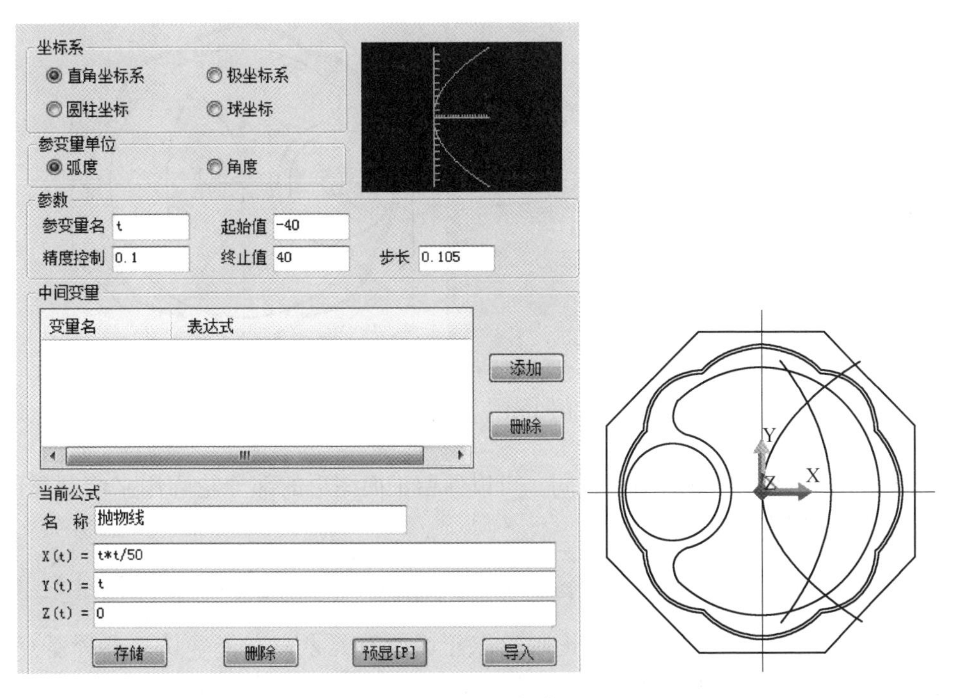

图 3-59 公式曲线绘制（二）

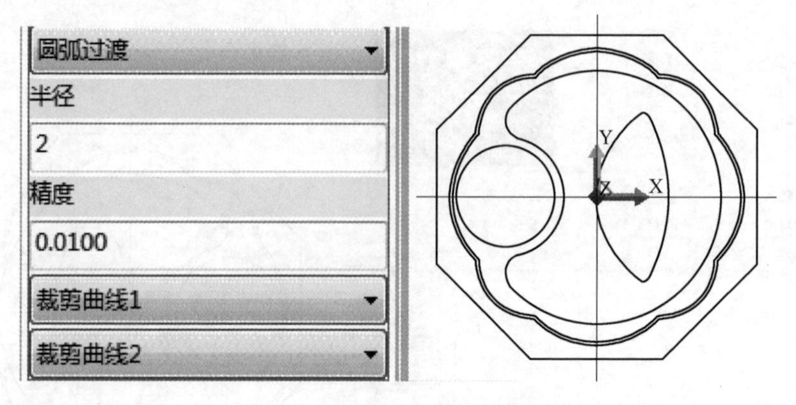

图 3-60　圆弧过渡

7. 文字输入

输入文字“梦”，并设置好格式字体等，结果如图 3-61 所示。

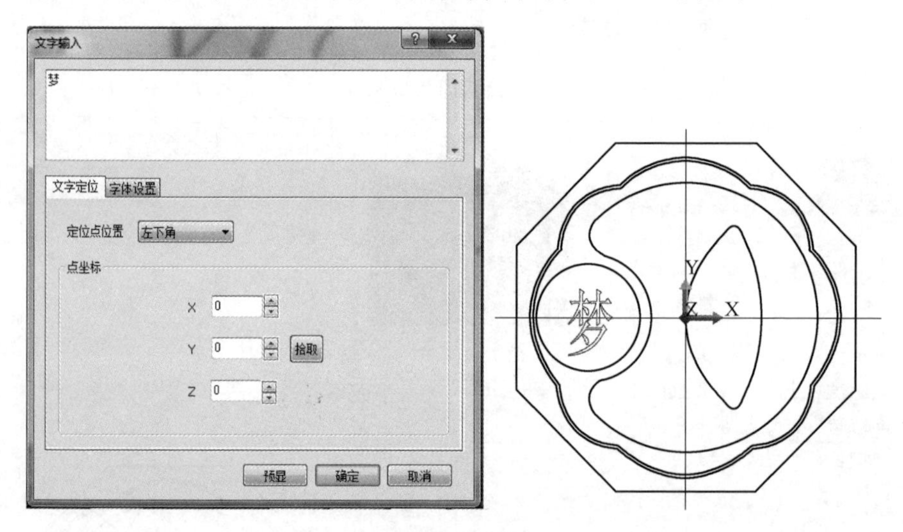

图 3-61　文字输入

因为反面图形与正面图形相同，可以保留正面图形的部分轮廓用来绘制反面图形，提高绘图效率。

单击常用工具栏中的平移按钮 平移，单击立即菜单中的【1：两点】、【2：拷贝】、【3：正交】，根据状态栏提示拾取正面所有元素，右击确认，选择基点，移到另一位置，不影响当前绘图区域即可，完成复制，如图 3-62 所示。对位于坐标原点的图形进行删除修改，修改、保留的轮廓如图 3-63 所示。

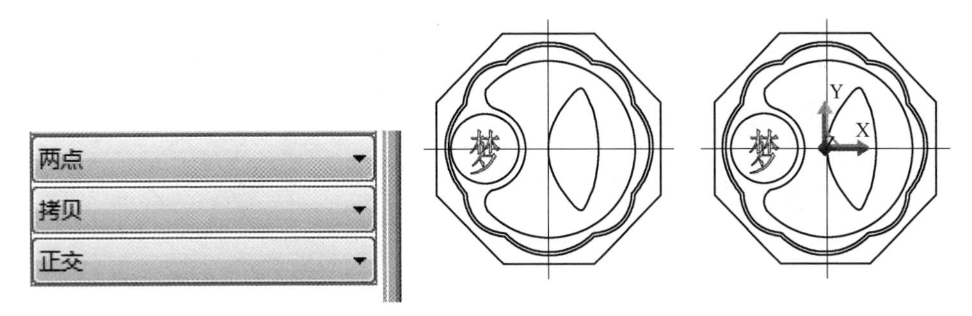

图 3-62 平移复制

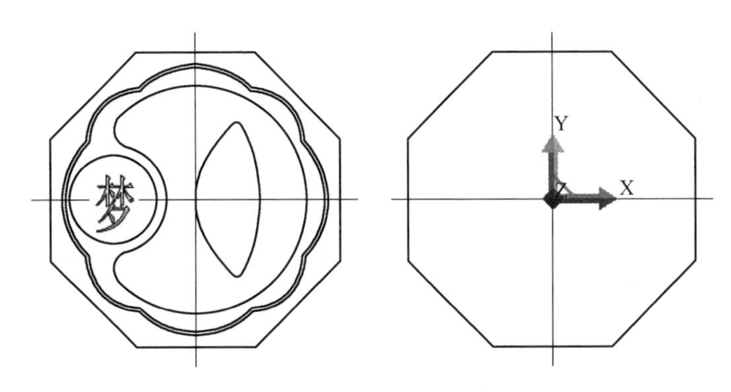

图 3-63 反面图形轮廓

8. 椭圆绘制

1）单击曲线生成工具栏中的“椭圆”按钮 椭圆，单击立即菜单中的【1：起始角：0】、【2：终止角：360】，点取坐标原点为椭圆中心点，根据状态栏提示输入椭圆短轴长度 20mm，长轴长度 45mm，输入半径 45mm，得到如图 3-64 所示椭圆轮廓。

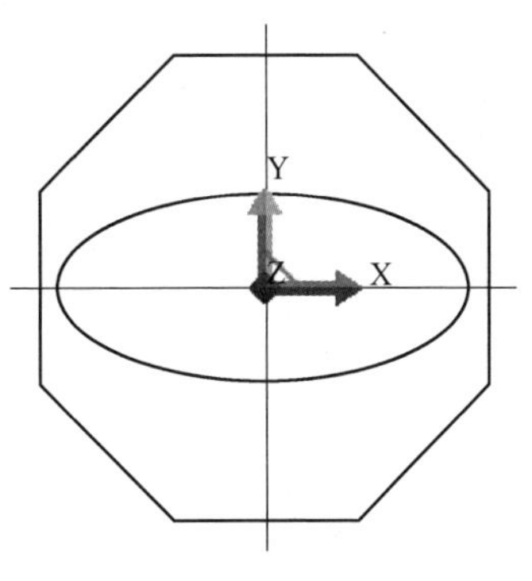

图 3-64 椭圆绘制

2）单击常用工具栏中的阵列按钮 阵列，单击立即菜单中的【1：圆形】、【2：均布】、【3：份数=3】，根据状态栏提示拾取椭圆，右击确认，选取旋转中心为坐标原点，右击确认，结果如图 3-65 所示。

3）单击曲线编辑工具栏中的“曲线裁剪”按钮 曲线裁剪 和“删除”按钮

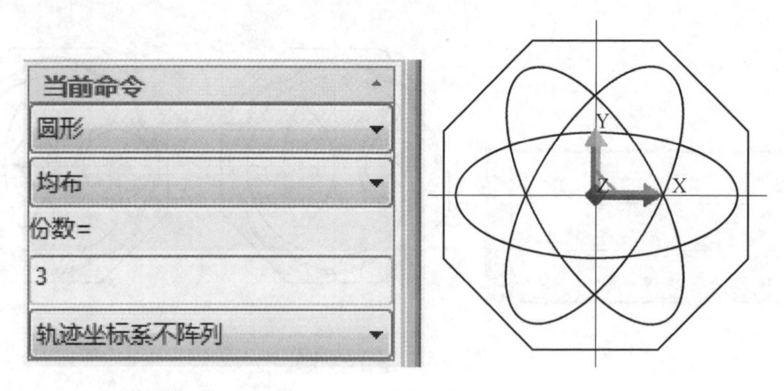

图 3-65　图形阵列

，删除多余线段，对曲线进行修剪，并进行曲线过渡，圆角半径 $R5$mm，结果如图 3-66 所示。

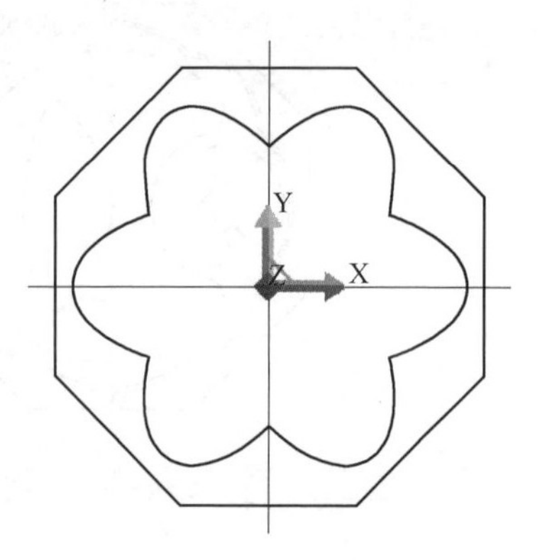

图 3-66　曲线修剪

4）单击曲线生成工具栏中的“等距”按钮，单击立即菜单中的【1：组合曲线】、【2：尖角】、【3：裁剪】、【4：等距距离：2】、【5：精度：0.1】，根据状态栏提示拾取元素，拾取上一步骤所绘椭圆组合曲线，拾取链搜索方向，拾取等距方向向内，结果如图 3-67 所示。

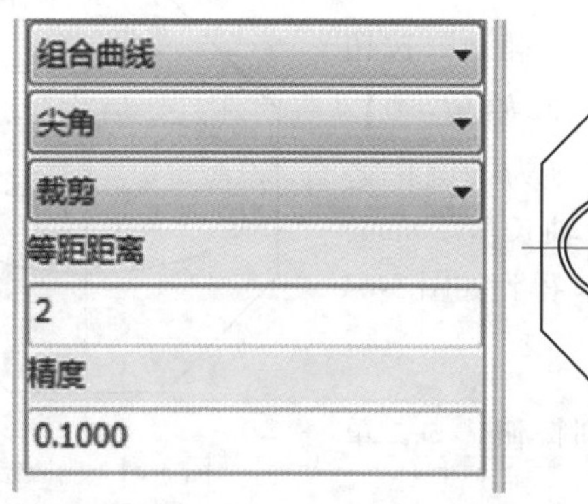

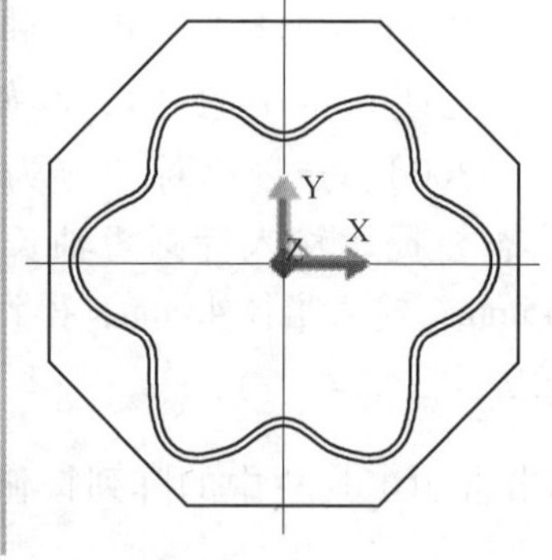

图 3-67　组合曲线偏置

9. 输入文字

单击绘图工具栏中的文字按钮，弹出对话框，在文字输入区输入“技能强国”，设置好字体格式及大小等，定位点选择在坐标中心，单击确定按钮。若字体大小位置不合适，也可以使用平移和缩放进行调节，直至合适，结果如图 3-68 所示。

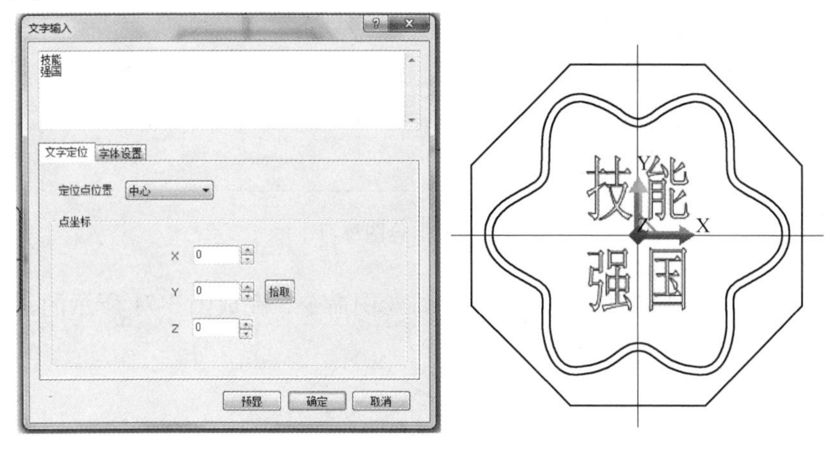

图 3-68 文字输入

至此，此轮廓正面和反面可用于后期加工的图形要素就绘制完毕，如图 3-69 所示，单击保存按钮。

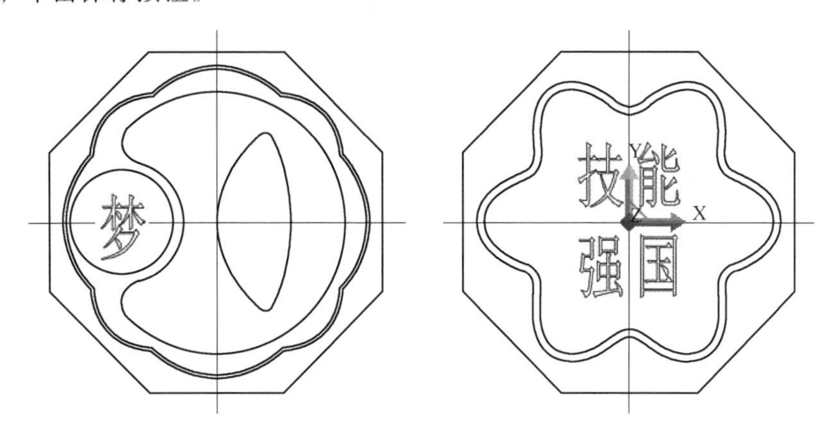

图 3-69 整体图形

简 答 题

1. 写出 CAXA 制造工程师常用的直线绘制命令可以完成哪些直线段，并简单进行总结。

2. 写出 CAXA 制造工程师常用的圆弧绘制命令可以完成哪些圆弧段，并简单进行总结。

3. 结合 CAXA 制造工程师常用的二维绘图命令，完成图 3-70 所示的二维图。

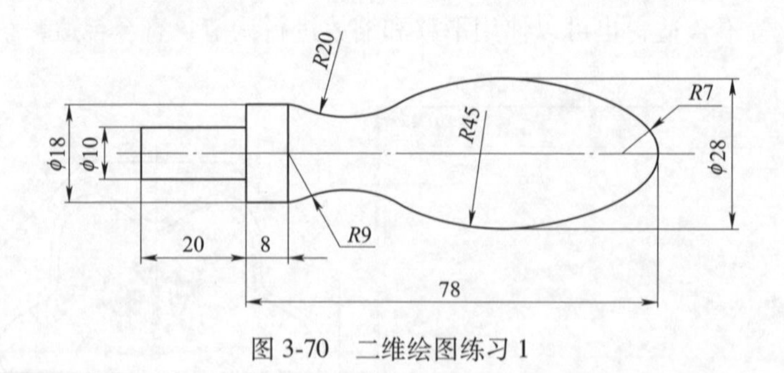

图 3-70　二维绘图练习 1

4. 结合 CAXA 制造工程师常用的二维绘图命令，完成图 3-71 所示的三视图。

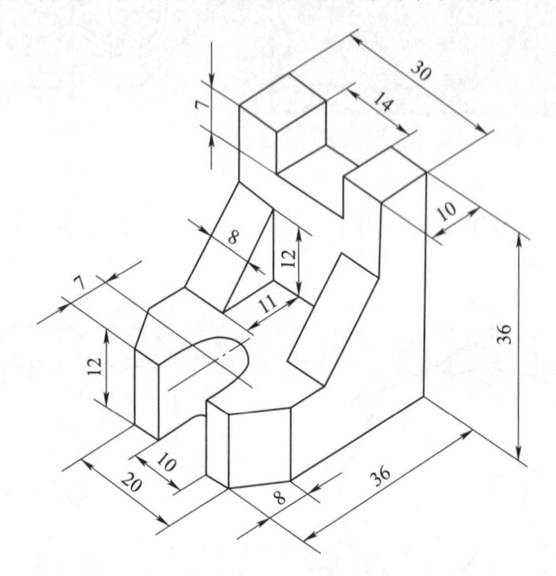

图 3-71　二维绘图练习 2

第4章

CAXA制造工程师特征实体造型

特征设计是CAXA制造工程师的重要组成部分。制造工程师采用精确的特征实体造型技术，优化了传统的体素合并和交并差的烦琐方式，将设计信息用特征术语来表达，使设计过程更加直观、简单、准确，通常的特征包括孔、槽、型腔、凸台、圆柱体、圆锥体、球体和管子等。CAXA制造工程师可以方便地建立、管理特征信息：实体模型的生成可以用增料方式，通过拉伸、旋转、导动、放样或加厚曲面来实现；也可以通过减（除）料方式，从实体中减掉实体或用曲面裁剪来实现；还可以用等半径过渡、变半径过渡、倒角、打孔、增加拔模斜度和抽壳等高级特征功能来实现。CAXA制造工程师将实体特征造型分为增料、除料、修改、模具几个模块，如图4-1所示。

图4-1　CAXA实体特征造型功能模块

本章重点讲解常用的拉伸增料、拉伸除料、旋转增料、旋转除料的实体造型方法，本章节将对草图绘制、实体造型进行图解式讲解。

4.1　草图绘制

草图绘制是特征生成的关键步骤，草图是特征生成所依赖的曲线组合，为特征造型准备的一个平面封闭图形。绘制草图的过程可分为：确定草图基准平面；选择草图状态；图形的绘制；图形的编辑；草图参数化修改五个步骤。

4.1.1 确定基准平面

草图中曲线必须依赖于一个基准平面，新建一个草图前也就必须选择一个基准平面。基准平面可以从特征树中已有的坐标平面（如 XY、XZ、YZ 坐标平面）拾取，也可以是实体中生成的某个平面进行拾取，也可以通过点、线等元素进行构造。

1）选择基准平面。选择基准平面相对简单，用鼠标拾取特征树中平面（包括三个坐标平面和构造的平面）的任何一个，或直接用鼠标拾取已生成实体的某

2）构造基准平面。在 CAXA 制造工程师中提供了七种构造基准平面的方式："等距平面确定基准平面""过直线与平面成夹角确定基准平面""生成曲面上某点的切平面""过点且垂直于曲线确定基准平面""过点且平行平面确定基准平面""过点和直线确定基准平面"和"三点确定基准平面"等，建立基准平面方便、灵活，大大提高了实体造型的速度。

4.1.2 创建基准平面实例

1. 创建基准平面

1）单击【特征】菜单，单击"基准面"命令按钮，出现"构造基准面"对话框，如图 4-2 所示。

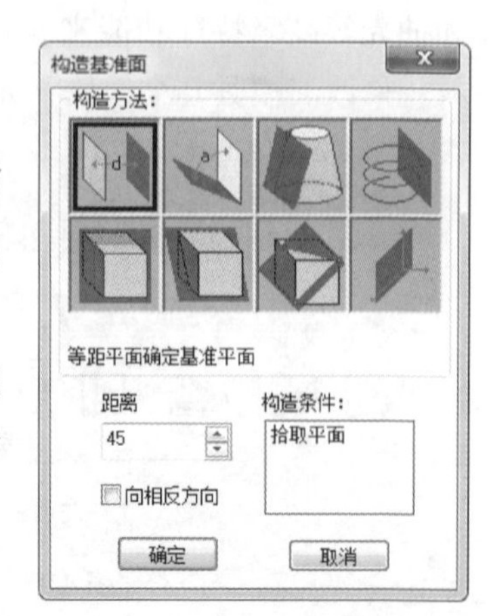

图 4-2　构造基准面对话框

2）在对话框中选取所需的构造方式，依照"构造方法"下的提示做相应操作，最后单击"确定"按钮，即可建立新的基准面。

2. 构造偏置的基准平面

1）点击【特征】菜单，单击"基准面"命令按钮，出现"构造基准面"对话框。

2）选取"等距平面确定基准平面"构建平面的方式。

用鼠标单击"构造条件"中的"拾取平面"，然后再选取特征树中的 *XY* 平面。此时，构造条件中的"拾取平面"显示"平面准备好"。在绘图区显示的红色虚线框代表 *XY* 平面，绿色线框则表示将要构造的基准平面。

3）在弹出的"距离"对话框中输入"50"数值。

经过以上步骤操作，在 Z 轴负方向与 XY 平面相距 50mm 的基准面建立完成，如图 4-3 所示。

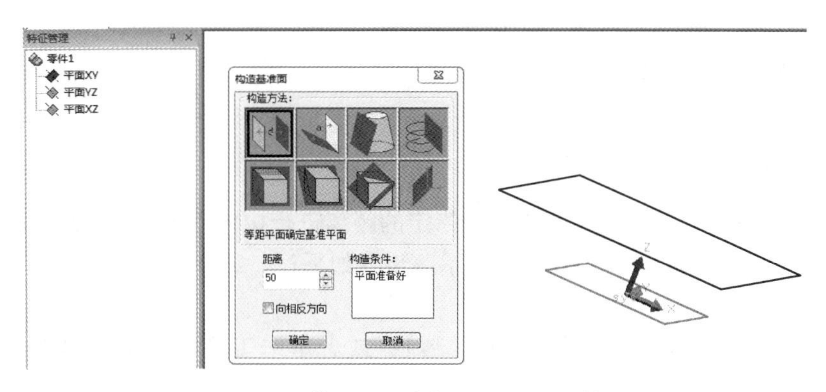

图 4-3　等距平面确定基准平面对话框

3. 选择草图状态

构建好一个基准平面后，右击选择“创建草图”按钮，在特征树中添加了一个草图树，表示已经处于草图状态，草图绘制准备就绪。

4. 草图绘制

在进行实体绘制的时候，需要以草图为基础，进行拉伸增料、拉伸除料、旋转增料、旋转除料等实体造型。

进入草图状态后，利用曲线生成命令绘制需要的草图即可。草图的绘制可以通过两种方法进行：先绘制出图形的大致形状，然后通过草图参数化功能对图形进行修改，最终得到理想的图形；可以直接按照标准尺寸精确作图。需根据实际情况进行选择这两种绘图方式。

5. 编辑草图

在特征树中选取需编辑的草图，单击绘制草图按钮或将右击特征树中的草图，在弹出的立即菜单中选择“编辑草图”命令，如图 4-4 所示，进入草图状态。草图只有处于打开状态时，才可以被编辑和修改。

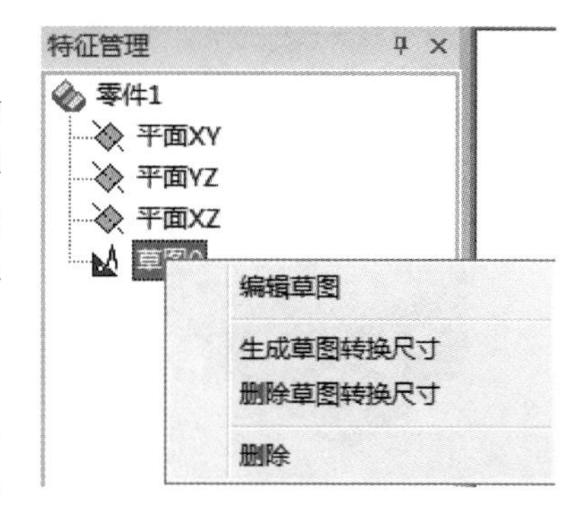

图 4-4　编辑草图操作示意图

6. 退出草图状态

当草图编辑完成后，单击绘制草图按钮，即可退出草图状态。只有退出草图状态后才可以生成特征。

提示：草图绘制的曲线必须要封闭，不然无法生成实体；草图绘制所生成的曲线不能重叠，不然无法生成实体；非草图绘制的空间线架图形无法进行实体造型。

4.2 增料特征造型

4.2.1 拉伸增料特征的创建

拉伸增料是将一个轮廓曲线根据指定的距离进行拉伸造型，用以生成一个增加材料的特征。创建操作如图 4-5 所示，步骤如下：

1）拾取绘制草图的基面。

2）单击主菜单【特征】-【拉伸增料】，或者单击工具栏上的“拉伸”命令按钮。

3）弹出拉伸增料对话框。

4）在图形区选择草图曲线。

5）返回拉伸增料对话框，设置深度等参数。

6）单击“确定”按钮，完成拉伸实体的创建。

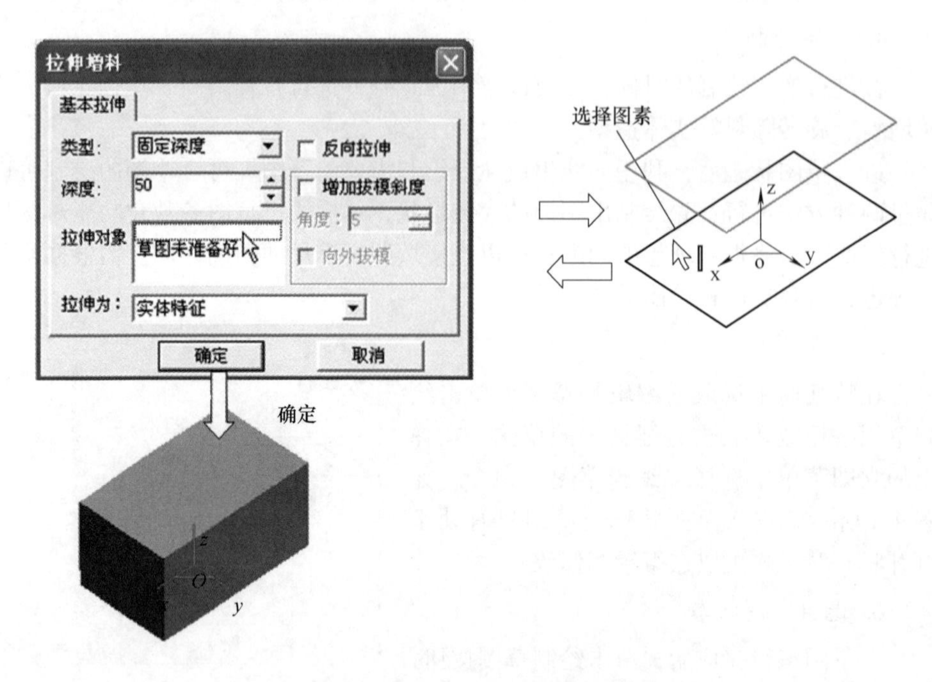

图 4-5 拉伸增料参数设置及生成图

- 【类型】包含“固定深度”“双向拉伸”和“拉伸到面”。
- 【固定深度】是指按照给定的深度数值进行单向的拉伸。
- 【深度】是指拉伸的尺寸值，可以直接输入所需数值，也可以点击上、下按钮来调节。

- 【拉伸对象】是指对需要拉伸的草图的选取。
- 【反向拉伸】是指与默认方向相反的方向进行拉伸。
- 【增加拔模斜度】是指使拉伸的实体带有锥度。
- 【角度】是指拔模时侧壁与中心线的夹角。
- 【向外拔模】是指与默认方向相反的方向进行操作。

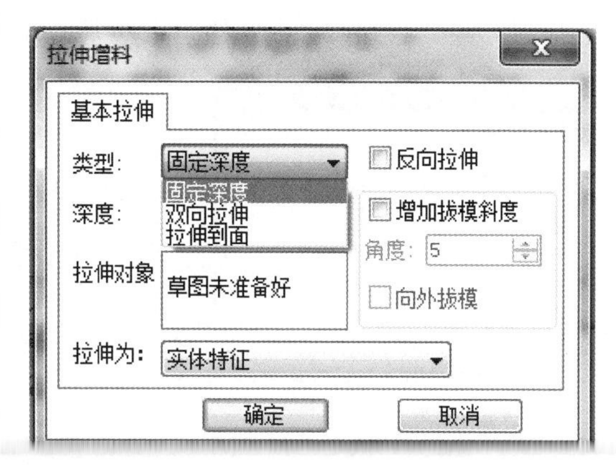

图 4-6　拉伸增料设置对话框

如图 4-6 所示，拉伸增料对话框中选择不同类型可分别生成如图 4-7 所示的实体效果。

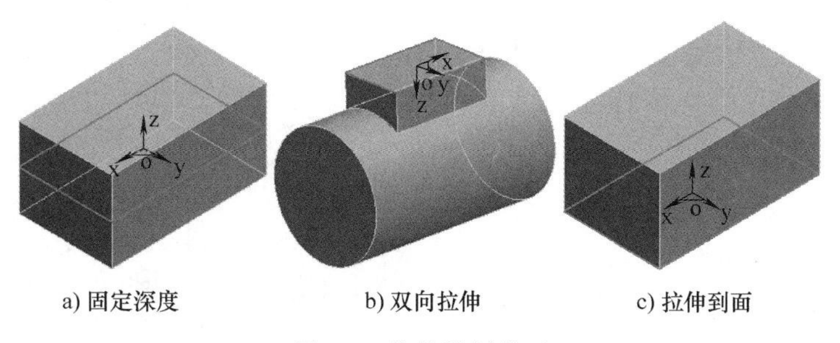

a) 固定深度　　b) 双向拉伸　　c) 拉伸到面

图 4-7　拉伸增料类型

【拉伸对象】栏中显示要拉伸的草图的选取，在图形上直接选择草图后，该草图即显示在栏中。

选择【增加拔模斜度】，则会使拉伸的实体带有锥度，默认情况为向内拔模，效果如图 4-8a 所示，若选择向外拔模，效果如图 4-8b 所示。

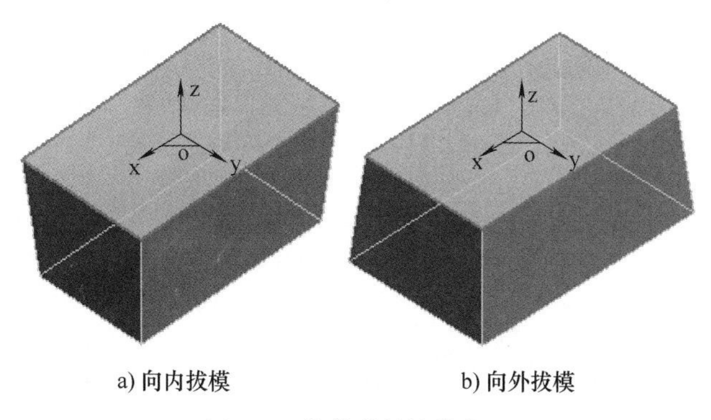

a) 向内拔模　　b) 向外拔模

图 4-8　拉伸增料拔模类型

拉伸除了可以拉伸为实体特征，还可以直接拉伸为薄壁特征，如图 4-9a 所示，设置好薄壁参数，可完成如图 4-9b 所示的薄壁特征。

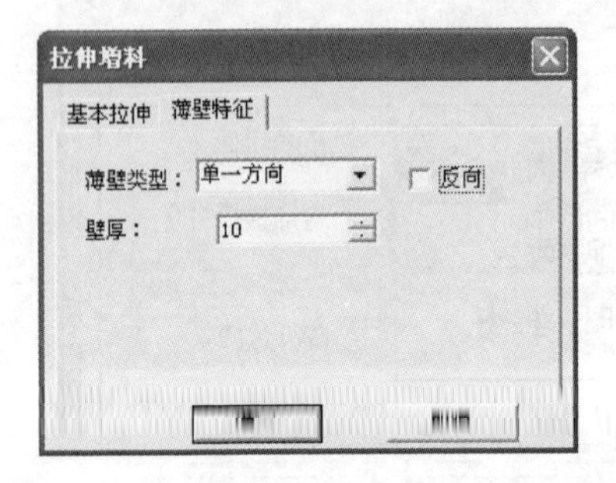

a) 薄壁特征参数设置

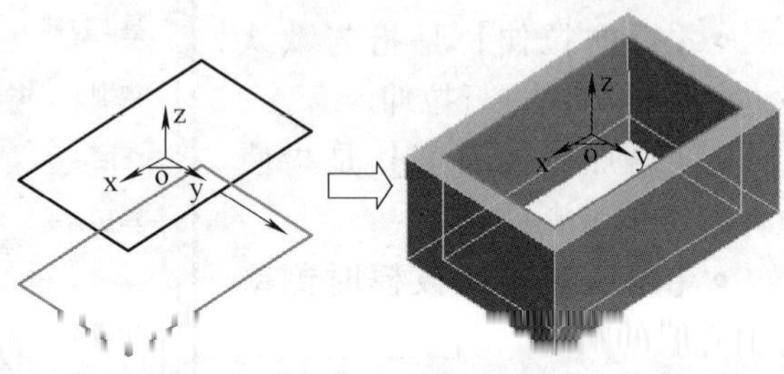

b) 薄壁实体特征

图 4-9　薄壁特征对话框及生成图

4.2.2　拉伸增料特征实例

通过拉伸增料特征可以绘制如图 4-10 所示轴瓦座实体特征。接下来通过该案例进行讲解。

1. 绘制草图

单击特征管理栏中“平面 XY”，右击，选取“创建草图”命令，如图 4-11a 所示，进入草图绘制界面，绘制如图 4-11b 所示的草图，然后退出草图。

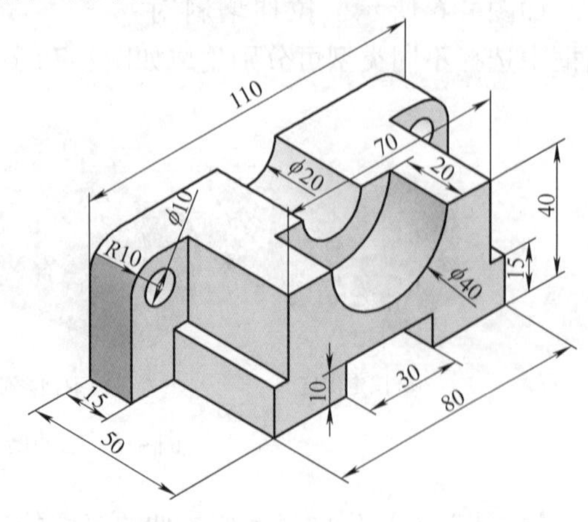

图 4-10　轴瓦座

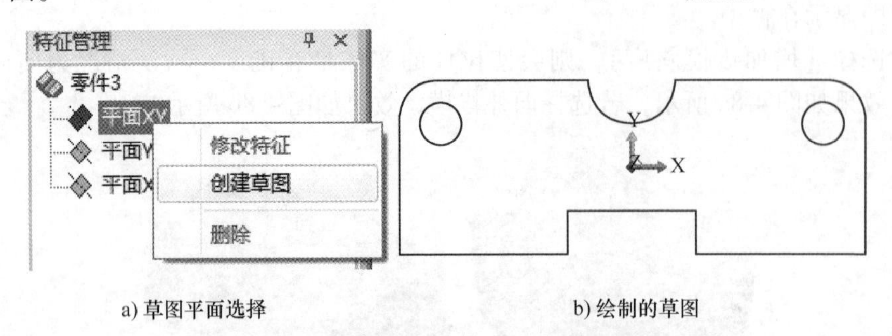

a) 草图平面选择　　　　　　　　b) 绘制的草图

图 4-11　草图平面选择及草图绘制

2. 后挡板创建

单击“特征”“拉伸增料”按钮，弹出对话框，设定【固定深度：15】、【拉伸对象：草图 2】、【拉伸为：实体特征】，其他不做设定，如图 4-12 所示。单击

“确定”按钮，即可生成如图 4-13 所示的实体。

图 4-12　拉伸增料对话框

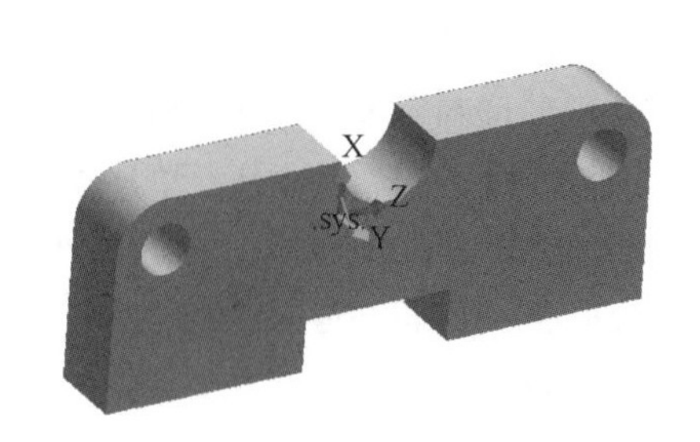

图 4-13　后挡板拉伸实体生成

3. 前挡板创建

选取图 4-14 所示的实体表面作为草绘平面，右击，选取“创建草图”命令，进入草图绘制界面。在该实体表面绘制如图 4-15 所示草图，单击“特征”“拉伸增料”按钮，弹出对话框，设定【固定深度：35】、【拉伸对象：草图 4】、【拉伸为：实体特征】，其他不做设定，如图 4-16 所示。单击“确定”按钮，即可生成前挡板实体，如图 4-17 所示。

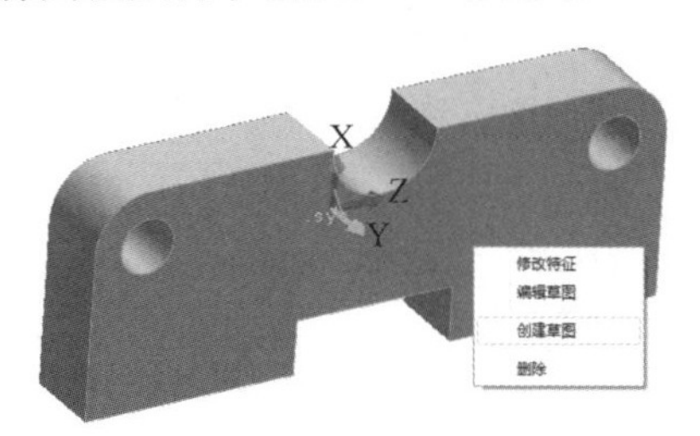

图 4-14　选取实体表面作为草绘平面

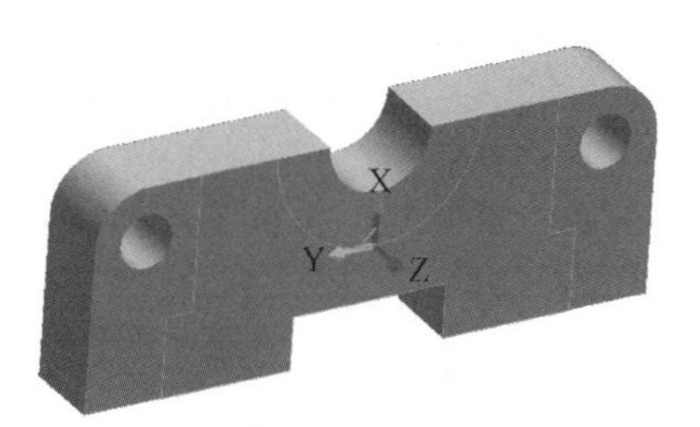

图 4-15　绘制前挡板草绘图

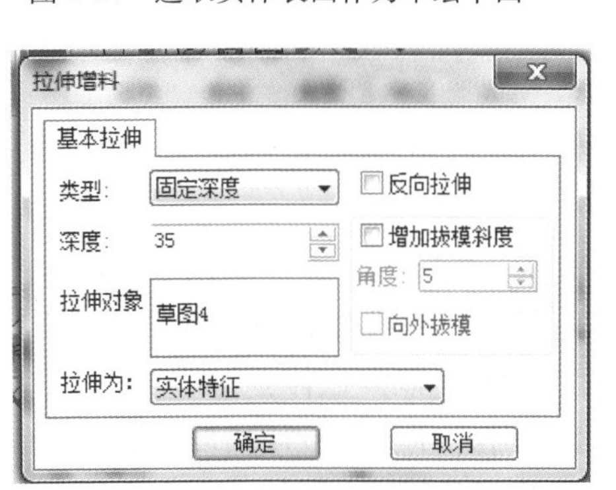

图 4-16　拉伸增料对话框

图 4-17　前挡板拉伸增料效果

4. 半圆台创建

选取如图 4-18 所示的实体表面作为草绘平面，右击，选取“创建草图”命令，进入草图绘制界面。在该实体表面绘制草图，单击“特征”“拉伸增料”按钮，弹出对话框，设定【固定深度：15】、【拉伸对象：草图 5】、【拉伸为：实体特征】，其他不做设定，如图 4-19 所示。单击“确定”按钮，完成半圆台实体特征，如图 4-20 所示。

图 4-18　选取实体表面作为草绘平面

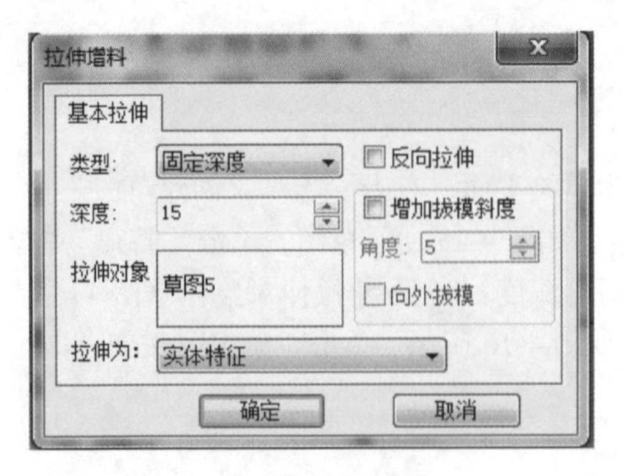

图 4-19　拉伸增料对话框

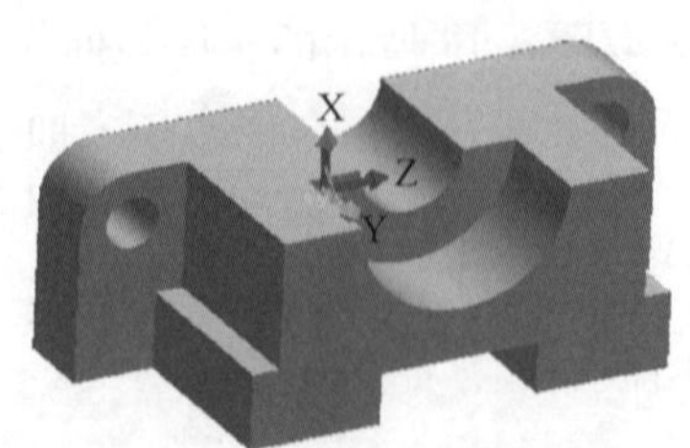

图 4-20　半圆台拉伸增料效果

4.3　除料特征造型

4.3.1　除料特征的创建

拉伸除料是将一个轮廓曲线根据指定的距离做拉伸操作，用以生成一个减去材料的特征。除料特征的创建步骤如下：

1）单击“特征”“拉伸除料”按钮，弹出拉伸除料对话框，如图 4-21 所示。

2）选取拉伸类型，填入深度，拾取草图，单击“确定”按钮，完成操作。

- 【拉伸类型】包括“固定深度”“双向拉伸”“拉伸到面”和“贯穿”。固定深度：指按照给定的深度数值进行单向的拉伸；双向拉伸：指以草图为中心，向相反的两个方向进行拉伸，深度值以草图为中心平分；拉伸到面：指拉伸位置以曲面为结束点进行拉伸，需要选择要拉伸的草图和拉伸到的曲面；贯穿：指草图拉伸后，将基体整个穿透。

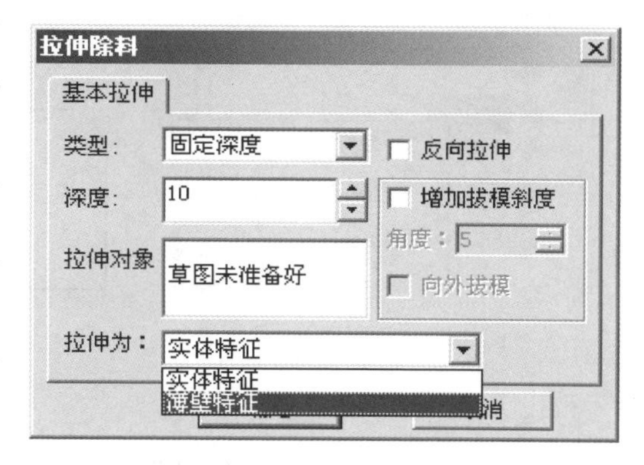

图 4-21 拉伸除料对话框

- 【深度】是指拉伸的尺寸值，可以直接输入所需数值，也可以点击按钮来调节。
- 【拉伸对象】是指对需要拉伸的草图的选取。
- 【反向拉伸】是指与默认方向相反的方向进行拉伸。
- 【拉伸为】可根据需求将该选项设定为实体特征或薄壁特征。
- 【增加拔模斜度】是指使拉
- 【角度】是指拔模时侧壁与中心线的夹角。
- 【向外拔模】是指与默认方向相反的方向进行操作。

4.3.2 除料特征实例

本案例还是以上一节实例进行实体特征造型，如图 4-22 所示。在上一节实例中，以实体拉伸完成了该零件特征的造型，在本节中，将采用拉伸增料与拉伸除料结合，进行实体特征造型，通过该案例可体会 CAXA 制造工程师实体造型的灵活性与造型方法的多样性。

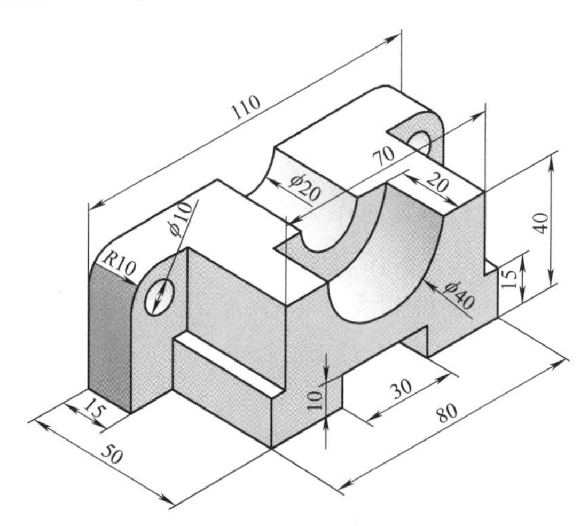

图 4-22 轴瓦座

1. 绘制草图

右击左侧特征管理栏中“平面 XY”，选取“创建草图”命令，如图 4-23 所示。进入草绘平面，绘制如图 4-24 所示草图，然后退出草图。

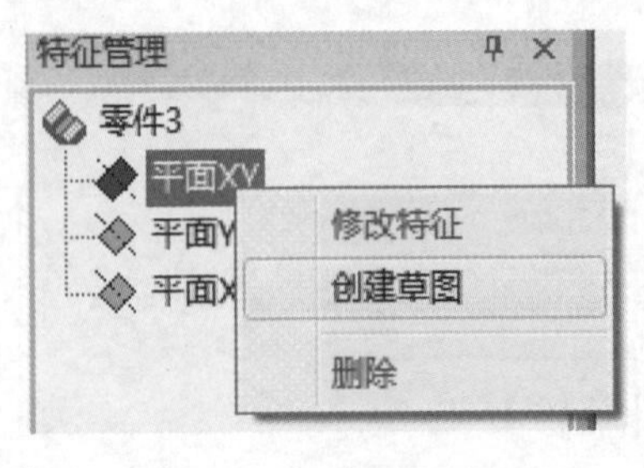

图 4-23 草图面选择

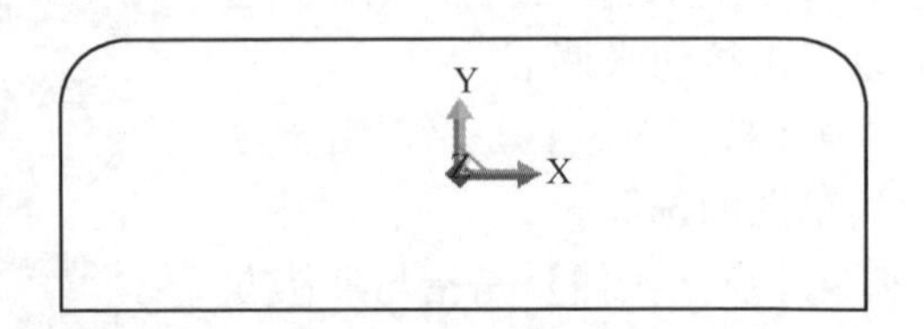

图 4-24 绘制草图

单击“特征”“拉伸增料”按钮，弹出对话框，设定【固定深度：50】、【拉伸对象：草图 0】、【拉伸为：实体特征】，其他不做设定，如图 4-25 所示。单击“确定”按钮，生成如图 4-26 所示的实体。

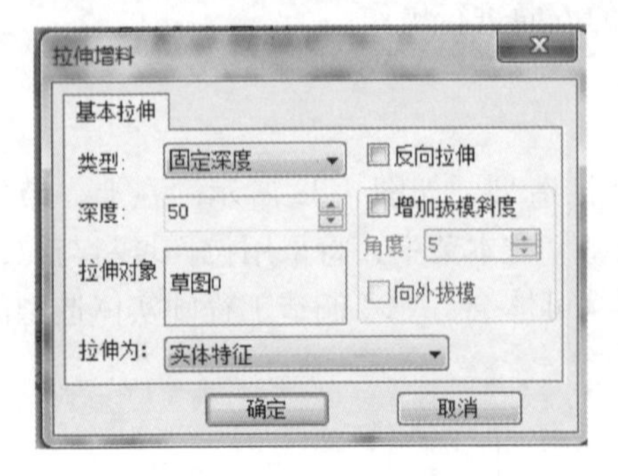

图 4-25 拉伸增料对话框

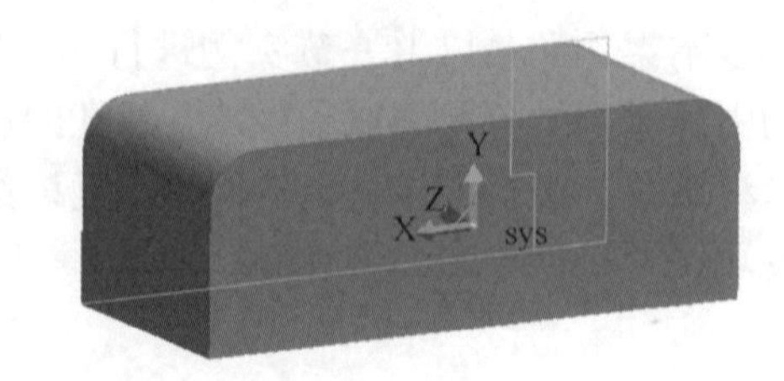

图 4-26 基体拉伸

3. 前凸台除料

选取如图 4-27 所示的实体表面作为草绘平面，右击，选取“创建草图”命令，进入草图绘制界面，在该实体表面绘制图 4-27 所示的草图，单击“特征”“拉伸除料”按钮，弹出对话框。设定【固定深度：35】、【拉伸对象：草图 4】、【拉伸为：实体特征】，其他不做设定，如图 4-28 所示。单击“确定”按钮，完成实体特征，如图 4-29 所示。

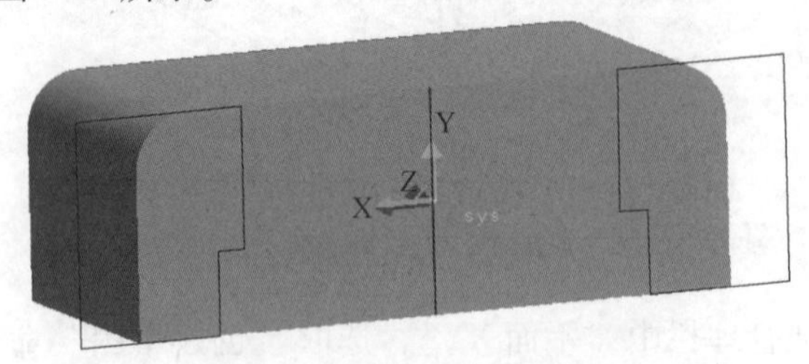

图 4-27 前凸台拉伸除料草图

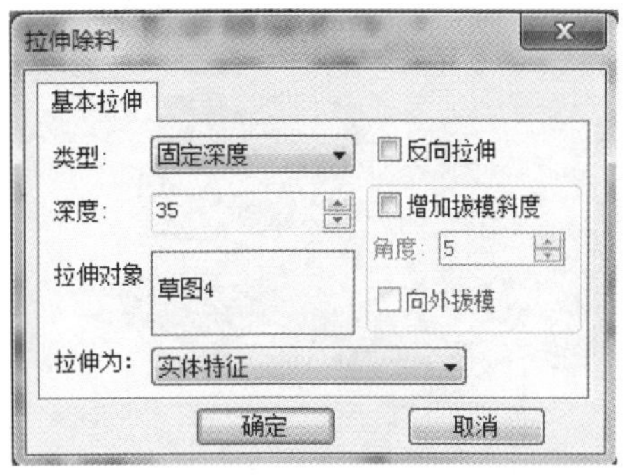

图 4-28 拉伸除料对话框

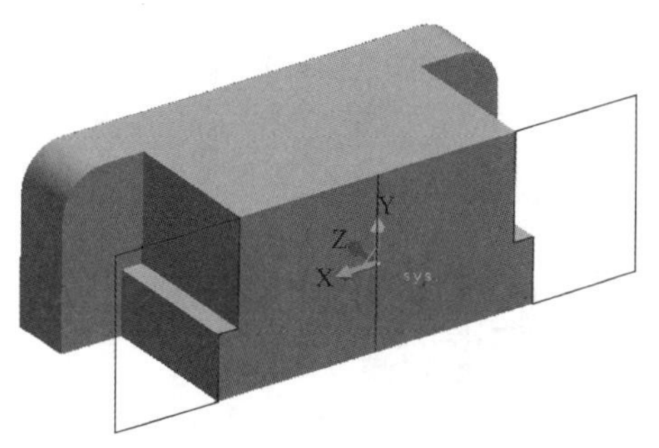

图 4-29 前凸台拉伸除料效果

选取如图 4-30 所示的实体表面作为草绘平面，右击，选取“创建草图”命令，进入草图绘制界面。在该实体表面绘制如图 4-30 所示草图，点击“特征”“拉伸除料”按钮，弹出对话框。设定【固定深度：贯穿】、【拉伸对象：草图 5】、【拉伸为：实体特征】，其他不做设定，如图 4-31 所示，单击“确定”按钮，完成下底槽、半圆槽实体特征，如图 4-32 所示。

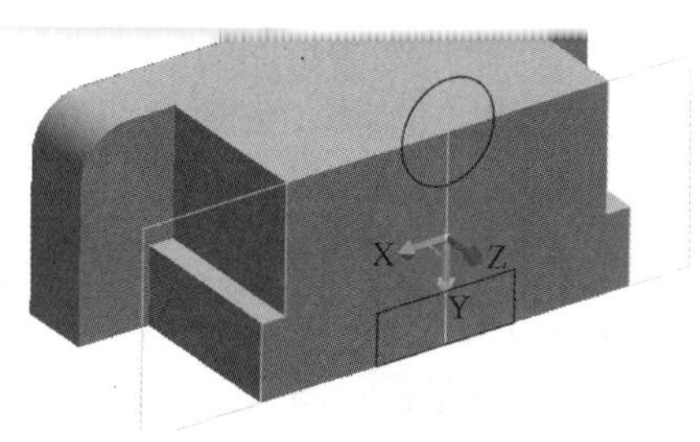

图 4-30 下底槽、半圆槽拉伸除料草图

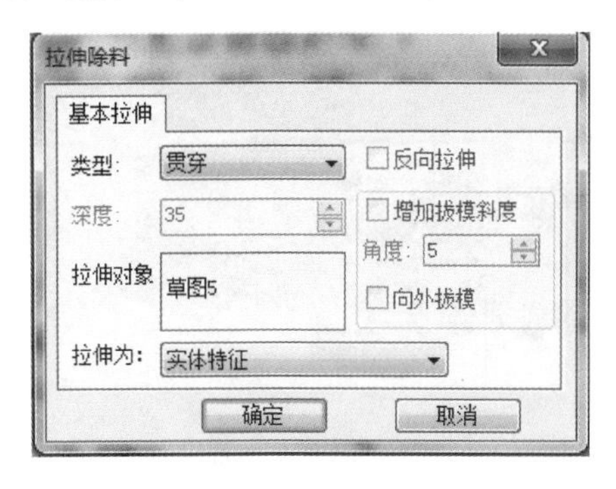

图 4-31 拉伸除料对话框

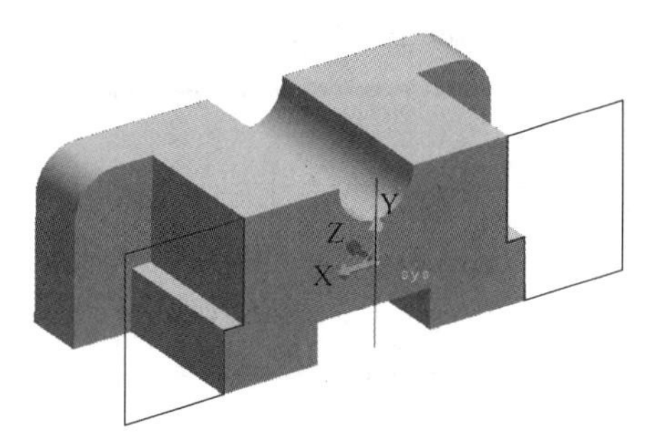

图 4-32 下底槽、半圆槽拉伸除料效果

5. *左右圆通孔除料*

选取如图 4-33 所示的实体表面作为草绘平面，右击，选取“创建草图”命令，进入草图绘制界面。在该实体表面绘制如图 4-33 所示草图，单击“特征”“拉伸除料”按钮，弹出对话框，设定【固定深度：贯穿】、【拉伸对象：草图】、【拉伸为：实体特征】，其他不做设定，单击“确定”按钮，完成左右圆通孔实

体特征如图 4-34 所示。

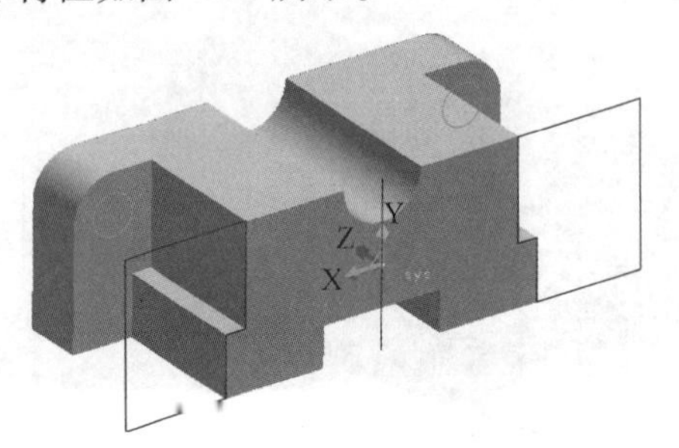

图 4-33　左右圆通孔除料草图

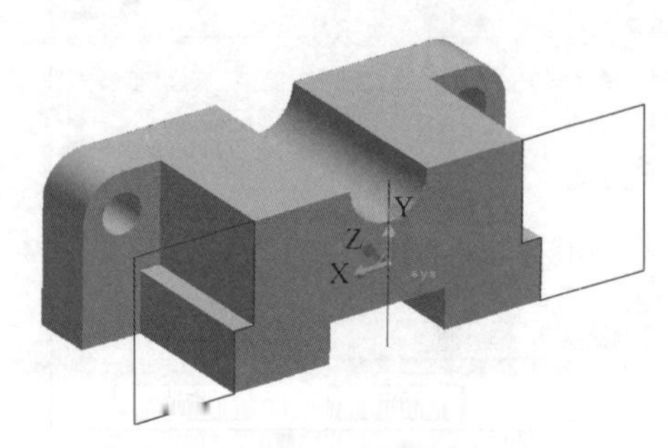

图 4-34　左右圆通孔除料效果

6. 前半圆槽除料

选取如图 4-35 所示的实体表面作为草绘平面，右击，选取“创建草图”命令，进入草图绘制界面。在该实体表面绘制 ϕ40mm 的圆，单击“特征”“拉伸除料”按钮，弹出对话框，设定【固定深度：20】、【拉伸对象：草图 7】、【拉伸为：实体特征】，其他不做设定，如图 4-36 所示。单击“确定”按钮，前半圆槽完成实体特征，如图 4-37 所示。

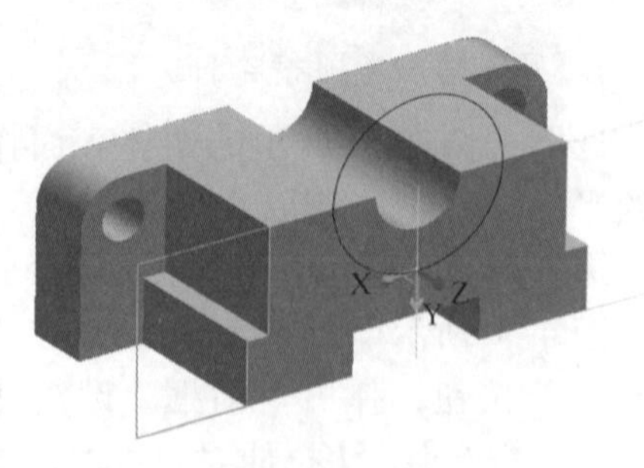

图 4-35　前半圆槽拉伸除料草绘

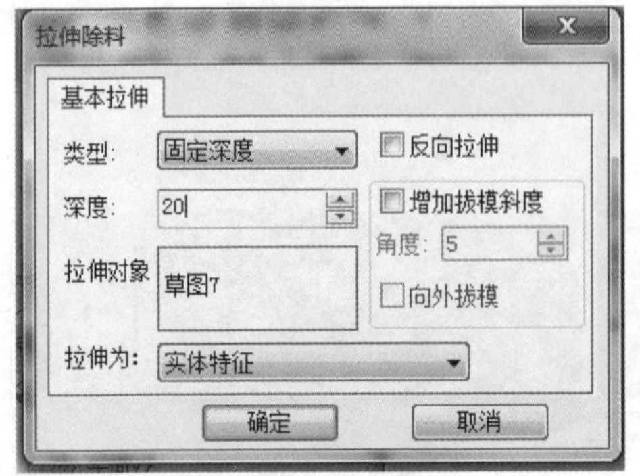

图 4-36　拉伸除料对话框

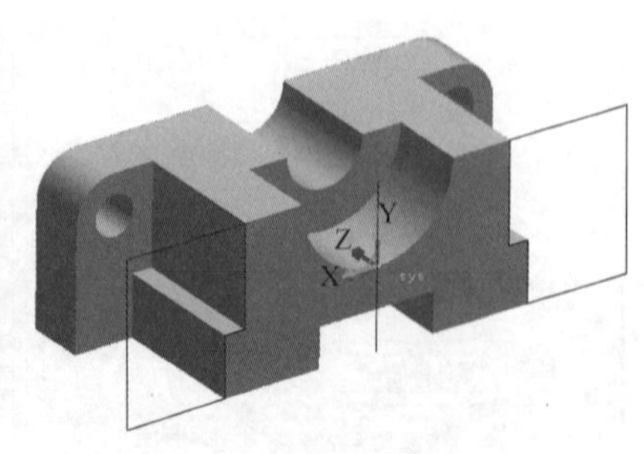

图 4-37　前半圆槽拉伸除料效果

4.4　旋转建模

旋转建模包括旋转增料和旋转除料。旋转建模的具体步骤：建立草图平面，在草图平面内绘制封闭曲线；退出草图平面后，在相应基准平面（非草图平面）内绘制回转轴线；执行旋转增料或旋转除料操作，完成旋转建模。下面绘制如图

4-38 所示旋转类零件实体图，尺寸自定。

1. 旋转增料

1）在“特征管理”栏点取平面进行创建草图，如图 4-39 所示，进入草绘界面。

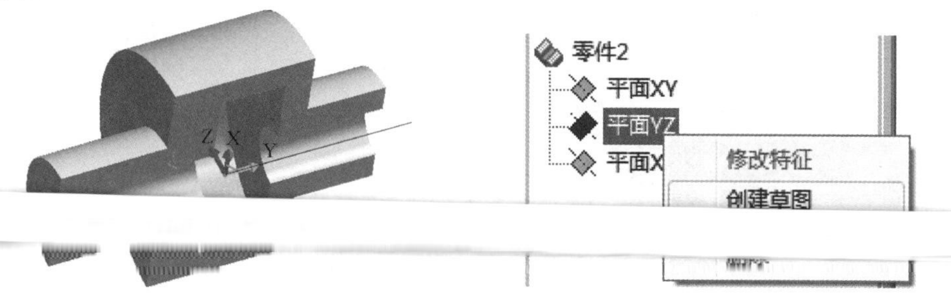

图 4-38　旋转类零件　　图 4-39　选择创建草图平面

2）绘制如图 4-40 所示的封闭曲线，尺寸自定。

3）退出草绘界面。

4）绘制旋转轴线，如图 4-41 所示。

5）单击“旋转增料”按钮 旋转增料，弹出旋转增料对话框。

6）设定【类型：单向旋转】、【角度：360】，拾取所绘草图和轴线，其他不做设定，如图 4-42 所示，单击“确定”按钮，完成实体特征，如图 4-43 所示。

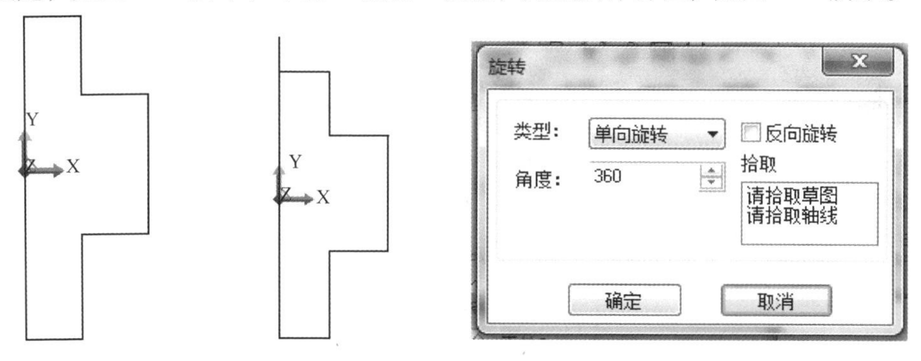

图 4-40　草图绘制　图 4-41　绘制旋转轴线　　图 4-42　旋转增料对话框

2. 旋转除料

将上一步骤所绘实体进行“线架显示”，以便于进一步绘图，选取如图 4-44 所示的平面作为草绘平面，右击，选取“创建草图”命令，进入草图绘制界面，如图 4-45 所示。单击“特征”“旋转除料”，弹出对话框，设定【类型：单向旋转】、【角度：360】，拾取所绘草图和轴线，其他不做设定。点击“确定”按钮，旋转除料后的效果如图 4-46 所示。

图 4-43 旋转实体

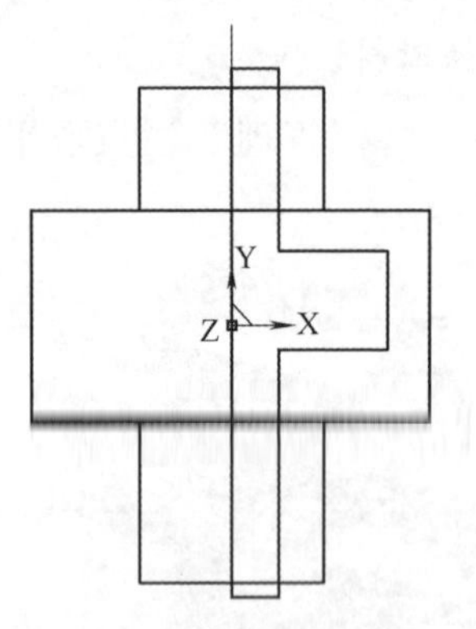

图 4-44 线架显示

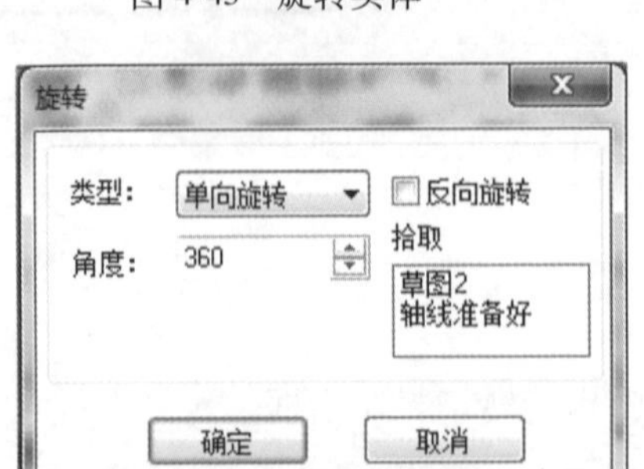

图 4-45 旋转除料对话框

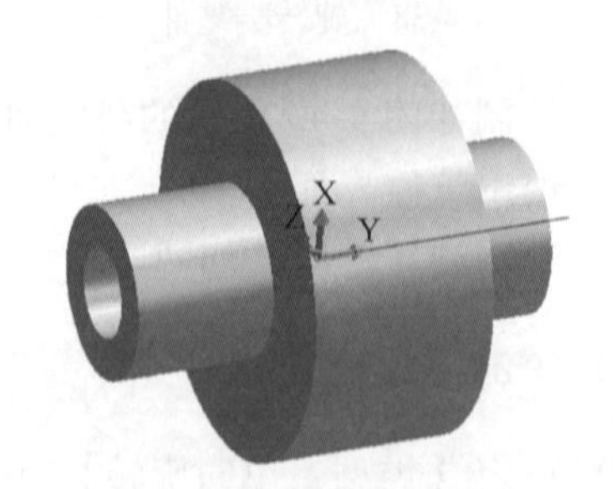

图 4-46 旋转除料生成

4.5 特征实体复杂造型综合实例

通过上两节的实体造型步骤讲解，大家对 CAXA 制造工程师软件的绘图功能有了一个基本的认知和了解。本节将在上节的基础上，进行复杂零件的造型建模，下面以图 4-47 所示零件为例进行复杂零件建模过程的讲解。

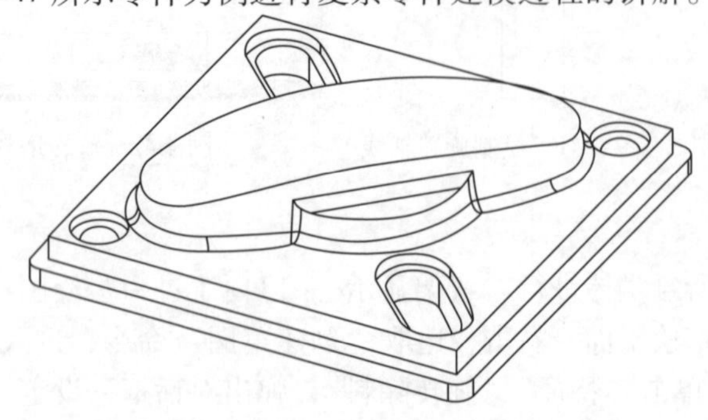

图 4-47 复杂零件造型案例图

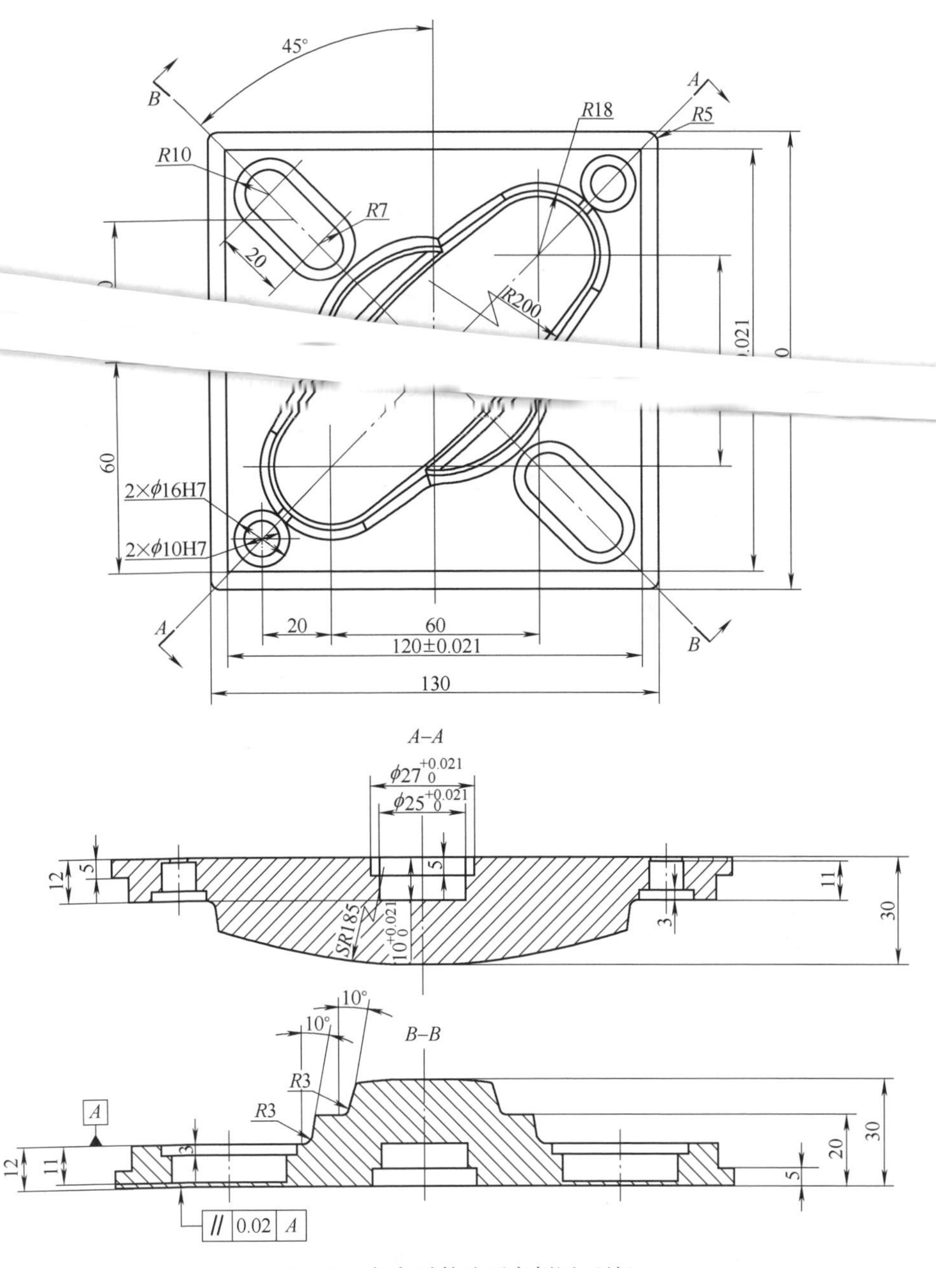

图 4-47 复杂零件造型案例图（续）

1. 文档建立与保存

1）单击 CAXA 制造工程师 2016 桌面快捷图标，启动 CAXA 制造工程

师软件。

2）进入CAXA制造工程师界面，本节主要讲解二维平面图的绘制，以便于后面章节的加工案例应用，故以绘制出用于加工的二维轮廓线为主，不进行全部的三视图绘制，对线型不作设置，不绘制标题栏。单击图4-48中制造按钮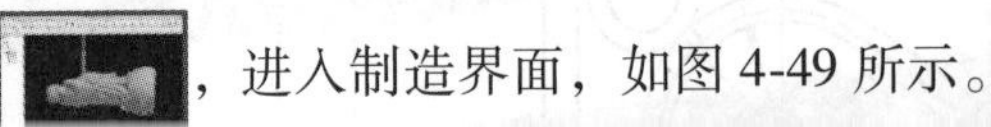，进入制造界面，如图4-49所示。

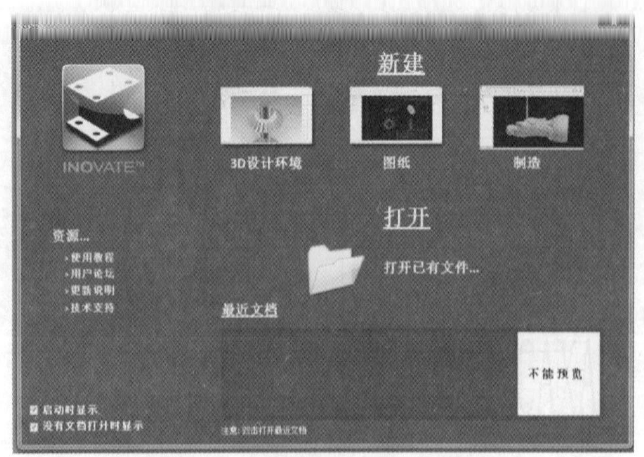

图4-48　CAXA制造工程师选择界面

图4-49　CAXA制造工程师制造界面

3）建立文件存储路径：单击保存按钮，弹出存储路径对话框，选取合适路径后单击“确定”按钮即可。本项目范例路径为：E：\2018-2019-2\CAXA书籍\CAXA制造工程师书籍\综合实体零件1。

2. 基本轮廓绘制

1）单击曲线生成工具栏中的直线按钮，单击立即菜单中的【1：水平/

铅垂线】、【2：水平+铅垂】、【3：长度：140】，点取绘图区域坐标系零点，绘制如图4-50所示的水平铅垂线。

2）单击曲线生成工具栏中的矩形按钮 矩形，单击立即菜单中的【1：中心_长_宽】、【2：长度：130】、【3：宽度：130】、【4：旋转角：0】，点取绘图区域坐标系零点，绘制如图4-51所示矩形轮廓，再次单击矩形按钮，单击立即菜单中的【1：中心_长_宽】、【2：长度：120】、【3：宽度：120】、【4：旋转角：0】，绘制矩形，如图4-52所示。

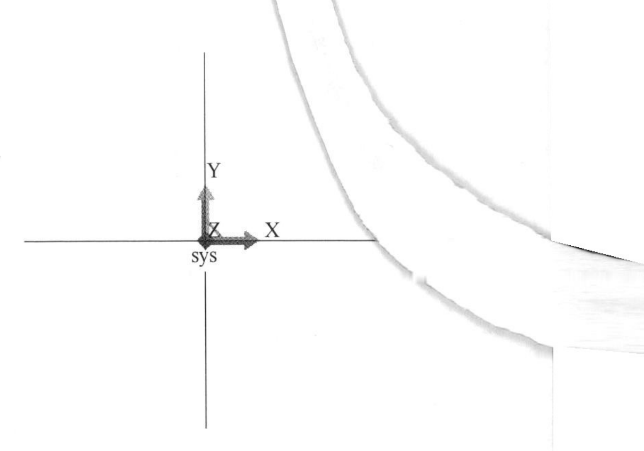

图4-50 构造基准面对话框（一）

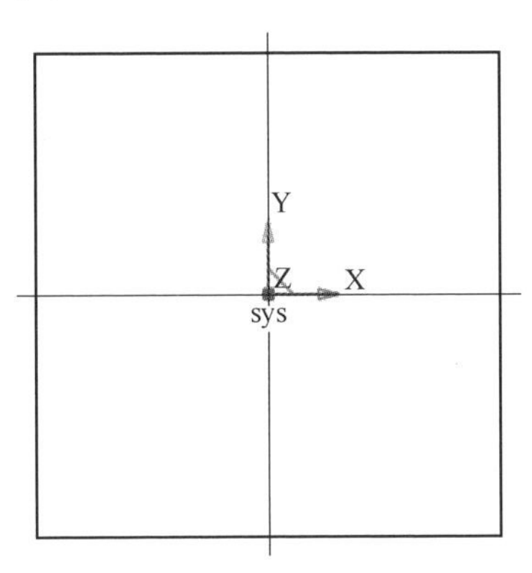

图4-51 构造基准面对话框（二）

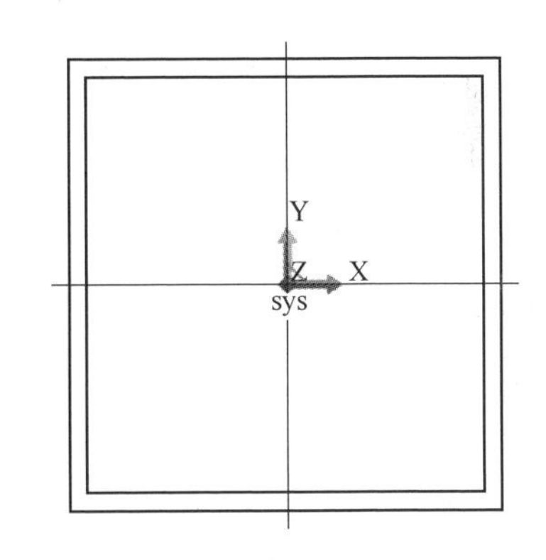

图4-52 矩形轮廓绘制

3）单击曲线生成工具栏中的“曲线过渡”按钮 曲线过渡，单击立即菜单中的【1：圆弧过渡】、【2：半径：5】、【3：精度：0.01】、【4：裁剪曲线1】、【5：裁剪曲线2】，绘制如图4-53所示矩形轮廓。

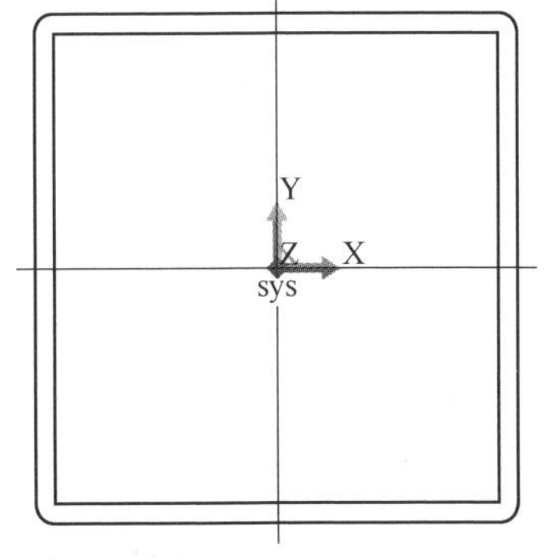

图4-53 矩形圆弧轮廓绘制

3. 轮廓2×ϕ10mm、2×ϕ16mm圆的绘制

（1）确定定位尺寸

单击曲线工具栏中的矩形按钮 矩形，单击立即菜单中的【1：中心_长_宽】、【2：长度：100】、【3：宽度：100】、【4：旋转角：0】，点取绘图区域坐标系零点，绘制如图4-54所示矩形轮廓，其中矩形右上和左下两顶点即为ϕ10mm圆和ϕ16mm圆

的定位点（也可以使用直线/平行线确定两个定位点）。单击曲线生成工具栏中的直线按钮，单击立即菜单中的【1：平行线】、【2：距离】、【3：距离：50】、【4：条数：1】，点取水平线，再点方向箭头向上和向下，点取垂直线，再点方向箭头向左和向右，即可绘制出如图 4-55 所示的辅助线段。

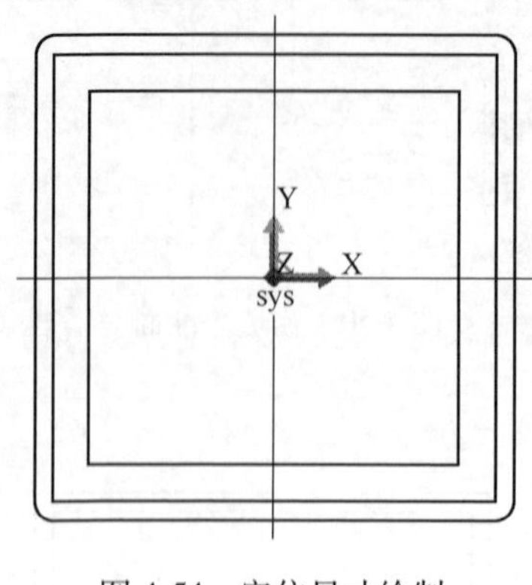

图 4-54　定位尺寸绘制

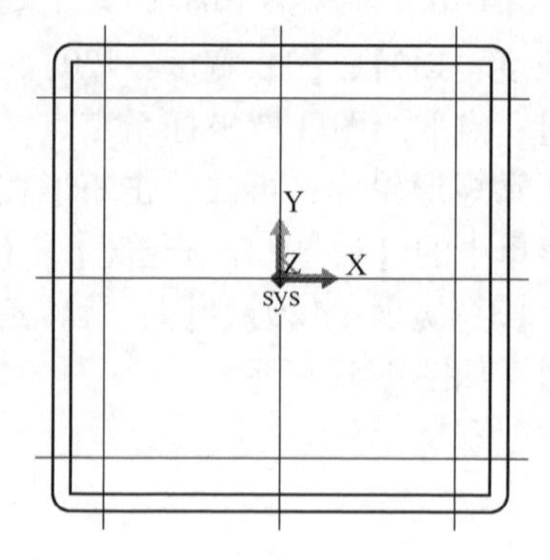

图 4-55　定位尺寸绘制

（2）绘制轮廓 2×ϕ10mm、2×ϕ16mm

单击曲线生成工具栏中的圆按钮，单击立即菜单中的【1：圆心_半径】，点取绘图区域上一步骤所确定的定位点（矩形右上和左下顶点），然后按<Enter>键，分别输入半径“5”，如图 4-56 所示，再次按<Enter>键输入“8”，即可在同一位置绘制出 ϕ10mm 圆和 ϕ16mm 圆，同样的操作可绘出 2×ϕ10mm 圆、2×ϕ16mm 圆，绘制结果如图 4-57 所示。

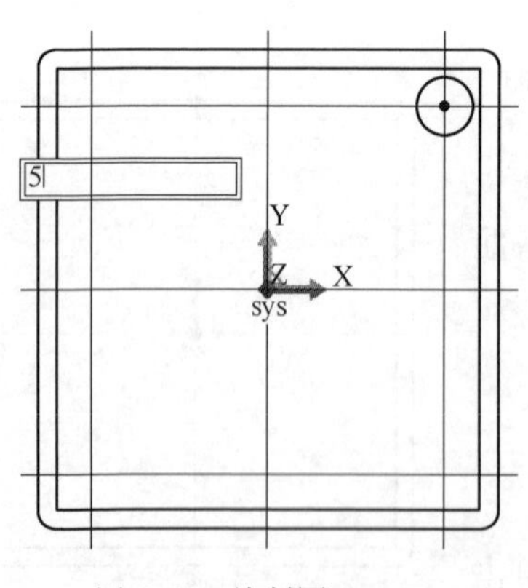

图 4-56　绘制圆 ϕ10mm

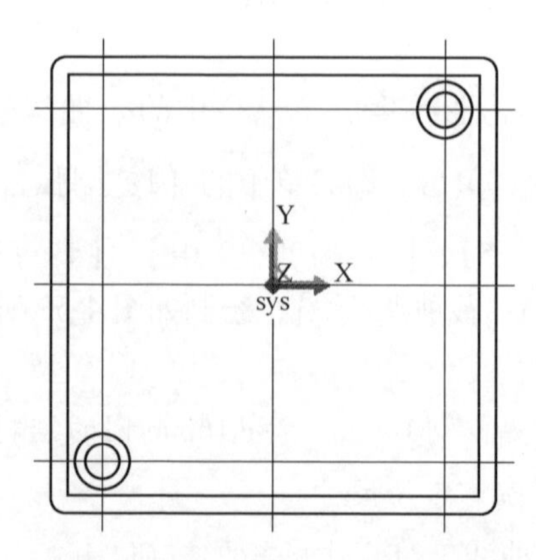

图 4-57　绘制圆 2×ϕ10mm 和 2×ϕ16mm

4. 绘制两个长方形轮廓

（1）确定定位尺寸

单击曲线生成工具栏中的矩形按钮 ▭矩形，单击立即菜单中的【1：中心_长_宽_】、【2：长度：80】、【3：宽度：80】、【4：旋转角：0】，点取绘图区域坐标系零点，绘制如图4-58所示矩形轮廓，其中矩形左上和右下两顶点即为矩形轮廓的定位点（可使用直线/平行线确定两个定位点）。然后删除辅助线，如图4-59所示。

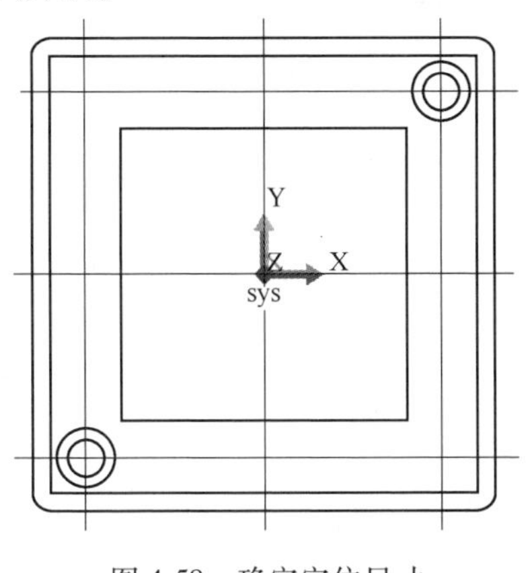

图4-58　确定定位尺寸

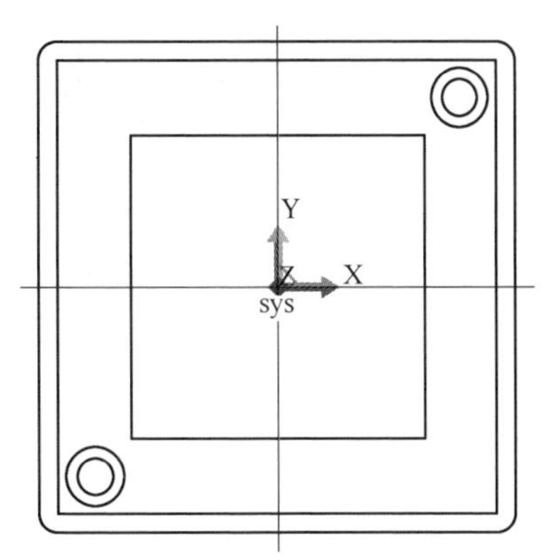

图4-59　删除部分辅助线

（2）绘制两个旋转135°的矩形轮廓

单击曲线生成工具栏中的矩形按钮 ▭矩形，单击立即菜单中的【1：中心_长_宽】、【2：长度20】、【3：宽度20】、【4：旋转角：135】，点取绘图区域上一步骤所确定的定位点（左上），结果如图4-60所示。再次单击立即菜单中的【1：中心_长_宽】、【2：长度20】、【3：宽度14】、【4：旋转角：135】，选取上一定位点，绘制结果如图4-61所示。

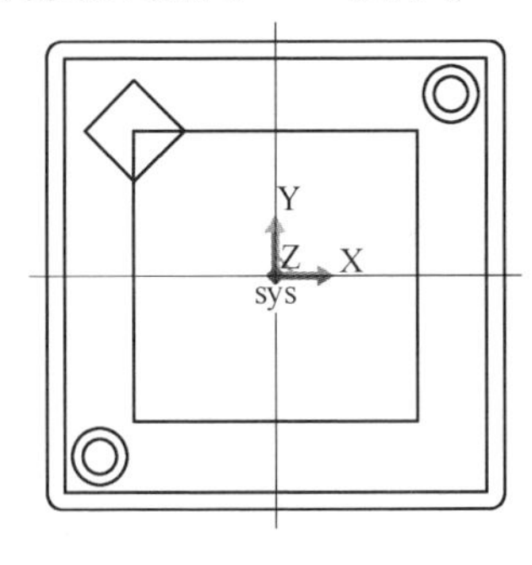

图4-60　矩形绘制（1）

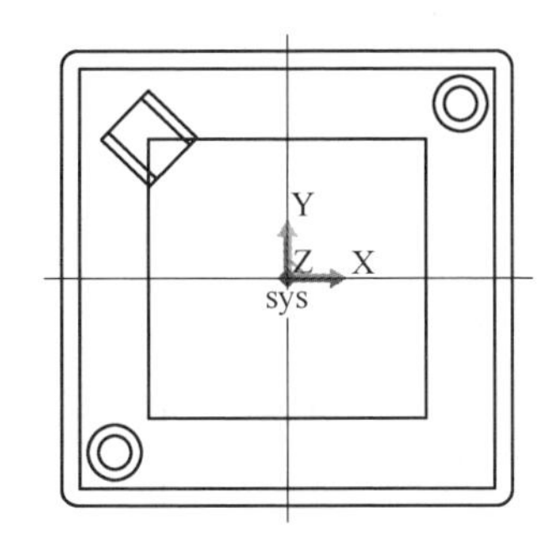

图4-61　矩形绘制（2）

（3）绘制轮廓圆弧

单击曲线生成工具栏中的“圆”按钮 ⊕圆，单击立即菜单中的【1：圆心_

半径】，拾取矩形轮廓线上默认中点，按<Enter>键输入半径“7”和“10”，结果如图4-62所示。同理，可绘制出另一处圆弧，绘制结果如图4-63所示。

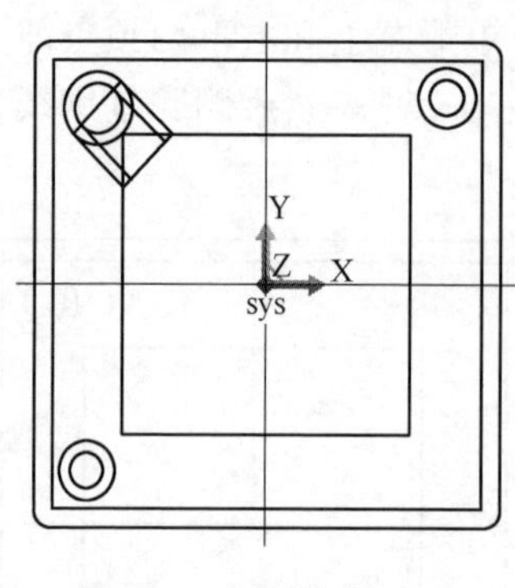

图4-62　圆弧绘制（1）

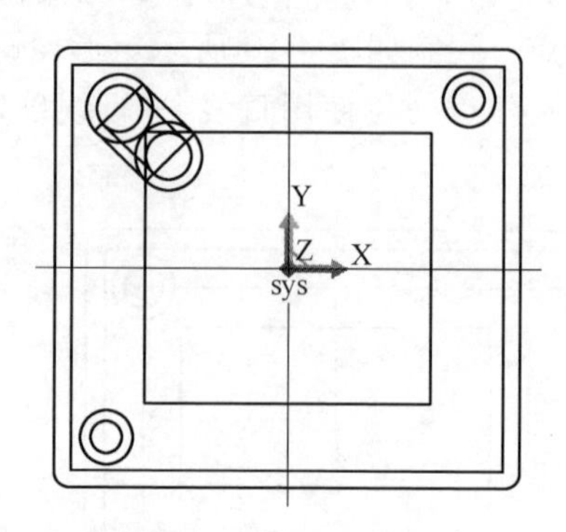

图4-63　圆弧绘制（2）

（4）裁剪线段

单击曲线编辑工具栏中的曲线裁剪按钮，单击立即菜单中的【1：快速裁剪】、【2：正常裁剪】，裁剪部分线段后，单击删除按钮，修剪结果如图4-64所示。右下角同样的图形按如上方法绘制，亦可用旋转的方法得到，单击常用工具条中的平面旋转按钮，单击立即菜单中的【1：固定角度】、【2：拷贝】、【3：份数：1】、【4：角度：180】，根据左下状态栏提示拾取旋转中心点，然后拾取旋转元素，用鼠标窗选图形的左上角环状图形，右击确定，旋转命令执行后得到结果如图4-65所示。

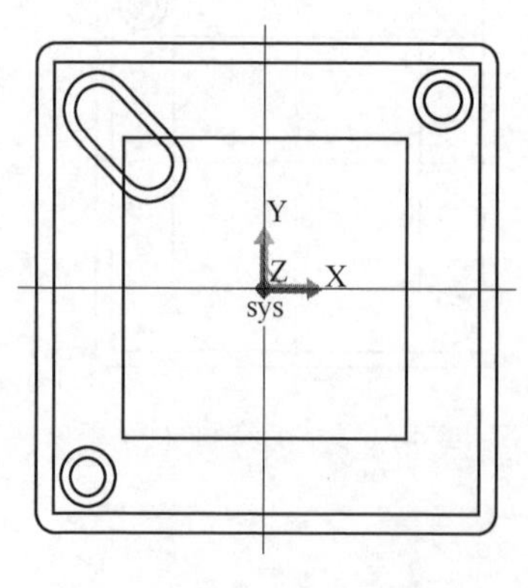

图4-64　矩形圆弧绘制

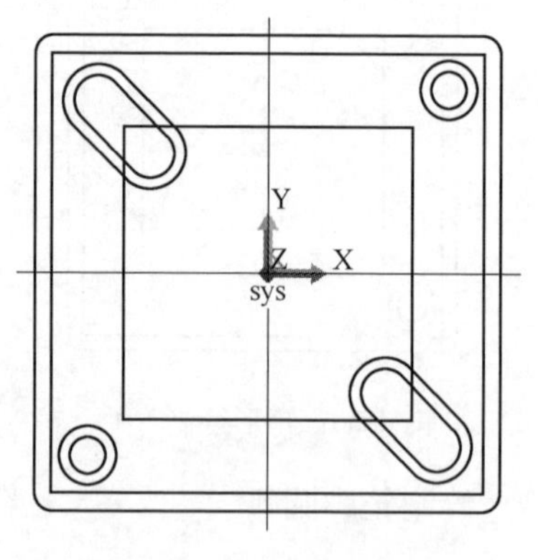

图4-65　矩形圆弧复制

5. 绘制实体特征

（1）创建草图

单击左侧特征管理栏，如图4-66所示，右击“平面XY”，选取“创建草图”命令，如图4-67所示，在XY平面创建草图。

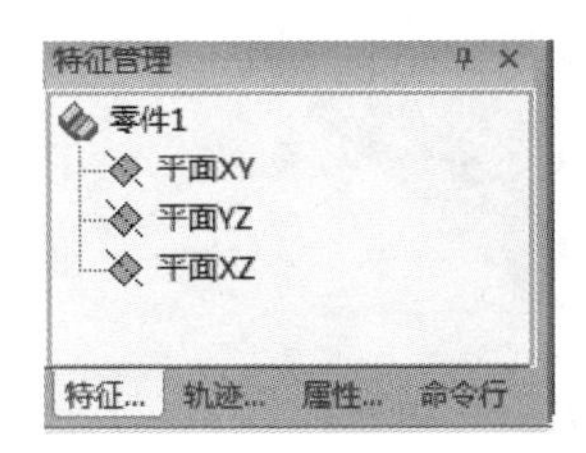

图4-66　特征管理栏

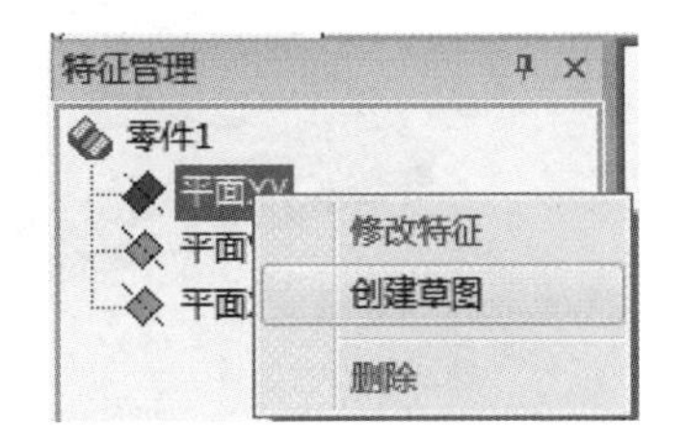

图4-67　选取创建草图

（2）实体拉伸

1）单击曲线生成工具栏中的投影曲线按钮，根据状态栏提示拾取曲线，130mm×130mm曲线，完成拾取后单击绘制草图按钮，即退出草图绘制。然后单击特征工具栏中的拉伸增料按钮，按如图4-68所示的内容填写相关数值：【1：固定深度】、【2：深度：5】、【3：拉伸对象：草图0】、【4：拉伸为：实体特征】，其他不选。单击“确认”按钮，结果如图4-69所示。

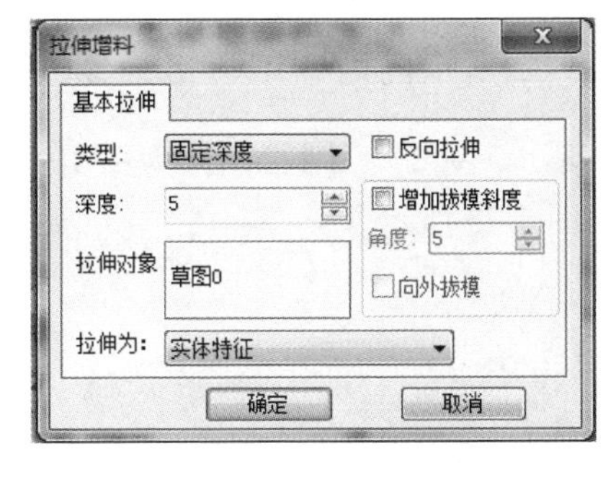

图4-68　拉伸增料对话框

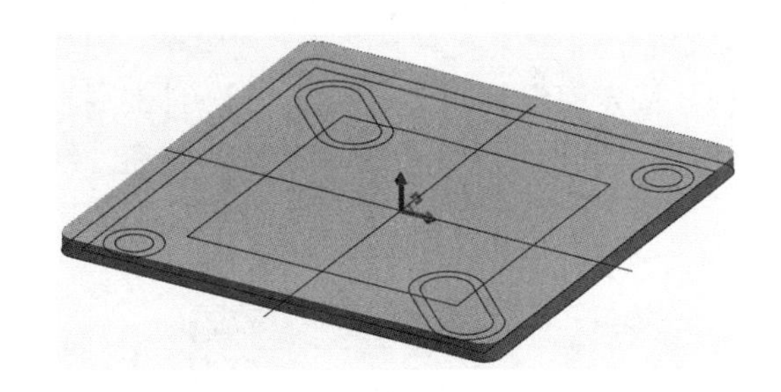

图4-69　拉伸实体

2）鼠标右击“平面XY”，单击“创建草图”命令，单击曲线生成工具栏中的投影曲线按钮，根据状态栏提示拾取曲线，120mm×20mm矩形，完成拾取后单击绘制草图按钮，即退出草图绘制。然后单击特征工具栏中的拉伸增料按钮，填写相关数值：【1：固定深度】、【2：深度：12】、【3：拉伸对象：草图 1】、【4：拉伸为：实体特征】，其他不选。单击“确认”按钮，结果如图 4-70 所示。

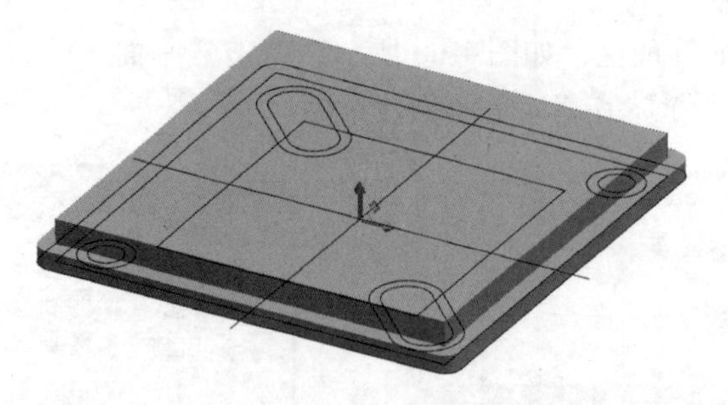

图 4-70　拉伸实体

3）实体拉伸除料点选生成实体的上表面，右击该表面，选取“创建草图”命令，如图 4-71 所示，进入草图绘制界面。单击曲线生成工具栏中的投影曲线按钮 投影曲线，根据状态栏提示拾取曲线 2×ϕ16mm 圆，完成拾取后单击绘制草图按钮 绘制草图，即退出草图

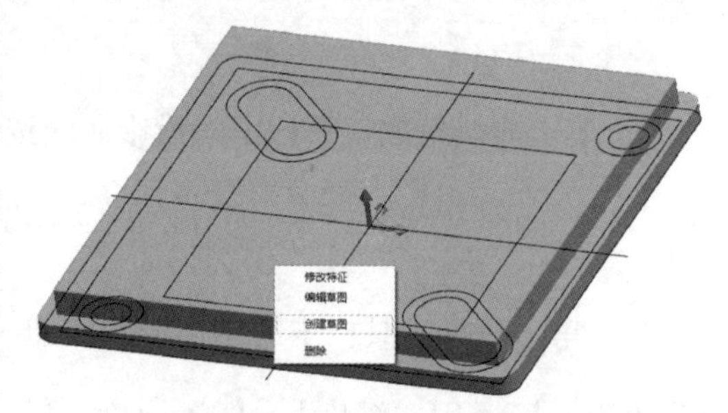

图 4-71　选取实体表面创建草图

绘制。单击“拉伸除料”按钮 拉伸除料，按如图 4-72 所示的内容填写相关参数：【1：固定深度】、【2：深度：3】、【3：拉伸对象：草图 2】、【4：拉伸为：实体特征】，其他不选。单击“确认”按钮，结果如图 4-73 所示。

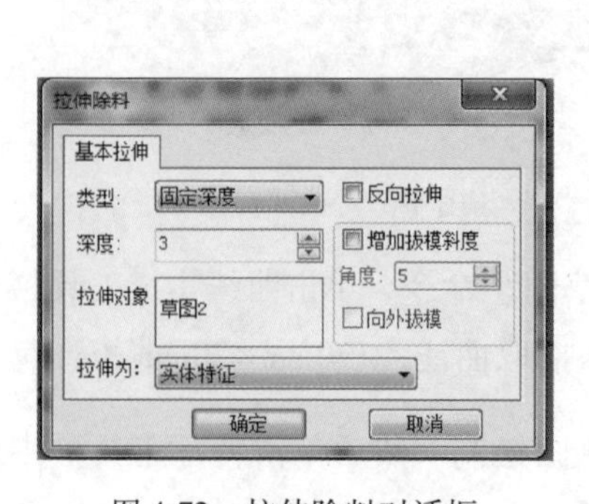

图 4-72　拉伸除料对话框

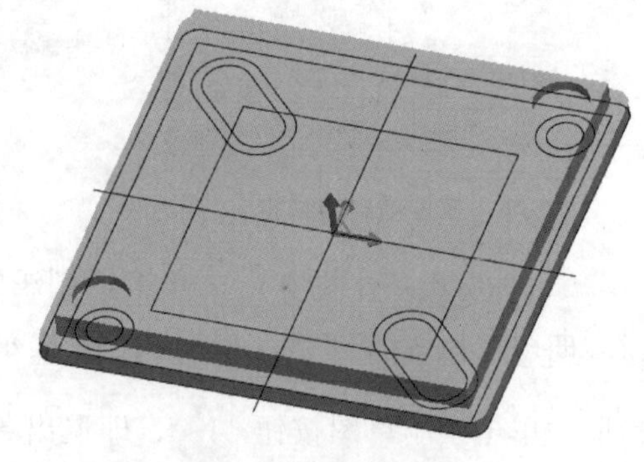

图 4-73　拉伸除料

（3）拉伸除料

继续选取实体的上表面，右击该表面，选取“创建草图”命令，进入草图绘制界面。单击曲线生成工具栏中的投影曲线按钮，根据状态栏提示拾取曲线 2×ϕ10mm 圆，完成拾取后单击绘制草图按钮，即退出草图绘制。单击拉伸除料按钮，按如图 4-74 所示的内容填写相关参数：【1：固定深度】、【2：深度：11】、【3：拉伸对象：草图 4】、【4：拉伸为：实体特征】，其他不选。单击“确认”按钮，结果如图 4-75 所示。

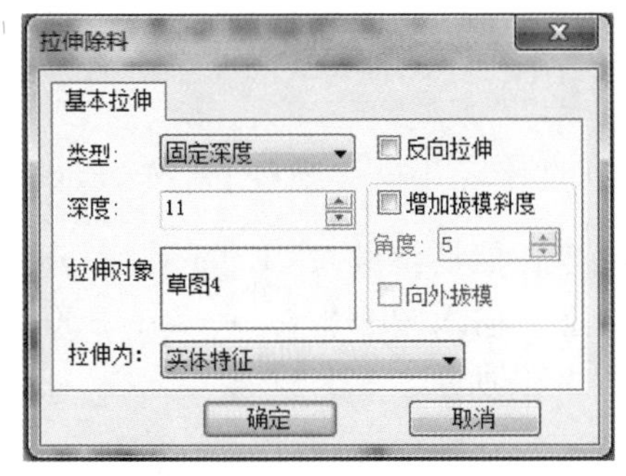

图 4-74　拉伸除料对话框

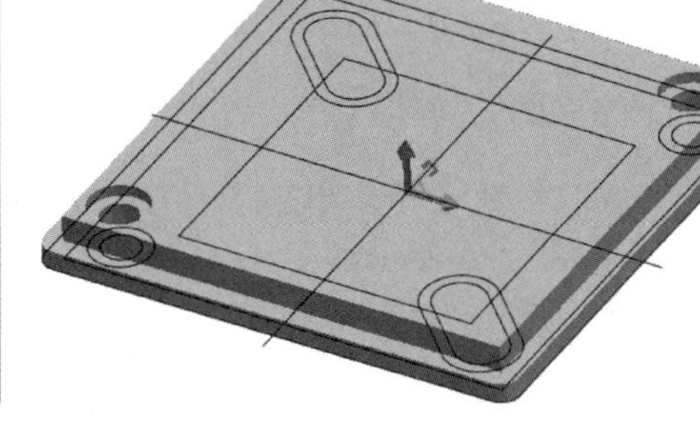

图 4-75　拉伸除料

继续选取实体的上表面，右击该平面，选取“创建草图”命令，进入草图绘制界面。单击曲线生成工具栏中的“投影曲线”按钮，根据状态栏提示拾取含 4×R10mm 的轮廓，完成拾取后单击绘制草图按钮，即退出草图绘制。单击拉伸除料按钮，填写相关数值：【1：固定深度】、【2：深度：3】、【3：拉伸对象：草图】、【4：拉伸为：实体特征】，其他不选。单击确认后结果如图 4-76 所示。同样的方法，选取含 4×R7mm 的两个封闭轮廓，进入拉伸除料对话框，设定【1：固定深度】、【2：深度：11】、【3：拉伸对象：草图 6】、【4：拉伸为：实体特征】，其他不选，结果如图 4-77 所示。

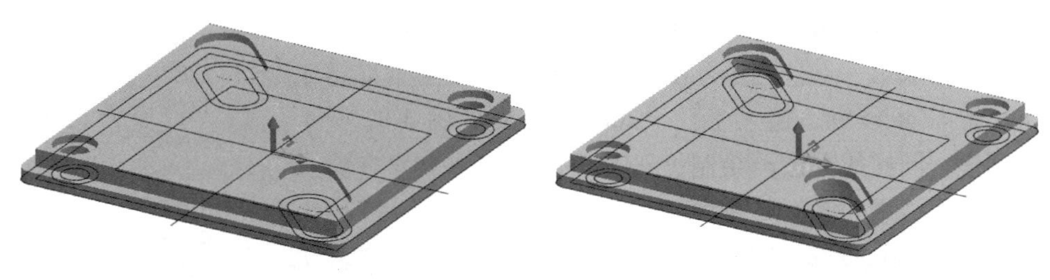

图 4-76　实体拉伸除料（1）　　　　图 4-77　实体拉伸除料（2）

(4) 创建实体

切换当前为XY平面显示，并单击显示工具栏中的线架显示按钮 线架显示 ，切换当前只显示实体的线架，以便于绘制轮廓线。

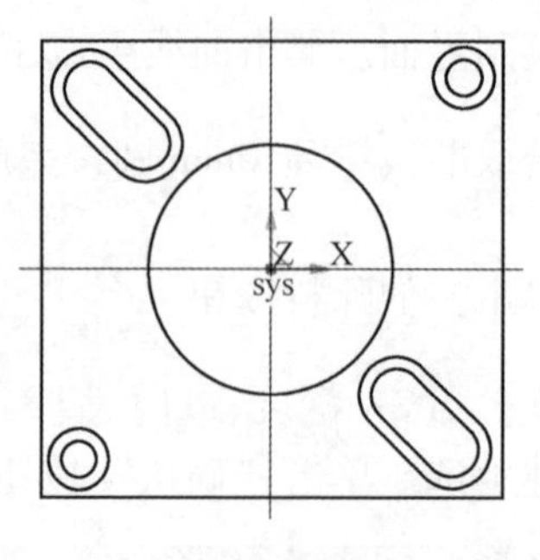

图 4-78　绘制圆（1）

1）绘制中间轮廓线 ϕ65mm，单击曲线生成工具栏中的圆按钮 圆 ，单击立即菜单中的【1：圆心_半径】、拾取绘图区域坐标原点，然后按<Enter>键，分别输入半径“32.5”，绘制如图4-78所示的圆。

2）绘制含 R200、R18 轮廓线，单击曲线生成工具栏中的“圆”按钮 圆 ，单击立即菜单中的【1：圆心_半径】，按<Enter>键，输入圆心坐标（30，30），按<Enter>键确定，然后继续按<Enter>键，分别输入半径“18”，绘制出如图4-79所示圆。同上，输入圆心坐标（−30，−30），半径“18”，绘制出左下另一 R18mm 圆，如图4-80所示。

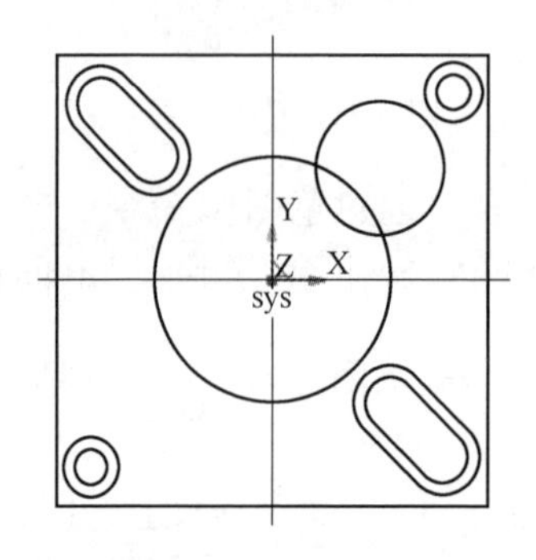

图 4-79　绘制圆（2）

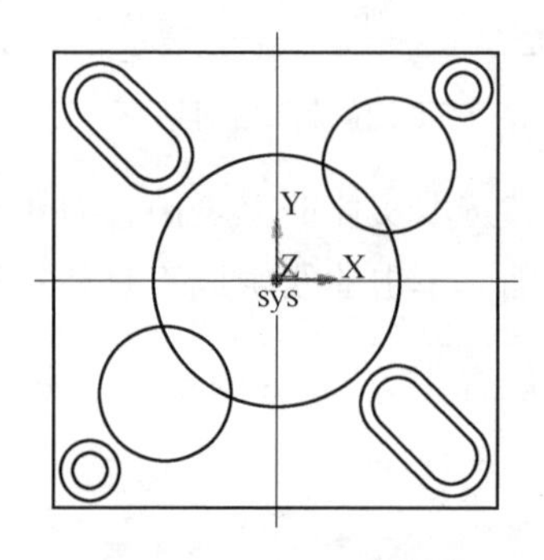

图 4-80　绘制圆（3）

单击曲线生成工具栏中的圆弧按钮 圆弧 ，单击立即菜单中的【1：两点_半径】，按空格键，弹出如图4-81所示的快捷菜单，选取切点，根据状态栏提示，在其一 R18mm 圆处切点拾取第一点，同样，在另一 R18mm 处切点拾取第二点，按<Enter>键，输入半径“200”，得到如图4-82所示的圆弧。同样的方法，绘制另一 R200mm 圆弧，并修剪多余线段，结果如图4-83所示。

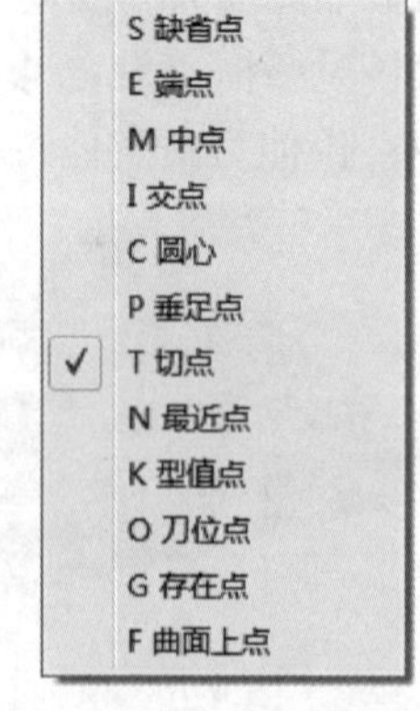

图 4-81　捕捉点选择

3）绘制 ϕ65mm 实体特征，单击显示工具栏里“真实感显示”按钮 真实感显示 ，以便于实体绘制。选取实体上表面，右击，选取“创建草图”，进入草图绘制界面。单击曲线生成工具栏“投影曲线”按钮，选中刚才所绘 ϕ65mm 轮廓线，即在实体上表面投影得到 ϕ65mm 草图线，然后单击绘制草图按钮，即退出草图绘制。再点击拉伸增料按钮，进入拉伸增料对话框，设定相关参数：【1：固定深度】、【2：深度：8】、【3：拉伸对象：草图 9】、【4：拉伸为：实体特征】，其他不选，如图 4-84。单击“确定”按钮，生成实体如图 4-85 所示。

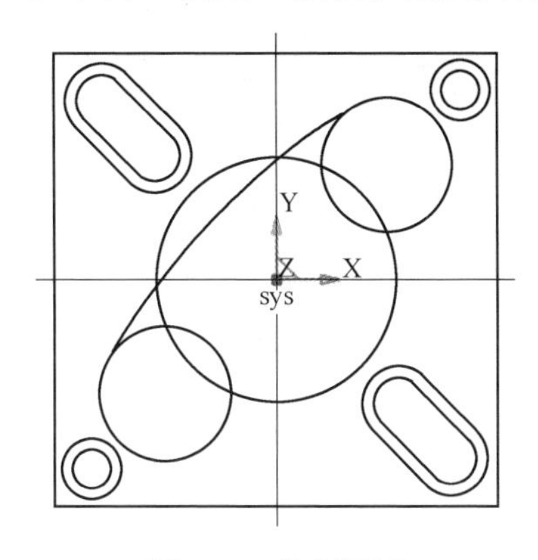

图 4-82 绘制圆弧

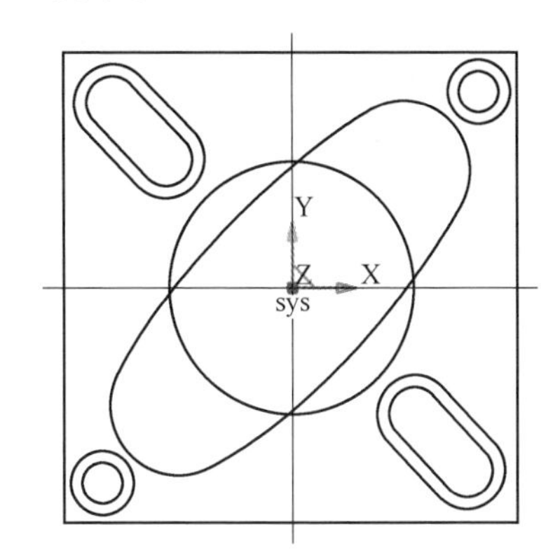

图 4-83 绘制圆弧并修剪多余线段

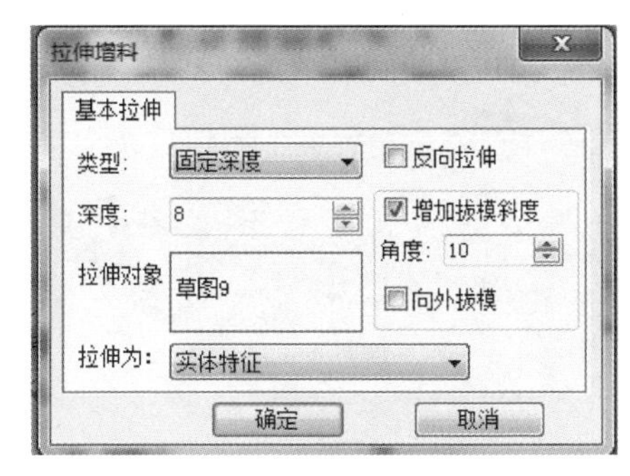

图 4-84 拉伸增料对话框

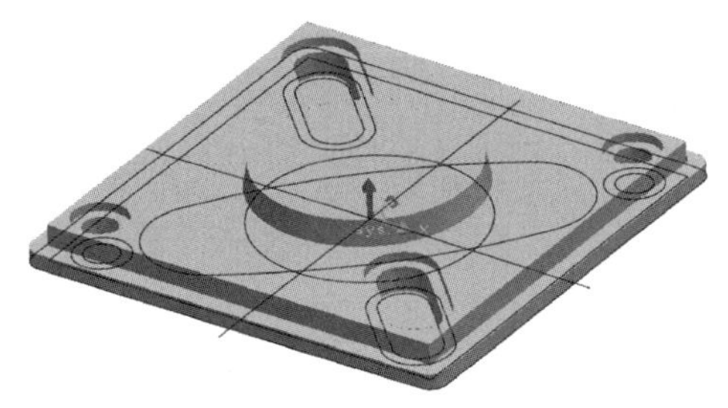

图 4-85 实体拉伸增料

4）绘制含 R200mm、R18mm 实体特征选取实体上表面，右击，选取“创建草图”，进入草图绘制界面。单击曲线生成工具栏中的“投影曲线”按钮，点选刚才所绘 R200mm、R18mm 轮廓线，即在实体上表面投影得到草图线。然后单击绘制草图按钮，即退出草图绘制。再单击拉伸增料按钮，进入拉伸增料对话框，设定相关参数：【1：固定深度】、【2：深度：

20】、【3：拉伸对象：草图 10】、【4：拉伸为：实体特征】、【5：增加拔模斜度：10】，其他不选，如图 4-86 所示。单击“确定”按钮，生成实体如图 4-87 所示。此处实际深度为 18mm，但拉伸深度设定为 20，以便于后期曲面裁剪。

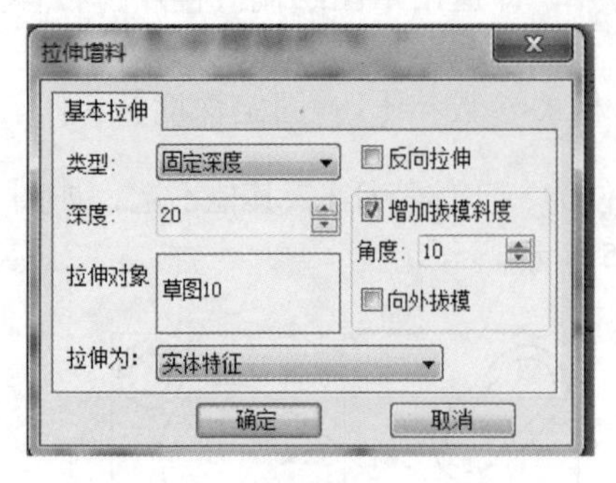

图 4-86　拉伸增料对话框

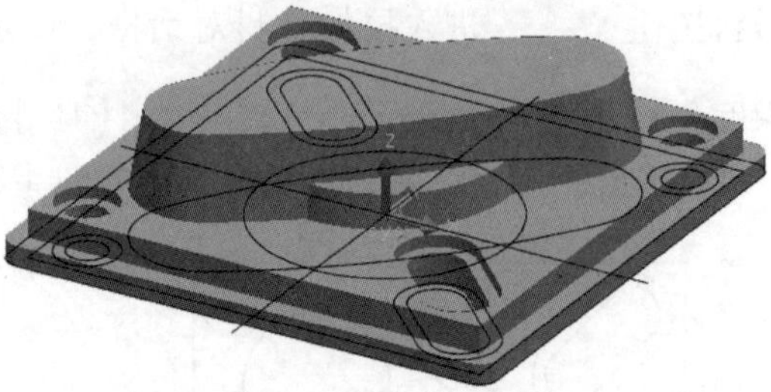

图 4-87　实体拉伸增料

（5）曲面裁剪实体特征

1）绘制 SR185mm 曲线，单击常用工具栏中平移按钮，单击立即菜单中的【1：偏移量】、【2：拷贝】、【3：DX＝0，DY＝0，DZ＝30】，如图 4-88 所示，在水平垂直线上方 30mm 复制水平垂直线，用于确定 SR185mm 的定位点。单击“确定”按钮，结果如图 4-89 所示。

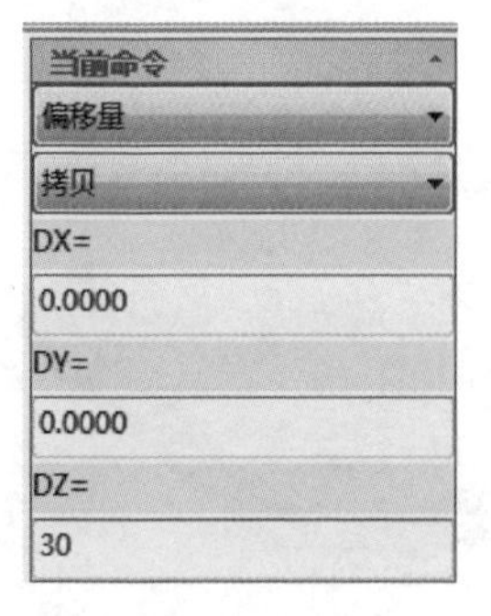

图 4-88　平移对话框

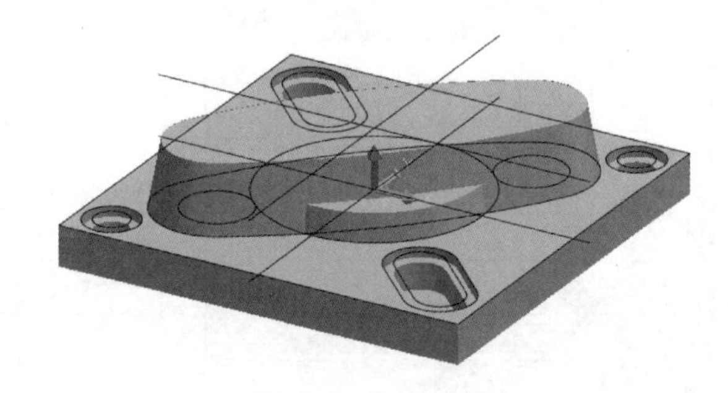

图 4-89　平移操作

2）切换当前绘图平面为 XZ。单击曲线生成工具栏中“圆”按钮，单击立即菜单中的【1：两点_半径】，根据状态栏提示选取第一点，默认方式选择偏移后的十字交叉点，再根据状态栏提示选取第二点，此时，按空格键，弹出如图 4-90 所示的快捷菜单，选取切点（或直接按快捷键 T），然后选择水平线，然后再按<Enter>键，输入半径“185”，即可绘出过顶点并与水平线相切的圆弧线，并修剪，结果如图 4-91 所示。

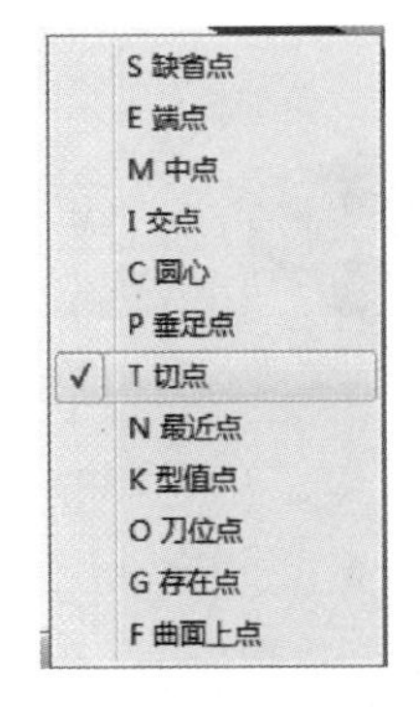

图 4-90 捕捉点选择

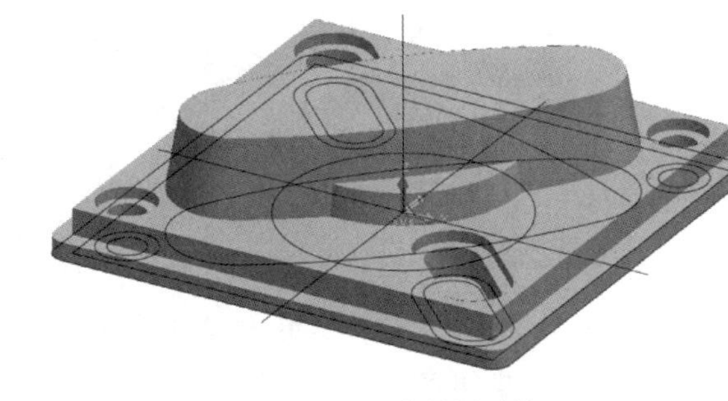

图 4-91 绘制圆弧线

3）绘制 *SR*185 曲面，单击曲面工具栏中旋转面按钮，单击立即菜单中的【1：起始角：0】、【2：终止角：360】，如图 4-92 所示。根据状态栏提示选取旋转轴，选取一条与坐标系 *Z* 轴重合的线，若之前未画，可补画引线。再根据状态栏提示选取垂直向上为旋转方向，再根据状态栏提示拾取母线，拾取上一步所绘 *SR*185mm 曲线，即可生成图 4-93 所示曲面。

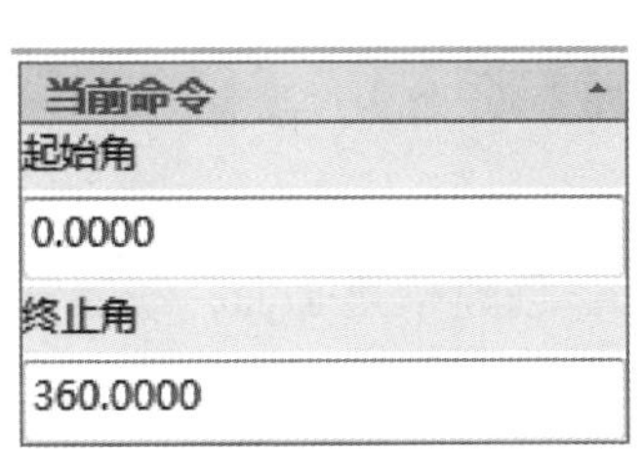

图 4-92 旋转立即菜单

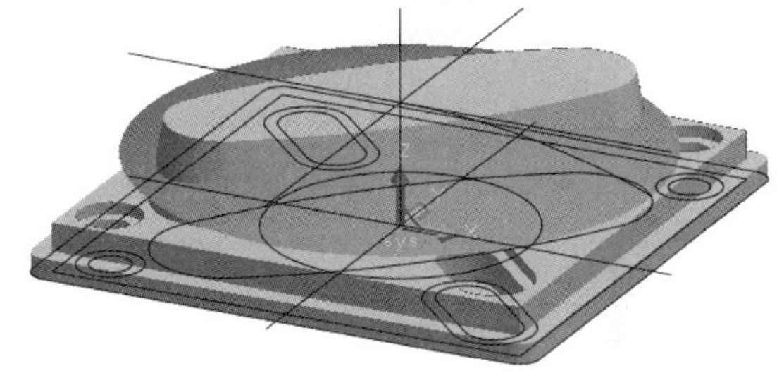

图 4-93 旋转曲面

4）曲面裁剪除料，单击特征工具栏中曲面裁剪除料按钮，开始时对话框中裁剪曲面栏中显示“曲面未准备好”，单击此处，然后选择上一步骤所绘曲面，即显示“1 张曲面”，如图 4-94 所示，表示裁剪曲面选择完成。然后选择“除料方向选择”切换，使裁剪方向向上，单击确定，结果如图 4-95 所示。

（6）圆角过渡

点击特征菜单栏中修改工具栏中的“过渡”按钮，在弹出的对话框中输入如下信息：半径=3；过渡方式：等半径，如图 4-96 所示。根据命令栏提示拾取需要圆角过渡的元素，根据图纸要求拾取相关线段即可，最后单击对话框中

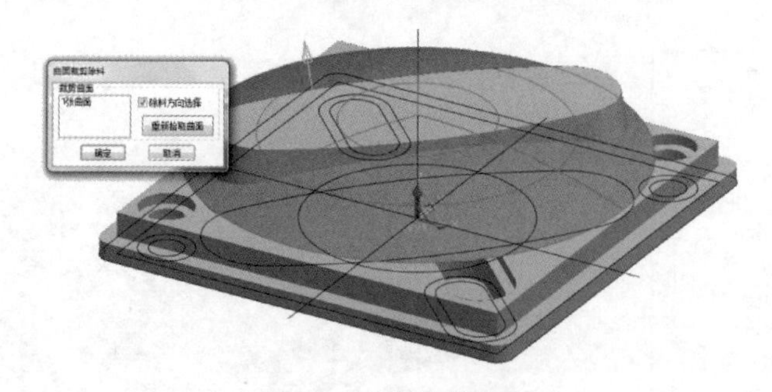

图 4-94　裁剪除料设置

的“确定”按钮，即可实现圆角过渡。圆角过渡后的效果如图 4-97 所示。

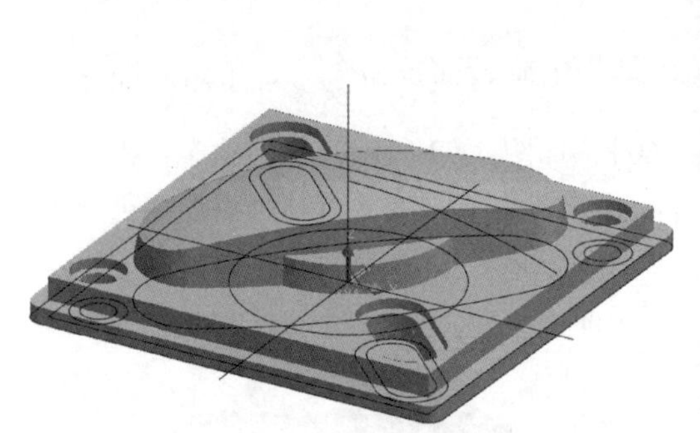

图 4-95　曲面裁剪实体

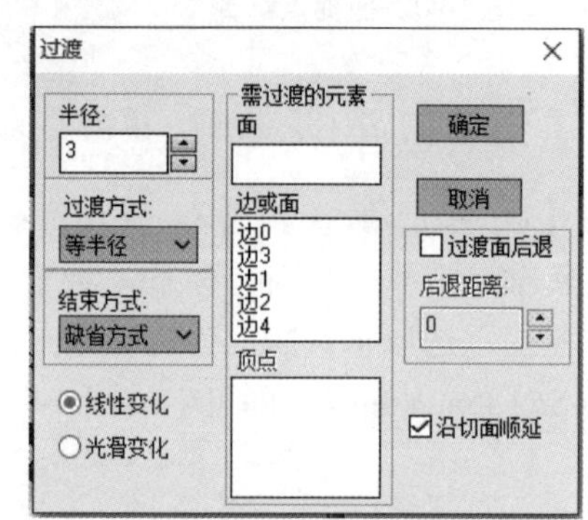

图 4-96　圆角过渡参数设置

至此，正面实体全部绘制完毕，接下来绘制反面实体特征。先将实体旋转至如图 4-98 所示位置。反面实体绘制采用另一种方法：创建草绘平面；绘制草图；退出草图；实体绘制。

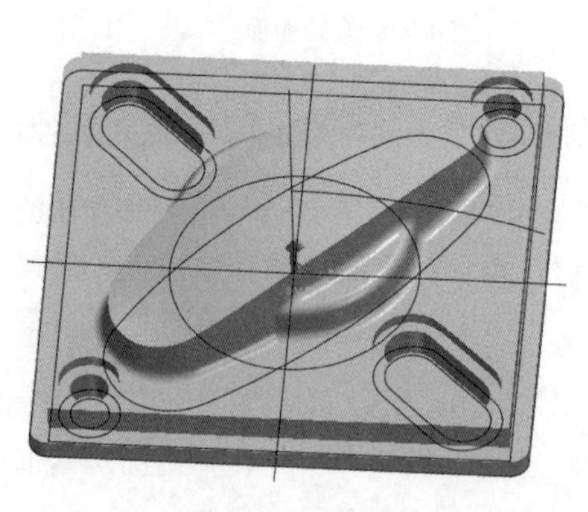

图 4-97　正面实体

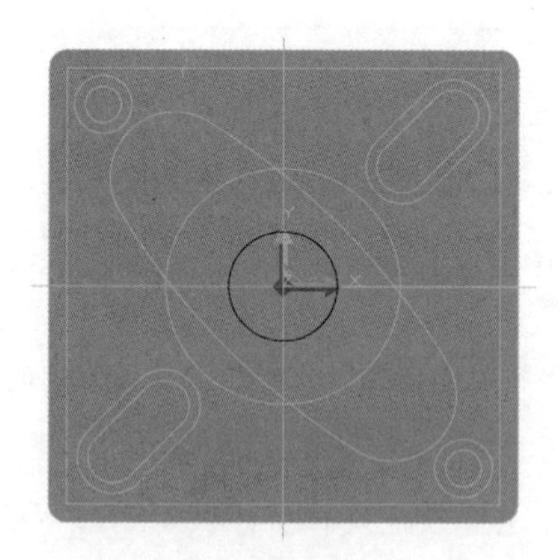

图 4-98　绘制线架

1）绘制 ϕ30mm、ϕ25mm 实体特征。选取实体下表面，右击，选取“创建草图”按钮，进入草图绘制界面。单击曲线生成工具栏中的圆按钮，单击立即菜单中的【1：圆心_半径】，选坐标原点为圆心，输入半径“15”，单击“确认”按钮，退出草绘平面，结果如图4-98所示，再单击拉伸除料按钮，进入拉伸除料对话框，设定相关参数：【1：固定深度】、【2：深度：5】、【3：拉伸对象：草图11】、【4：拉伸为：实体特征】，其他不选。单击“确认”按钮，结果如图4-99所示。同样，绘制25圆实体，结果如图4-100所示。

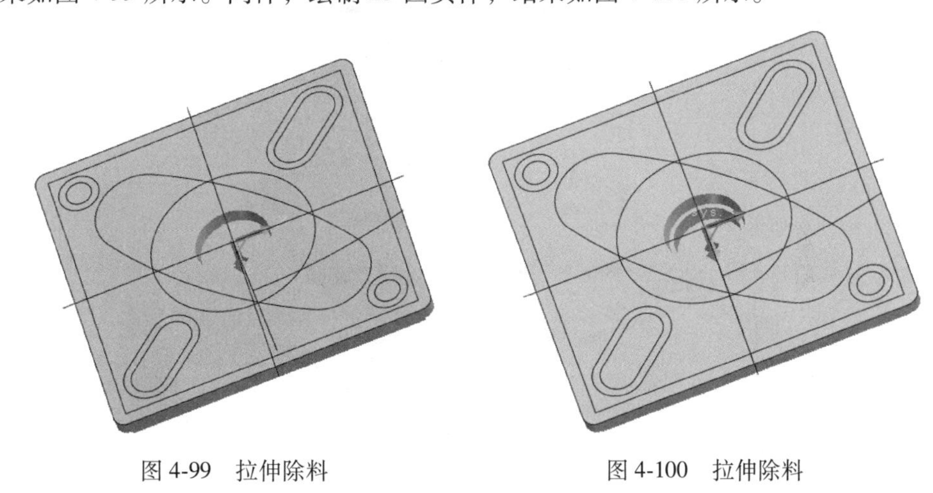

图4-99 拉伸除料　　图4-100 拉伸除料

2）隐藏线框。

① 窗选线框，如图4-101所示，放置图层，可用于后面的轮廓线加工。

② 右击，选取“层设置”命令，如图4-102所示。

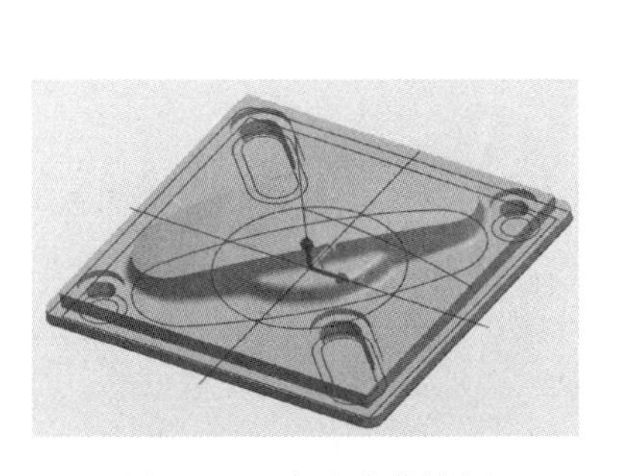

图4-101 窗选隐藏线框

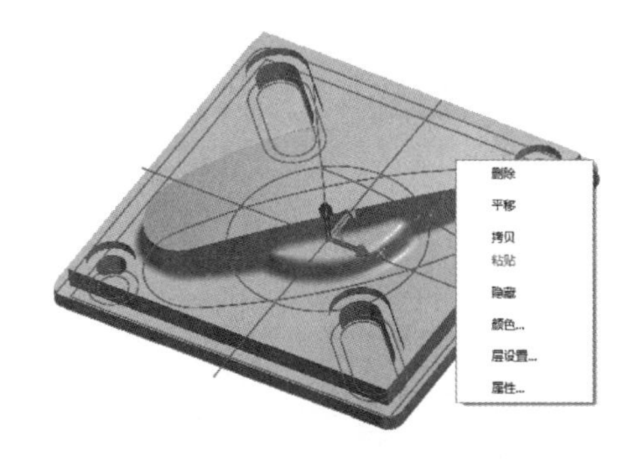

图4-102 选择层设置

③ 新建图层，并将新图层属性设为隐藏，如图4-103所示。

④ 得到最终实体零件如图4-104所示，消隐显示如图4-105所示。

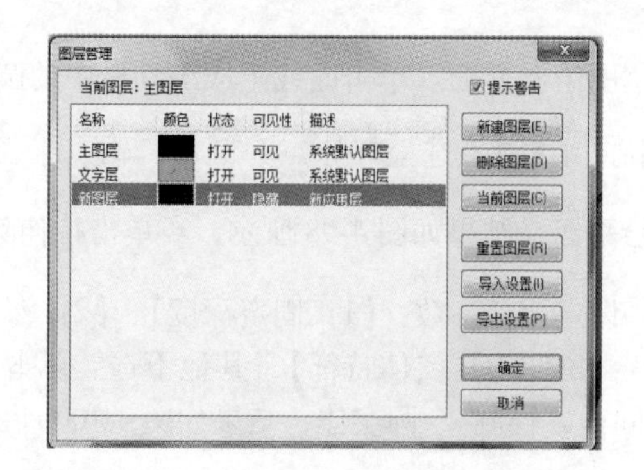

图 4-103　设置隐藏

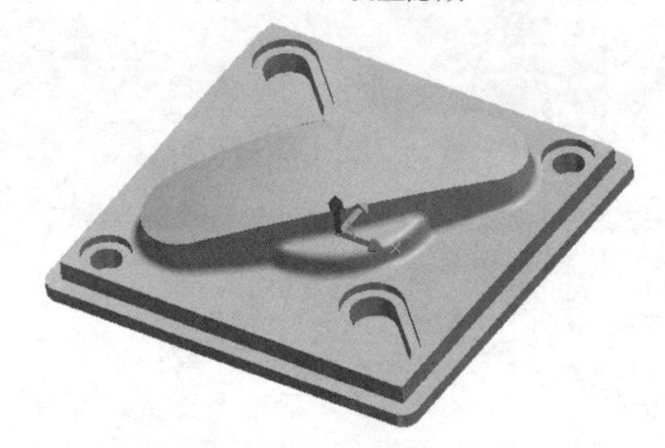

图 4-104　实体显示

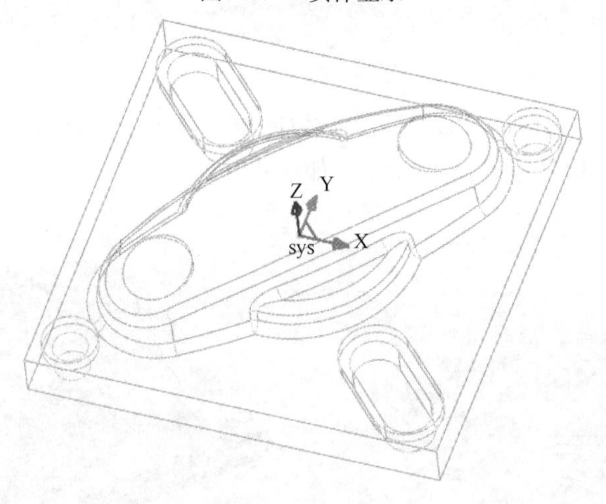

图 4-105　消隐显示

简　答　题

1. 简述 CAXA 制造工程师实体建模的步骤主要有哪些？
2. 简述 CAXA 制造工程师草图绘制过程中基准选择的方法有哪些？基准选

择的步骤有哪些？

3. 通过 CAXA 制造工程师的建模特征，完成图 4-106 所示的实体建模。

4. 通过 CAXA 制造工程师的建模特征，完成图 4-107 所示的实体建模。

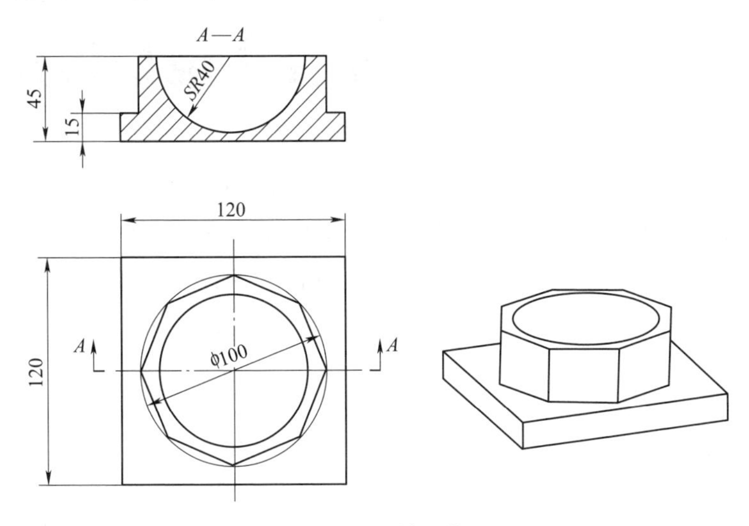

图 4-106 练习件

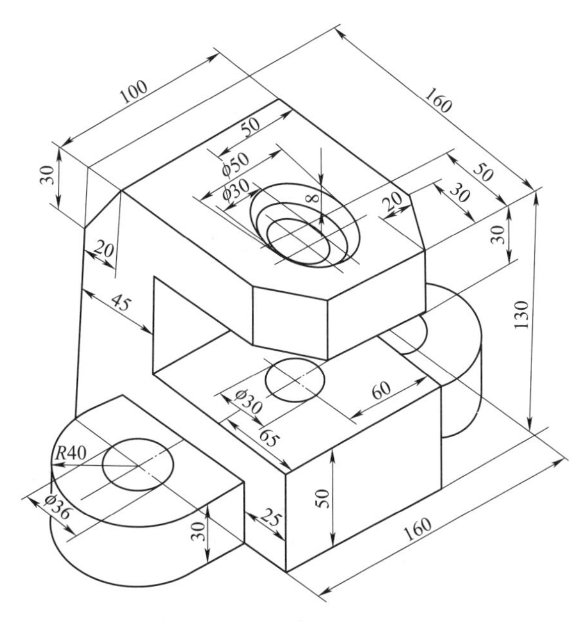

图 4-107 实体建模练习

第 5 章

CAXA 制造工程师路径生成及后处理

CAXA 制造工程师软件集成了数据接口、几何造型、加工轨迹生成、加工过程仿真检验、数控加工代码生成、加工工艺单生成等功能。利用 CAXA 制造工程师实现加工的过程主要包括：程序生成的后置处理设置、绘制二维图（或建模）、生成刀位轨迹、刀具路径仿真模拟、生成 G 代码、程序传输等。

5.1 外轮廓粗加工

在 CAXA 制造工程师软件中，应用于粗加工的命令主要有平面区域粗加工和等高线粗加工两种，在特殊场合也可以灵活使用 CAXA 制造工程师的命令，如为了编程需要常常把平面轮廓精加工用于粗加工等。

5.1.1 外轮廓粗加工基本操作方法

应用平面轮廓精加工命令生成外轮廓粗加工轨迹程序，基本操作方法主要包括图形绘制、工艺参数设定、刀具参数设置、进退刀点选择、程序生成等。

1. 图形绘制

平面轮廓精加工命令的应用不需要进行建模，只需在绘图区中绘制零件的二维线框即可，以提高编程效率。如已有或已经生成零件实体或曲面，则可以使用曲线命令栏中的“相关线”命令选取实体或曲面的边界作为该零件的二维线框使用。

2. 工艺参数设定

平面轮廓精加工主要用于加工封闭的和不封闭的轮廓，也支持具有一定拔模斜度的轮廓轨迹生成，可以为生成的每一层轨迹定义不同的余量。其最大的优点是生成轨迹速度较快。为了使所编写的程序有效，需对工艺参数进行合理设定。

3. 切削刀具定义

（1）轮廓粗加工刀具选择

切削刀具的选择是在数控编程人机交互状态下进行的。选取刀具时，要使刀具的尺寸与被加工工件的表面尺寸相适应，应根据机床的加工能力、工件材料的性能、加工工序、切削用量以及其他相关因素正确选用刀具及刀柄。

刀具选择主要原则是：安装调整方便、刚性好、耐用度和精度高。在满足加工要求的前提下，尽量选择较短的刀柄，以提高刀具加工的刚性。

轮廓加工通常选择立铣刀作为粗精加工刀具。在粗加工过程中，应优先考虑切削效率，要在尽量短的时间内切除多余材料，因此在机床载荷等各方面条件允许的范围内尽量选择大直径的立铣刀进行轮廓粗加工。

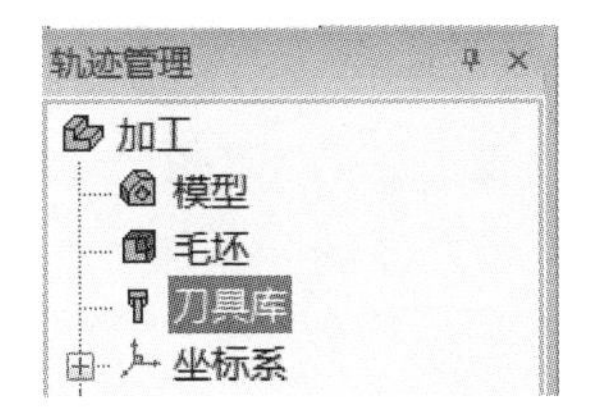

图 5-1　刀具库显示

（2）CAXA 制造工程师刀具库设置

定义、确定刀具的有关数据，以便用户从刀具库中调用信息和对刀具库进行调整，双击图 5-1 所示的“刀具库”，弹出如图 5-2 所示的“刀具库”对话框。

刀具库

共 66 把　　增加　清空　导入　导出

类型	名称	刀号	直径	刃长	锥角	全长	刀杆类型	刀杆直径	半径...	长度...
激光刀	Lasers_0	0	5.000	50.000	0.000	80.000	圆柱	–	0	0
立铣刀	EdML_0	0	10.000	50.000	0.000	80.000	圆柱	10.000	0	0
立铣刀	EdML_0	1	10.000	50.000	0.000	100.000	圆柱+圆锥	10.000	1	1
圆角铣刀	BulML_0	2	10.000	50.000	0.000	80.000	圆柱	10.000	2	2
圆角铣刀	BulML_0	3	10.000	50.000	0.000	100.000	圆柱+圆锥	10.000	3	3
球头铣刀	SphML_0	4	10.000	50.000	0.000	80.000	圆柱	10.000	4	4
球头铣刀	SphML_0	5	12.000	50.000	0.000	100.000	圆柱+圆锥	10.000	5	5
燕尾铣刀	DvML_0	6	20.000	6.000	45.000	80.000	圆柱	20.000	6	6
燕尾铣刀	DvML_0	7	20.000	6.000	45.000	100.000	圆柱+圆锥	10.000	7	7
球形铣刀	LoML_0	8	12.000	12.000	0.000	80.000	圆柱	12.000	8	8
球形铣刀	LoML_1	9	10.000	10.000	0.000	100.000	圆柱+圆锥	10.000	9	9
倒角铣刀	ChmfML_0	10	2.000	20.000	45.000	25.000	圆柱	2.000	0	0
雕刻刀	GrvML_0	11	0.130	10.000	10.000	50.000	圆柱	–	11	11

确定　取消

图 5-2　“刀具库”对话框

- 增加(刀具)：增加新的刀具到刀具库。
- 清空(刀具)：删除刀具库中的所有刀具。
- 导入:导入已经保存好的刀具列表。
- 导出:导出所有刀具。

5.1.2　外轮廓粗加工参数设置

1. 平面轮廓精加工参数

单击工具栏“加工”下拉菜单中的“二轴加工”→“平面轮廓精加工”命令图标，弹出图 5-3 所示“平面轮廓精加工”参数表。

每种加工方式的对话框中都有“确定”“取消”“悬挂”三个按钮，单击“确定”按钮可使加工参数生效，立即开始生成加工轨迹；单击“取消”按钮取

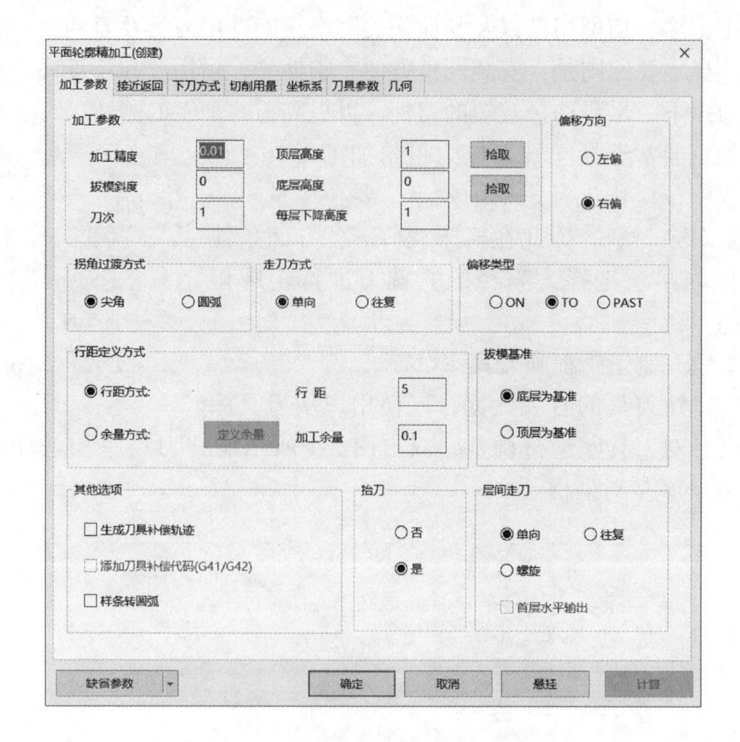

图 5-3 “平面轮廓精加工”参数表

消当前的命令操作；单击“悬挂”按钮则以已设置的加工参数为准，加工轨迹并不马上生成，而是由编程人员选择合适时间生成加工轨迹，这样就可以将很多计算耗时的轨迹生成任务准备好后，到空闲的时间才开始计算，大大提高了工作效率。

平面轮廓精加工参数表的内容包括：加工参数、接近返回、下刀方式、切削用量、坐标系、刀具参数和几何，共 7 个大项。其中加工参数包括：加工参数、偏移方向、拐角过渡方式、走刀方式、偏移类型、行距定义方式、拔模基准、其他选项、抬刀和层间走刀，共 10 项，各项参数解释如下文所述。

（1）加工参数

加工参数包括加工精度、拔模斜度、刀次、顶层高度、底层高度等，如图 5-4 所示。

1）加工精度。一般数控机床加工精度可达 0.001mm，对应软件中的加工精度可设置为 0.001。实际应用中编程人员会根据零件加工精度进行设置，从而提高轨迹计算速度，一般情况下设置为 0.01。

2）拔模斜度。编程人员可利用该选项对加工零件设置一定的拔模斜度。依据通用立式数控铣床/加工中心的加工原理，只可以设置正角度拔模斜度。

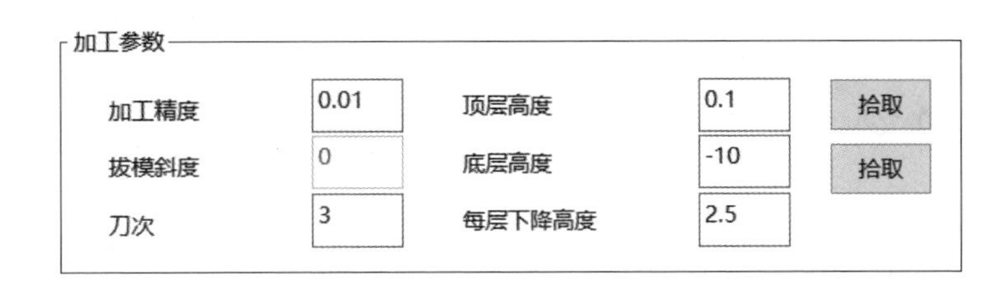

图 5-4　加工参数

3）刀次。生成的刀位的行数，每行之间的距离即行距，根据所使用的刀具直径对“行距定义方式”“行距”进行设置。

4）顶层高度。顶层高度可设置为被加工工件的最高点位置，也可设置为高于工件最高位置，高于工件最高位置的距离为下刀安全距离，如：工件最高高度为0，顶层高度可设置为0.1。

5）底层高度。加工的最后一层所在高度即底层高度，一般情况下粗加工时需留余量。

6）每层下降高度。每层之间的间隔高度，即层高，也就是刀具每层的切削深度。

（2）偏移方向

偏移方向分为左偏和右偏两种，配合轮廓的选取方向根据需要选用。

（3）拐角过渡方式

拐角过渡就是在切削过程遇到拐角时的处理方式，此软件提供尖角和圆弧两种过渡方法，如图5-5所示。

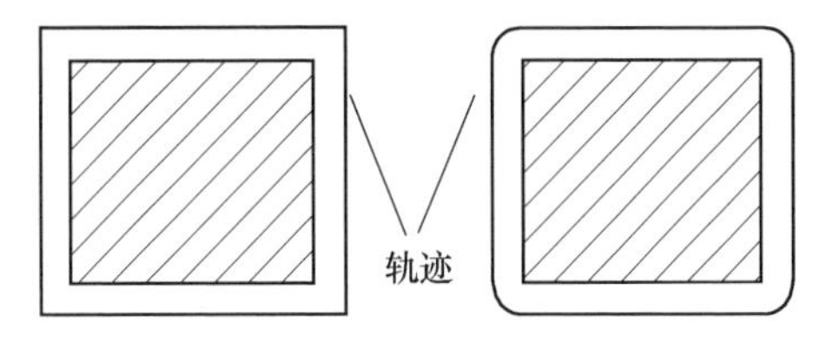

图 5-5　拐角过渡方式

1）尖角：刀具从轮廓的一边到另一边的过程中，以二条边延长后相交的方式连接。

2）圆弧：刀具从轮廓的一边到另一边的过程中，以圆弧的方式过渡，过渡圆弧半径=刀具半径+余量。

（4）走刀方式

走刀方式是指刀具轨迹行与行之间的连接方式，CAXA制造工程师提供单向和往复两种方式。

1）单向：抬刀连接，刀具加工到一行刀位的终点后，抬到安全高度，再沿直线快速走刀到下一行起点所在位置的安全高度，垂直进刀，然后沿着相同的方向进行加工，如图5-6a所示。

2）往复：直线连接，与单向不同的是在进给完一个行距后刀具沿着相反的方向进行加工，行间不抬刀，如图 5-6b 所示。

（5）偏移类型

1）ON：刀具中心线与轮廓重合。

2）TO：刀具中心线未到轮廓一个刀具半径。

3）PAST：刀具中心线超过轮廓一个刀具半径。

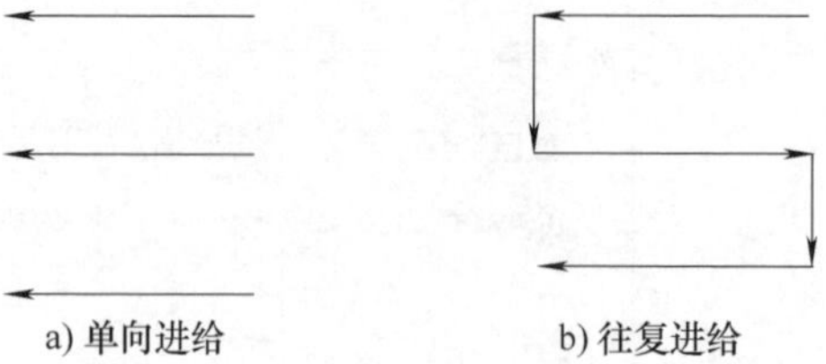

a) 单向进给　　b) 往复进给

图 5-6　走刀方式

提示：偏移方向（补偿）是左偏还是右偏取决于加工的是内轮廓还是外轮廓，如图 5-7 所示。

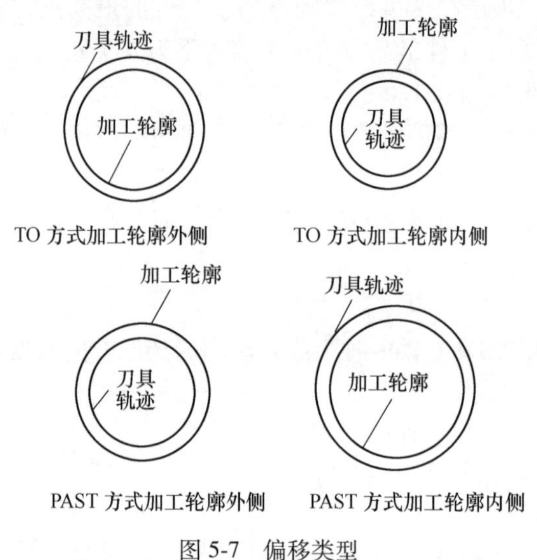

图 5-7　偏移类型

（6）行距定义方式

1）行距方式：确定最后加工完工件的余量及每次加工之间的行距。

2）余量方式：定义每次加工完所留的余量，也可以叫作不等行距加工。余量的切削次数在“刀次”中定义，最多可定义 10 次加工的余量。单击“定义余量”弹出对话框。

如在“加工参数”“刀次”中定义为“3”，CAXA 制造工程师则按图 5-8 所示 3 次加工余量由编程人员根据实际需要进行分配。

（7）拔模基准

当加工的工件带有拔模斜度时，工件顶层轮廓与底层轮廓的大小不一样。用“平面轮廓”功能生成加工轨迹时，只需画出工件顶层或底层的一个轮廓形状即可，不需要绘制出两个轮廓。“拔模基准”用来确定轮廓是工件的顶层轮廓或是

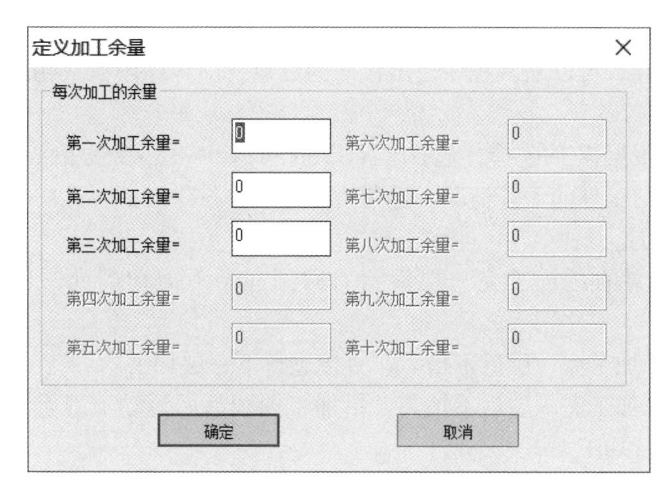

图 5-8　加工余量定义

底层轮廓。

1）底层为基准：加工中所选的轮廓是工件底层的轮廓。

2）顶层为基准：加工中所选的轮廓是工件顶层的轮廓。

（8）其他选项

其他选项包括生成刀具补偿轨迹、添加刀具补偿代码（G41/G42）、样条转圆弧，如图 5-9 所示。

1）生成刀具补偿轨迹。选择此选项，生成的轨迹与零件轮廓轨迹重合；不选择此选项，生成的轨迹与轮廓轨迹偏离一个刀具补偿半径。编程人员可根据查看轨迹的习惯自行选择，是否选择不影响实际的轨迹坐标位置和生成的程序坐标。

2）添加刀具补偿代码（G41/G42）。此选项需“接近返回”在“直线、圆弧”方式下，“加工参数”→“层间走刀”→“单向”才能激活，如图 5-10 所示，一般在使用该命令精加工时选择，生成的程序输出代码中会自动添加 G41/G42（左偏/右偏）、G40（取消补偿）。

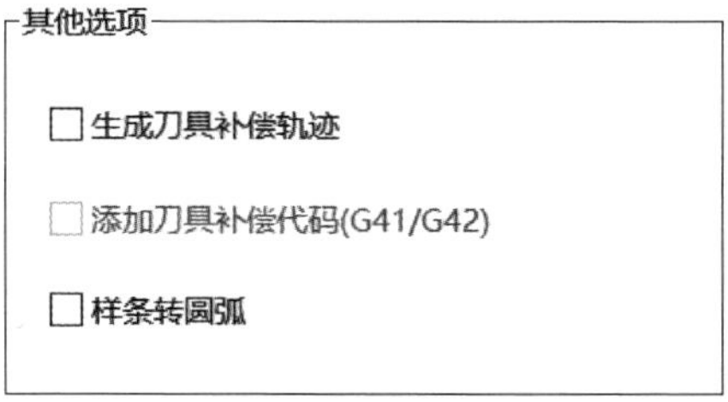

其他选项
生成刀具补偿轨迹
添加刀具补偿代码(G41/G42)
样条转圆弧

图 5-9　其他选项

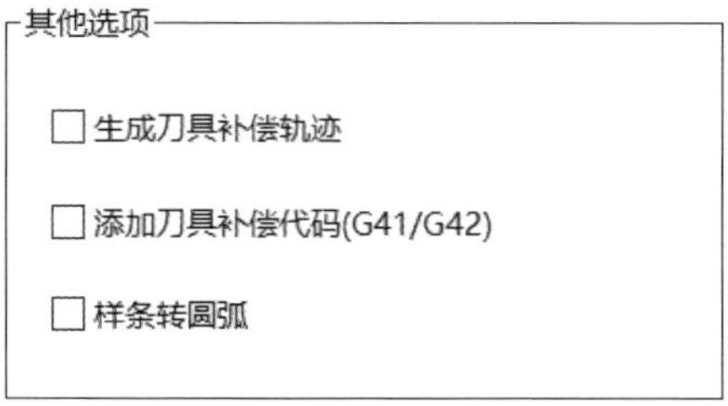

其他选项
生成刀具补偿轨迹
添加刀具补偿代码(G41/G42)
样条转圆弧

图 5-10　激活“添加刀具补偿代码（G41/G42）”的其他选项

3）样条转圆弧。选择此选项表示轮廓中含有的样条曲线以若干不同大小的相切圆弧去逼近，可以缩减程序输出代码的数量，即程序段数量相应减少。

（9）抬刀

是否抬刀根据需要选择，选择“否”时可减少不必要的抬刀、下刀次数，但需注意刀具与工件的干涉情况，避免机床与刀具发生碰撞。

（10）层间走刀

1）单向：沿曲线加工完一层后抬刀回到起始下刀切削处，再进行下一层加工。

2）往复：加工完一层后不抬刀，直接进行下一层加工。

3）螺旋：加工完一层后不抬刀，沿加工曲线返回运动下刀至下一层加工深度起始位置进行加工。

2. 接近返回

接近返回方式分为不设定、直线、圆弧、强制四种。

1）不设定。使用具有垂直下刀功能的刀具，并且在不需要添加刀具补偿代码（G41/G42）时可选择使用，如键槽铣刀。

2）直线：直线形式接近工件，通常情况下，刀具与工件刚接触的面会留下一条较为明显的痕迹，一般用于零件表面精度不是特别高的场合。

3）圆弧：圆弧形式接近返回可以避免工件轮廓Z向接刀痕的产生，用于零件表面质量要求较高的工件轮廓，也用于高速切削的场合。

4）强制：通常用于没有垂直下刀功能刀具需要垂直下刀的场合，使用时需在零件上用钻头提前打好预置孔，如立铣刀。下刀时强制从预置工艺孔的坐标点下刀，一般用于已经加工工艺孔的场合，可降低刀具的损耗。

3. 下刀方式

下刀方式选项中有安全高度、慢速下刀距离、退刀距离等，如图5-11所示。

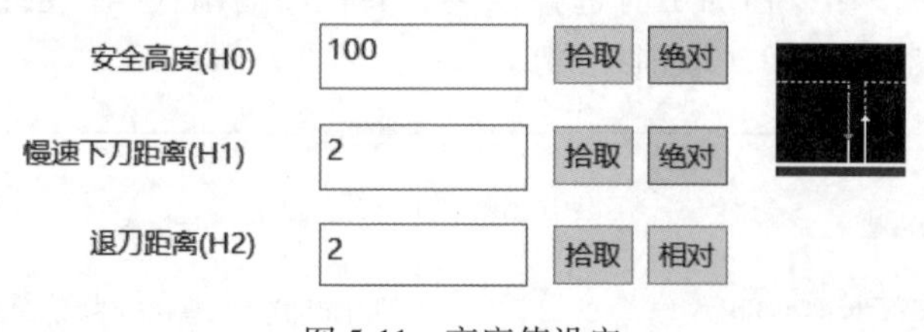

图5-11 高度值设定

1）安全高度：刀具在此以上任何位置，均不会碰伤工件和夹具。可直接输入安全高度值，也可单击“拾取”按钮，在零件建模中选取位置。“绝对/相对”可进行切换，“绝对”表示相对于坐标系而言的高度，“相对”表示相对于前一高度而言，一般情况下选择“绝对”不容易使刀具与工件发生干涉。

2）慢速下刀距离：刀具在此高度时进行慢速下刀。“绝对/相对”含义同上。

3）退刀距离：在切出或切削结束后的一段刀位轨迹的位置长度，这段轨迹以退刀速度垂直向上进给。“绝对/相对”含义同上。

4）切入方式：平面轮廓粗加工提供四种通用的切入方式，几乎适用于所有的铣削加工策略，其中的一些切削加工策略有其特殊的切入切出方式（切入切出属性页面中可以设定）。如果在切入切出属性页面里设定了特殊的切入切出方式，此处的通用的切入方式将不会起作用。切入方式设置如图5-12所示。

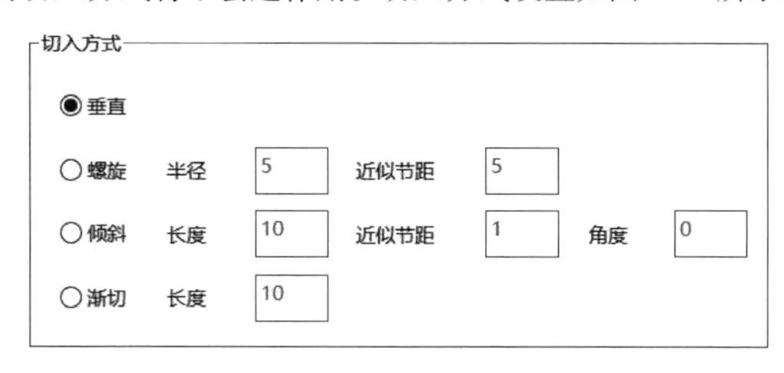

图5-12 切入方式

- 垂直:刀具沿垂直方向切入。
- 螺旋:刀具以螺旋方式切入，选此切入方式时可设置半径。
- 倾斜:刀具以与切削方向相反的倾斜方向切入。
- 渐切:刀具沿切削轨迹切入。
- 长度:切入轨迹段的长度，以切削开始位置的刀位点为参考点。
- 近似节距:螺旋和倾斜切入时走刀的高度。
- 角度:渐切和倾斜走刀方向与XOY平面的夹角。

4. 切削用量

切削用量选项主要有主轴转速、慢速下刀速度（F0）、切入切出连接速度（F1）、切削速度（F2）、退刀速度（F3），如图5-13所示。编程人员根据实际需要设定轨迹各位置的相关进给速度及主轴转速等。相关切削速度的示意图如5-14所示。

- 主轴转速:设定主轴转速，单位为r/min（转/分）。
- 慢速下刀速度(F0)：设定慢速下刀轨迹段的进给速度，单位为mm/min。
- 切入切出连接速度(F1)：设定切入轨迹段、切出轨迹段、连接轨迹段、接近轨迹段、返回轨迹段的进给速度，单位为mm/min。
- 切削速度(F2)：设定切削轨迹段的进给速度，单位为mm/min。

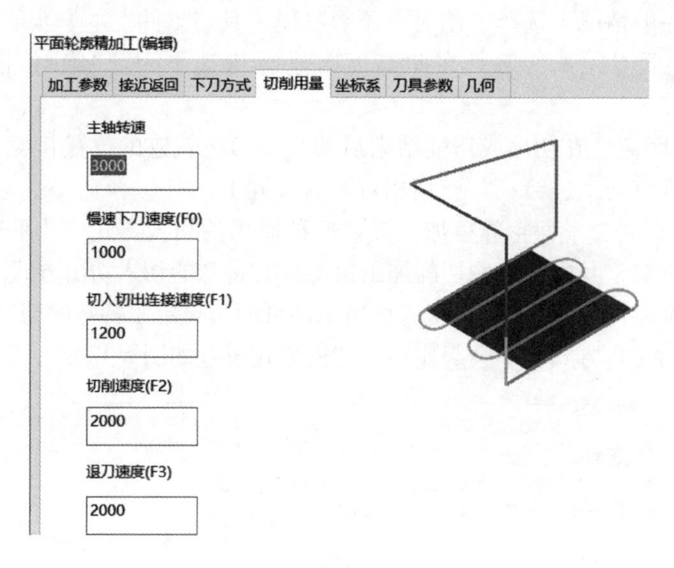

图 5-13　切削用量

- 退刀速度（F3）：设定退刀轨迹段的进给速度，单位为 mm/min。

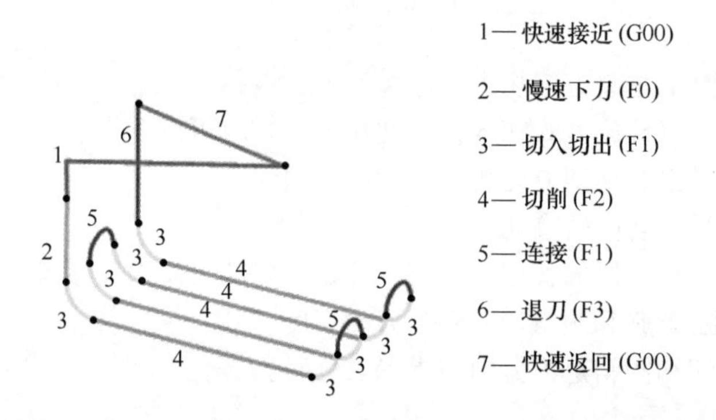

图 5-14　切削速度示意图

5. 坐标系

（1）加工坐标系

生成轨迹所在的局部坐标系，单击加工坐标系按钮可以从工作区中拾取。加工坐标系参数设置如图 5-15 所示。

（2）起始点

起始点是指刀具的初始位置和沿某轨迹走刀结束后的停留位置，单击起始点按钮可以从工作区中拾取，如图 5-16 所示。

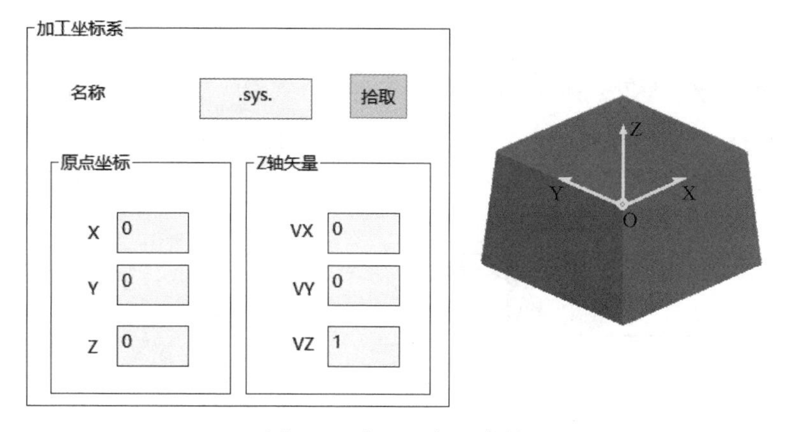

图 5-15 加工坐标系参数

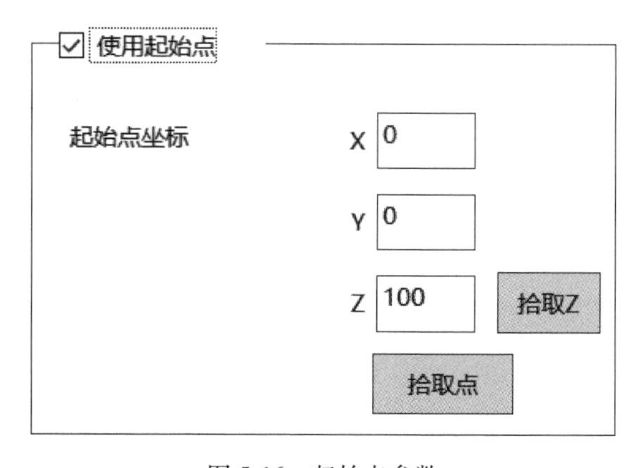

图 5-16 起始点参数

6. 刀具参数

刀具库中能存放编程人员定义的不同的刀具，包括钻头、铣刀等，使用中编程人员可以很方便地从刀具库中取出所需的刀具。刀具参数主要包括：刀具类型、刀具名称、刀杆类型、刀具号、半径补偿号、去度补偿号、刀具直径、切削刃长、刀杆长等，如图 5-17 所示。

1）刀具类型：指选刀具的类型，如铣刀或钻头。

2）刀具名称：指选刀具的名称，可由编程人员自定义。

3）刀杆类型：指选刀具的刀杆类型。

4）刀具号：指选刀具的编号，便于加工过程中换刀识别，可由编程人员自定义。

5）刀具补偿号：指刀具半径补偿值对应的编号。

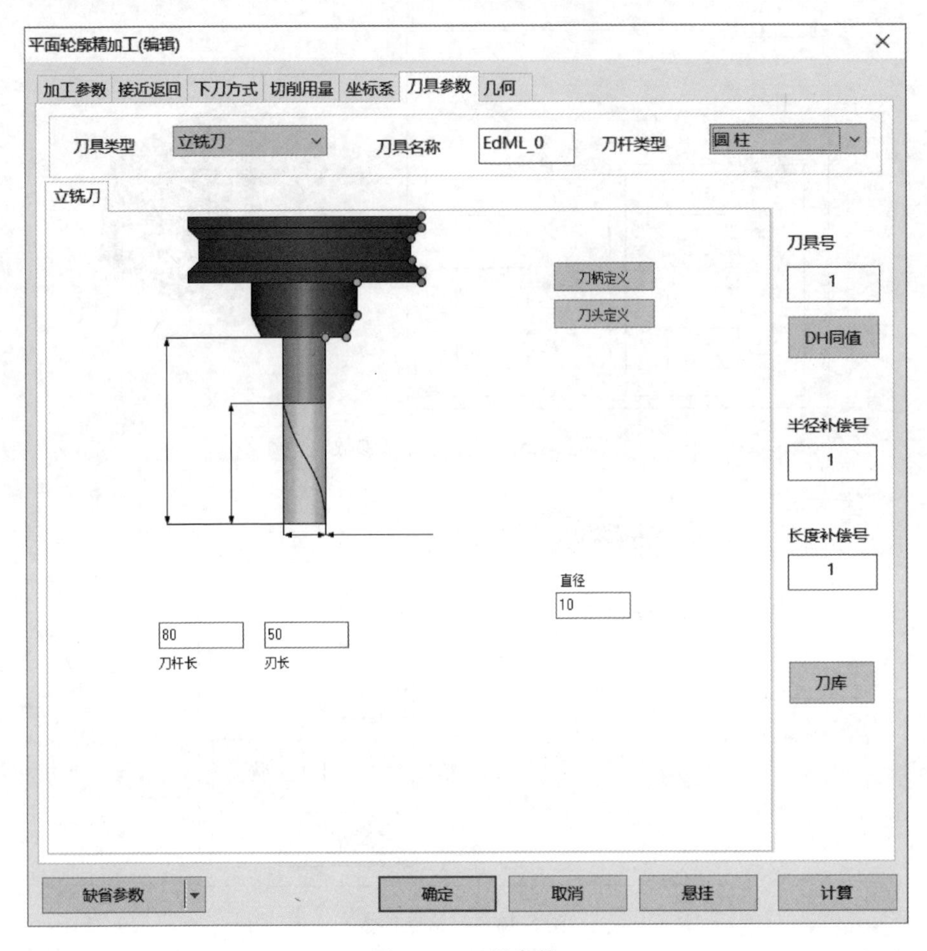

图 5-17 刀具参数

6）长度补偿号：指刀具长度补偿值对应的编号。

7）刀具直径：指选刀具的直径值。

8）切削刃长：指选刀具的有效切削刃的长度。

9）刀杆长：指选刀具的除夹持部分外的长度。

7. 几何

在轮廓线精加工命令中，几何用于拾取和删除在加工中所有需要选择的曲线以及加工方向和进退刀点的参数，如图 5-18 所示。

“几何”应用的具体操作步骤如下所述。

1）根据实际所需填写上述 6 大项参数表后，单击“确认”按钮，系统将给出提示：“拾取轮廓”，提示用户选择轮廓线，轮廓线如图 5-19 所示。

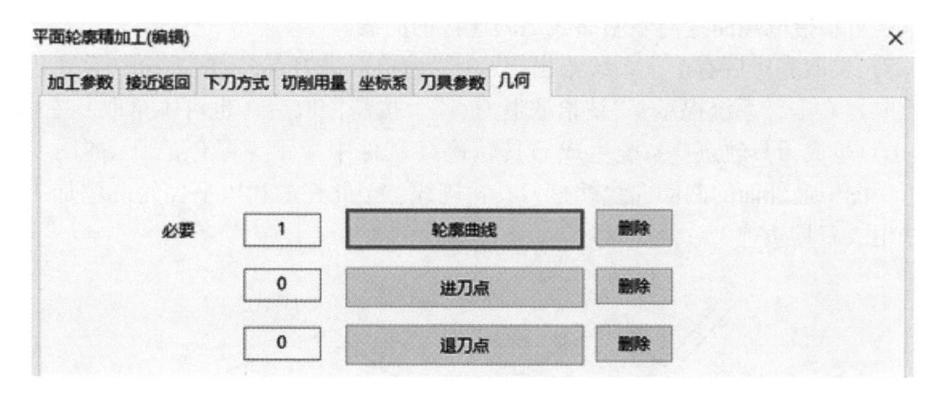

图5-18　几何参数

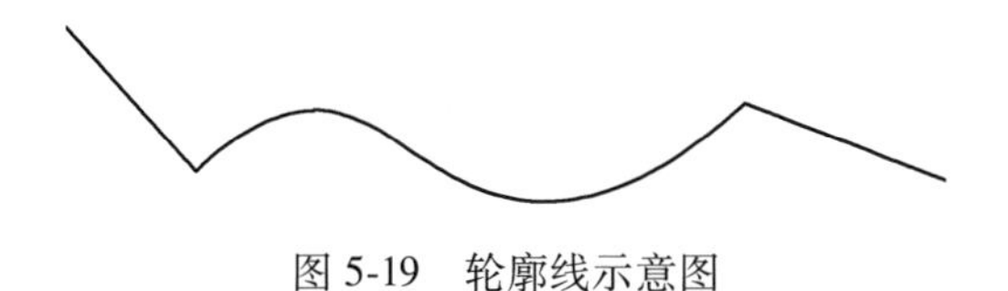

图5-19　轮廓线示意图

2）拾取轮廓线可以利用曲线拾取工具菜单，按下空格键弹出工具菜单，如图5-20所示。工具菜单提供三种拾取方式：链拾取、限制链拾取和单个拾取。

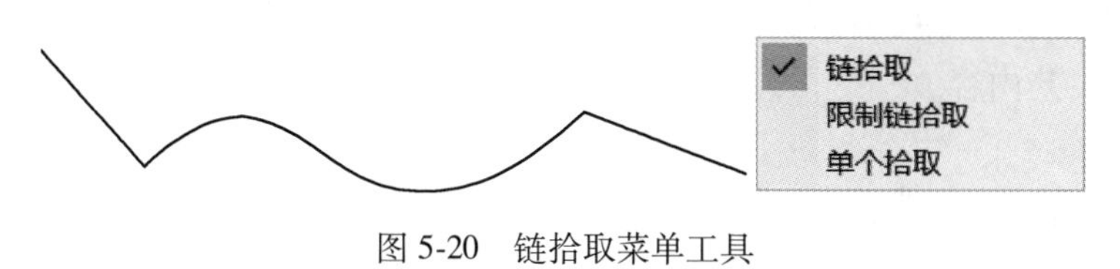

图5-20　链拾取菜单工具

3）当拾取第一条轮廓线后，此轮廓线变为红色。系统给出提示：确定链搜索方向。要求用户选择一个方向，此方向表示刀具的加工方向，同时也表示拾取轮廓线的方向，如图5-21所示。

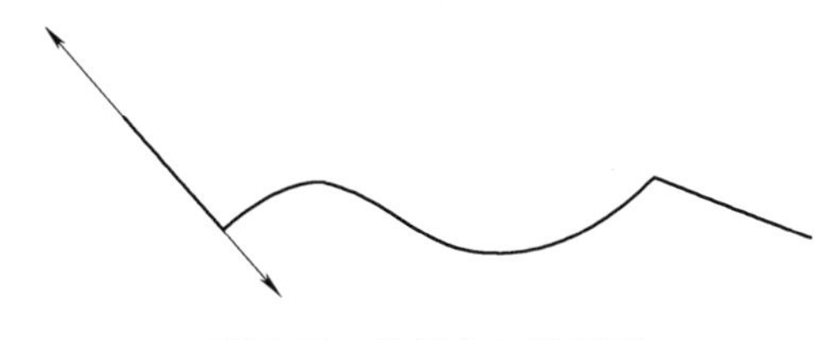

图5-21　选择方向示意图

4）选择方向后，如果采用的是链拾取方式，则系统自动拾取首尾连接的轮廓线；如果采用单个拾取，则系统提示继续拾取轮廓线；如果采用限制链拾取，则系统自动拾取该曲线与限制曲线之间连接的曲线。

5）选取完毕后右击，系统给出提示："请拾取进刀点"，按需拾取后（也可不拾取）右击，系统提示："请拾取退刀点"，按需拾取后（也可不拾取）右击。

6）生成刀具轨迹。系统生成刀具轨迹（软件中显示为绿色的），如图 5-22 所示。图中最外面的两圈曲线就是刀具轨迹线。至此完成利用平面轮廓精加工的方法生成刀具轨迹。

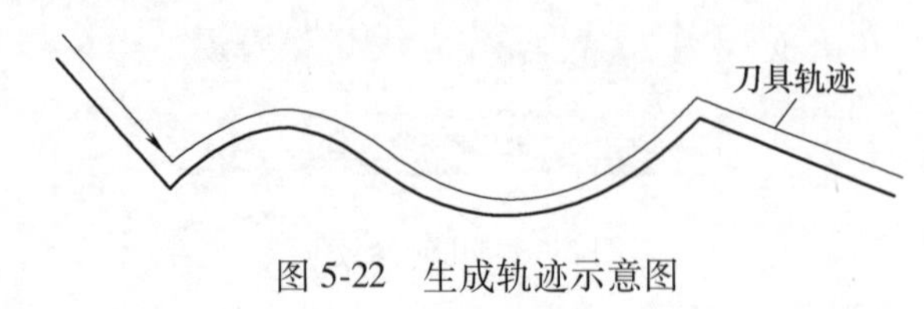

图 5-22　生成轨迹示意图

提示：轮廓线可以是封闭的，也可以是不封闭的。

5.1.3　外轮廓粗加工案例分析与总结

本节将以零件-罩壳为例开展案例分析与总结，为了使读者阅读或教学形成体系，本章内所涉及的外轮廓粗加工、外轮廓精加工、型腔加工、孔加工等加工指令，均以该零件为案例进行分析。加工工艺要求在本节任务中详细介绍，后续 5.2 节、5.3 节、5.4 节中的相关案例分析与总结小节中将不再出现该零件图及罩壳加工工艺内容。

1. 任务要求

型腔类零件一般由平面、较复杂的外轮廓、内腔及孔系组成，如图 5-23 所示的罩壳零件。根据零件图的要求，编写该零件的加工程序，编制数控加工工序卡片，在数控铣床上完成该零件的铣削加工。

2. 任务分析

如图 5-23 所示的罩壳，零件材料为铝料，切削加工性能较好，毛坯尺寸为 100mm×100mm×33mm（零件长宽尺寸做到位），加工内容为平面、外轮廓、内腔及孔系。

3. 任务实施

（1）工艺分析

1）分析技术要求。由图 5-23 所知，该罩壳零件上的 2×ϕ12mm 内孔的加工精度、表面粗糙度要求较高，表面粗糙度为 Ra1. 6μm，4×ϕ6mm 内孔的表面粗糙度要求较低，为 Ra12. 5μm，但是各孔之间的中心距要求均较高，平面、外轮廓侧面、内腔侧面的表面粗糙度均为 Ra3. 2μm，外轮廓 70mm×62mm 尺寸精度有较

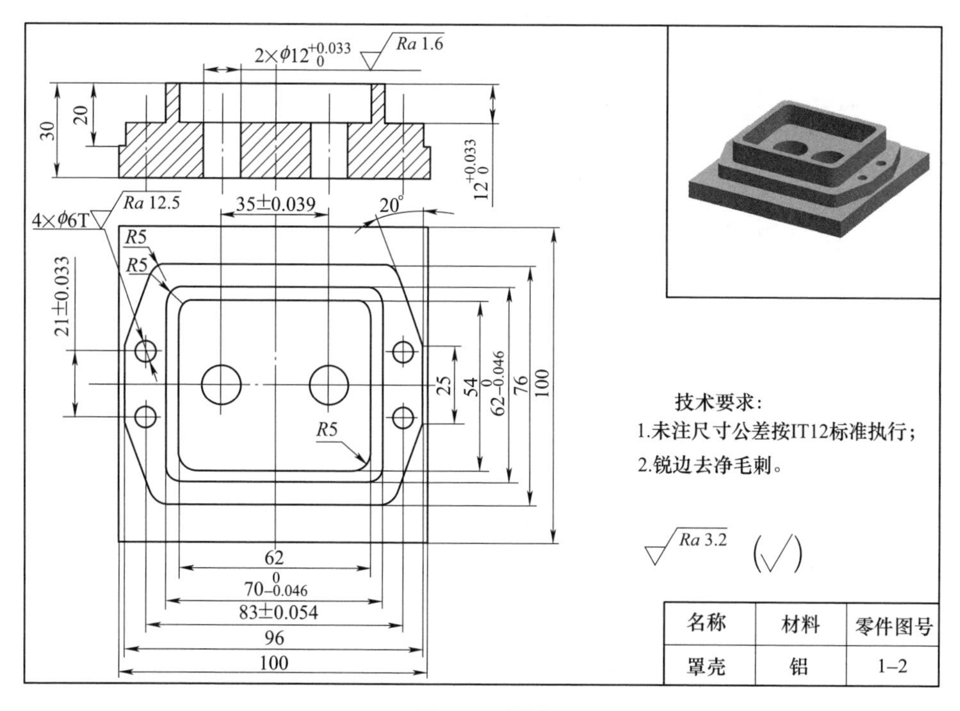

图 5-23 罩壳

高要求。

2）选择走刀路线。根据上述分析，按照“先面后孔、先粗后精”的原则确定加工顺序。该零件平面、外轮廓及内腔选择“粗加工、精加工”方案，铣削外轮廓进给时从切线方向切入，内腔进给时采用过渡圆弧切入的方式，同时为使侧面得到较好的表面质量，采用顺铣方式铣削；2×ϕ12mm 内孔选择“钻中心孔—钻孔—铰孔”方案，4×ϕ6mm 内孔选择“钻中心孔—钻孔”方案。

3）确定编程原点。根据编程原点的确定原则，为了方便编程过程的计算，选取毛坯上平面的对称中心作为编程原点。

4）确定装夹方法。该零件毛坯为方形，外形规则，采用平口钳装夹。工件伸出钳口 22mm 左右，工件下用平行垫铁支承，并夹紧。

（2）工具、量具、刀具选择

根据零件材料、形状和尺寸来选择刀具。粗加工时，铣削外轮廓应尽可能地选择直径大些的刀具，这样可以提高效率，故选用 ϕ16mm 的高速钢立铣刀；精加工时，刀具的半径要小于或等于圆弧的半径，此时选用 ϕ10mm 的高速钢立铣刀。量具的选择应与零件的精度要求相符合，常用的有游标卡尺、千分尺等。本任务所用的工具、量具、刀具清单见表 5-1。

表 5-1 罩壳加工工具、量具、刀具清单

种类	序号	名称	规格/mm	零件图号	1-1	
				精度/mm	单位	数量
工具	1	平口钳	—	—	台	1
	2	扳手	—	—	把	1
	3	平行垫铁	—	—	副	1
	4	橡胶锤	—	—	把	1
量具	1	钢直尺	0~150	—	把	1
	2	游标卡尺	0~150	0.02	把	1
	3	内径千分尺	5~30	0.01	把	1
	4	外径千分尺	25~50	0.01	把	1
	5	外径千分尺	50~75	0.01	把	1
刀具	1	面铣刀	ϕ80	—	把	1
	2	立铣刀	ϕ16	—	把	1
	3	立铣刀	ϕ10	—	把	1
	4	中心钻	A3	—	支	1
	5	钻头	ϕ11.8	—	支	1
	6	铰刀	ϕ12H7	—	把	1
	7	钻头	ϕ6	—	支	1

（3）切削用量及速度选择

该零件材料加工性能好，铣削台阶面及轮廓时，底面和轮廓侧面均留0.2mm；孔加工时铰削余量为0.2mm。选择主轴转速与进给量时参考附录D，并给合实际情况进行微调，具体数值见表5-2。

（4）制定工序卡片

罩壳加工工序卡片见表5-2。

（5）CAXA制造工程师外轮廓粗加工轨迹生成

外轮廓粗加工主要步骤为绘制二维轮廓、定义毛坯、选取合理加工指令、参数设置等。

1）外轮廓粗加工二维轮廓绘制。对于无曲面元素的工件，用于编程的造型

表 5-2 罩壳加工工序卡片

	数控加工工序卡片		产品名称	零件名称		材料	零件图号	
				罩壳		铝	1-2	
工序号	程序编号	夹具名称	夹具编号	使用设备			车间	
	00701	平口钳						
工步号	工步内容		刀具号	刀具/mm	主轴转速/(r/min)	进给速度/(mm/min)	背吃刀量/mm	备注
1	铣削上表面		T01	ϕ80	800	200	0.5	
2	粗铣 70mm×62mm 外轮廓，去余量		T02	ϕ16	3000	300	4	
3	粗铣 96mm×76mm 外轮廓，去余量		T02	ϕ16	3000	300	4	
4	粗铣 62mm×54mm 内轮廓，去余量		T03	ϕ10	4500	450	3	
5	精铣 70mm×62mm 外轮廓底面		T02	ϕ16	5000	300	0.2	
6	精铣 96mm×76mm 外轮廓底面		T02	ϕ16	5000	300	0.2	
7	精铣 62mm×54mm 内轮廓底面		T03	ϕ10	8000	300	0.2	
8	精铣 70mm×62mm 外轮廓侧面		T03	ϕ10	8000	300	0.2	
9	精铣 96mm×76mm 外轮廓侧面		T03	ϕ10	8000	300	0.2	
10	精铣 62mm×54mm 内轮廓侧面		T03	ϕ10	8000	300	0.2	
11	中心孔定位		T04	A3	1500	100		
12	钻 ϕ12mm 内孔		T05	ϕ11.8	2000	100		
13	铰 ϕ12mm 内孔		T06	ϕ12	100	60	0.1	
14	钻 4×ϕ6mm 孔		T07	ϕ6	4000	100		
编制		审核		批准		共 页	第 页	

可直接采用二维线框造型，节约造型时间。绘制的轮廓如图 5-24 所示。

2）定义毛坯和起始点。双击特征树栏，弹出如图 5-25 所示的树桩特征图，选择其中的“毛坯”选项，弹出“毛坯定义”对话框，填写相关参数。毛坯尺

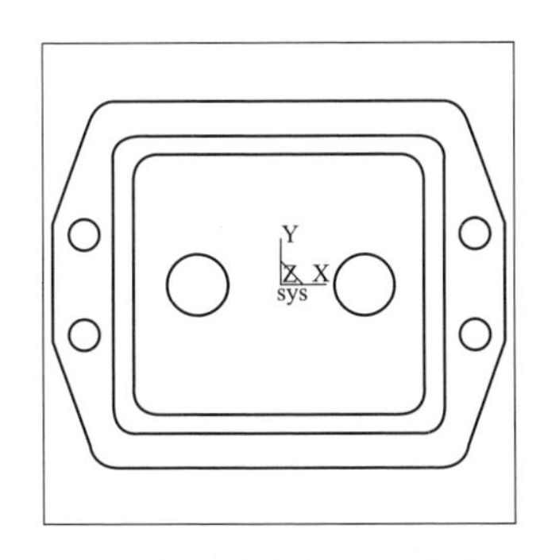

图 5-24 外轮廓粗加工二维轮廓图

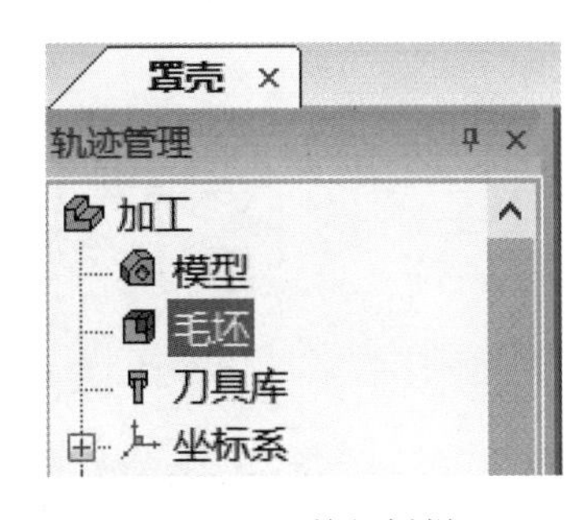

图 5-25 特征树栏

寸为100mm×100mm×30mm，所以毛坯定义时在长宽高栏输入100、100、30。该工件的工件坐标系原点设在工件上表面的对称中心，故在基准点栏输入-50、-50、-30。相关参数完成后如图5-26所示。

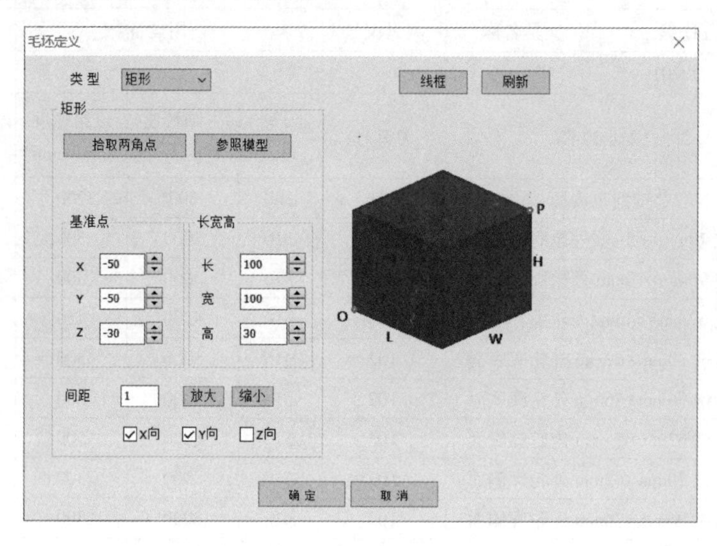

图5-26 “毛坯定义”对话框

3）平面轮廓精加工命令生成70mm×62mm外轮廓粗加工轨迹。单击主菜单“加工”→“二轴加工”→“平面轮廓精加工”命令，如图5-27所示，或右击“轨迹管理”中的“刀具轨迹”，选择“加工”→“常用加工”→“平面轮廓精加工”命令，如图5-28所示。

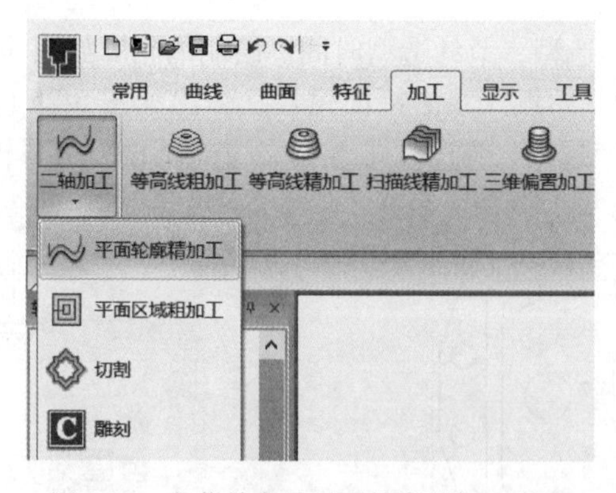

图5-27 主菜单启动平面轮廓精加工命令

提示：命令的使用无特殊规定，平面轮廓精加工命令同样适用于粗加工。

4）外轮廓粗加工参数设置。选取加工指令后。弹出的平面轮廓精加工参数

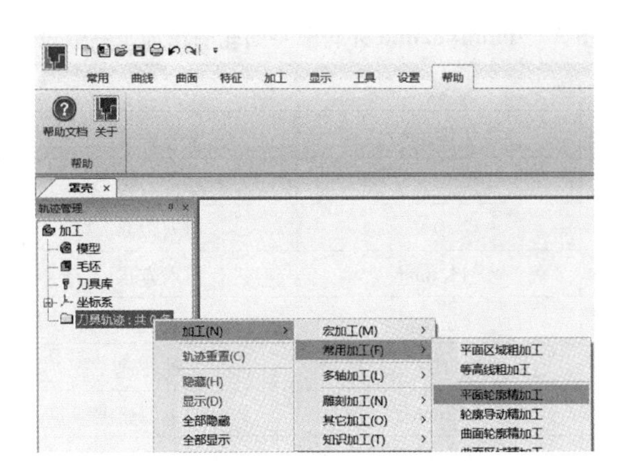

图 5-28　轨迹管理启动平面轮廓精加工命令

设置对话框如图 5-29 所示。相关参数的填写见表 5-3。

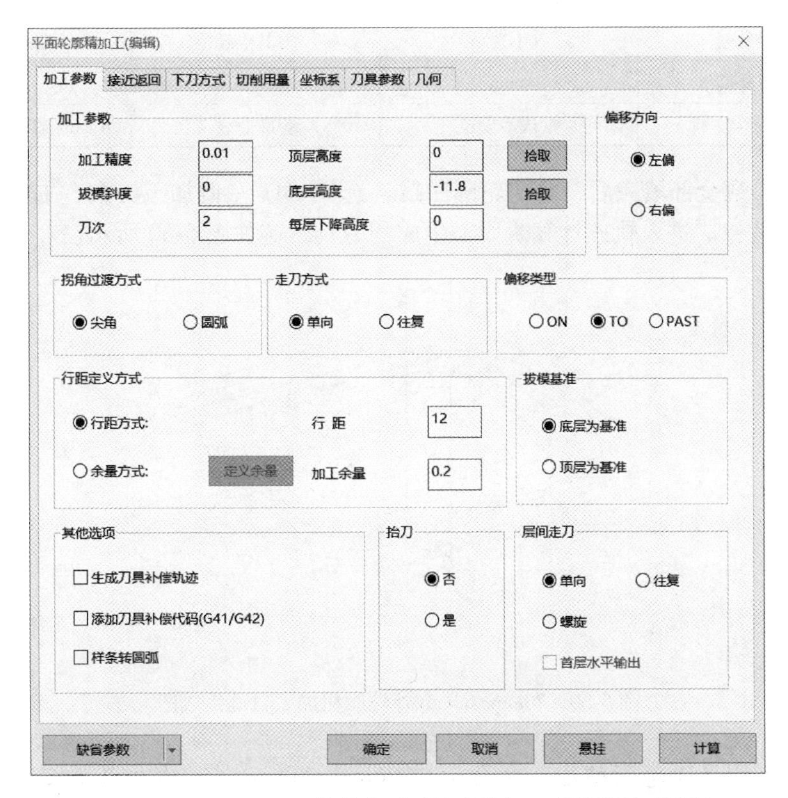

图 5-29　70mm×62mm 外轮廓平面轮廓精加工参数设置对话框

表 5-3　70mm×62mm 外轮廓平面轮廓精加工参数设置

加工参数		下刀方式	
加工精度	0.01mm	安全高度	绝对 100mm
刀次	2	慢速下刀距离	绝对 2mm
顶层高度	0	退刀距离	绝对 2mm
底层高度（Z 余量）	−11.8mm	切入方式	垂直
偏移方向	左偏	切削用量	
偏移类型	TO	主轴转速	3000
行距	12mm	慢速下刀速度	100
加工余量（指 XY 向）	0.2mm	切入切出连接速度	300
生成刀具补偿轨迹	不选中	切削速度	300
添加刀具补偿代码	不选中	退刀速度	2000
抬刀	否	刀具参数	
接近返回	圆弧（10），终端延长 12mm	刀具名称	T02
半径补偿	不选	刀具半径	8mm
每层下降高度	4mm	几何	
其他参数	默认不设定	轮廓曲线	70mm×62mm 外轮廓

5）参数全部填完后，拾取轮廓曲线，选择 G41 左偏加工方向，右击，单击“确定”按钮。进入轨迹计算阶段，生成的刀具轨迹如图 5-30 所示。

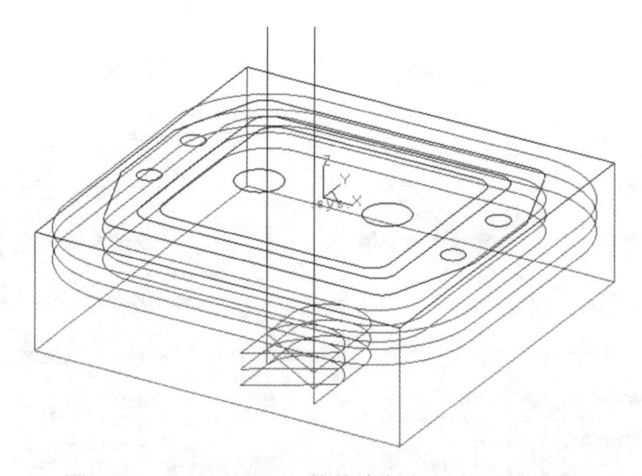

图 5-30　70mm×62mm 外轮廓粗加工轨迹生成图

6）利用平面轮廓精加工命令生成 96mm×76mm 外轮廓加工轨迹，96mm×76mm 外轮廓参数设置如图 5-31 所示，具体参数设置见表 5-4。

图 5-31　96mm×76mm 外轮廓平面轮廓精加工参数设置对话框

表 5-4　96mm×76mm 外轮廓平面轮廓精加工参数设置

加工参数		下刀方式	
加工精度	0. 01mm	安全高度	绝对 100mm
刀次	2	慢速下刀距离	绝对 2mm
顶层高度	-11. 8mm	退刀距离	绝对 2mm
底层高度（Z 余量）	-19. 8mm	切入方式	垂直
偏移方向	左偏	切削用量	
偏移类型	TO	主轴转速	3000
行距	无意义（因案例中刀次为 1 次）	慢速下刀速度	100
加工余量（指 *XY* 向）	0. 2mm	切入切出连接速度	300
生成刀具补偿轨迹	不选中	切削速度	300
添加刀具补偿代码	不选中	退刀速度	2000
抬刀	否	刀具参数	

（续）

加工参数		下刀方式	
接近返回	圆弧（10），终端延长 12	刀具名称	T02
半径补偿	不选中	刀具半径	8mm
每层下降高度	4mm	几何	
其他参数	默认不设定	轮廓曲线	96×76 外轮廓

7）参数全部填完后，拾取轮廓曲线，选择 G41 左偏加工方向，右击，拾取轮廓结束。进入轨迹计算阶段，生成的刀具轨迹如图 5-32 所示。

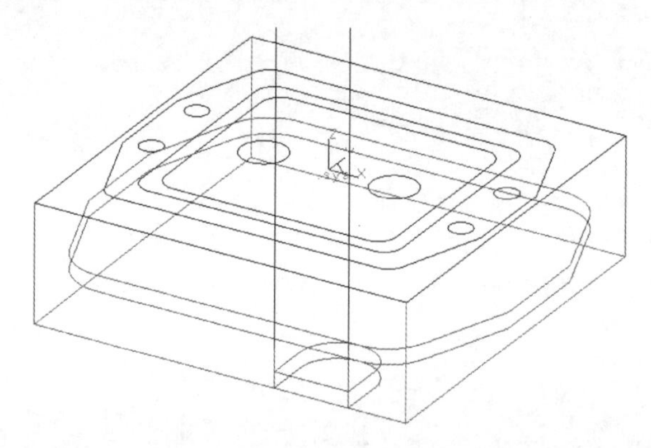

图 5-32　96mm×76mm 外轮廓粗加工轨迹生成图

8）刀具轨迹模拟仿真。刀具轨迹生成后，为了验证刀具轨迹是否存在缺陷，选中需要仿真的工序，右击，在弹出的菜单中选择“实体仿真”，如图 5-33 所示。在实体仿真界面中单击“运行”按钮，系统立即进行仿真加工，系统运行过程中可以对走刀速度等参数进行调整。70mm×62mm 外轮廓实体仿真如图 5-34 所示，96mm×76mm 外轮廓仿真如图 5-35 所示。

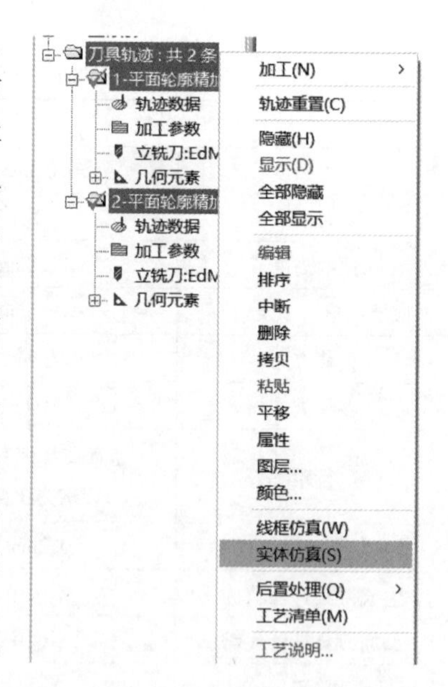

图 5-33　“实体仿真”界面步骤

（6）CAXA 制造工程师外轮廓粗加工程序生成

CAXA 制造工程师外轮廓粗加工程序主要包括机床设置、选择后置配置文件、生成 G 代码等。

1）机床设置。单击主菜单中“加工”→“后置处理”→“设备编辑”菜单命令，如图

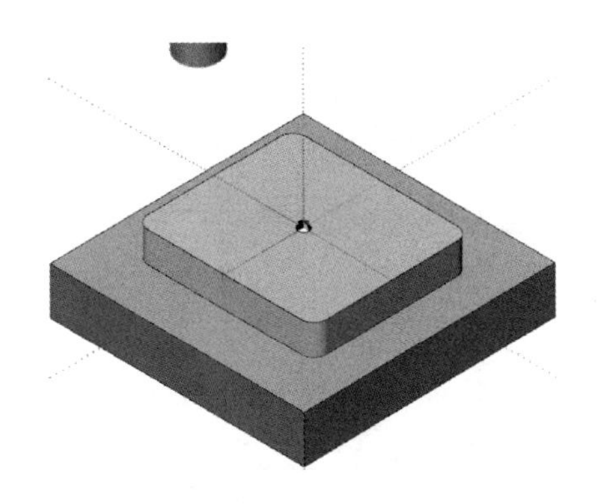

图 5-34 70mm×62mm 外轮廓实体仿真粗加工完成图

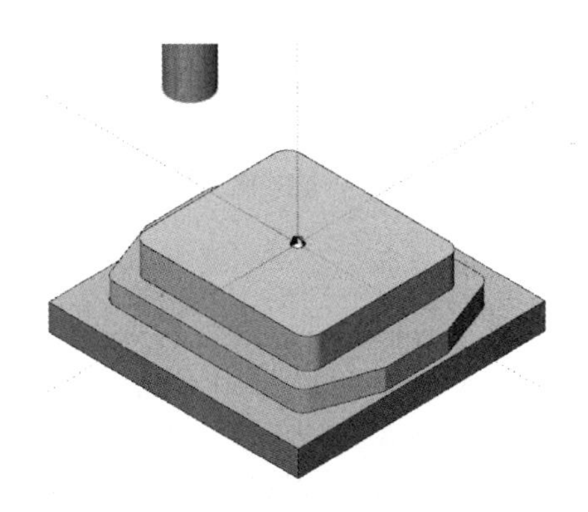

图 5-35 96mm×76mm 外轮廓实体仿真粗加工完成图

5-36 所示，弹出“选择后置配置文件”对话框，如图 5-37 所示。

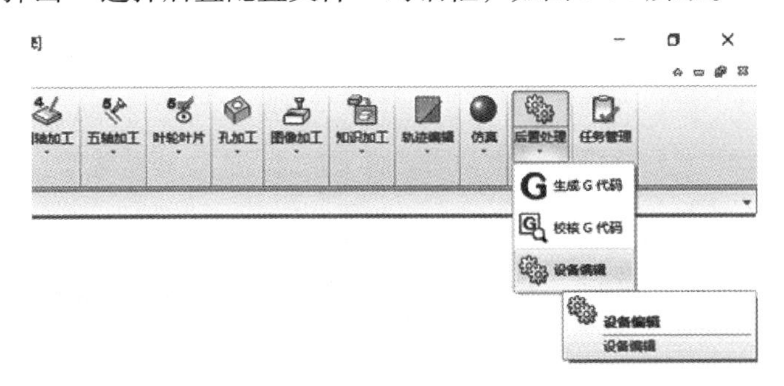

图 5-36 机床设置

2）选择后置配置文件。“选择后置配置文件”对话框中选择“fanuc”数控系统，单击“编辑”（此处以 fanuc 为例），弹出“CAXA 后置配置”对话框后，

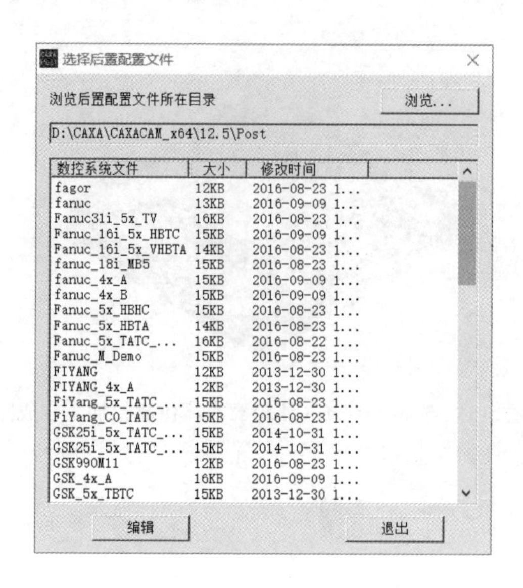

图 5-37　后置配置文件选择

进行相关后置配置，如图 5-38 所示。

弹出“CAXA 后置配置”对话框后，进行相关后置配置（以 fanuc 为例）。如图 5-38a 所示，在“CAXA 后置配置”中点击“程序”，在对话框中点击“函数名称”下拉菜单，如图 5-38b 所示，选择“middle_start”项，并修改；单击“函数名称”下拉箭头，选择“start”项，并修改。修改后的相关设置见表 5-5。

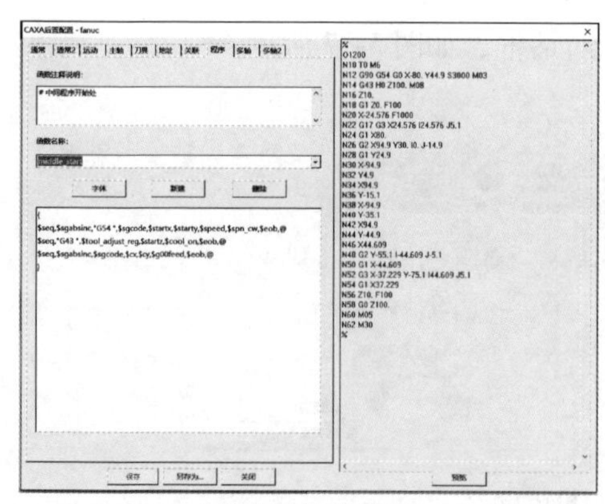

a) 选取程序对话框

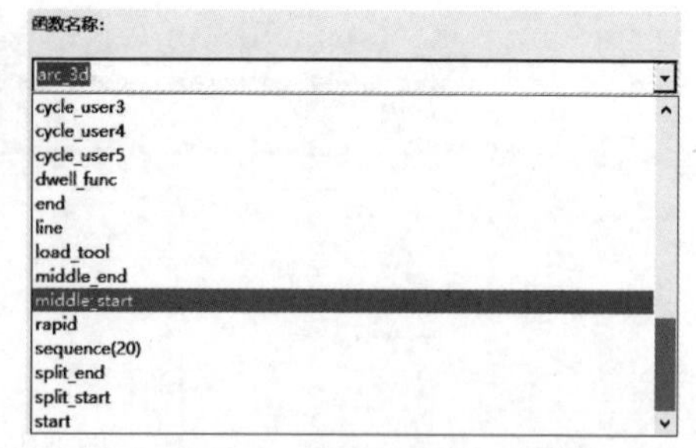

b) CAXA 后置配置函数名称选择

图 5-38　CAXA 后置配置参数设定

表 5-5 CAXA 后置配置函数修改表

函数名称：middle_start	
修改前	修改后

{
$ seq, $ sgabsinc, "G54 ", $ sgcode, $ startx, $ starty, $ speed, $ spn_cw, $ eob,@
$ seq, "G43 ", $ tool_adjust_reg, $ startz, $ cool_on, $ eob,@
$ seq, $ clearance, $ eob,@
}
	{
	$ seq, $ sgabsinc, "G54 ", "G40 ", "G80 ", "G17 ", $ sgcode, $ startx, $ starty, $ speed, $ spn_cw, $ eob,@
	$ seq, "G43 ", $ tool_adjust_reg, $ startz, $ cool_on, $ eob,@
	$ seq, $ clearance, $ eob,@
	}

函数名称：start	
修改前	修改后

{
$ start_char,@
$ prog_no,@
#" (", $ progname, ",", $ date, ",", $ time, ")", $ eob,@
#" ($ stockbase = ", $ stockbase, ")", $ eob,@
#" ($ stockbox = ", $ stockbox, ")", $ eob,@
}
	{
	$ start_char,@
	$ progname,@
	#" (", $ progname, ",", $ date, ",", $ time, ")", $ eob,@
	#" ($ stockbase = ", $ stockbase, ")", $ eob,@
	#" ($ stockbox = ", $ stockbox, ")", $ eob,@
	}

注：原有空格的配置字母在修改时仍留空格。

3）生成 G 代码。选择要生成程序的“刀具轨迹”，右击，选取“后置处理”→“生成 G 代码”命令，弹出“生成后置代码”对话框，如图 5-39 所示。弹出“生成后置代码”对话框后，将“代码文件名”中的“NC####”修改为“O####”，如图 5-40 所示，确定好代码文件的存储位置，单击“确定”按钮后在空白处右击，即可生成对应的程序（当前流水号修改为 1，即生成程序名为 O0001 的程序文件），如图 5-41 所示。

图 5-39 进入生成代码步骤

（7）CAXA 制造工程师外轮廓粗加工程序传输

CAXA 制造工程师外轮廓粗加工程序传输主要包括制造工程师通信设置、数控机床通信设置等。

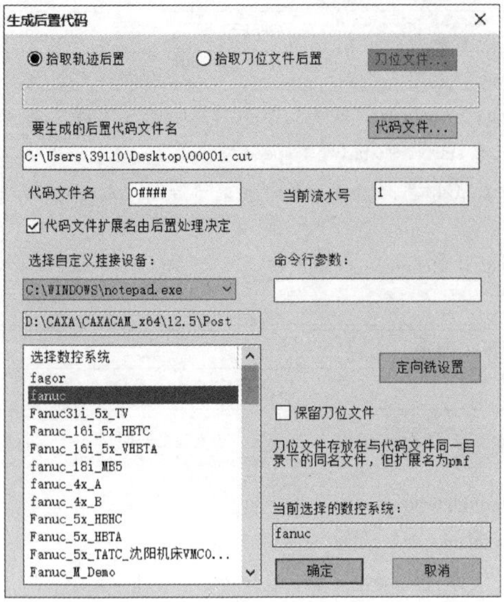

图 5-40　“生成后置代码”对话框

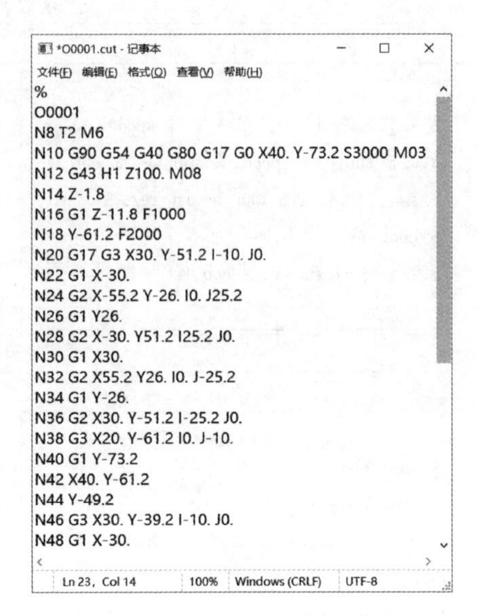

图 5-41　生成的程序

单击“主菜单”→“通讯”→“标准本地通讯”→“发送”，弹出发送代码对话框，如图 5-42 所示。选取“代码文件”（即刚刚生成的程序），单击“确定”按钮，开始传送文件。显示传输进程如图 5-43 所示，显示 100%即表示完成发送，发送完成前可对发送状态进行操作。

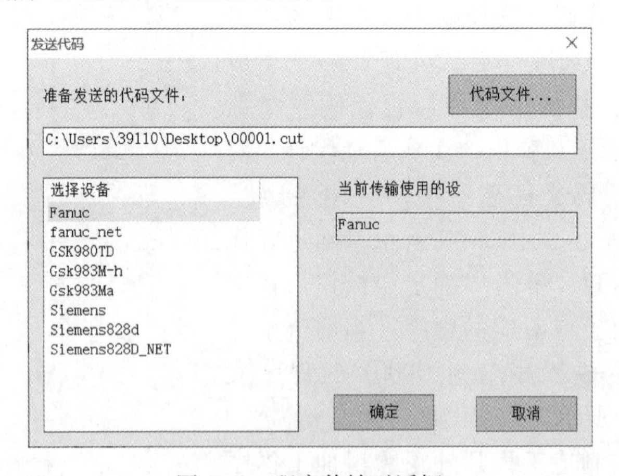

图 5-42　程序传输对话框

提示：发送失败时需要对机床参数进行设置，具体参照机床操作说明书。

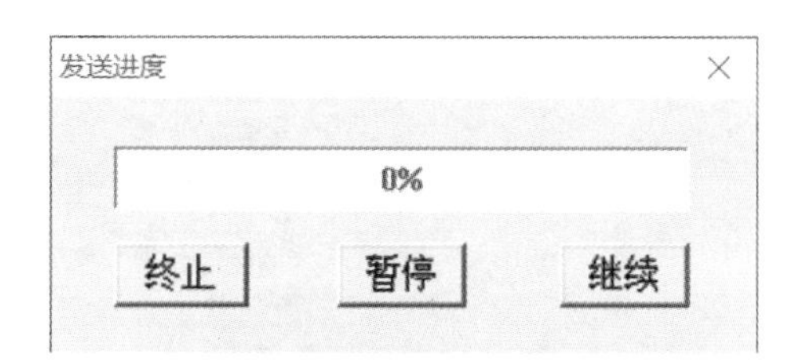

图 5-43 “发送进度”对话框

5.2 外轮廓精加工

粗加工后外轮廓 70mm×62mm、96mm×76mm 基本成形，其精加工选取“外轮廓精加工”命令执行，通过相关参数的设置，对粗加工后的轮廓进行底面与侧面的精加工。

5.2.1 外轮廓精加工基本操作方法

应用平面轮廓精加工命令生成外轮廓精加工轨迹程序方法与 5.1.1 外轮廓粗加工基本操作方法基本相似，可参照 5.1.1 节内容，这里不再详细描述。

5.2.2 外轮廓精加工参数设置

应用平面轮廓精加工命令生成外轮廓精加工参数设置与 5.1.2 外轮廓粗加工参数设置基本相似，可参照 5.1.2 节内容，这里不再详细描述。

5.2.3 外轮廓精加工案例分析与总结

本节将以图 5-23 所示的罩壳零件中 70mm×62mm 外轮廓为例，介绍生成外轮廓精加工程序方法、相关参数设置及步骤。CAXA 制造工程师外轮廓精加工程序刀具路径生成主要包括选取零件轮廓线、加工工艺参数设置等，程序生成、传输等与粗加工类似，在后面章节中不再阐述。

1. 底面精加工程序生成

（1）拷贝路径

由于底面精加工与外轮廓粗加工采用的轮廓、方式等均相似，为了提高编程效率采用在原有刀具路径拷贝的基础上进行修改即可。方法如下：按住 Shift 键选中 2 个粗加工轨迹节点，右击，选取“拷贝”命令，如图 5-44 所示。拷贝生成与 1、2 号轨迹相同的 3、4 号轨迹，编程人员在此基础上修改相关参数，生成底面精加工轨迹。右击暂时不用的轨迹节点（如 1、2 号程序），选取“隐藏”

命令，使绘图区更加简洁。

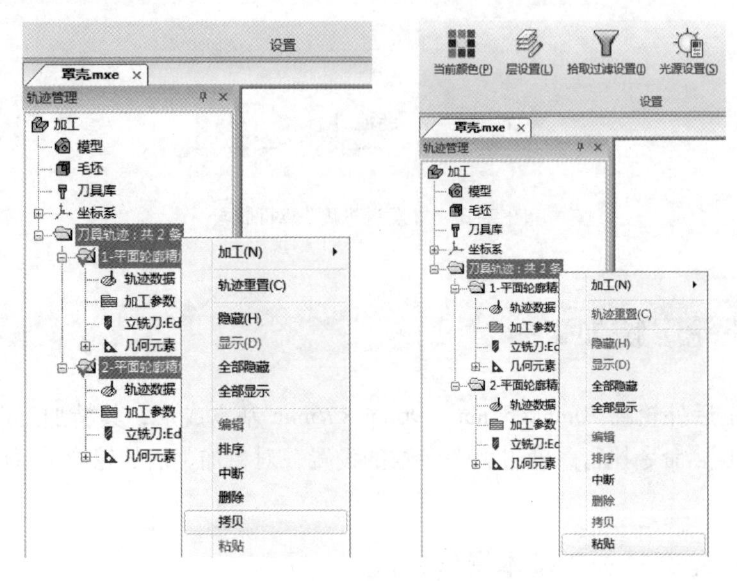

图 5-44　拷贝原有刀具路径

（2）修改原轨迹参数

修改 3 号轨迹生成 70mm×62mm 外轮廓底面精加工轨迹，底层高度“-11.8”修改成“-12”，每层下降高度“4”修改成“0”，如图 5-45 所示。切削参数修

图 5-45　修改平面轮廓精加工参数

改为精加工的切削参数（切削参数设定参照表5-2罩壳工序卡），其余参数均保持不变，即可生成70mm×62mm外轮廓底面精加工轨迹，生成的轨迹如图5-46所示。

提示：底层高度值根据粗加工后实际测量给定，每层高度设为0，即默认切削最底层。

提示：修改4号轨迹相关参数，生成96mm×76mm轮廓底面精加工轨迹。

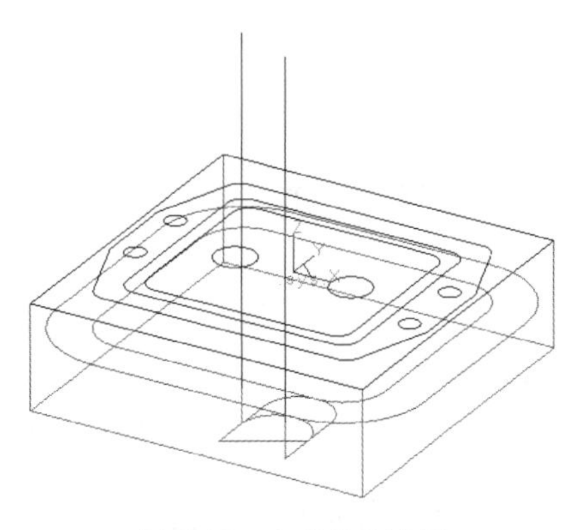

图5-46 生成的轨迹图

2. 侧面精加工

由于侧面精加工与底面精加工采用的轮廓、方式等均相似，可采用在原有刀具路径拷贝的基础上进行修改即可。方法如下：按住Shift键选中2个底面加工轨迹节点，右击，选取“拷贝”命令。拷贝生成与3、4号轨迹相同的5、6号轨迹，编程人员在此基础上修改相关参数，生成底面精加工轨迹。

修改5号轨迹生成70mm×62mm外轮廓侧面精加工轨迹，刀次“2”修改成“1”，加工余量“0.2”修改成“0”，选择“其他选项”中“生成刀具补偿轨迹”和“添加刀具补偿代码（G41/G42）”，其余参数均保持不变，即可生成70mm×62mm外轮廓侧面精加工轨迹，相关修改参数如图5-47所示。

图5-47 70mm×62mm外轮廓侧面精加工参数

提示：需确认刀具参数中的刀补号码及机床中对应的刀补值，侧面精加工全部使用 ϕ10mm 立铣刀（T03）。

5.3 型腔加工

对于平面类内轮廓粗加工，通常选用平面区域式粗加工命令，对于曲面类零件内轮廓的粗加工，通常选用等高线粗加工命令。本例所要加工的零件为平面类零件，故选用平面区域式粗加工命令完成加工轨迹程序。

5.3.1 型腔加工基本操作方法

应用平面区域粗加工命令生成内轮廓粗加工轨迹，基本操作方法如下。

1. 图形绘制

平面轮廓精加工命令的应用不需要进行建模，只需在绘图区中绘制零件的二维线框即可，这样可以提高编程效率。如已有或已经生成零件实体或曲面，则可以单击曲线命令栏中的“相关线”按钮，选取实体或曲面的边界作为该零件的二维线框使用。

2. 工艺选择

平面区域粗加工主要用于加工封闭的轮廓，生成具有多个岛的平面区域的刀具轨迹。适合 2/2.5 轴的粗加工，最明显的好处是该功能轨迹生成速度较快。

5.3.2 型腔加工参数设置

1. 平面区域粗加工参数

单击“加工”→“二轴加工”→“平面区域粗加工”菜单项，弹出的对话框如图 5-48 所示。

（1）加工参数

每种加工方式的对话框中都有“确定”“取消”“悬挂”三个按钮，单击“确定”按钮确认加工参数，开始随后的交互过程；单击“取消”按钮取消当前的命令操作；单击“悬挂”按钮表示加工轨迹并不马上生成，交互结束后并不计算加工轨迹，而是在执行轨迹生成批处理命令时才开始计算，可以将很多计算复杂、耗时的轨迹生成任务准备好，直到空闲的时间才开始真正计算，大大提高工作效率。

参数表的内容包括：加工参数、切削用量、接近返回、下刀方式、清根参数、刀具参数、坐标系和几何，共 8 项。刀具参数、机床参数、切削用量、几何

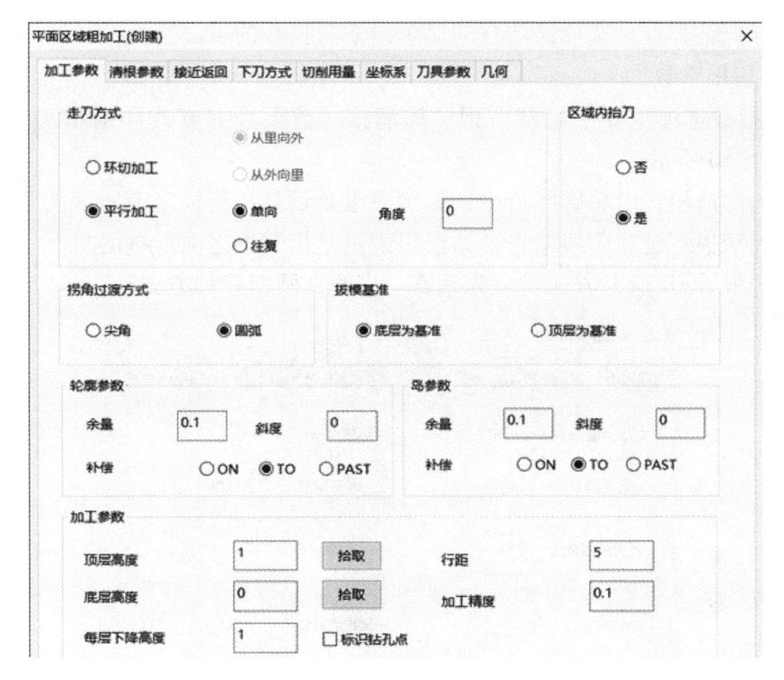

图 5-48　平面区域粗加工参数表

上面内容中已介绍。平面区域加工参数包括：走刀方式、拐角过渡方式、拔模基准、加工参数、轮廓参数、岛参数、标识钻孔点，共 7 项，每项中又有其各自的参数。各种参数的含义和填写方法如下：

1）走刀方式。

● 平行加工：刀具以平行走刀方式切削工件。可改变生成的刀位行与 X 轴的夹角，如图 5-49a 所示。可选择单向或往复方式：

● 单向：刀具以单一的顺铣或逆铣方式加工工件。

● 往复：刀具以顺逆混合方式加工工件。

● 环切加工：刀具以环状走刀方式切削工件。可选择从里向外还是从外向里的方式，如图 5-49b 所示。

a) 平行加工　　b) 环切加工(从外向里)

图 5-49　走刀方式

2）标识钻孔点：选择该项自动显示出下刀打孔的点。

（2）清根参数

清根参数选项主要由轮廓清根、岛清根、清根进刀方式和清根退刀方式组成，如图 5-50 所示。

1）轮廓清根：沿轮廓线清根，轮廓清根余量是指清根之前所剩的量。

2）岛清根：延岛曲线清根，岛清根余量是指清根之前所剩的量。

3）清根进刀/退刀方式：分为垂直、直线、圆弧三种方式。

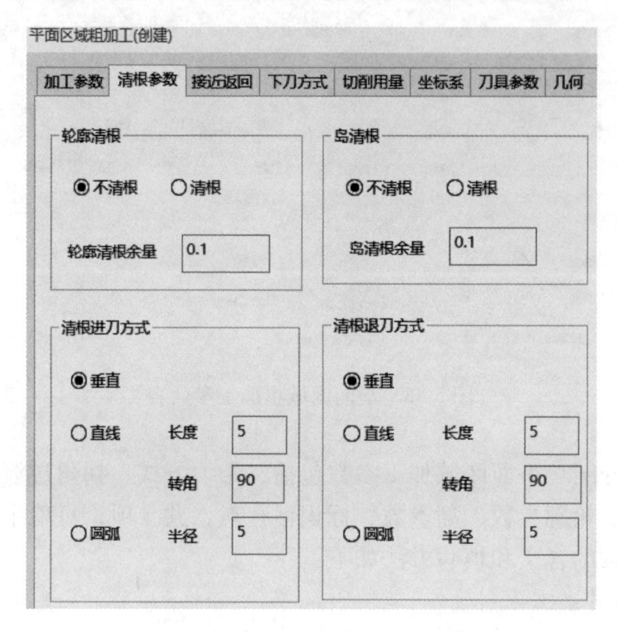

图 5-50　清根参数设置

（3）接近返回

接近返回参数主要包括接近方式、返回方式的参数，如图 5-51 所示。

1）接近方式：分为不设定、直线方式、圆弧方式和强制方式。

2）返回方式：分为不设定、直线方式、圆弧方式和强制方式。

（4）下刀方式

下刀方式参数主要包括安全高度、慢速下刀距离等，如图 5-52 所示。

1）安全高度：刀具快速移动而不会与毛坯或模型发生干涉的高度，有相对和绝对两种模式，单击相对或绝对按钮可以实现二者的切换。

- 相对：以切入或切出或切削开始或切削结束位置的刀位点为参考点。
- 绝对：以当前加工坐标系的 XOY 平面为参考平面。
- 拾取：单击后可以从工作区选择安全高度的绝对位置高度。

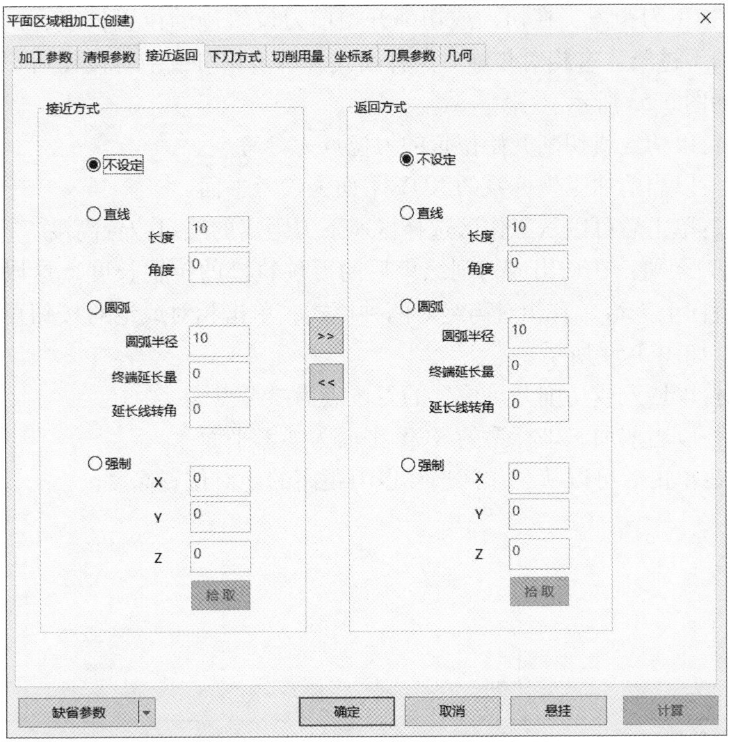

平面区域粗加工(创建)
加工参数 清根参数 接近返回 下刀方式 切削用量 坐标系 刀具参数 几何
接近方式
不设定
直线
长度 10
角度 0
圆弧
圆弧半径 10
终端延长量 0
延长线转角 0
强制
X 0
Y 0
Z 0
拾取
>>
<<
返回方式
不设定
直线
长度 10
角度 0
圆弧
圆弧半径 10
终端延长量 0
延长线转角 0
强制
X 0
Y 0
Z 0
拾取
缺省参数 确定 取消 悬挂 计算

图 5-51 接近返回参数设置

平面区域粗加工(创建)
加工参数 清根参数 接近返回 下刀方式 切削用量 坐标系 刀具参数 几何
安全高度(H0) 100 拾取 绝对
慢速下刀距离(H1) 10 拾取 相对
退刀距离(H2) 10 拾取 相对
H0
切入方式
垂直
螺旋 半径 5 近似节距 5
倾斜 长度 10 近似节距 1 角度 0
渐切 长度 10
下刀点的位置
斜线的端点或螺旋线的切点
斜线的中点或螺旋线的圆心

图 5-52 下刀方式参数

2）慢速下刀距离：在切入或切削开始前刀位轨迹的位置长度，这段轨迹以慢速垂直向下进给。有相对与绝对两种模式，单击相对或绝对按钮可以实现二者的切换，如图 5-53 所示。

- 相对：以切入或切削开始位置的刀位点为参考点。
- 绝对：以当前加工坐标系的 XOY 平面为参考平面。
- 拾取：单击后可以从工作区选择慢速下刀距离的绝对位置高度。

3）退刀距离：在切出或切削结束后的刀位轨迹的位置长度，这段轨迹以退刀速度垂直向上进给。有相对与绝对两种模式，单击相对或绝对按钮可以实现二者的切换，如图 5-54 所示。

- 相对：以切入或切削开始位置的刀位点为参考点。
- 绝对：以当前加工坐标系的 XOY 平面为参考平面。
- 拾取：单击后可以从工作区选择退刀距离的绝对位置高度。

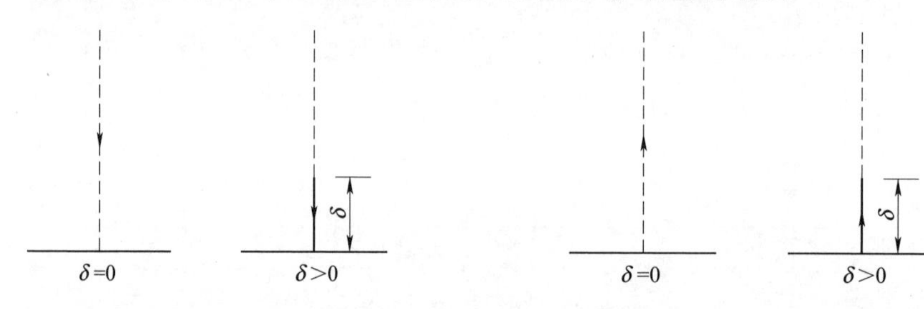

图 5-53　慢速下刀距离 δ 图示　　图 5-54　退刀距离 δ 图示

4）切入方式。该选项提供了四种通用的切入方式，几乎适用于所有的铣削加工策略，其中的一些切削加工策略有其特殊的切入切出方式（在切入切出属性页面中可以设定）。如果在切入切出属性页面里设定了特殊的切入切出方式，此处通用的切入方式将不会起作用。

- 垂直：刀具沿垂直方向切入。
- 螺旋：刀具螺旋方式切入。

半径：螺旋的半径值。

近似节距：螺旋切入时走刀的高度。

- 倾斜：刀具以与切削方向相反的倾斜方向切入。

长度：切入轨迹段的长度，以切削开始位置的刀位点为参考点。

近似节距：倾斜切入时走刀的高度。

角度：倾斜走刀方向与 XOY 平面的夹角。

- 渐切：刀具沿加工切削轨迹切入。长度：切入轨迹段的长度，以切削开始位置的刀位点为参考点。

长度：切入轨迹段的长度，以切削开始位置的刀位点为参考点。

2. 具体操作步骤

1）填写参数表。

2）拾取轮廓线：填写完参数表后，系统提示："拾取轮廓"。拾取轮廓线可以利用曲线拾取工具菜单。

3）轮廓线走向拾取：拾取第一条轮廓线后，此轮廓线变为红色的虚线。系统给出提示："选择方向"。要求用户选择一个方向，此方向表示刀具的加工方向，同时也表示拾取轮廓线的方向。

4）岛的拾取：拾取完区域轮廓线后，系统要求拾取第一个岛。在拾取岛的过程中，系统会自动判断岛自身的封闭性。如果所拾取的岛由一条封闭的曲线组成，则系统提示拾取第二个岛；如果所拾取的岛由二条以上的首尾连接的封闭曲线组合而成，当拾取到一条曲线后，系统提示继续拾取，直到岛轮廓已经封闭。如果有多个岛，系统会继续提示选择岛。

5）生成刀具轨迹：岛选择完毕，右击确认。确认后，系统立即给出刀具轨迹。

6）如有多个岛的平面区域加工实例。需加工在XOY平面上封闭的圆弧轮廓线和两个封闭多边形岛构成的区域。采用平行往复加工方式，所有余量和误差都为零，行距为1mm，所有拔模角度都为零。根据前面的操作说明，结合系统提示，可以生成如图5-55所示的刀具轨迹。

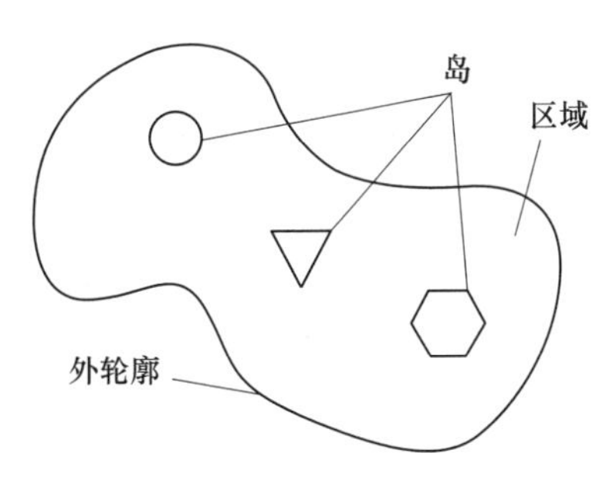

图5-55 刀具轨迹示意图

提示：

1）轮廓与岛应在同一平面内，最好应按它所在实际高度来画。这样便于检查刀具轨迹，减少错误的产生。

2）制造工程师不支持平面区域加工时岛中的岛的加工。

5.3.3 型腔加工案例分析与总结

本节案例将以如图5-23所示的罩壳零件62mm×54mm内轮廓为例，介绍生成内轮廓粗加工程序方法、相关参数设置及步骤。内轮廓粗加工内容包括加工工艺参数设置、进退刀点设置等。程序生成、传输等与粗加工类似，不再阐述。

1. 平面区域粗加工生成62mm×54mm内轮廓粗加工轨迹

（1）平面区域粗加工方式选取

单击主菜单"加工"→"二轴加工"→"平面区域粗加工"菜单命令，如图5-56所示，弹出"平面区域粗加工"对话框。或者通过轨迹管理方式选取该命令，方法如下：选择“轨迹管理”，右击“刀具轨迹”，选取“加工”→“常用加工”→“平面区域粗加工”菜单命令，如图 5-57 所示弹出“平面区域粗加工”对话框。

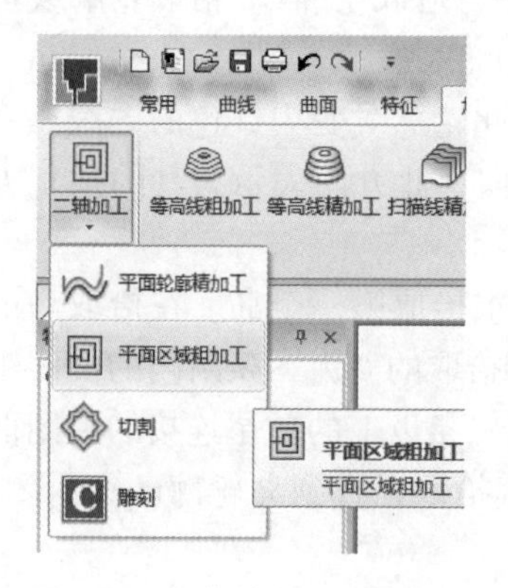

图 5-56　主菜单方式选取命令

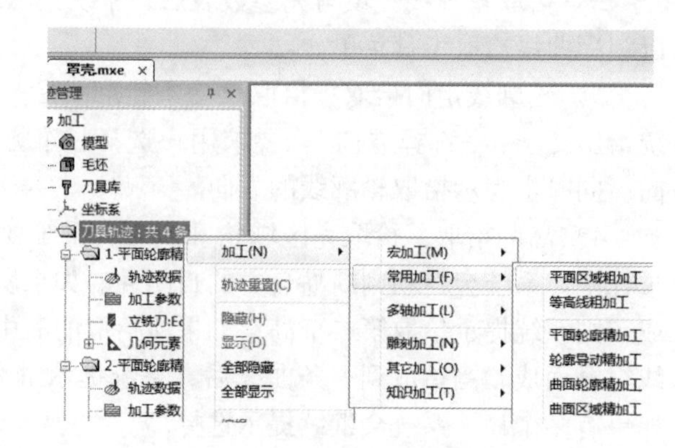

图 5-57　轨迹管理方式选取命令

（2）62mm×54mm 内轮廓加工参数设置

在弹出的参数设置对话框中进行参数填写，如图 5-58 所示，填写的内容见表 5-6。所生成的加工轨迹如图 5-59 所示，内轮廓仿真加工如图 5-60 所示。

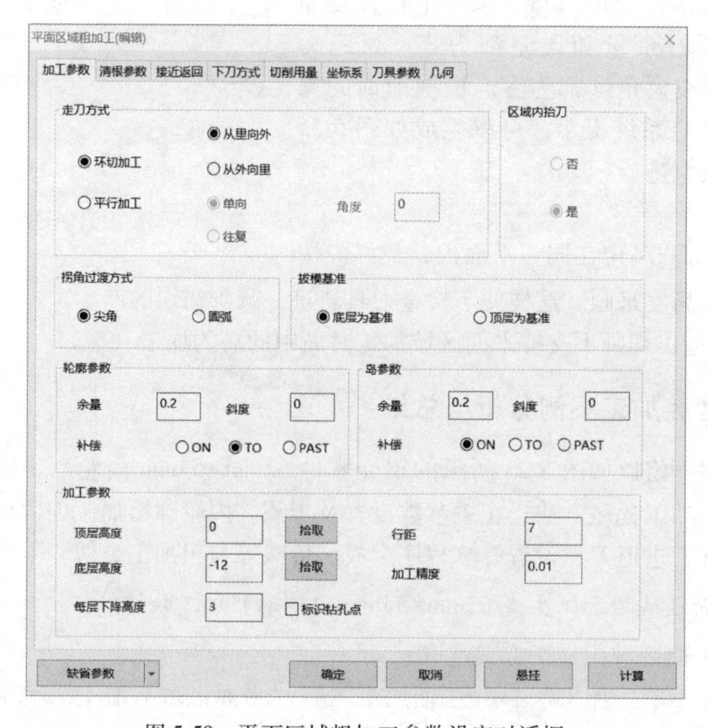

图 5-58　平面区域粗加工参数设定对话框

表 5-6 平面区域粗加工参数设定表

加工参数		下刀方式	
走刀方式	环切加工（从里向外）	安全高度	绝对 100mm
顶层高度	0	慢速下刀距离	绝对 2mm
底层高度（Z 余量）	−12mm	退刀距离	绝对 2mm
每层下降高度	3mm	切入方式	螺旋（半径 5、节距 5）
行距	7mm	下刀点位置	线中或螺心
加工精度	0.01mm	切削用量	
轮廓参数		主轴转速	4500
余量	0.2mm	慢速下刀速度	100
补偿	TO	切入切出连接速度	450
岛参数		切削速度	450
余量	0.2mm	退刀速度	2000
补偿	ON	刀具参数	
清根参数		刀具名称	T03
轮廓清根	不清根	刀具半径	5mm
岛清根	不清根	几何	
接近返回		轮廓曲线	62mm×54mm 内轮廓
接近方式	不设定		
返回方式	不设定	其他参数	默认不设定

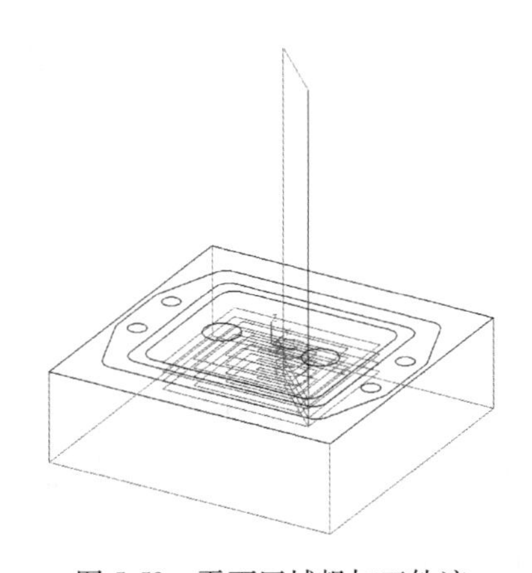

图 5-59 平面区域粗加工轨迹

提示：轮廓线精加工生成 62mm×54mm 内轮廓底面及侧面精加工轨迹（同 5.2.3）。

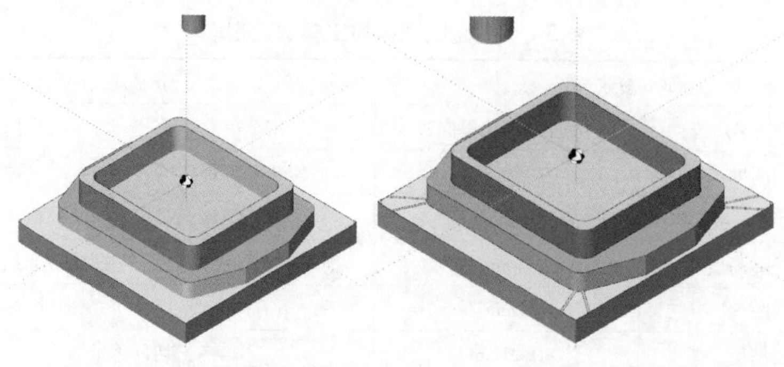

a) 62mm×54mm 内轮廓粗加工仿真　　b) 62mm×54mm 内轮廓精加工仿真

图 5-60　内轮廓仿真图

5.4 孔加工

孔的加工根据孔的位置精度、形状精度、加工材料、刀具材质及孔的深度不同，所选择的孔加工方式也不同，CAXA 制造工程师中提供 12 种不同的孔加工方式，编程人员进行选取时根据实际情况选择即可。本节案例中所需加工的零件中包含 6 个孔，其中 4×ϕ6mm 形状精度无公差要求，位置精度有公差要求；2×ϕ12mm 形状位置均有公差要求。故 2×ϕ12mm 在定位钻孔后需铰孔保证形状精度。

5.4.1 孔加工基本操作方法

应用孔加工命令生成钻孔加工轨迹，基本操作方法如下。

1. 图形绘制

应用孔加工命令生成钻孔加工轨迹，在图形绘制时只需要用点命令画出孔所在位置或用圆命令画出圆孔即可。

2. 工艺选择

孔加工常用功能为钻孔和啄式钻孔，前者可用于孔的中心钻定位加工和铰刀铰孔加工，后者用于不同深度的孔加工，尤其适合深孔加工。

5.4.2 孔加工参数设置

1. 参数表说明

单取“加工”→“孔加工 ”命令按钮，弹出如图 5-61 所示的对话框。

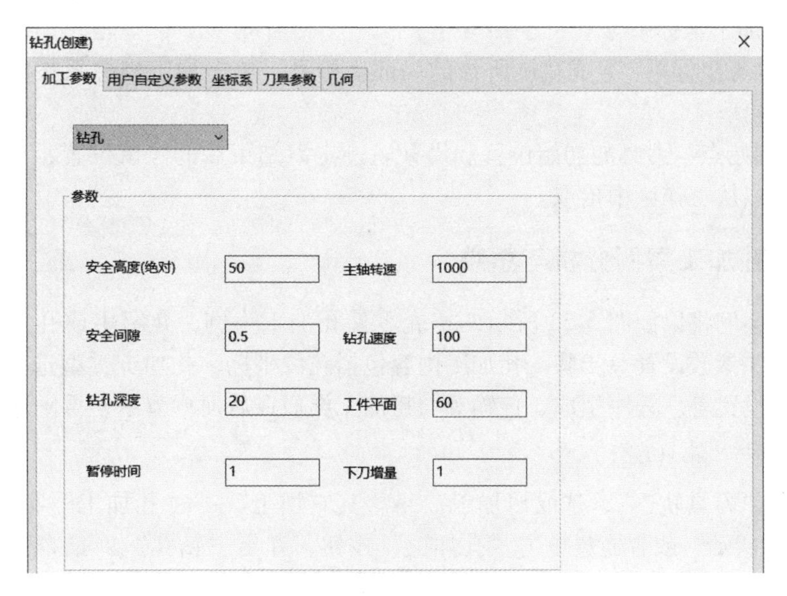

图 5-61 孔加工参数设置

(1) 钻孔模式

钻孔模式提供 12 种钻孔功能：高速啄式孔钻 G73、左攻螺纹 G74、精镗孔 G76、钻孔 G81、钻孔+反镗孔 G82、啄式钻孔 G83、攻螺纹 G84、镗孔 G85、镗孔（主轴停）G86、反镗孔 G87、镗孔（暂停+手动）G88、镗孔（暂停）G89。

(2) 参数

1) 安全高度：刀具在此高度以上任何位置，均不会碰伤工件和夹具。

2) 主轴转速：机床主轴的转速。

3) 安全间隙：刀具初始位置。对应于老版本 ME 中钻孔的初始位置，在本版本中，该值无效。

4) 钻孔速度：钻孔刀具的进给速度。

5) 钻孔深度：孔的加工深度。

6) 工件平面：钻孔时，钻头快速下刀到达的位置，即距离工件表面的距离，由这一点开始按钻孔速度进行钻孔。

7) 暂停时间：攻螺纹时刀在工件底部的停留时间。

8) 下刀增量：孔钻时每次钻孔深度的增量值。

(3) 钻孔位置定义

钻孔位置定义有以下两种选择方式。

1) 输入点位置：可以根据需要，输入点的坐标，确定孔的位置。

2) 拾取存在点：拾取屏幕上已存在的点，确定孔的位置。

（4）加工坐标系等

1）加工坐标系：生成轨迹所在的局部坐标系，单击加工坐标系按钮可以从工作区中拾取。

2）起始点：刀具的初始位置和沿某轨迹走刀结束后的停留位置，单击起始点按钮可以从工作区中拾取。

5.4.3 孔加工案例分析与总结

本节案例将以如图 5-23 所示的罩壳零件孔加工为例，介绍生成孔加工程序方法、相关参数设置及步骤。孔加工内容包括孔位坐标、孔加工类型选择、加工工艺参数设置等。程序生成、传输等与粗加工类似在后面章节中不再阐述。

1. 钻中心孔（G81）

右击“刀具轨迹”，选取“加工”→“其它加工”→“孔加工”菜单命令，如图 5-62 所示，或者通过单击“孔加工”按钮，弹出“钻孔”对话框如图 5-63 所示。钻中心孔加工参数设置见表 5-7。中心孔的刀具轨迹路径如图 5-64a 所示，中心孔加工仿真如图 5-64b 所示。钻深孔加工参数如表 5-9 所示。

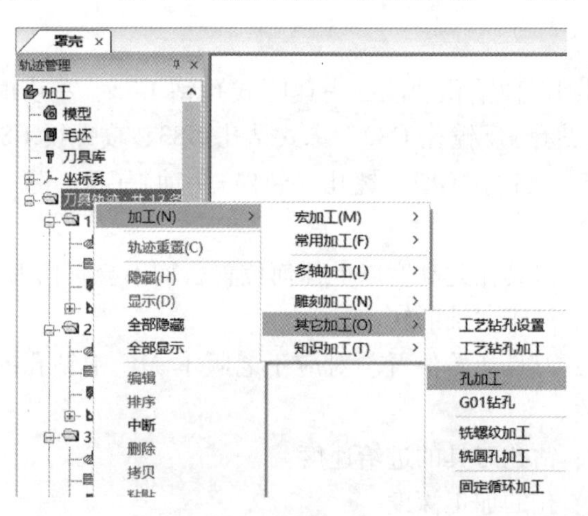

图 5-62　孔加工命令

表 5-7　中心孔加工参数设置表

加工参数	
安全高度（绝对）	100mm
安全间隙	2mm
钻孔深度	0.5mm
暂停时间	0s

（续）

加工参数	
主轴转速	1500r/min
钻孔速度	100mm/min
工件平面	−12mm（距工件坐标系的距离）
下刀增量	G81 钻孔指令不需要设置下刀增量
其他参数	保持不变

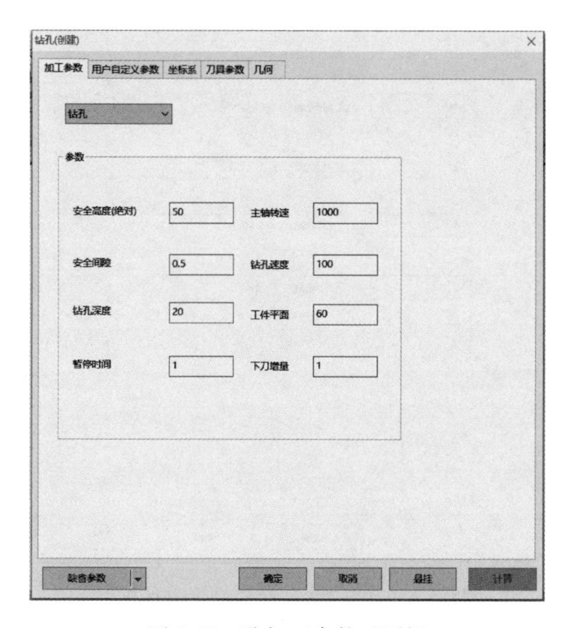

图 5-63　孔加工参数对话框

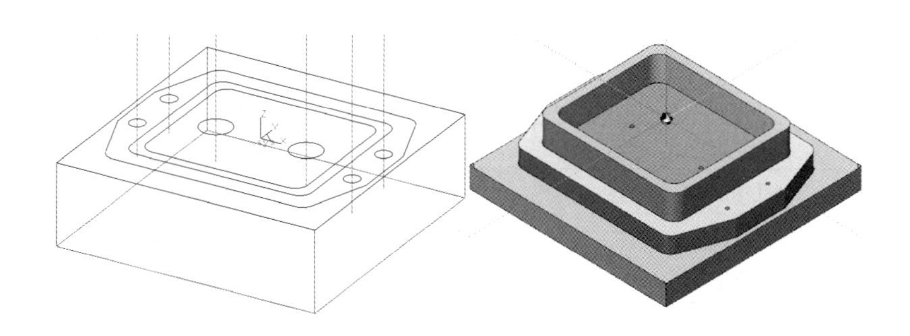

a) 中心孔刀具轨迹　　　　b) 中心孔加工仿真

图 5-64　中心孔加工轨迹及仿真

2. 啄式钻孔（G83）

在“钻孔”对话框中选择“啄式钻孔”（即手工编程中的钻孔循环 G83），弹出啄式钻孔参数设置对话框，如图 5-65 所示，啄式钻孔参数设置见表 5-8。啄式钻孔刀具轨迹及仿真加工如图 5-66 所示。

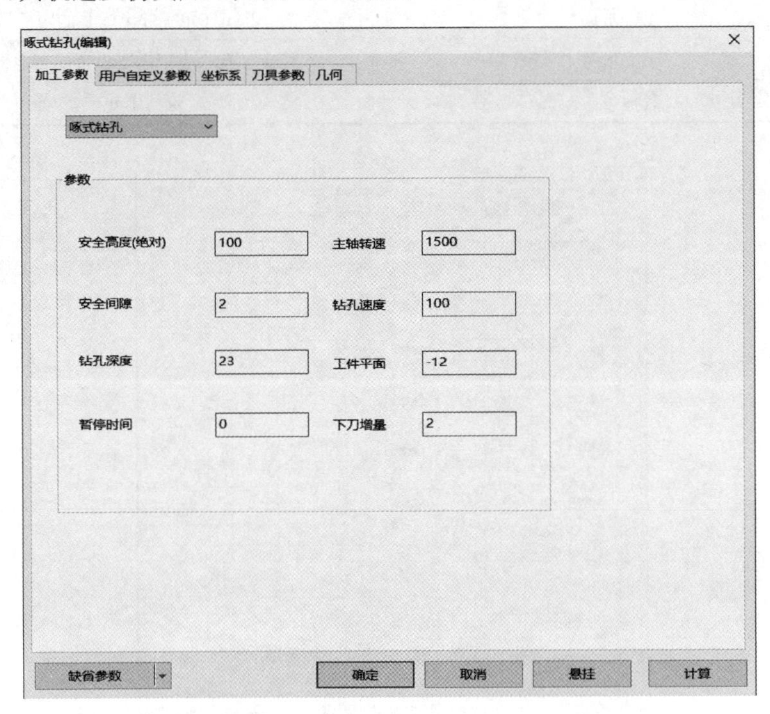

图 5-65　啄式钻孔参数设置对话框

表 5-8　啄式钻孔参数设置值

加工参数	
安全高度（绝对）	100mm
安全间隙	2mm
钻孔深度	23mm
暂停时间	0s
主轴转速	2000r/min
钻孔速度	100mm/min
工件平面	−12mm（距工件坐标系的距离）
下刀增量	2mm
其他参数	保持不变

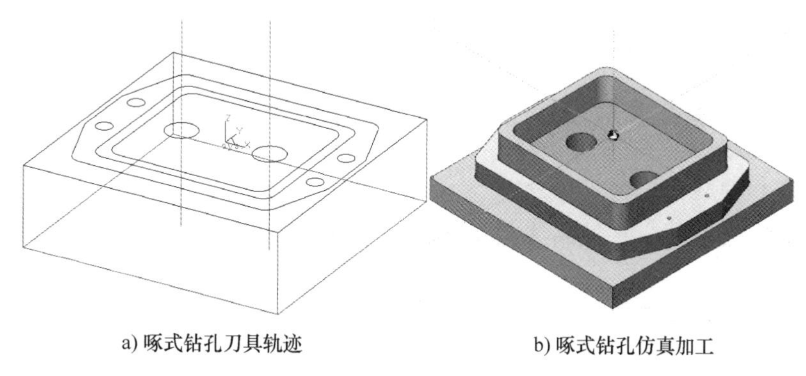

a) 啄式钻孔刀具轨迹　　b) 啄式钻孔仿真加工

图 5-66　啄式钻孔刀具轨迹及仿真加工

提示：其他孔的加工方法类似，进行相关参数（表 5-2）设置即可。

5.5　曲面加工

在 CAXA 制造工程师软件中，应用于零件粗加工的操作命令有平面区域粗加工和等高线粗加工两种。前者多用于平面类零件轮廓的粗加工，后者多用于曲面类零件的粗加工，也可用于复杂轮廓平面类零件的粗加工。

CAXA 提供的用于曲面精加工的命令较多，如曲面轮廓精加工、曲面区域精加工、参数线精加工等，需根据零件特征选择，本节将详细介绍三维偏置加工。

5.5.1　曲面加工基本操作方法

本节介绍曲面粗精加工轮廓轨迹程序的生成，基本操作方法如下。

1. 图形绘制

要求在软件绘图区绘制零件的三维实体或三维曲面，二维线框不能生成曲面加工轨迹，这与平面轮廓零件不同，曲面加工的造型阶段需要更多的时间。

2. 工艺选择

本节应用等高线粗加工命令生成分层等高线粗加工轨迹。等高线粗加工可生成封闭式和开放式轮廓轨迹，如多轮廓或有岛屿干涉的情况下，可根据实际情况选择“层优先”和“区域优先”的加工策略。

应用三维偏置加工命令生成曲面精加工轨迹。其优点是残留高度不会受曲面平坦度的影响，所有切削部位残留高度保持一致。

3. 刀具

刀具设置（略），与 5. 1 外轮廓粗加工中 5. 1. 1 外轮廓粗加工基本操作方法中3. 刀具中的设置相同。曲面粗加工通常选用平底立铣刀或带圆角立铣刀（俗称牛鼻刀），曲面精加工应选用球头刀。

5.5.2 曲面加工参数设置

1. 等高线粗加工参数

单击“加工”→“等高线粗加工”命令按钮，弹出如图5-67所示的对话框。

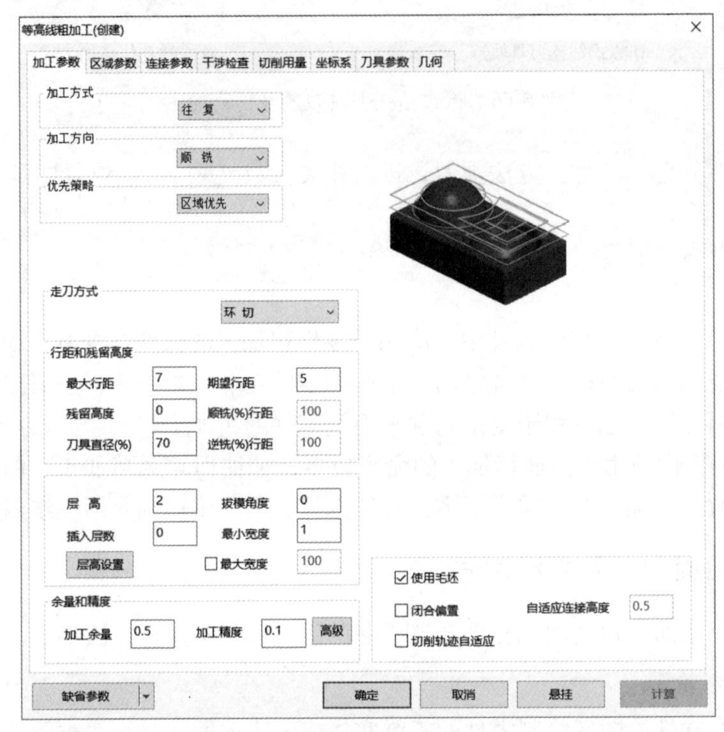

图5-67　等高线粗加工参数设置

（1）加工参数

1）加工方式。加工方式设定有以下2种选择：单向、往复。

2）加工方向。加工方向设定有以下2种选择：顺铣、逆铣。

3）优先策略。优先策略设定有以下2种选择：层优先、区域优先。层优先指等高线粗加工时以每层高度为优先生成刀具轨迹；区域优先指等高线粗加工时以每个加工区域为优先生成刀具轨迹。

4）走刀方式。走刀方式设定有以下2种选择：环切、行切。

5）行距和残留高度。

最大行距：等高线粗加工时刀具移动的最大行距值，一般不会超过刀具直径。

期望行距：等高线粗加工时软件在自动进行刀具轨迹计算过程中有行距值可选时，编程人员最期望的行距值。

残留高度：等高线粗加工时允许的最大残留高度值。

刀具直径：等高线粗加工时行距值按刀具直径的百分比执行。

顺铣行距：等高线粗加工时，顺铣时的行距设定值。

逆铣行距：等高线粗加工时，逆铣时的行距设定值。

6）层高设置。

层高：Z 向每加工层的切削深度。

拔模角度：根据底面或顶面设定所需的拔模角度值。

插入层数：根据需要，可以设定多个高度层，用于不同层高设定不同拔模角度等需求。

最小宽度：设定每层的最小宽度值，对刀具轨迹进行一定限制。

最大宽度：设定每层的最大宽度值，对刀具轨迹进行一定限制。

7）余量和精度。

加工余量：输入相对加工区域的残余量，也可以输入负值。加工余量的含义如图 5-68 所示。

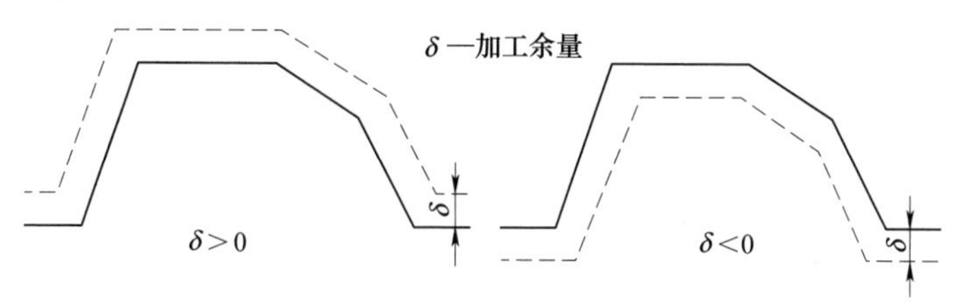

图 5-68 加工余量定义示意图

加工精度：输入模型的加工精度。计算模型的加工轨迹的误差小于此值。精度值设定较大时，模型形状的误差也增大，模型表面越粗糙，同时轨迹段的数目减少，轨迹数据量变小；精度值设定变小时，模型形状的误差也减小，模型表面更加光滑，但是，轨迹段的数目增多，轨迹数据量变大，如图 5-69 所示。

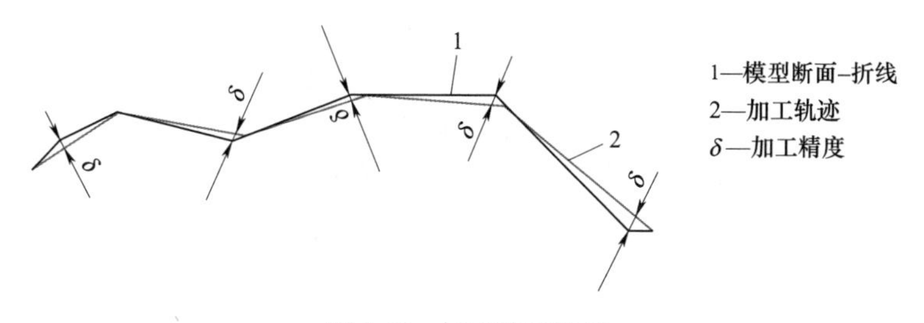

图 5-69 加工精度定义

（2）区域参数

1）加工边界参数。拾取已有的边界曲线作为当前加工边界使用，对话框如图 5-70 所示。

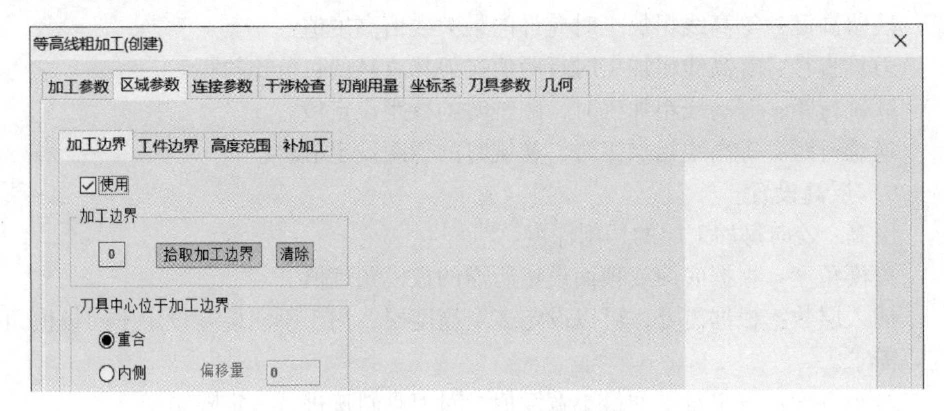

图 5-70　加工余量定义示意图

刀具中心相对加工边界的位置如图 5-71 所示。重合：刀具位于边界上；内侧：刀具位于边界的内侧；外侧：刀具位于边界的外侧。

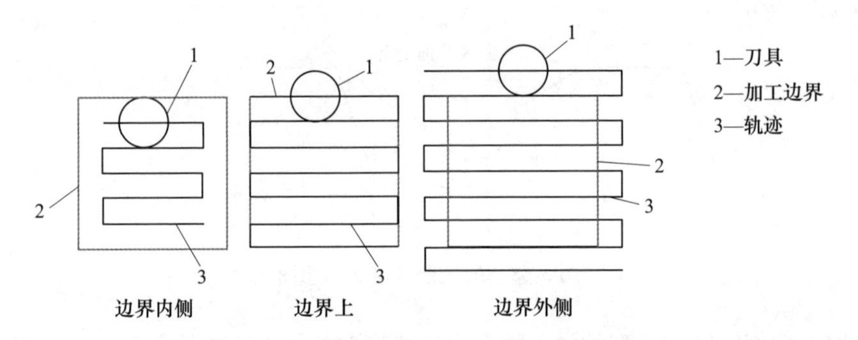

图 5-71　刀具中心相对于边界的位置示意图

2）工件边界。选择使用后以工件本身为边界，如图 5-72 所示。

①工件的轮廓：刀具中心位于工件轮廓上。

②工件底端的轮廓：刀尖位于工件底端轮廓。

③刀触点和工件确定的轮廓：刀接触点位于轮廓上。

3）高度范围。高度范围参数对话框如图 5-73 所示。自动设定：以给定毛坯高度自动设定 Z 的范围；用户设定：用户自定义 Z 的起始高度和终止高度。

4）补加工。补加工参数对话框如图 5-74 所示，选择“使用”后，可以根据已设定粗加工刀具的参数，自动生成余量值，本次加工仅根据余量情况生成刀具轨迹。主要可以设置：粗加工刀具直径、粗加工刀具圆角半径、粗加工余量等。

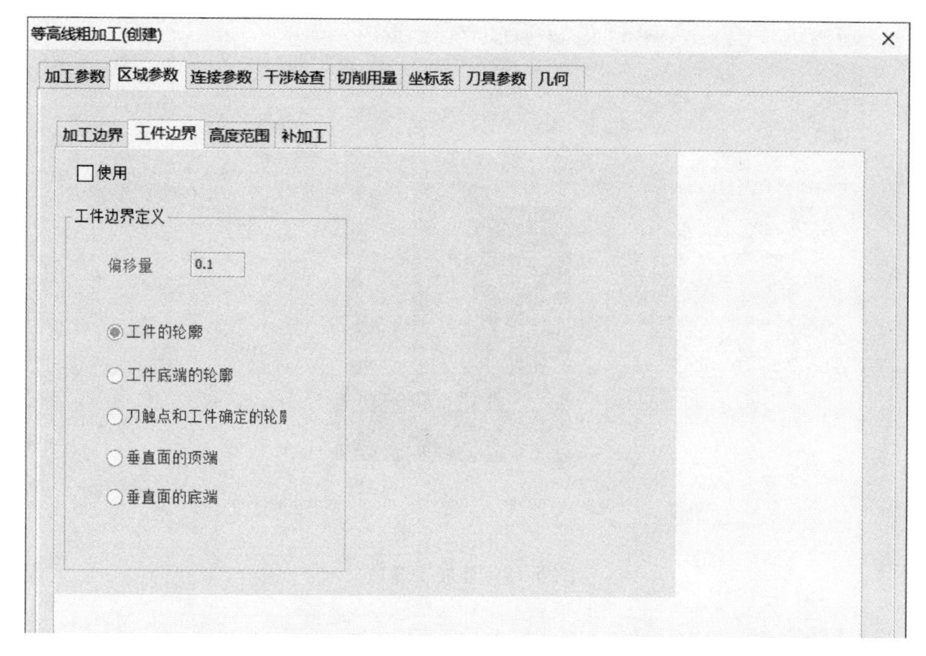

图 5-72　工件边界参数

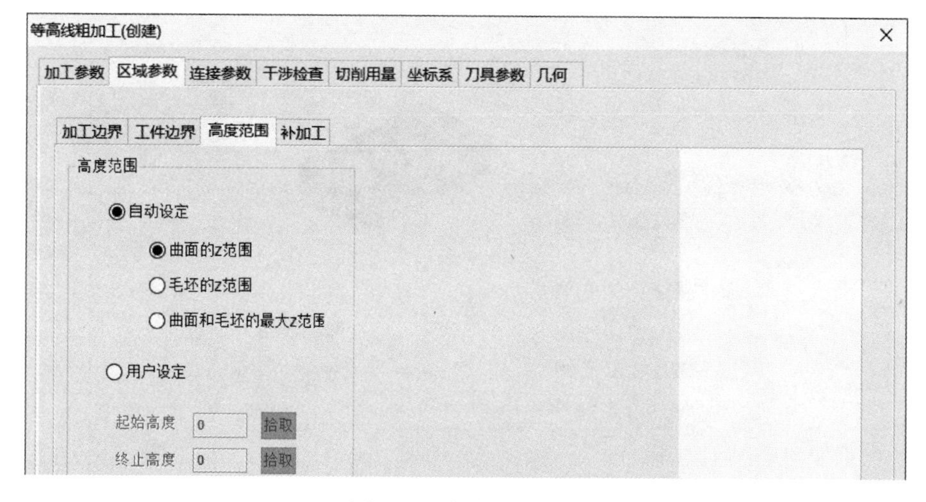

图 5-73　高度范围参数

（3）连接参数

1）连接方式。对话框如图 5-75 所示，主要可以设置接近/返回、行间连接、层间连接、区域间连接等。

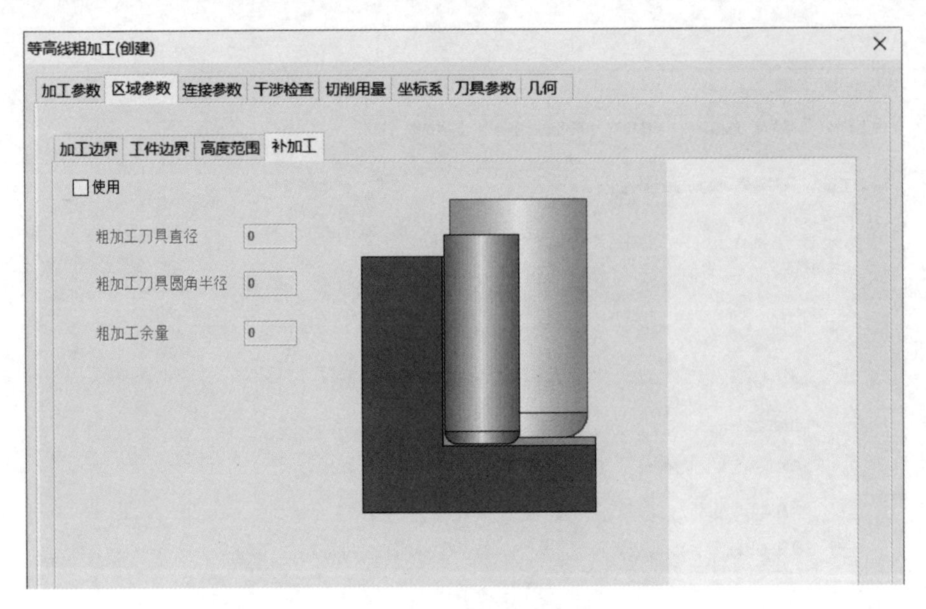

图 5-74 补加工参数

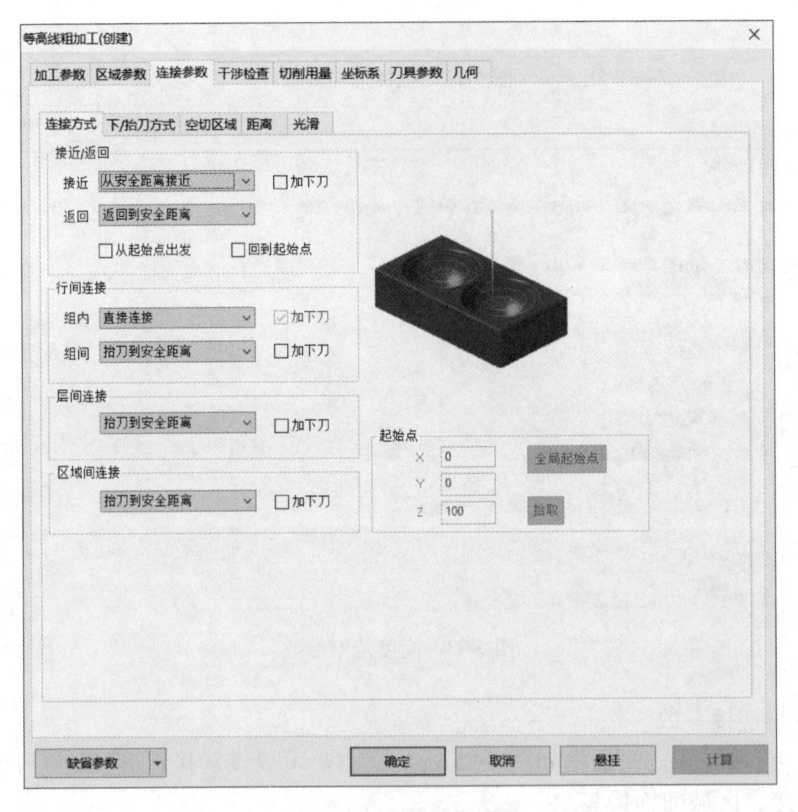

图 5-75 连接方式参数

①接近/返回：从设定的高度接近工件和从工件返回到设定高度。选择“加下刀”后可以加入所选定的下刀方式。

②行间连接：每行轨迹间的连接。选择“加下刀”后可以加入所选定的下刀方式。

③层间连接：每层轨迹间的连接。选择“加下刀”后可以加入所选定的下刀方式。

④区域间连接：两个区域间的轨迹连接。选择“加下刀”后可以加入所选定的下刀方式。

2）下/抬刀方式。对话框如图 5-76 所示，主要可以设置中心可切削刀具、预钻孔点等参数。

①中心可切削刀具：可选择自动、直线、螺旋、往复、沿轮廓 5 种下刀方式。毛坯余量一般默认按 100%层高设定即可，倾斜角和斜面长度前面已介绍。

②预钻孔点：标示需要钻孔的点。

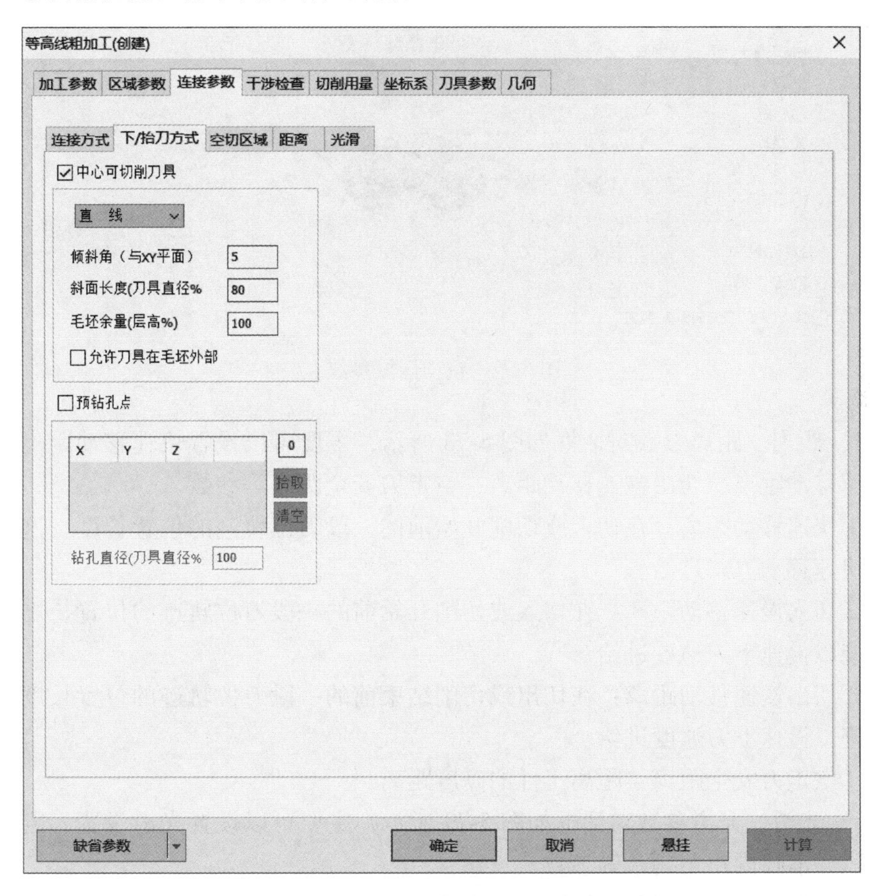

图 5-76　下/抬刀方式参数

3）空切区域。空切区域参数对话框如图 5-77 所示，主要可以设置安全高度、平面法矢量平行于、平面法矢量、圆弧光滑连接、保持刀轴方向直到距离等参数。

①安全高度：刀具快速移动而不会与毛坯或模型发生干涉的高度。

②平面法矢量平行于：目前只有主轴方向。

③平面法矢量：目前只有 Z 轴正向。

④保持刀轴方向直到距离：保持刀轴的方向达到所设定的距离。

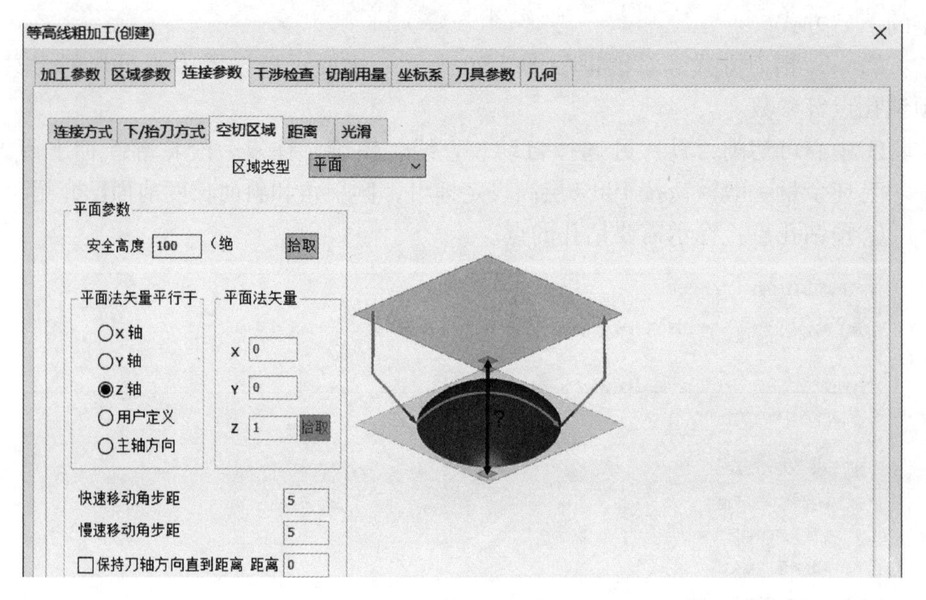

图 5-77 空切区域参数

4）距离。距离参数对话框如图 5-78 所示，主要可以设置快速移动距离、切入慢速移动距离、切出慢速移动距离、空走刀安全距离等参数。

①快速移动距离：在切入或切削开始前的一段刀位轨迹的位置长度，这段轨迹以快速移动方式进给。

②切入慢速移动距离：在切入或切削开始前的一段刀位轨迹的位置长度，这段轨迹以慢速下刀速度进给。

③切出慢速移动距离：在切出或切削结束前的一段刀位轨迹的位置长度，这段轨迹以慢速下刀速度进给。

④空走刀安全距离：距离工件的高度距离。

5）光滑。光滑参数对话框如图 5-79 所示，主要可以设置光滑设置、删除微小面积、消除内拐角剩余等参数。

①光滑设置：将拐角或轮廓进行光滑处理。

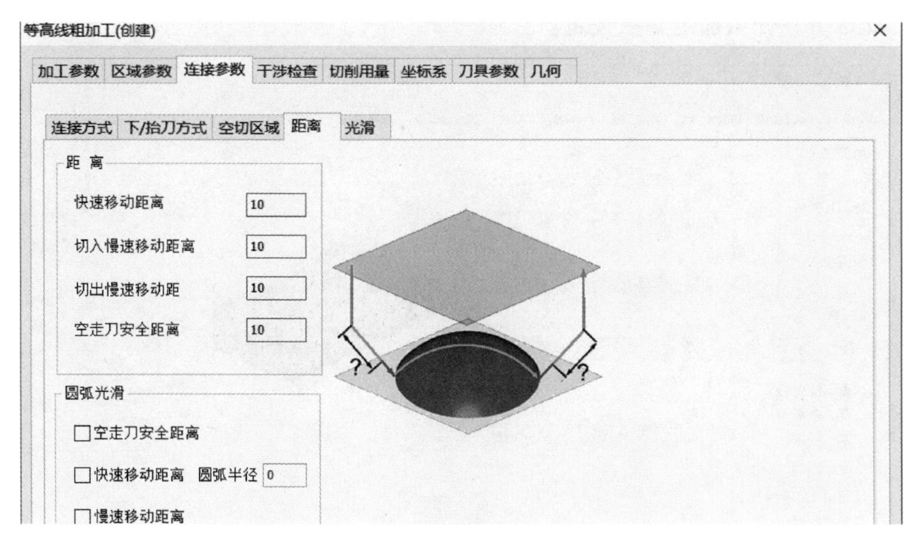

图 5-78　距离参数

②删除微小面积：删除刀具断面面积一定百分比的曲面的轨迹。

③消除内拐角剩余：删除在拐角部分的剩余余量。

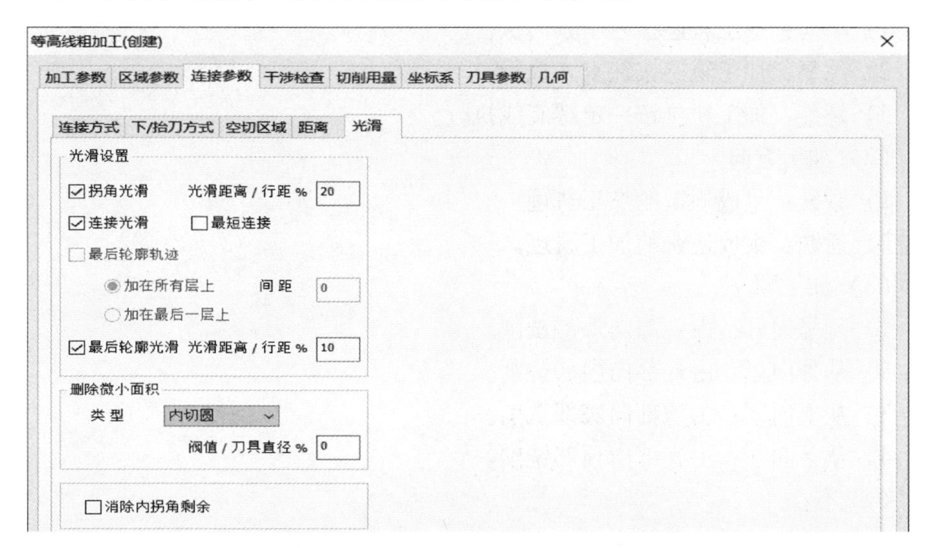

图 5-79　光滑参数

2. 三维偏置加工

单击“加工”→“三维偏置加工”命令按钮，弹出如图 5-80 所示的对话框。主要可以设置三维偏置加工参数、区域参数、连接参数、切削用量等参数。此部分只介绍加工参数设置。

图 5-80 三维偏置加工的加工参数设置

（1）加工方式

1）单向：加工轨迹按一个方向执行。

2）往复：加工轨迹按往复式执行。

3）螺旋：加工轨迹按一定螺旋线执行。

（2）加工方向

1）顺铣：生成顺铣的加工轨迹。

2）逆铣：生成逆铣的加工轨迹。

（3）加工顺序

1）从里向外：由内部向外部铣削。

2）从外向里：由外部向内部铣削。

3）从上向下：由顶部向底部铣削。

4）从下向上：由底部向顶部铣削。

（4）偏置

1）刀次：刀具偏置的次数。

2）左偏：轨迹以左补偿形式存在。

3）右偏：轨迹以右补偿形式存在。

（5）余量和精度

1）加工余量：经本次三维偏置加工后所剩下的余量值。

2）加工精度：本次三维偏置加工的加工精度值。

（6）行距和残留高度

1）行距：加工中允许的最大刀具移动行距值。

2）残留高度：加工中允许的最大残留高度值。

5.5.3　曲面加工案例分析与总结

CAXA 制造工程师路径生成及后处理，该小节以图 5-81 所示零件为例介绍曲面加工的设置及相关步骤。

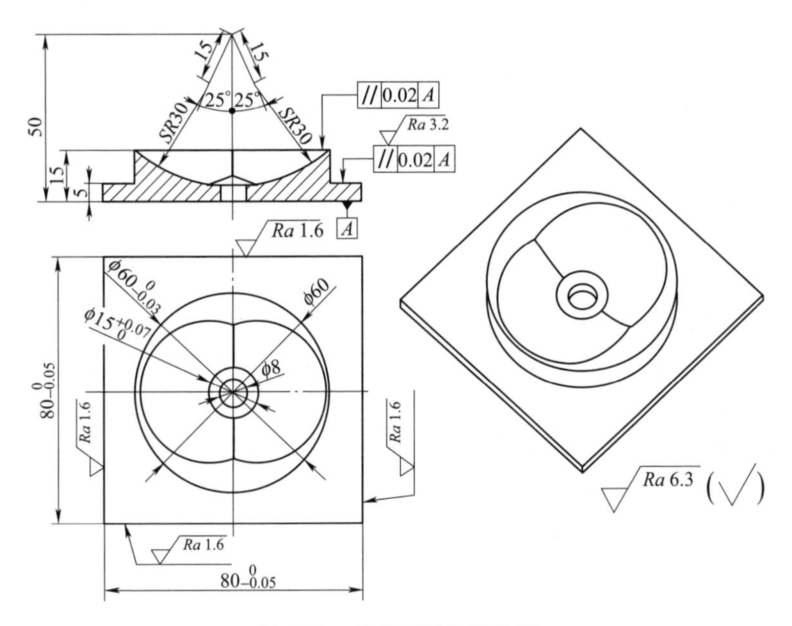

图 5-81　双球面板状零件图

1. 任务要求

该曲面类零件由孔、方形轮廓、内外圆柱轮廓、双球面凹型腔。根据零件图的要求，编写该零件的加工程序，编制数控加工工序卡片，在数控铣床上完成该零件的铣削加工。

2. 任务分析

图 5-81 所示的双球面板状零件，材料为 45 钢，切削加工性能较好，毛坯尺寸为 82mm×82mm×20mm，加工内容为孔、内外轮廓、平面及曲面。

3. 任务实施

（1）工艺分析

1）分析技术要求。由图 5-81 所知，该双球面板状零件上的 80mm×80mm 方形轮廓的加工精度要求较高，表面粗糙度为 $Ra1.6\mu m$；$\phi60mm$ 外圆柱轮廓尺寸精度要求较高；$\phi8mm$ 内孔为自由公差，表面粗糙度为 $Ra6.3\mu m$，$\phi15mm$ 内圆为正公差；两加工平面与底面平行度要求为0.02mm。

2）选择走刀路线。根据上述分析，该零件平面、内外轮廓及曲面选择“粗铣—精铣”方案，铣削外轮廓进给时从切线方向切入，内腔进给时采用过渡圆弧切入的方式，同时为使侧面得到较好的表面质量，采用顺铣方式铣削；$\phi8mm$ 孔作为下刀点位置应先行加工，选择“钻中心孔—钻孔—铰孔”方案。

3）确定编程原点。根据编程原点的确定原则，为了方便编程过程的计算，选取工件上平面的对称中心作为编程原点。

4）确定装夹方法。该端盖零件毛坯为方形，外形规则，采用平口钳装夹。工件伸出钳口15mm以上，工件下用平行等高垫铁支承，并夹紧。

（2）工具、量具、刀具选择

根据零件材料、形状和尺寸来选择刀具。粗加工时，铣削外轮廓应尽可能地选择直径大些的刀具，这样可以提高效率，故选用 $\phi16mm$ 的硬质合金立铣刀，因硬质合金铣刀属于高耐磨性刀具，底面精加工时仍使用此 $\phi16mm$ 刀具。侧面精加工时，考虑到侧面粗糙度要求，选用 $\phi10mm$ 的硬质合金立铣刀，此 $\phi10mm$ 也作为 $\phi15mm$ 内圆轮廓粗精加工及曲面粗加工刀具。曲面精加工选用 $\phi10mm$ 硬质合金球头铣刀。量具的选择应与零件的精度要求相符合，常用的有游标卡尺、千分尺等。本案例所用的工具、量具、刀具清单见表5-9。

表5-9 双球面板状零件加工工具、量具、刀具卡片清单

工具、量具、刀具清单				零件图号	1-1	
种类	序号	名称	规格/mm	精度/mm	单位	数量
工具	1	平口钳	—	—	台	1
	2	扳手	—	—	把	1
	3	平行垫铁	—	—	副	1
	4	橡胶锤	—	—	把	1
量具	1	钢直尺	0~150	—	把	1
	2	游标卡尺	0~150	0.02	把	1
	3	塞规	ϕ8H7	—	把	1
	4	检测塞棒	ϕ15	0~0.07	套	1
	5	外径千分尺	50~75	0.01	把	1
	6	外径千分尺	75~100	0.01	把	1
刀具	1	合金面铣刀	ϕ80	—	把	1
	2	合金立铣刀	ϕ16	—	把	1

（续）

工具、量具、刀具清单				零件图号	1-1	
种类	序号	名称	规格/mm	精度/mm	单位	数量
刀具	3	合金立铣刀	$\phi10$	—	把	1
	4	合金球头刀	$\phi10$	—	把	1
	5	中心钻	A3	—	支	1
	6	钻头	$\phi7.8$	—	支	1
	7	铰刀	$\phi8H7$	—	把	1

该零件材料切削加工性能好，铣削台阶面及轮廓时，底面和轮廓侧面均留0.2mm精加工余量；孔加工时铰削余量为0.2mm。选择主轴转速与进给量时先参考附录D，并结合实际情况进行微调。确定切削速度与每齿进给量，然后计算主轴转速（n）与进给速度（v_f）。

$$n=\frac{v_c\times1000}{\pi d},v_f=n\cdot z\cdot f_z$$

式中　v_c——切削速度（m/min）；

d——铣刀直径（mm）；

z——铣刀齿数；

f_z——每齿进给量（mm）。

（3）制定工序卡片

端盖加工工序卡片见表5-10。

（4）CAXA制造工程师曲面粗加工程序生成

CAXA制造工程师曲面粗加工程序生成主要包括三维曲面建模、毛坯定义、曲面加工类型选择、切削参数设置、刀具轨迹生成等。

1）曲面造型。对于有曲面元素的工件，用于编程的造型可采用三维实体+曲面+二维线框造型，如图5-82所示。

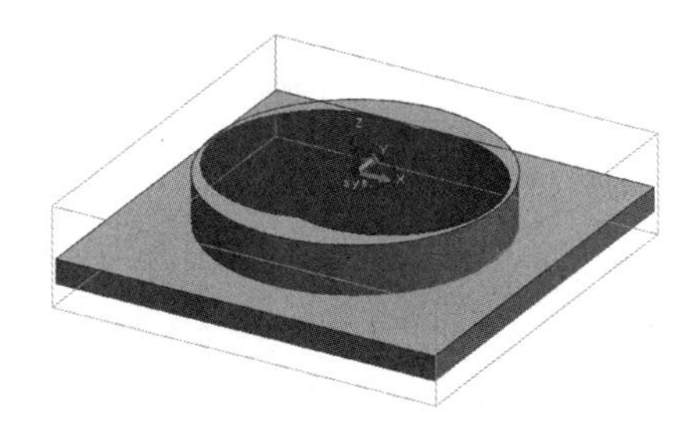

图5-82　三维曲面建模图

表 5-10　双球面板状加工工序卡片

	数控加工工序卡片	产品名称	零件名称		材料	零件图号	
			罩壳		45	2	
工序号	程序编号　夹具名称	夹具编号	使用设备			车间	
	平口钳		数控铣床				
工步号	工步内容	刀具号	刀具/mm	主轴转速/(r/min)	进给速度/(mm/min)	背吃刀量/mm	备注
1	粗铣上表面	T01	ϕ80	2000	400	2	面铣刀
2	精铣上表面	T01	ϕ80	3000	500	0.2	面铣刀
3	钻中心孔	T02	A3	1500	100		
4	钻孔 ϕ8	T03	ϕ7.8	1200	100		
5	铰孔 ϕ8	T04	ϕ8H7	500	60		
6	粗铣 80mm×80mm 外轮廓	T05	ϕ16	3500	500	5	
7	粗铣 ϕ60mm 外轮廓，去余量	T05	ϕ16	3500	500	5	
8	粗铣曲面	T06	ϕ10	4500	300	2	
9	粗铣 ϕ15mm 内圆	T06	ϕ10	4500	300	1	
10	精铣 ϕ60mm 外轮廓底面	T05	ϕ16	4500	500	0.2	
11	精铣 80mm×80mm 轮廓侧面	T06	ϕ10	6000	300	0.2	
12	精铣 ϕ60mm 轮廓侧面及底面	T06	ϕ10	6000	300	0.2	
13	精铣曲面	T07	ϕ10	8000	800	0.2	球刀
14	粗铣 ϕ15mm 内圆	T06	ϕ10	4500	300	0.2	
15	翻面装夹，粗铣 15mm 厚度	T01	ϕ80	2000	400	2	面铣刀
16	精铣表面，保证 15mm 厚度	T01	ϕ80	3000	400	0.2	面铣刀
编制	审核		批准		共　页	第　页	

2）定义毛坯和起始点。双击特征树栏的“毛坯”，弹出“毛坯定义”对话框，如图 5-83 所示。填写相关数据。本次任务毛坯尺寸为 81mm×81mm×20mm，所以毛坯定义时在长宽高栏输入 81、81、20，另该工件的工件坐标系原点设在工件上表面的对称中心，故在基准点栏输入-50.5、-50.5、-19.5（0.5 为上表面余量）。

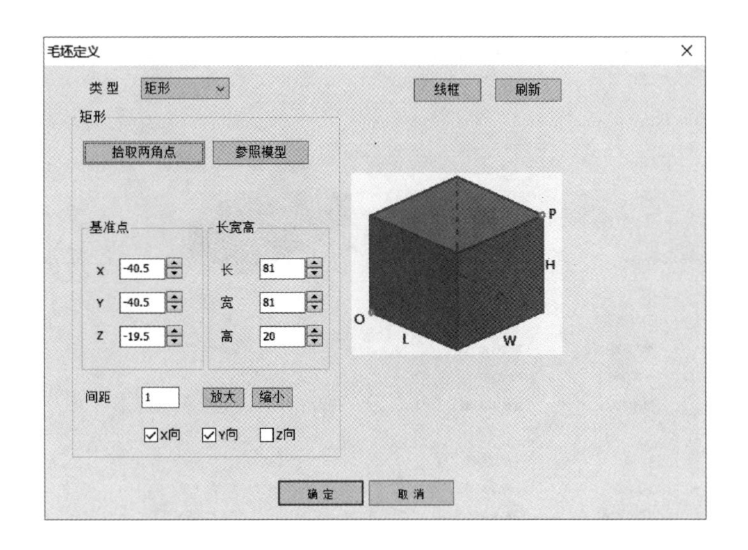

图 5-83 “毛坯定义”对话框

注：双球面板状零件加工工序卡片中（表 5-10），工步号 1~7 已在前面章节进行了说明，此处不重复介绍，该节主要对曲面加工进行介绍。

3）等高线粗加工命令生成曲面粗加工轨迹。右击“轨迹管理”，选取“加工”→“常用加工”→“等高线粗加工”命令，如图 5-84a 所示。或者通过单击主菜单“加工”→“等高线粗加工”命令，如图 5-84b 所示。弹出的等高线粗加工参数设置对话框如图 5-85 所示。等高线粗加工参数设置值见表 5-11。生成的等高线粗加工刀具轨迹及仿真加工如图 5-86 所示。

a) 轨迹管理进入等高线粗加工　　b) 主菜单模式进入等高线粗加工

图 5-84 等高线粗加工命令

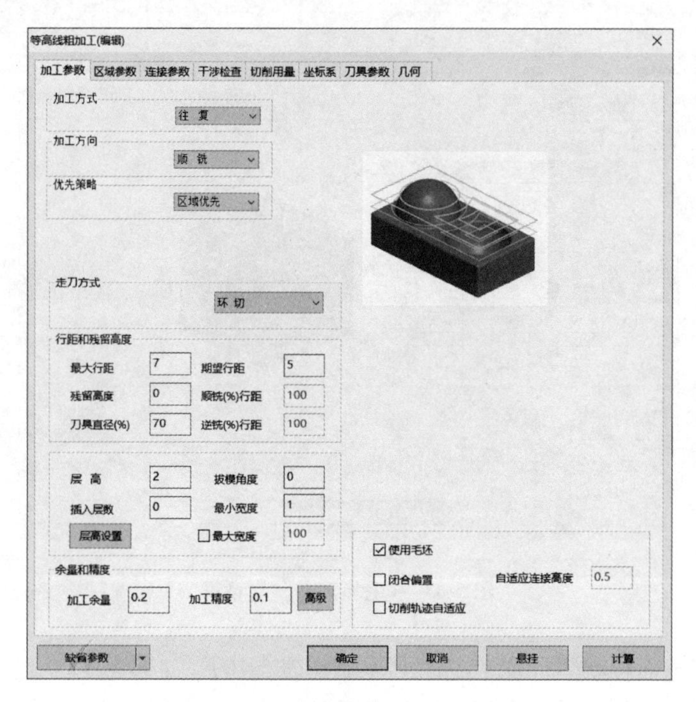

图 5-85　等高线粗加工对话框

表 5-11　等高线粗加工参数设置值

<table>
<tr><td colspan="2">加工参数</td><td colspan="2">切削用量</td></tr>
<tr><td>加工方式</td><td>往复</td><td>主轴转速</td><td>4500r/min</td></tr>
<tr><td>加工方向</td><td>顺铣</td><td>慢速下刀速度</td><td>100</td></tr>
<tr><td>优先策略</td><td>区域优先</td><td>切入切出连接速度</td><td>300</td></tr>
<tr><td>走刀方式</td><td>环切</td><td>切削速度</td><td>300</td></tr>
<tr><td>最大行距</td><td>7mm</td><td>退刀速度</td><td>2000</td></tr>
<tr><td>期望行距</td><td>5mm</td><td colspan="2">刀具参数</td></tr>
<tr><td>层高</td><td>2mm</td><td>刀具名称</td><td>T06</td></tr>
<tr><td>加工余量</td><td>0. 2mm</td><td>刀具半径</td><td>10mm</td></tr>
<tr><td colspan="2">区域参数</td><td colspan="2">几何</td></tr>
<tr><td>加工边界</td><td>ϕ60mm 圆</td><td rowspan="2">加工曲面</td><td rowspan="2">两凹型曲面</td></tr>
<tr><td>刀具中心位于加工边界</td><td>内侧</td></tr>
<tr><td colspan="4">连接参数</td></tr>
<tr><td colspan="2">连接方式</td><td colspan="2">全部不加下刀</td></tr>
<tr><td colspan="2">下/抬刀方式</td><td colspan="2">直线</td></tr>
</table>

注：其余参数默认，在学习阶段，也可根据前面关于等高线粗加工参数设置介绍尝试设置。

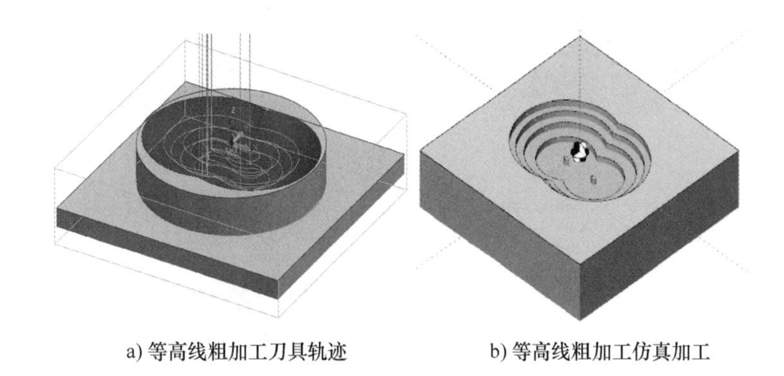

a) 等高线粗加工刀具轨迹　　b) 等高线粗加工仿真加工

图 5-86　等高线粗加工轨迹及仿真

（5）三维偏置加工生成曲面精加工轨迹

CAXA 制造工程师曲面精加工程序生成主要包括三维曲面建模、毛坯定义、曲面加工类型选择、切削参数设置、刀具轨迹生成等，相关设置与曲面粗加工一致，本部分对曲面精加工进行详细介绍，具体步骤见表 5-12。

表 5-12　三维偏置加工参数设置值

加工参数		切削用量	
加工方式	单向	主轴转速	8000
加工方向	顺铣	慢速下刀速度	100
加工顺序	标准	切入切出连接速度	800
偏置	左偏	切削速度	800
加工余量	0mm	退刀速度	2000
最大行距	0. 3mm	刀具参数	
几何		刀具名称	T07
加工曲面	两凹型曲面	刀具半径	10mm

注：其余参数默认，在学习阶段，也可根据前面关于三维偏置加工参数设置介绍尝试设置。

三维偏置加工命令。右击“轨迹管理”中的“刀具轨迹”，选择“加工”→“常用加工”→“三维偏置加工”命令，如图 5-87 所示，或者通过单击主菜单“加工”→“三维偏置加工”命令，如图 5-88 所示，弹出三维偏置参数设置对话框如图 5-89 所示。三维偏置参数设置值如表 5-12 所示。生成的三维偏置加工刀具轨迹如图 5-90a 所示，三维偏置加工仿真如图 5-90b 所示。

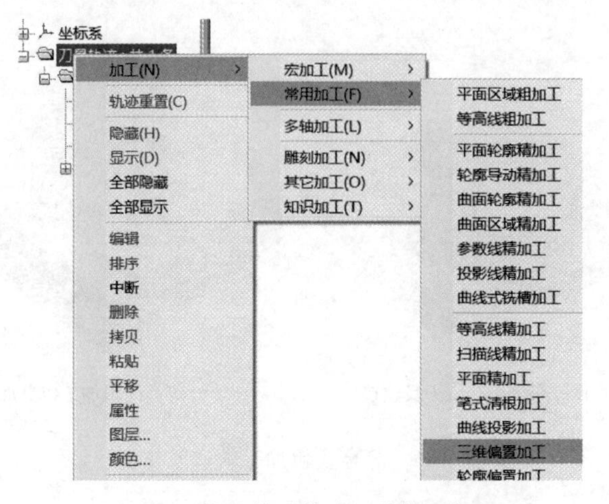

图 5-87　轨迹管理模式三维偏置加工

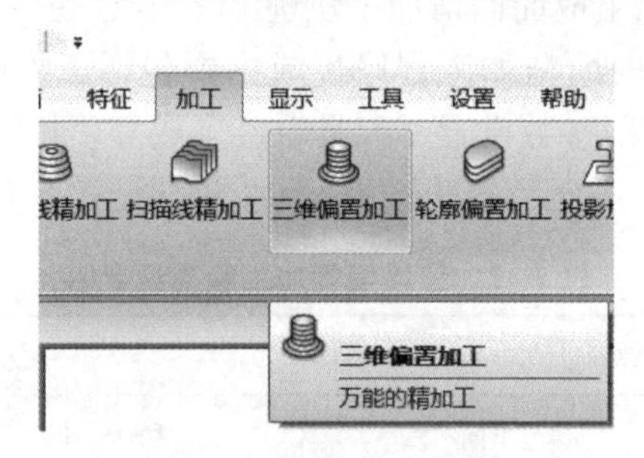

图 5-88　单模式单位偏置加工

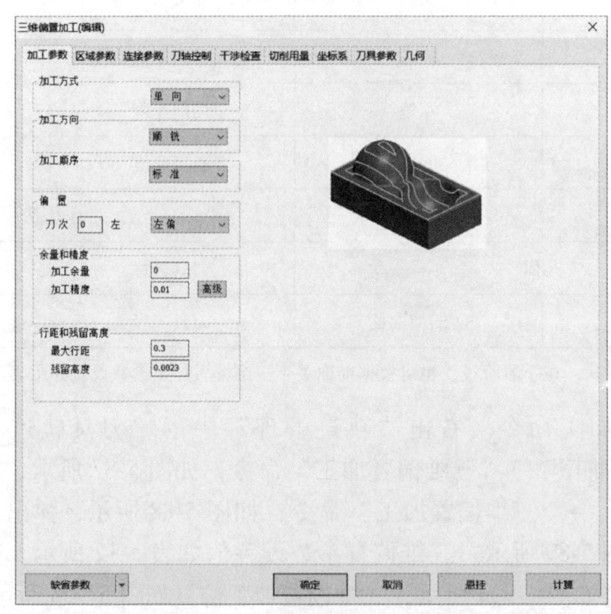

图 5-89　三维偏置加工对话框

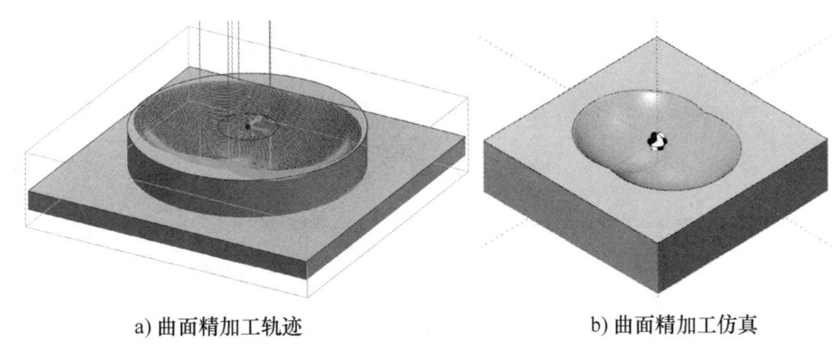

a) 曲面精加工轨迹　　b) 曲面精加工仿真

图 5-90　三维偏置加工刀具轨迹及仿真加工

5.6　多轴加工

在 CAXA 制造工程师软件中，多轴加工主要包括：四轴加工、五轴加工、叶轮叶片加工以及多轴轨迹转换。本部分主要介绍四轴加工的相关知识内容。

四轴加工主要包括四轴粗加工、四轴精加工、四轴柱面曲线加工、四轴平切面加工、四轴平切面加工 2 五个部分组成。用于生成四轴加工轨迹。

5.6.1　多轴加工基本操作方法

本章节四轴柱面曲线加工轮廓轨迹程序的生成，基本操作方法如下：

1. 图形绘制

要求在软件绘图区绘制零件的三维实体或三维曲面，四轴柱面曲线中的曲面为空间三位曲线。

2. 工艺选择

本章节应用四轴柱面曲线加工命令生成多轴粗精加工轨迹。

3. 刀具

刀具设置与 5.1.1 节中的切削刀具定义设置相同，此处不再重复。四轴粗加工通常选用平底立铣刀或带圆角立铣刀（俗称牛鼻刀），也可直接选用球头刀粗加工，四轴精加工应选用球头刀。

5.6.2　多轴加工参数设置

1. 四轴柱面曲线加工

单击“加工”→“四轴加工”→“四轴柱面曲线加工”命令按钮，弹出对话框，如图 5-91 所示。

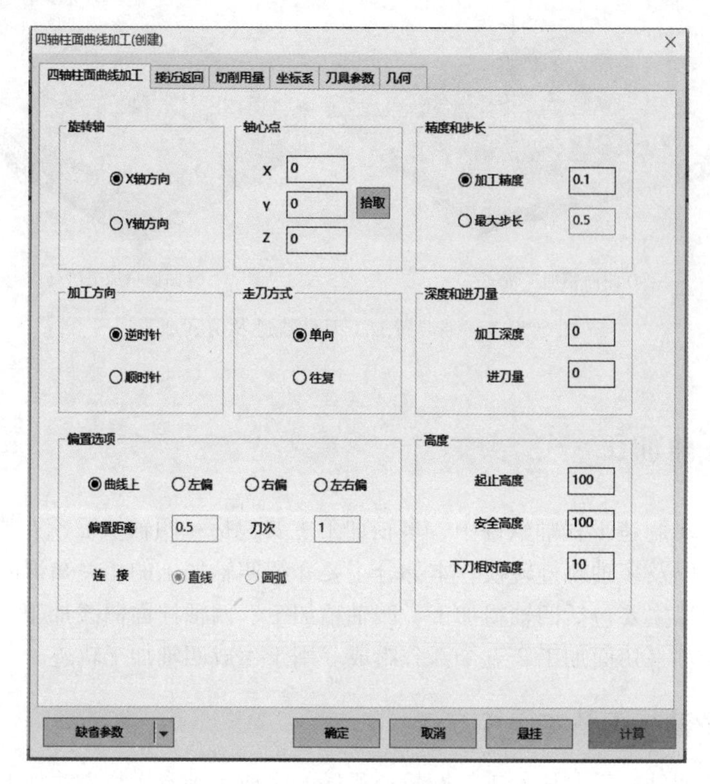

图 5-91　四轴柱面曲线加工参数

（1）旋转轴

1）X 轴方向：机床的第四轴绕 X 轴旋转，生成加工代码时角度地址为 A。

2）Y 轴方向：机床的第四轴绕 Y 轴旋转，生成加工代码时角度地址为 B。

（2）轴心点

四轴柱面轴心点坐标，可以通过拾取方式直接拾取，也可以通过键盘输入。

（3）精度和步长

1）加工精度：根据实际需求进行设置，其值越大，加工的表面越粗糙，一般默认值为 0. 1mm。

2）最大步长：根据设定的进给系统自动进行步长设定，为了减少生成加工轨迹数可将步长适当增大，否则将增加加工轨迹段，增加程序量，一般默认值为 0. 5mm。

（4）加工方向

生成四轴加工轨迹时，下刀点与拾取曲线的位置有关，在曲线的哪一端拾取，就会在曲线的哪一端点下刀。生成轨迹后如想改变下刀点，则可以不用重新生成轨迹，而只需双击轨迹树中的加工参数，在加工方向中的“顺时针”和“逆时针”二项之间进行切换即可改变下刀点。

（5）走刀方式

1）单向：在刀次大于 1 时，同一层的刀具轨迹沿着同一方向进行加工，这时，层间轨迹会自动以抬刀方式连接。精加工时为了保证槽宽和加工表面质量多采用此方式。

2）往复：在刀具轨迹层数大于 1 时，层之间的刀具轨迹方向可以往复进行加工。刀具到达加工终点后，不快速退刀而是与下一层轨迹的最近点之间走一个行间进给，继续沿着原加工方向相反的方向进行加工的。加工时为了减少抬刀，提高加工效率多采用此种方式。

两种方式生成的四轴加工轨迹如图 5-92 所示。其中椭圆形线圈及靠右的反向 L 型直线段为加工轨迹，点为刀位点，短直线段为刀轴方向。

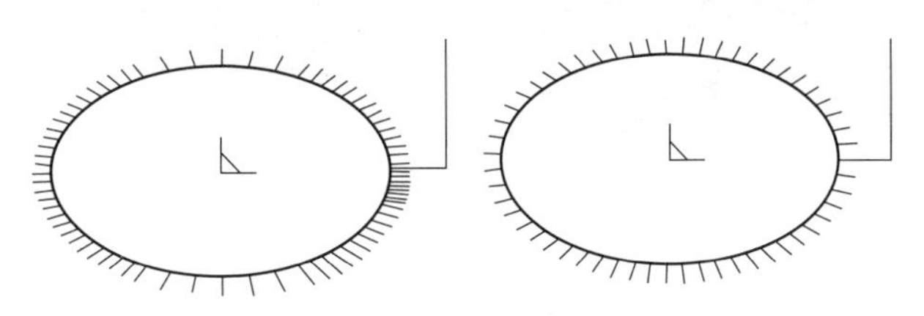

图 5-92　加工精度控制示例图

（6）深度和进刀量

1）加工深度：从曲线当前所在的位置向下要加工的深度。

2）进刀量：为达到给定加工深度，需要在深度方向多次进刀时的每刀进给量。

（7）偏置选项

用四轴曲线方式加工槽时，有时也需要像在平面上加工槽那样，对槽宽做一些调整，以达到图样所要求的尺寸。这样可以通过偏置选项来达到目的。

1）曲线上：铣刀的中心沿曲线加工，不进行偏置，如图 5-93a 所示。

2）左偏：向被加工曲线的左边进行偏置。左方向的判断方法与 G41 相同，即刀具加工方向的左边，如图 5-93b 所示。

3）右偏：向被加工曲线的右边进行偏置。右方向的判断方法与 G42 相同，即刀具加工方向的右边，如图 5-93c 所示。

4）左右偏：向被加工曲线的左边和右边同时进行偏置。加工方式为“单向”，左右偏置时的加工轨迹如图 5-93d 所示。

5）偏置距离：偏置的距离请在这里输入数值确定。

6）刀次：当需要多刀进行加工时，在这里给定刀次。给定刀次后总偏置距离=偏置距离×刀次。以下为偏置距离为1mm，刀次为4时的单向加工刀具轨迹，如图5-93e所示。

图5-93　偏置选项效果

7）连接：当刀具轨迹进行左右偏置，并且用往复方式加工时，两加工轨迹之间的连接有两种连接方式：直线和圆弧。两种连接方式各有其用途，可根据加工的实际需要来选用，如图5-94所示。

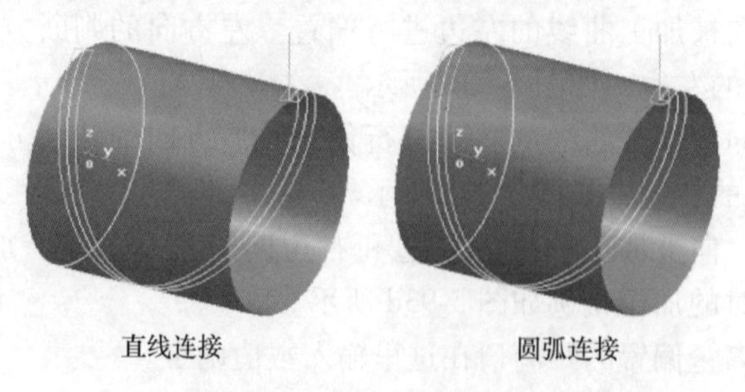

图5-94　连接方式示例图

（8）高度

1）起止高度：刀具初始位置。起止高度通常大于或等于安全高度。

2）安全高度：刀具在此高度以上任何位置，均不会碰伤工件和夹具。

3）下刀相对高度：切削开始前的一段刀轨长度，以慢速下刀速度垂直向下进给。

提示：生成加工代码时后置请选用 fanuc_4axis_A 或 fanuc_4axis_B 后置文件。

5.6.3 多轴加工案例分析与总结

下面以图 5-95 所示的螺旋槽零件为例介绍多轴加工，多轴加工主要包括造型、多轴加工命令选择、加工参数设置、刀具轨迹生成及仿真等。

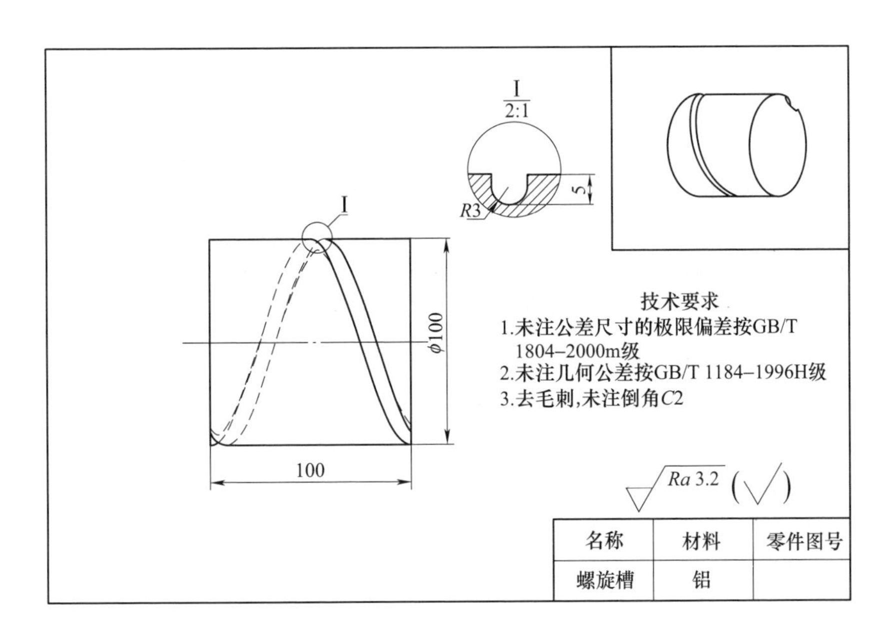

图 5-95 螺旋槽零件图

1. 螺旋槽的零件造型

对于四轴联动加工的工件，用于编程的造型可采用二维线框造型，造型如图 5-96 所示。

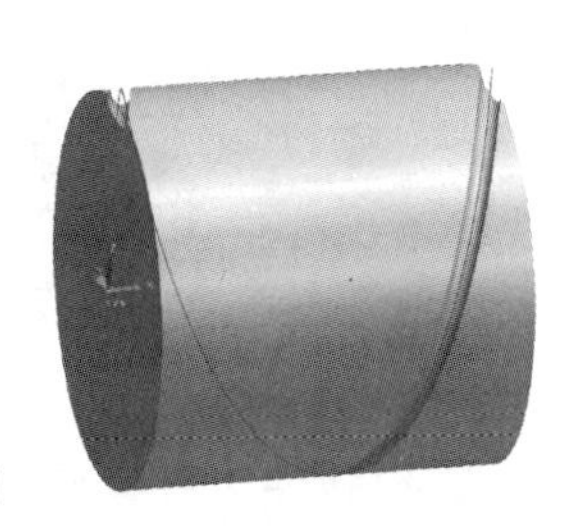

图 5-96 螺旋槽造型图

2. 定义毛坯和起始点

双击特征树栏的“毛坯”，弹出毛坯定义对话框如图 5-97 所示。填写相关数据。本次任务毛坯尺寸为

ϕ100mm×100mm，毛坯定义时类型选择“柱面”，单击“拾取平面轮廓”，拾取ϕ100整圆，“VX”栏内输入1，“长度”栏内输入100。

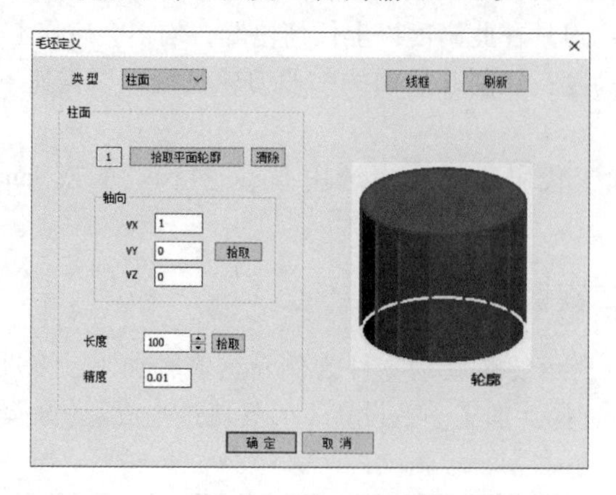

图 5-97　毛坯对话框

3. 四轴柱面曲线加工命令生成粗加工轨迹

右击“轨迹管理”中的“刀具轨迹”，选择“加工”→“多轴加工”→“四轴柱面曲线加工”命令，如图 5-98 所示，或者单击主菜单“加工”→“四轴柱面曲线加工”命令按钮，弹出四轴柱面曲线加工对话框，如图 5-99 所示。四轴柱面曲线加工参数设置对话框如图 5-100 所示，深度和进刀量栏“加工深度”设置为4.8，“进刀量”设置为1，刀具选用 *R*3 球刀。四轴柱面曲线加工轨迹如图 5-101a 所示，加工仿真如图 5-101b 所示。

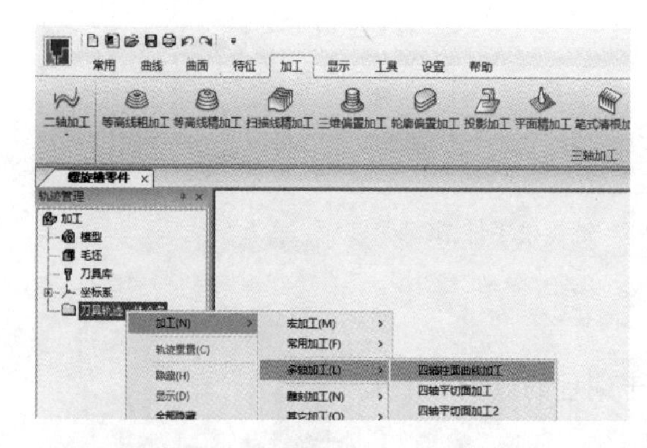

图 5-98　轨迹管理模式进入四轴加工

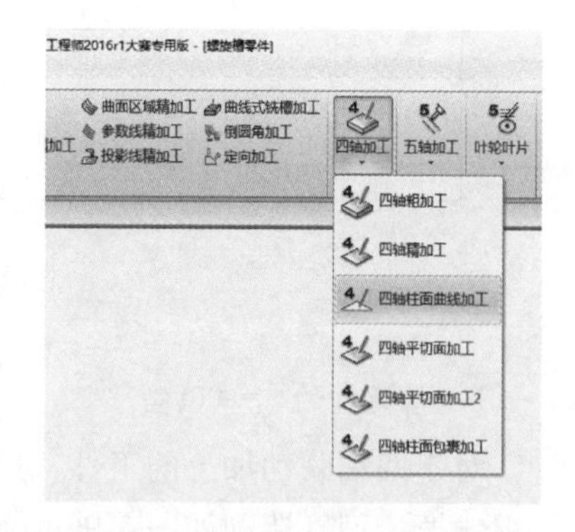

图 5-99　菜单模式进入四轴加工

4. 四轴柱面曲线加工命令生成精加工轨迹

四轴柱面曲线加工命令生成精加工轨迹与粗加工技术要点基本一致，四轴柱

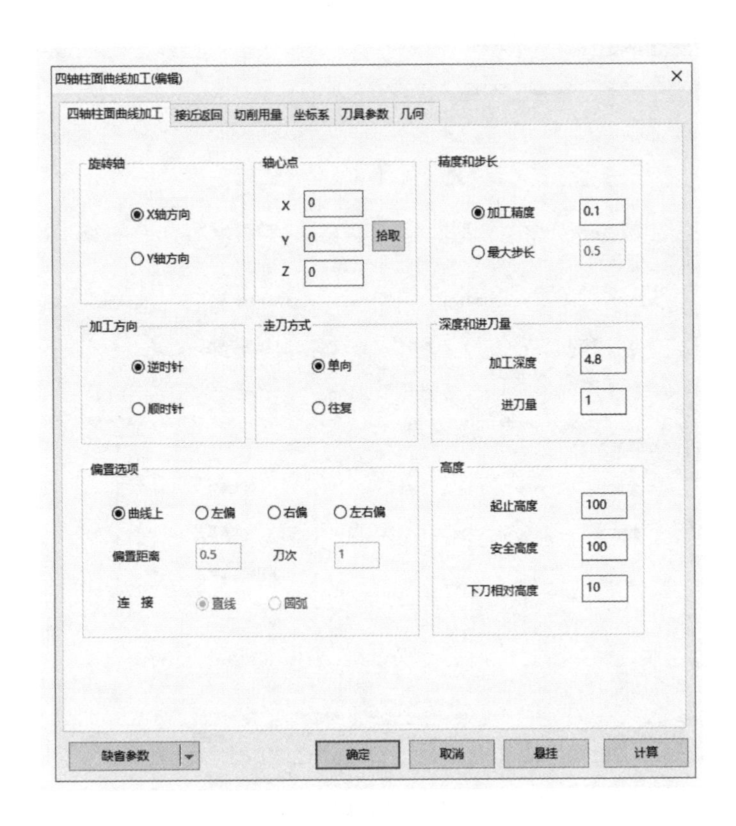

图 5-100 四轴柱面曲线加工对话框

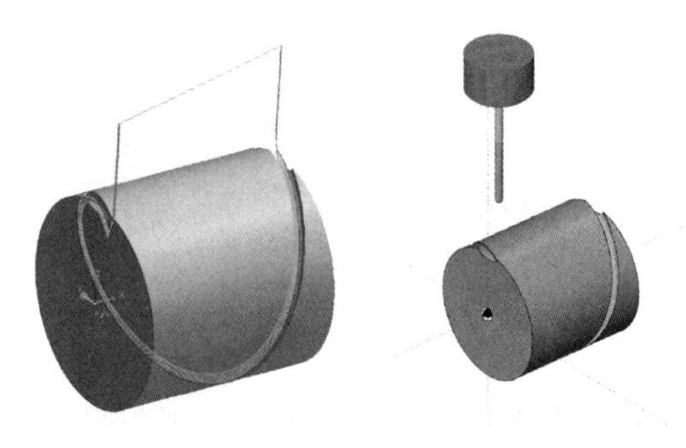

a) 四轴柱面曲线加工轨迹　　b) 四轴柱面曲线加工仿真

图 5-101 四轴柱面曲线加工轨迹及仿真

面曲线加工参数设置深度和进刀量栏“加工深度”设置为 5，“进刀量”设置为 5。其余参数按默认值即可，如图 5-102 所示。四轴柱面曲线加工轨迹及仿真如图 5-103 所示。

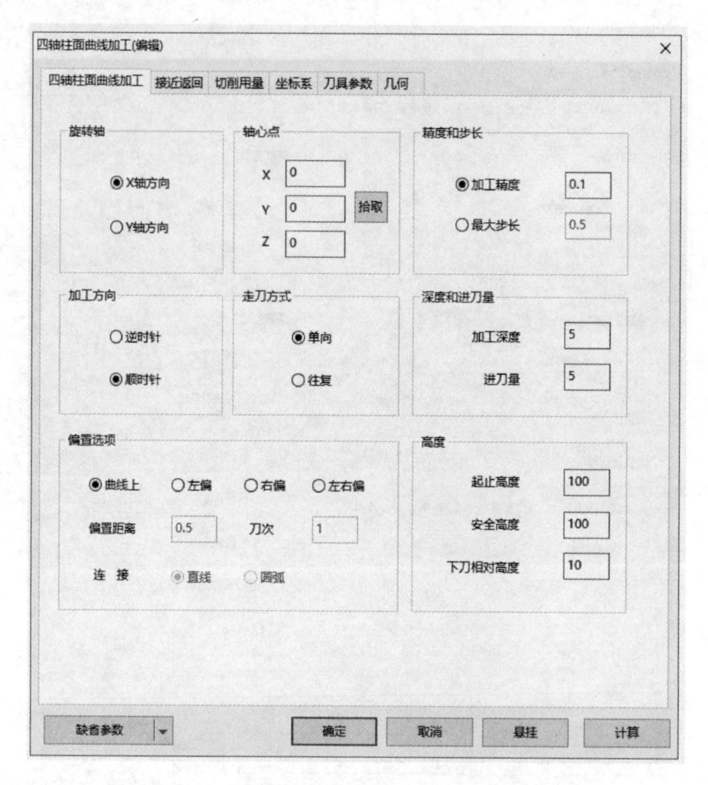

图 5-102　四轴柱面曲线加工参数设置对话框

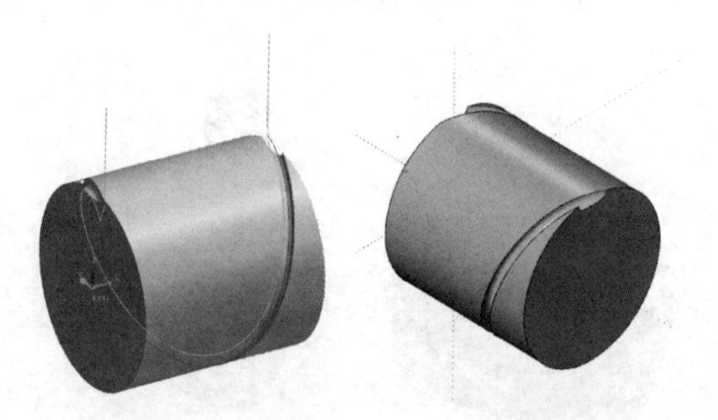

a) 四轴柱面曲线加工轨迹　　b) 四轴柱面曲线加工仿真

图 5-103　四轴柱面曲线加工轨迹及仿真

简　答　题

1. 简单阐述 CAXA 制造工程师二轴加工与三轴加工的编程实施步骤有什么区别。

2. 简述 CAXA 制造工程师等高线外形粗加工参数设置时应注意哪些方面。

3. 简述 CAXA 制造工程师 FANUC 系统后置处理设置的修改方法及所修改参数的含义。

4. 结合本章内容，编制图 5-104 所示的零件加工工艺、生成加工程序。

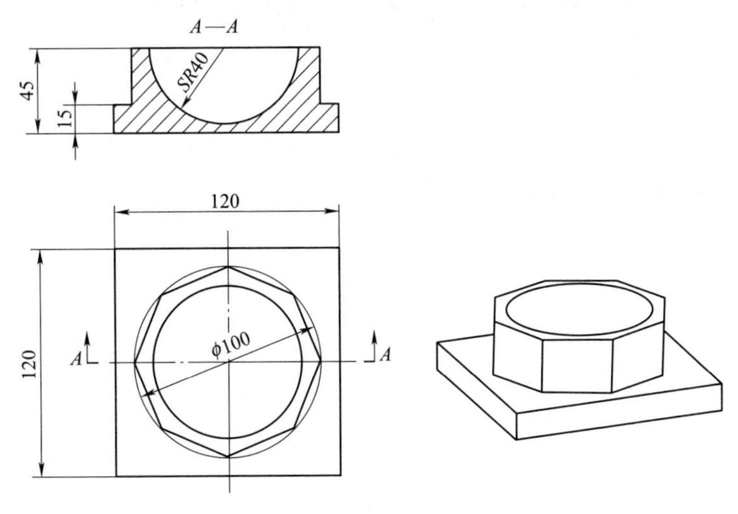

图 5-104 编程练习件

数控铣床操作加工实例

CAXA 制造工程师与数控铣床联机加工流程一般包括准备阶段、工艺制定阶段、细则决策阶段、编程阶段、过程控制阶段、评价阶段等，其具体流程如图 6-1 所示。

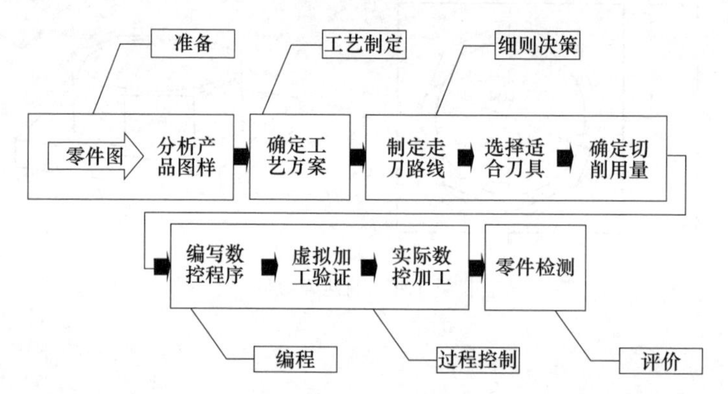

图 6-1　CAXA 制造工程师编程与数控铣床联机操作流程图

以旋钮上盖（材料：铝）加工为例，从产品图样分析、夹具辅具选用、加工工艺方案制定、刀具及切削用量选用、CAXA 制造工程师编程与参数设定、CAXA 制造工程师轨迹仿真、CF 卡程序传输、数控铣床加工与调试、零件尺寸精度检测等步骤进行详细的讲解。

6.1　零件图的分析

零件图的分析是制定该零件加工工艺的首要工作，零件图分析主要包括：尺寸标注分析、轮廓几何要素分析、加工精度及技术要求分析等。加工精度及技术要求的分析尤为重要，数控加工的主要任务就是要满足零件的尺寸精度和加工质量。只有将零件图分析彻底了，才能正确合理地选择加工方法、夹具辅具、刀具及切削用量等，旋钮上盖零件图如图 6-2 所示。

通过对零件图的分析，可知该零件由端面铣削、平面铣削、曲面铣削、孔切削等工序加工，零件具有较高的尺寸精度要求，较小的几何公差，加工难度中等，加工要素较为丰富，该零件具有一定的典型性和代表性。

1. 零件的主要尺寸精度

该零件需加工的要素相对较多，所需保证的尺寸精度也比较多，具体要求如下：

1）外轮廓面：130mm、120mm、$R5$mm、3mm；

2）内轮廓面：4×$R10$mm、4×$R7$mm、20mm、45°等；

3）拔模斜度：10°、$\phi65$mm 等；

4）孔加工：2×$\phi16$mm（H7）、2×$\phi10$mm（H7）、$\phi27$mm、$\phi25$mm 等；

5）曲面加工：$SR185$mm、$R200$mm 等。

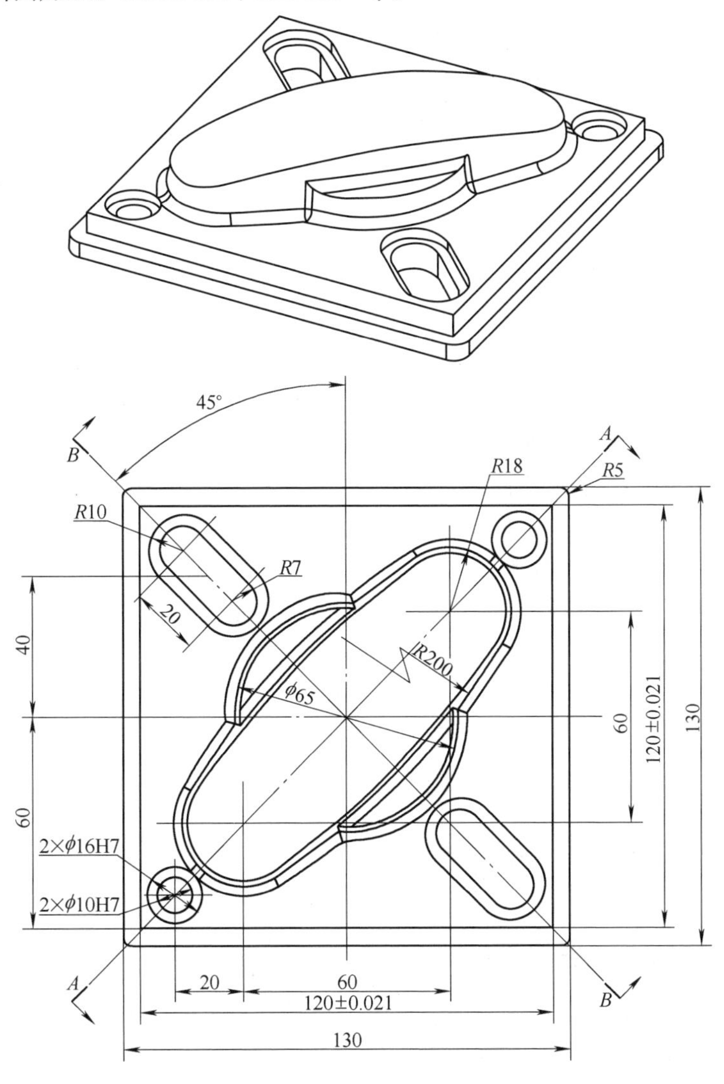

图 6-2 旋钮上盖

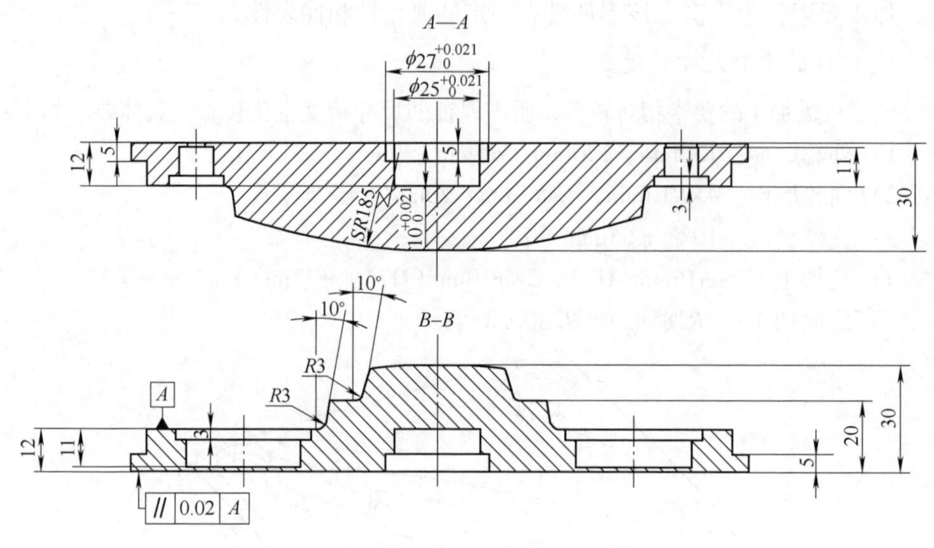

图 6-2　旋钮上盖（续）

2. 零件加工难点

1）该零件为单件加工，六方体具有较高的平行度、垂直度要求，应尽量减少装夹次数，应尽量减小人为误差，尽量用机床精度保证。

2）该零件 ϕ65mm 的圆弧段具有 10°的拔模斜度，每层的切削深度直接影响拔模斜度的精度，如每层切削深度值过小会导致较长的加工时间。

3）该零件 SR185mm 球面属于曲面加工，需采用粗加工、半精加工、精加工等工序完成，且在保证加工精度的同时需要考虑加工效率。

4）该零件 2×ϕ10mm 尺寸具有较高的尺寸精度，需采用钻孔、扩孔、铰孔等加工工艺保证。

5）该零件两平面具有 0.02mm 的平行度要求，掉头装夹时需采用装夹工艺保证。

6）该零件的倒角需利用机床程序实现，以保证零件的美观。

6.2　制定加工工艺方案

6.2.1　整体切削方案设计

在数控铣床上加工旋钮上盖时，应尽量减少装夹工件的次数，以保证几何公差。通过零件图的分析，采用两次装夹对工件进行加工。装夹毛坯首先铣削出上端面，由于需要保证零件厚度尺寸，该表面光出即可；粗加工外轮廓、内轮廓、曲面等；粗加工孔；精加工外轮廓、内轮廓；精加工孔；半精加工曲面；精加工曲面；重新装夹找正工件、铣削端面保证厚度尺寸；铣削台阶孔。

6.2.2 切削刀具选择

根据图样要求的分析选择刀具如下：立铣刀、球头铣刀、端面铣刀等。查阅刀具手册选择的刀具见表6-1，选用刀具及辅具如图6-3所示。

表6-1 切削所有刀具信息表

序号	刀柄型号	刀具型号	备注
1	BT40	ϕ10mm 立铣刀	
2	BT40	ϕ8.5mm 麻花钻	
3	BT40	ϕ9.6mm 麻花钻	
4	BT40	ϕ10mm（H7）铰刀	
5	BT40	ϕ8mm 球头铣刀	
6	BT40	ϕ6mm 球头铣刀	
7	BT40	ϕ12mm 麻花钻	
8	BT40	ϕ16mm 立铣刀	
9	BT40	面铣刀	直径100mm

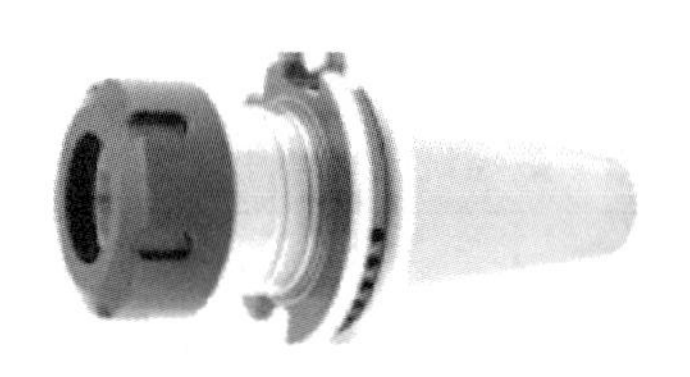

a) 切削刀柄

b) 切削刀具

图6-3 切削所需刀具及辅具

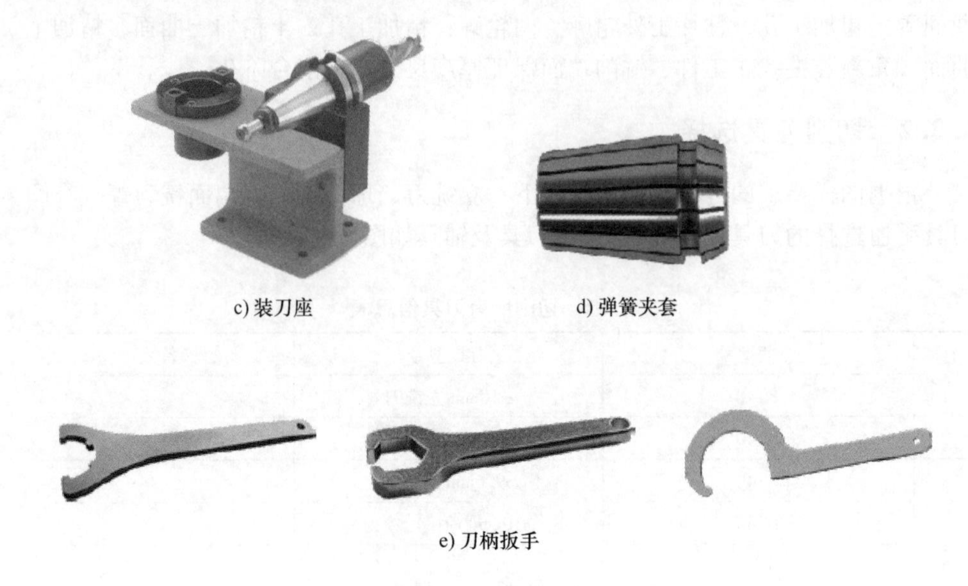

c) 装刀座　　d) 弹簧夹套

e) 刀柄扳手

图 6-3　切削所需刀具及辅具（续）

6.2.3　确定切削用量

数控铣床切削用量参考值见表 6-2，结合实际机床、刀具、毛坯等情况，旋钮上盖选取合适的切削用量，见表 6-2。

表 6-2　数控铣床切削用量表

	主轴转速/(r/min)	进给速度/(mm/min)	背吃刀量/mm
轮廓粗加工	650~800	60~100	5.0~8.0
轮廓精加工	1200~1500	60~80	5.0~8.0
曲面粗加工	2000~4000	600~2000	0.5
曲面精加工	4000~6000	800~2500	0.1
孔粗加工	500~600	46~60	—
孔精加工	450~550	30~45	—

6.2.4　加工工艺卡制定

根据工件图样分析、加工刀具选择、切削用量选择、量具选择、加工工艺分析等综合考虑，制定详细的加工工艺卡，见表 6-3。

表 6-3 旋钮上盖加工工艺卡

序号	工步名称	工步内容	夹具	刀具、辅具	量具
1	装夹工件，铣端面	工件装夹在台虎钳上伸出33mm以上，铣削端面，光出即可	平口钳	面铣刀、铜皮	钢直尺
2	粗加工外轮廓	粗加工130mm×130mm−4×*R*5mm深31mm外轮廓，留0.5mm余量；粗加工120mm×120mm深25mm外轮廓，留0.5mm余量	平口钳	ϕ10mm立铣刀	游标卡尺、游标高度卡尺、圆弧规
3	精加工外轮廓	精加工130mm×130mm−4×*R*5mm深31mm外轮廓至图样尺寸；精加工120mm×120mm深25mm外轮廓至图样尺寸	平口钳	ϕ10mm立铣刀	外径千分尺、游标高度卡尺、圆弧规
4	粗加工外轮廓	粗加工2×*R*18mm，*R*200mm，ϕ65mm深18mm外轮廓，留0.3mm余量	平口钳	ϕ10mm立铣刀	游标卡尺、游标高度卡尺
5	精加工外轮廓	粗加工2×*R*18mm，*R*200mm，ϕ65mm深18mm外轮廓至图样尺寸	平口钳	ϕ6mm球头铣刀	游标高度卡尺
6	钻孔	钻ϕ10mm等孔的中心孔	平口钳	ϕ3mm中心钻	游标卡尺
7	钻孔	钻ϕ10mm等孔的工艺孔8.5mm	平口钳	ϕ8.5mm麻花钻	游标卡尺
8	扩孔	扩孔至9.6mm	平口钳	ϕ9.6mm麻花钻	游标卡尺
9	铰孔	铰ϕ10mm孔至图样尺寸	平口钳	ϕ10mm（H7）机用铰刀	塞规
10	粗加工内孔，内轮廓	粗加工4×*R*10mm深29mm，4×*R*7mm深21mm内轮廓，留0.5mm余量；ϕ16mm深29mm，留0.5mm余量	平口钳	ϕ8mm立铣刀	游标卡尺、内径千分尺6~30mm
11	精加工内孔，内轮廓	精加工4×*R*10mm深29mm，4×*R*7mm深21mm内轮廓至图样尺寸；ϕ16mm深29mm内孔至图样尺寸	平口钳	ϕ8mm立铣刀	游标卡尺、内径千分尺6~30mm
12	调头装夹，铣端面	工件装夹在120mm×120mm外轮廓处，铣端面至30mm	平口钳	面铣刀、铜皮、塞尺	外径千分尺25~50mm
13	钻孔	钻ϕ30mm台阶孔的中心孔	平口钳	ϕ3mm中心钻	游标卡尺
14	钻孔	钻ϕ30mm台阶孔的工艺孔	平口钳	ϕ12mm麻花钻	游标卡尺

（续）

序号	工步名称	工步内容	夹具	刀具、辅具	量具
15	粗加工内轮廓	粗加工 φ25mm 深 9.5mm，φ30mm 深 4.5mm 内轮廓	平口钳	φ10mm 立铣刀	游标深度卡尺内径千分尺 5~30mm 内径千分尺 30~55mm
16	精加工内轮廓	精加工 φ25mm 深 10mm，φ30mm 深 5mm 内轮廓至图样尺寸	平口钳	φ10mm 立铣刀	游标深度卡尺内径千分尺 5~30mm 内径千分尺 30~55mm

6.3 加工准备

6.3.1 毛坯选择

根据旋钮上盖零件图分析，材料为铝材，毛坯为 135mm×135mm×40mm 的长方体块，如图 6-4 所示。

图 6-4 长方形铝块毛坯

6.3.2 加工设备选择

加工设备：VMC850 立式加工中心，FANUC 0i mate-MD 系统，夹具采用精密平口钳，如图 6-5 所示。

图 6-5 加工装备

6.3.3 精度检测量具选择

1）钢直尺：规格 0~200mm，用于检测毛坯尺寸是否符合要求；工件毛坯装夹时测量伸出平口钳钳口高度等。

2）游标卡尺：用于对刀测量，检测零件外轮廓尺寸、凹槽宽度尺寸等。常见的游标卡尺有刻度游标卡尺、带表游标卡尺、数显游标卡尺等。本案例采用带表游标卡尺，规格 0~150mm，精度 0. 02mm，其组成结构如图 6-6 所示。

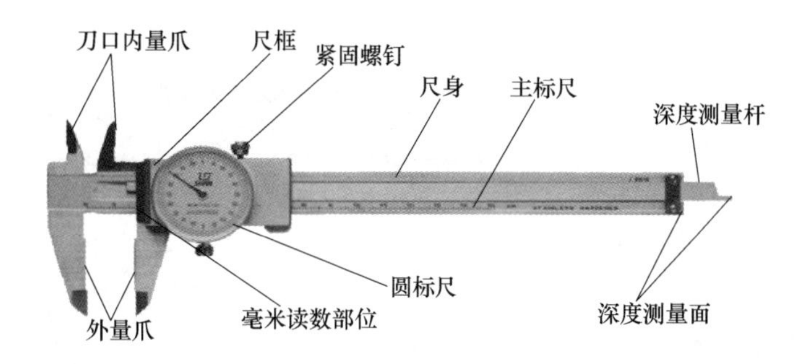

图 6-6 游标卡尺

3）外径千分尺：用于检测精度较高的尺寸，如 30mm 厚度等尺寸精度要求较高的尺寸。常见的千分尺可分为刻度千分尺、数显千分尺。本案例采用 25~50mm、精度 0. 01mm 的刻度千分尺，其结构如图 6-7 所示。

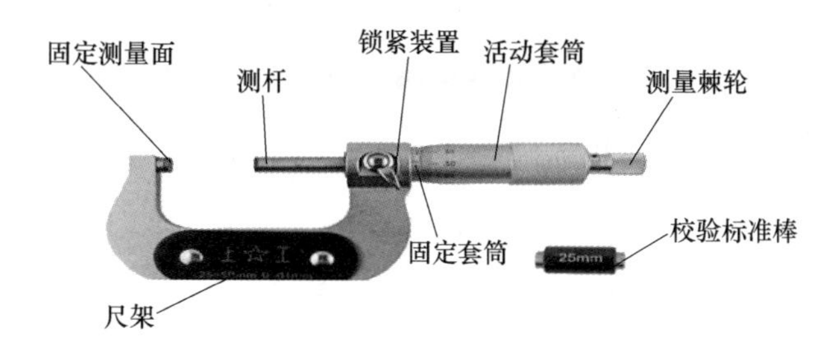

图 6-7 外径千分尺

4）游标高度卡尺：用于测量工件厚度、台阶轮廓高度等。常见的游标高度卡尺可分为刻度游标高度卡尺、数显游标高度卡尺。本案例中采用 0~250mm、精度 0. 02mm 的刻度游标高度卡尺，如图 6-8 所示。

5）内径千分尺：用于检测精度较高内孔的尺寸，如零件中 ϕ10mm 孔径等尺寸精度要求较高的内孔尺寸。常见的内径千分尺分为刻度千分尺、数显千分尺。本案例采用 5~30mm 刻度千分尺，其结构如图 6-9 所示。

6）半径规：检验 R3mm、R5mm 等倒圆，要求相应的半径规通过透光法检测，检测时要求均匀透光。半径规如图 6-10 所示。

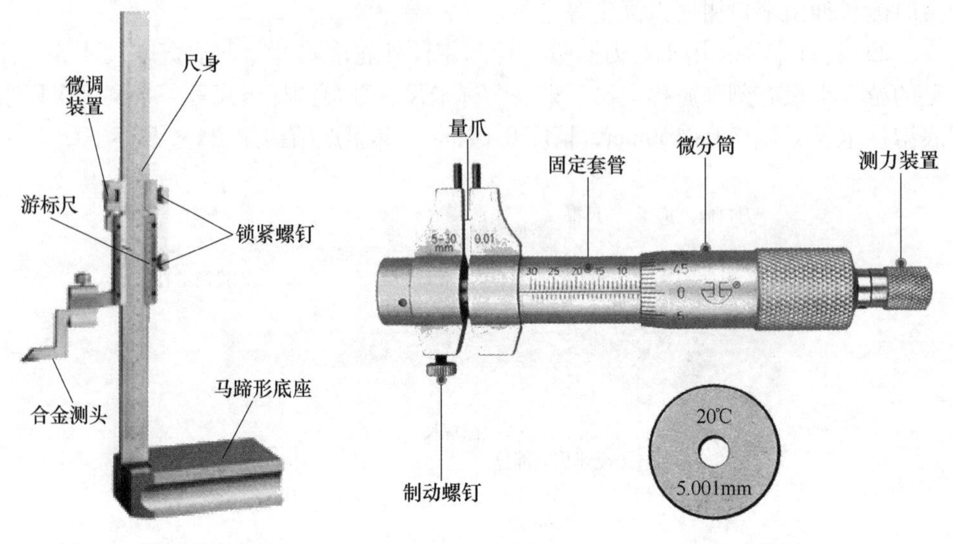

图 6-8　游标高度卡尺　　　　图 6-9　5~30mm 内径千分尺

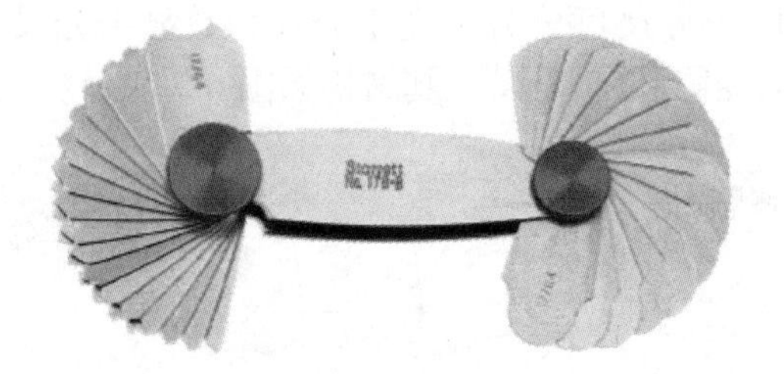

图 6-10　半径规

6.3.4　辅具选择

1）磁性表座架、百分表、铜棒。磁性表座架、百分表用于工件精密平口钳的校正、找正，磁性表座架、百分表如图 6-11 所示。铜棒可用于敲实工件、轻

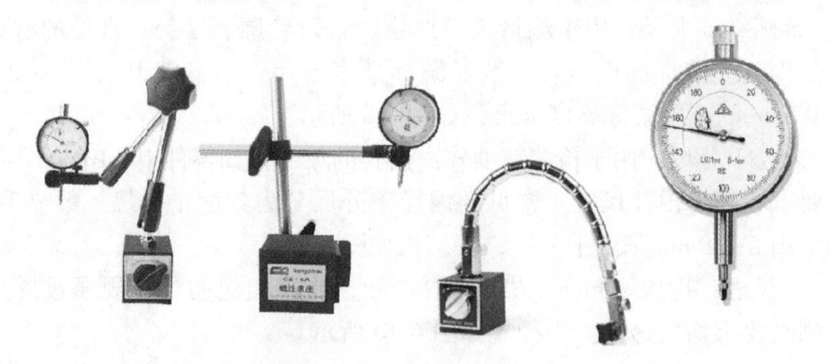

图 6-11　磁性表座架、百分表

微敲击平口钳配合磁性表座、百分表进行校正等，铜棒如图 6-12 所示。

2）薄铜皮、剪刀。薄铜皮用于包在工件已加工表面，防止夹伤等，一般用 0.1mm 左右的薄铜皮即可，剪刀用于裁剪薄铜皮，其样式如图 6-13 所示。

图 6-12 铜棒　　图 6-13 薄铜皮、剪刀

3）CF 存储卡、USB 转换接口。CF 存储卡用于将 CAXA 制造工程师编制的程序传输至数控机床中，USB 接口用于计算机与 CF 卡进行连接，将 CAXA 制造工程师编制的程序传输至 CF 存储卡中。CF 存储卡、USB 转换接口，如图 6-14 所示。

a) CF 存储卡与计算机相连配件　b) CF 存储卡与机床相连配件

图 6-14 CF 存储卡、USB 转换接口

4）塞尺。塞尺用于工件装夹过程中是否压实垫板等，以确保工件上下两个端面的平行度，塞尺也可用于间隙的测量。常用塞尺如图 6-15 所示。

5）Z 轴对刀仪。Z 轴对刀仪式用于间接测量刀具 Z 向偏置值，是获取数控铣床 Z 轴方向刀具偏置数据时所需的间接测量物，如图 6-16 所示。当刀具 Z 向的刀位点与 Z 轴对刀仪接触时，当光电开关刚亮起时或指针到达所指 0 位，此时刀具 Z 向的刀位点与工件表面距离为固定值（如 50mm）。

6）寻边器。寻边器用于数控铣床 X、Y 方向寻找基准边的一种仪器，也可以用于校正工件等，如图 6-17 所示。一般分为机械偏心式、指针式、光电式等。将寻边器与刀柄进行连接，安装在数控铣床的主轴上，机床一般以低速旋转

图 6-15　塞尺

a) 指针式 Z 轴对刀仪　　b) 光电式 Z 轴对刀仪

图 6-16　Z 轴对刀仪

(550r/min)。利用手摇脉冲发生器使寻边器与工件发生位移变化。当寻边器与工件的基准边刚接触时即找到了工件基准边（基准边需考虑当前位置与寻边器直径关系）。

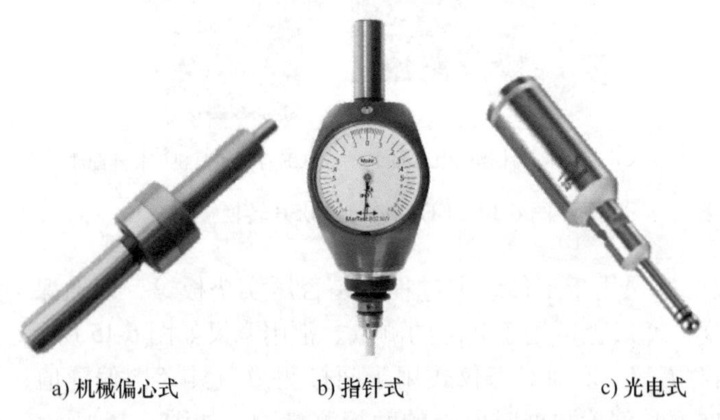

a) 机械偏心式　　b) 指针式　　c) 光电式

图 6-17　寻边器

7）护目镜、工作服、劳保鞋。数控操作中应严格按照要求着装，以防加工过程中造成伤害。一般情况下要求带护目镜，防止铁屑等飞入眼睛；工作服要求不能太松垮，将袖口纽扣等扣上；劳保鞋上表面要求具有防砸功能，当工件等其他物品掉落时能保护操作者的脚。护目镜、工作服、劳保鞋如图 6-18 所示。

图 6-18 护目镜、工作服、劳保鞋

6.4 加工程序编制

根据旋钮上盖的加工工艺分析，基本选定了切削所用的刀具，初步拟定了各工序切削用量，结合数控铣床加工准备情况，利用 CAXA2016 制造工程师软件对数控加工程序进行编制及仿真模拟。结合本书的第四章第五节内容，已经将所需的加工零件进行了绘制；结合本书第二章第四节内容，已经对 FANUC 数控系统的后置处理进行了全面的设置。这里主要对该零件加工编程中的加工方式、切削参数、轨迹生成、G 代码转换等进行讲解。

1. 带旋钮上盖 130mm×130mm−4×*R*5 外轮廓的程序编制

（1）旋钮上盖粗加工 130mm×130mm−4×*R*5 外轮廓的程序编制与生成 G 代码

1）根据已绘制的旋钮上盖的零件图，确定该零件 130mm×130mm−4×*R*5 外轮廓如图 6-19 所示。

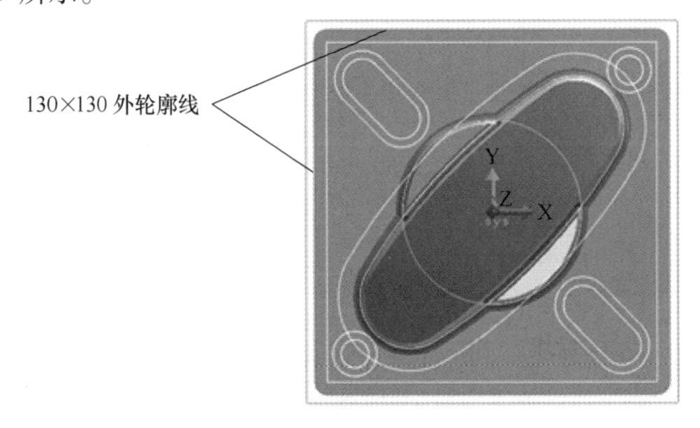

图 6-19 130mm×130mm−4×*R*5 外轮廓线

2）单击加工工具栏中的“二轴加工”按钮 ，选取“平面轮廓精加工”方式，选取后弹出二轴加工参数对话框，根据加工工艺切削参数、刀具表等信息填写对话框，所填写各参数如图 6-20 所示。

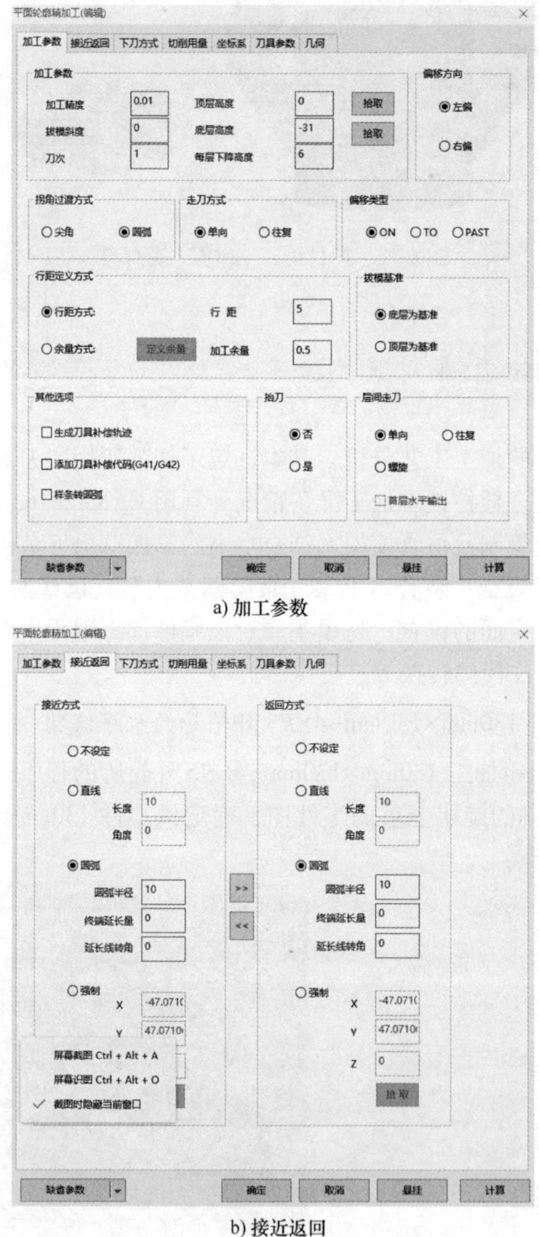

a) 加工参数

b) 接近返回

图 6-20　旋钮上盖轮廓粗加工参数表

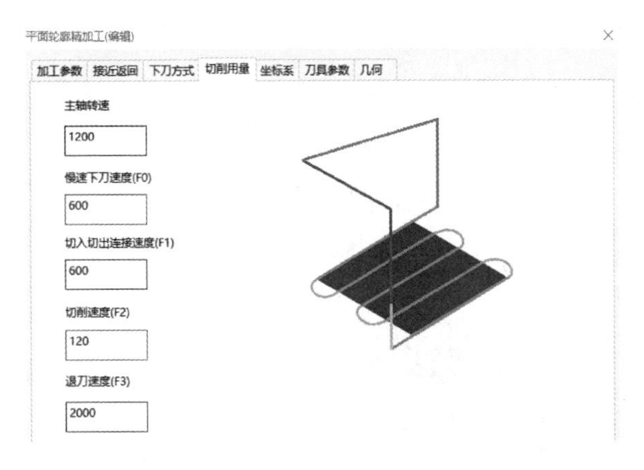

c) 切削用量

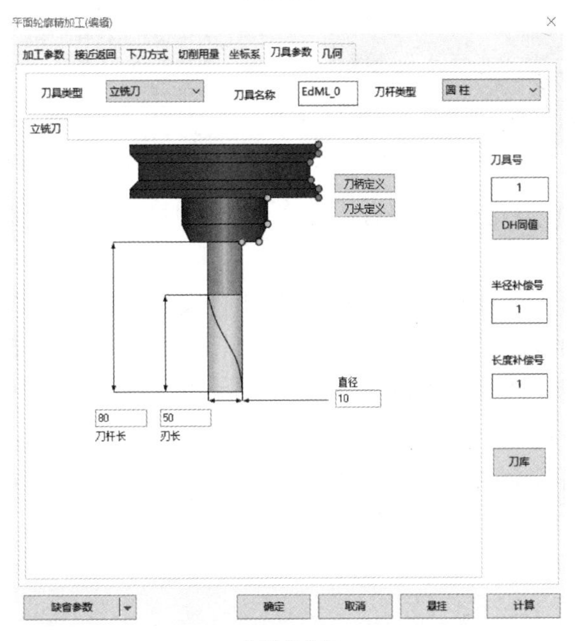

d) 刀具参数

图 6-20　旋钮上盖轮廓粗加工参数表（续）

3）根据提示拾取被加工工件表面轮廓、拾取所需方向等。然后根据提示输入进刀点，单击<Enter>键后输入“-75，-75”即可定义（X-75，Y-75）坐标位置为该刀具轨迹的进刀点位置；根据提示输入退刀点，为了保证轨迹路径整洁，将进、退刀点设置一样，单击<Enter>键后输入“-75，-75”即可定义（X-75，Y-75）坐标位置为该刀具轨迹的退刀点位置。通过前面操作即可生成粗加工轨迹路线，如图 6-21 所示。

4）根据生成的轨迹路径生成G代码，单击加工工具栏中的后置处理按钮，选择生成G代码功能，跳出生成后置代码对话框，选择FANUC数控系统，点选“确定”按钮后，根据系统提示选取刀具轨迹路径，确认后即可生成刀具轨迹路径G代码。生成的G代码程序如图6-22所示。

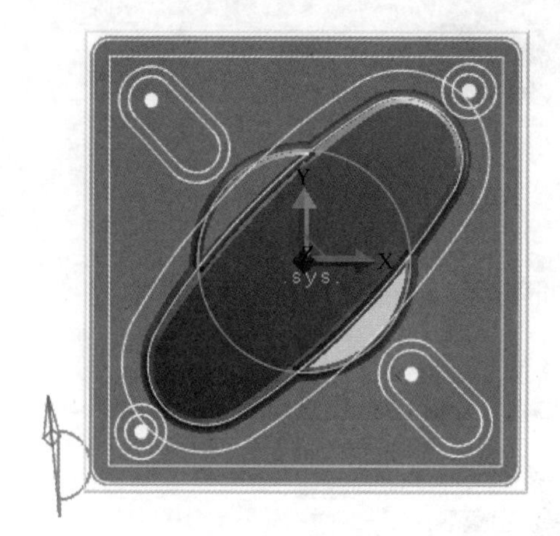

图6-21　旋钮上盖轮廓粗加工轨迹

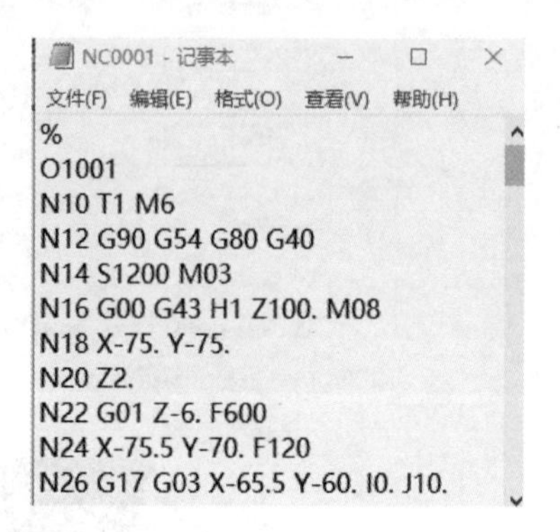

图6-22　旋钮上盖轮廓粗加工G代码

5）为了便于其他工序拾取相应被加工工件表面轮廓，可将生成的轨迹进行隐藏。在加工工具栏中的轨迹管理中将所需隐藏的刀具轨迹选中，单击鼠标右键选择“隐藏”即可。如需重新显示路径，在要显示的路径上单击鼠标右键，选择“显示”即可，如图6-23所示。

（2）旋钮上盖精加工130mm×130mm－4×R5外轮廓的程序编制与生成G代码

1）单击加工工具栏中的“二轴加工”按钮，选取“平面轮廓精加工”方式，选取后弹出二轴加工参数对话框，根据加工工艺切削参数、刀具表等信息填写，所填写各参数如图6-24所示。

2）根据提示拾取被加工工件表面轮廓、拾取所需方向等。然后根据提示输入进刀点，单击<Enter>键后输入“－75，－75”即可定义（X－75，Y－75）坐标位置为该刀具轨迹的进刀点位置；根据提示输

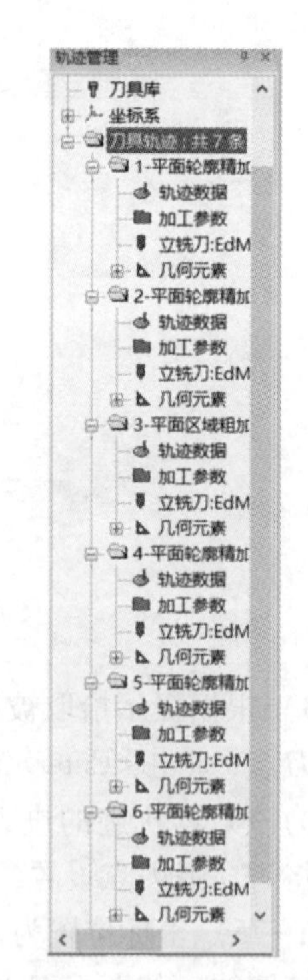

图6-23　加工工序列表

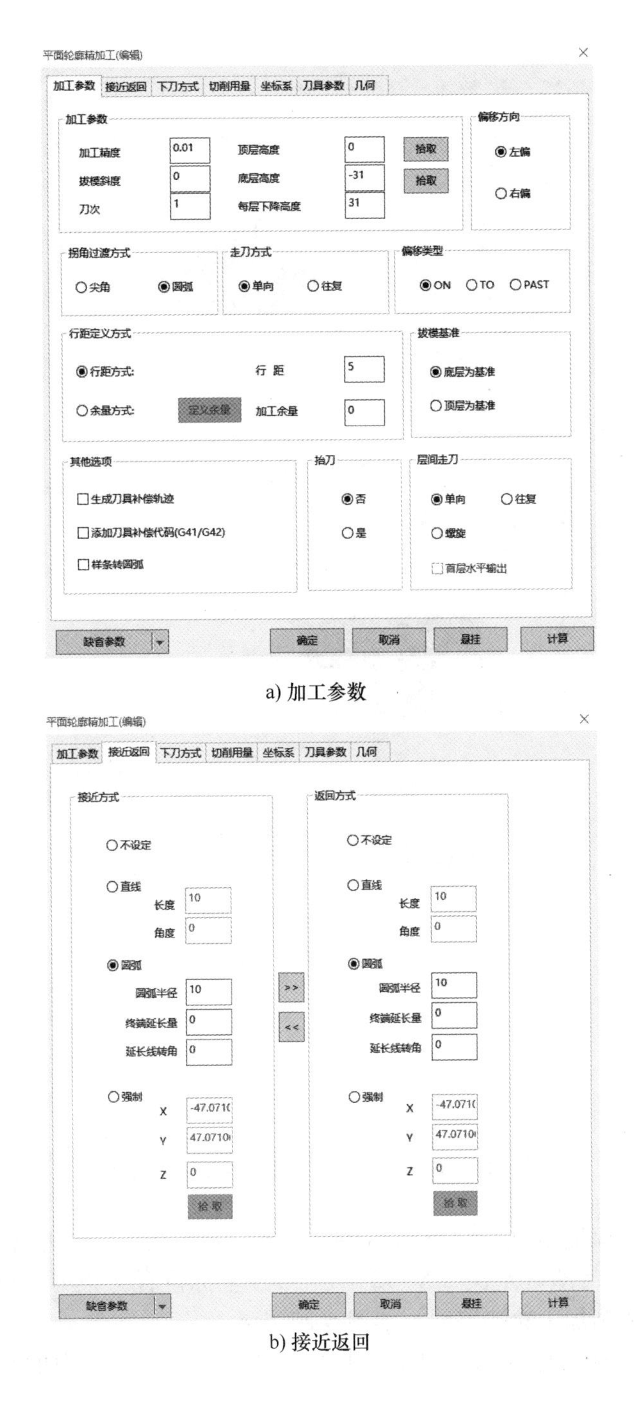

a) 加工参数

b) 接近返回

图 6-24　旋钮上盖轮廓精加工参数表

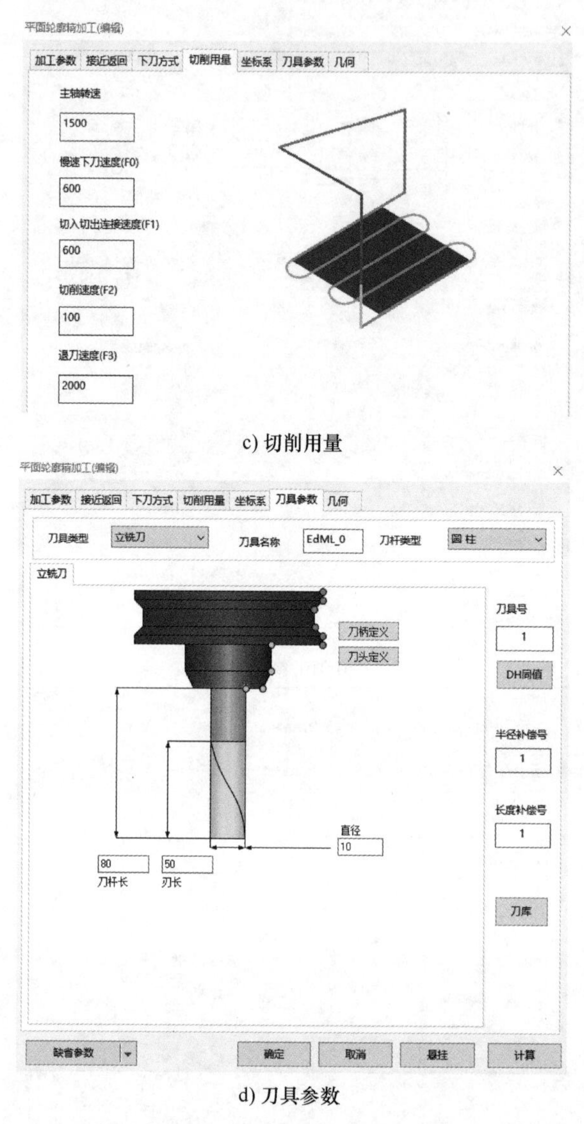

c) 切削用量

d) 刀具参数

图 6-24　旋钮上盖轮廓精加工参数表（续）

入退刀点，为了保证轨迹路径整洁，将进、退刀点设置一样，单击<Enter>键后输入“-75，-75”即可定义（X-75，Y-75）坐标位置为该刀具轨迹的退刀点位置。即可生成精加工轨迹路线，如图 6-25 所示。

3）根据生成的轨迹路径生成 G 代码。单击加工工具栏中的后置处理按钮 选择生成 G 代码功能，弹出生成后置代码对话框，选择 FANUC 数控系统，点选“确定”按钮后，根据系统提示选取刀具轨迹路径，确认后即可生成刀具轨迹路径 G 代码。生成的 G 代码程序如图 6-26 所示。

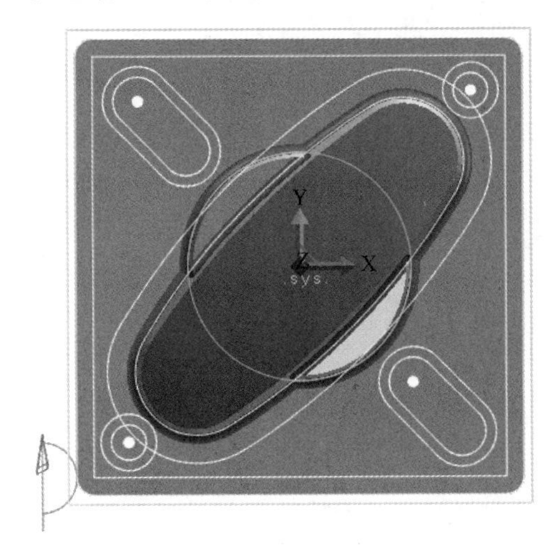

图 6-25　旋钮上盖精加工轨迹

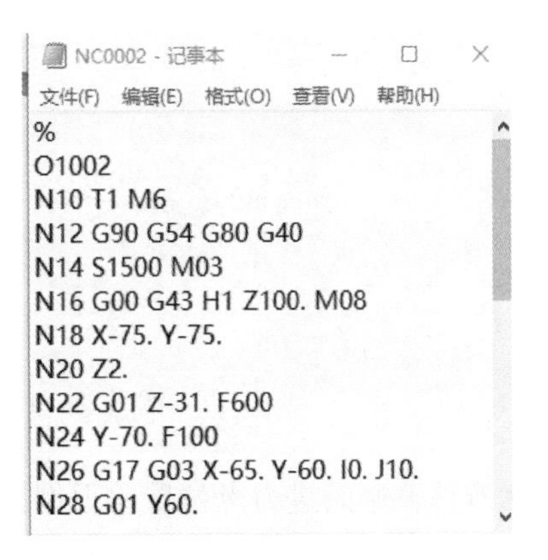

NC0002 - 记事本

文件(F)　编辑(E)　格式(O)　查看(V)　帮助(H)

```
%
O1002
N10 T1 M6
N12 G90 G54 G80 G40
N14 S1500 M03
N16 G00 G43 H1 Z100. M08
N18 X-75. Y-75.
N20 Z2.
N22 G01 Z-31. F600
N24 Y-70. F100
N26 G17 G03 X-65. Y-60. I0. J10.
N28 G01 Y60.
```

图 6-26　旋钮上盖精加工 G 代码

4）为了便于其他工序拾取被加工工件表面轮廓，可将生成的轨迹进行隐藏。单击加工工具栏中的轨迹管理按钮，弹出刀具轨迹管理对话框，如图 6-27 所示，将所需隐藏的工序选中，单击鼠标右键选择“隐藏”即可。如需重新显示路径，在要显示的路径上单击鼠标右键，选择“显示”即可。

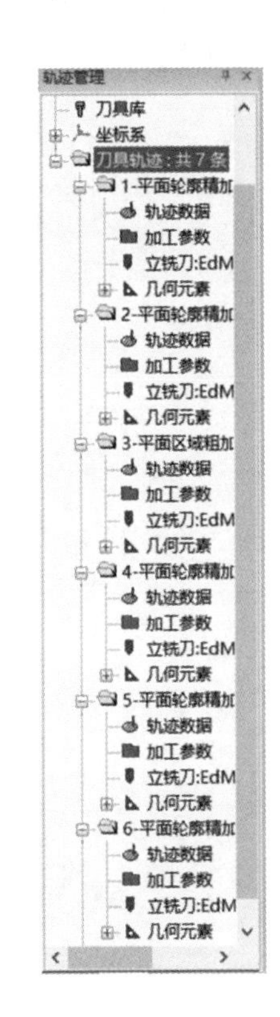

图 6-27　加工工序列表

2. 带旋钮上盖 120mm×120mm 深 25mm 外轮廓程序编制

（1）旋钮上盖粗加工 120mm×120mm 深 25mm 外轮廓的程序编制与生成 G 代码

1）根据已绘制的旋钮上盖的零件图，确定该零件 120mm×120mm 外轮廓如图 6-28 所示。

2）单击加工工具栏中的“二轴加工”按钮，选取“平面轮廓精加工”方式，选取后弹出二轴加工参数对话框，根据加工工艺切削参数、刀具表等信息填写，所填写各参数如图 6-29 所示。

3）根据提示拾取被加工工件表面轮廓、拾取所需方向等。然后根据提示输入进刀点，单击<Enter>键后输入“-70，-70”即可定义（X-70，Y-70）坐标位置

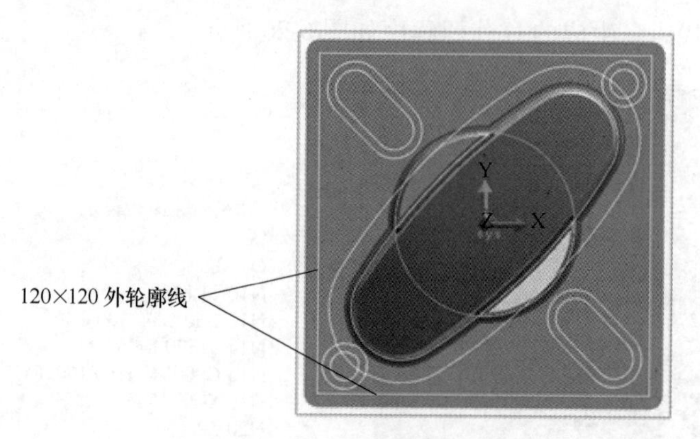

图 6-28　120mm×120mm 外轮廓线

为该刀具轨迹的进刀点位置；根据提示输入退刀点，为了保证轨迹路径整洁，将进、退刀点设置一样，单击<Enter>键后输入“-70，-70”即可定义（X-70，Y-70）坐标位置为该刀具轨迹的退刀点位置。通过前面操作即可生成粗加工轨迹路线，如图 6-30 所示。

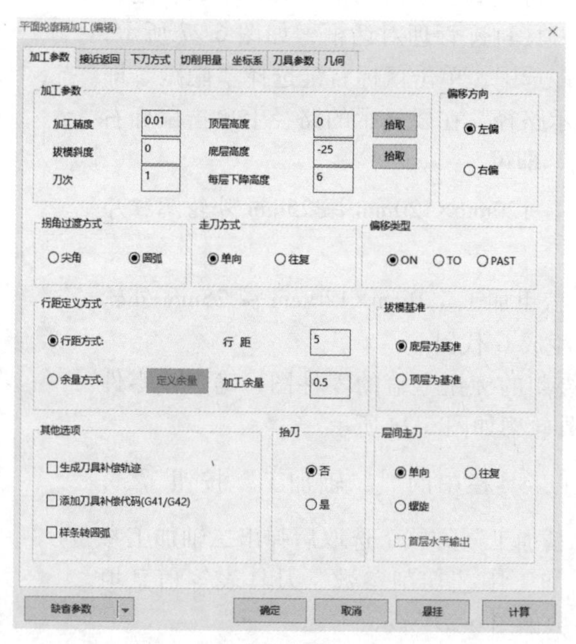

a) 加工参数

图 6-29　旋钮上盖轮廓粗加工参数表

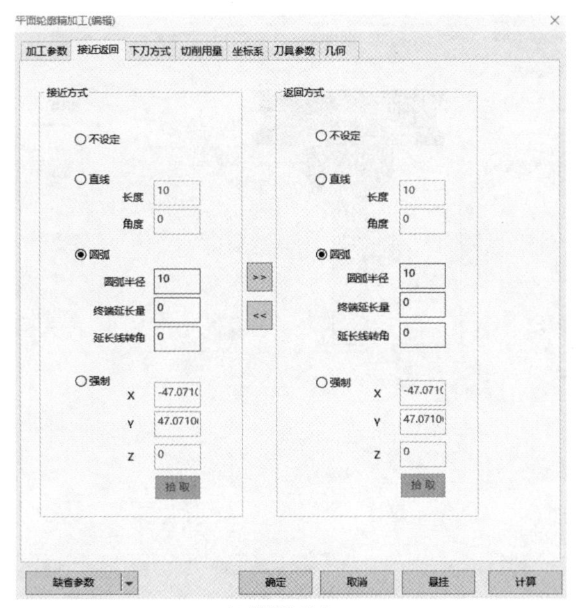

b) 接近返回

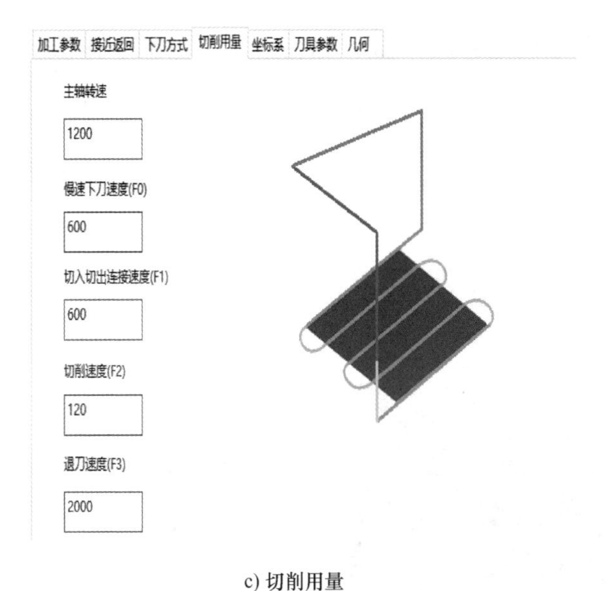

c) 切削用量

图 6-29　旋钮上盖轮廓粗加工参数表（续）

d) 刀具参数

图 6-29　旋钮上盖轮廓粗加工参数表（续）

4）根据生成的轨迹路径生成 G 代码，单击加工工具栏中的后置处理按钮 G后置处理，选择生成 G 代码功能，弹出生成后置代码对话框，选择 FANUC 数控系统，单击“确定”按钮后，根据系统提示选取刀具轨迹路径，确认后即可生成刀具轨迹路径 G 代码。生成的 G 代码程序如图 6-31 所示。

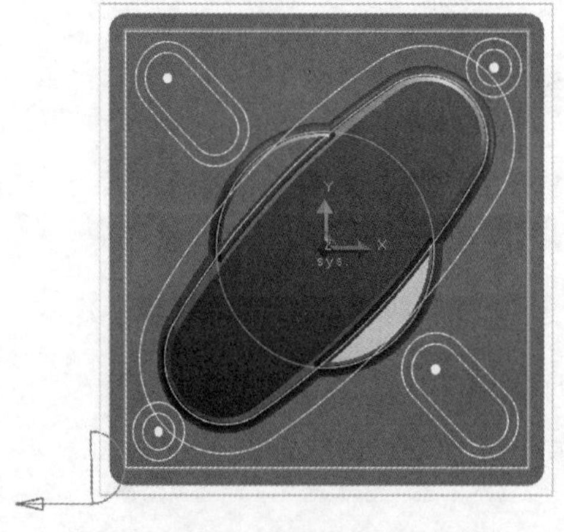

图 6-30　120mm×120mm 粗加工轨迹

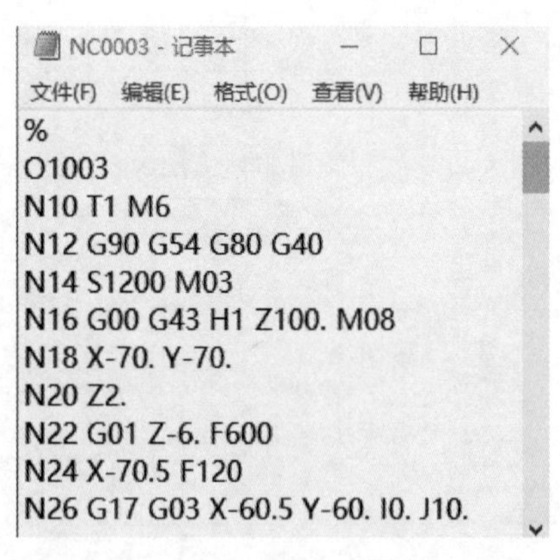
NC0003 - 记事本

文件(F) 编辑(E) 格式(O) 查看(V) 帮助(H)

```
%
O1003
N10 T1 M6
N12 G90 G54 G80 G40
N14 S1200 M03
N16 G00 G43 H1 Z100. M08
N18 X-70. Y-70.
N20 Z2.
N22 G01 Z-6. F600
N24 X-70.5 F120
N26 G17 G03 X-60.5 Y-60. I0. J10.
```

图 6-31　120mm×120mm 粗加工程序

（2）旋钮上盖精加工 120mm×120mm 深 25mm 外轮廓的程序编制与生成 G 代码

1）单击加工工具栏中的“二轴加工”按钮，选取“平面轮廓精加工”方式，选取后弹出二轴加工参数对话框，根据加工工艺切削参数、刀具表等信息填写，所填写各参数如图 6-32 所示。

2）根据提示拾取被加工工件表面轮廓、拾取所需方向等。然后根据提示输入进刀点，单击<Enter>键后输入“−70，−70”即可定义（X−70，Y−70）坐标位置为该刀具轨迹的进刀点位置；根据提示输入退刀点，为了保证轨迹路径整洁，将进、退刀点设置一样，单击<Enter>键后输入“−70，−70”即可定义（X−70，Y−70）坐标位置为该刀具轨迹的退刀点位置；即可生成精加工轨迹路线，如图 6-33 所示。

3）根据生成的轨迹路径生成 G 代码，单击加工工具栏中的后置处理按钮，选择生成 G 代码功能，弹出生成后置代码对话框，选择 FANUC 数控系统，单击“确定”按钮后，根据系统提示选取刀具轨迹路径，确认后即可生成刀具轨迹路径 G 代码。生成的 G 代码程序如图 6-34 所示。

a) 加工参数

图 6-32　旋钮上盖轮廓精加工参数表

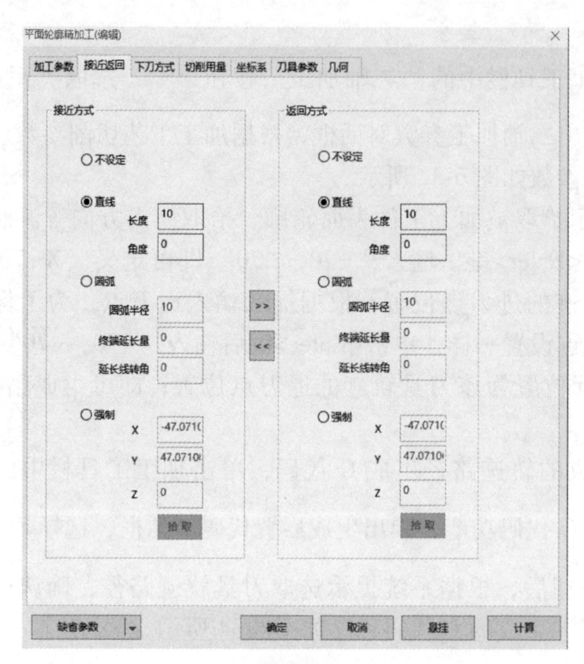

b) 接近返回

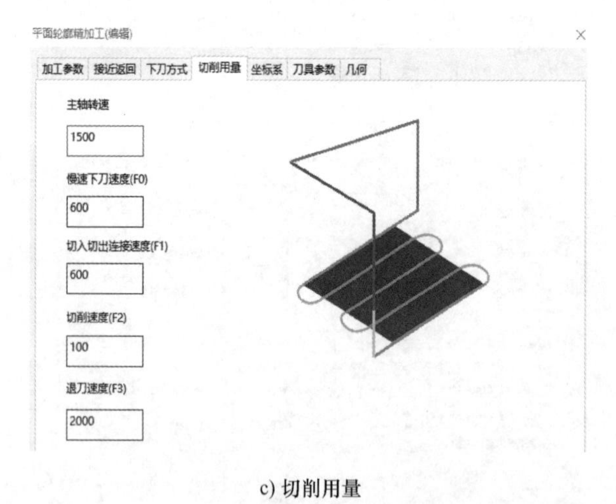

c) 切削用量

图 6-32　旋钮上盖轮廓精加工参数表（续）

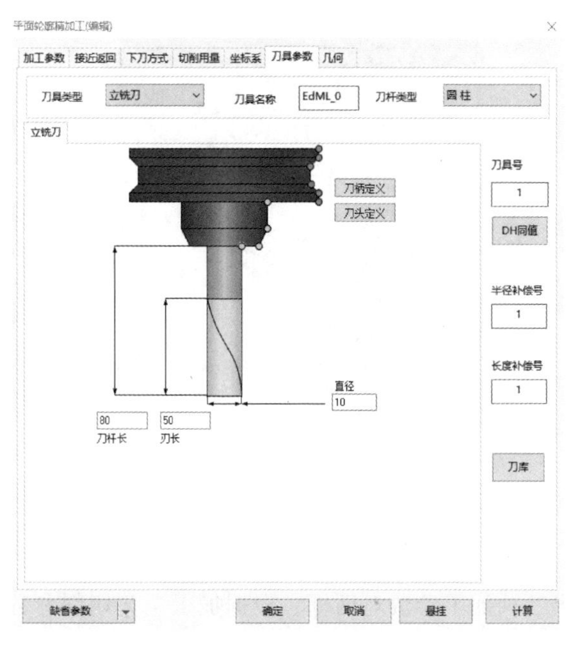

d) 刀具参数

图 6-32　旋钮上盖轮廓精加工参数表（续）

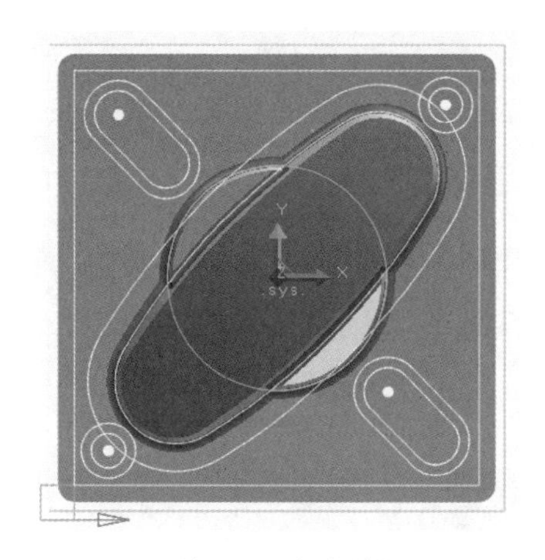

图 6-33　旋钮上盖轮廓精加工轨迹

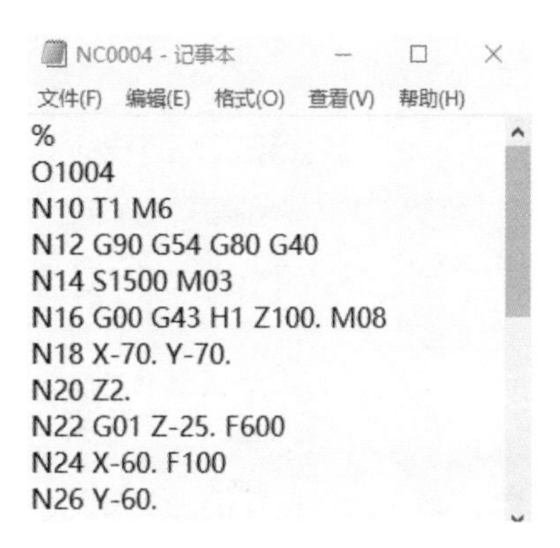

图 6-34　旋钮上盖轮廓精加工 G 代码

3. 带旋钮上盖 $R200$mm、$2\times R18$mm、$\phi65$mm 外轮廓程序编制

（1）旋钮上盖粗加工 $R200$mm、$2\times R18$mm、$\phi65$mm 外轮廓的程序编制与生成 G 代码

1）根据旋钮上盖的零件图绘制该零件外轮廓图形，并添加相应的毛坯尺寸，零件外轮廓图形如图 6-35 所示。

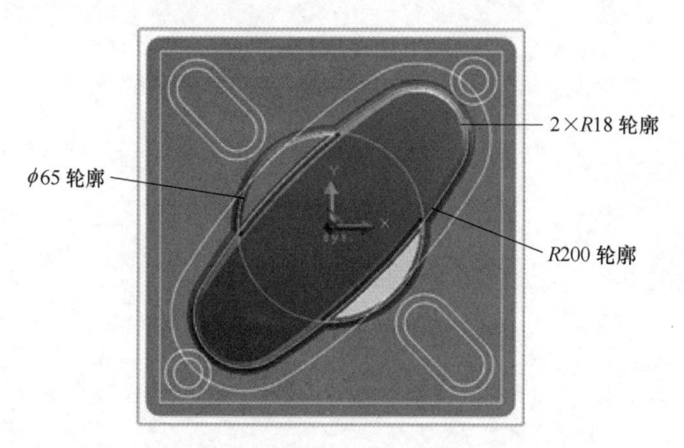

图 6-35　$R200$mm、$2\times R18$mm、$\phi65$mm 外轮廓线

2）单击加工工具栏中的“二轴加工”按钮，选取“平面区域粗加工”方式，选取后弹出二轴加工参数对话框，根据加工工艺切削参数、刀具表等信息填写，所填写各参数如图 6-36 所示。

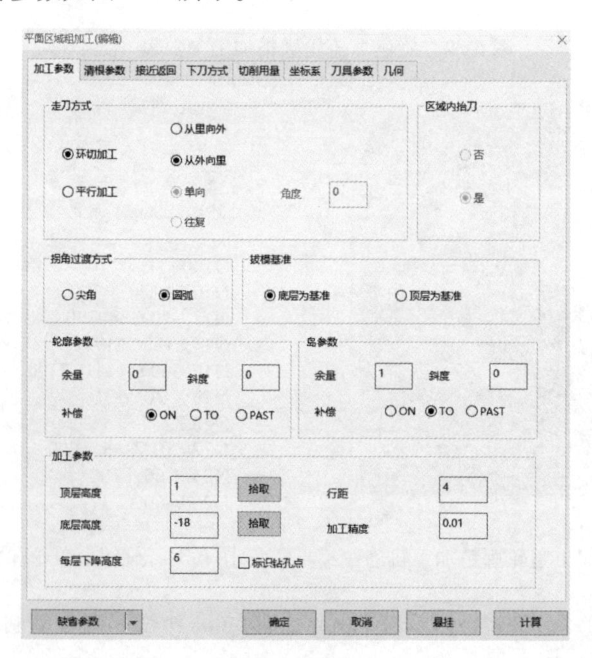

a) 加工参数

图 6-36　旋钮上盖轮廓粗加工参数表

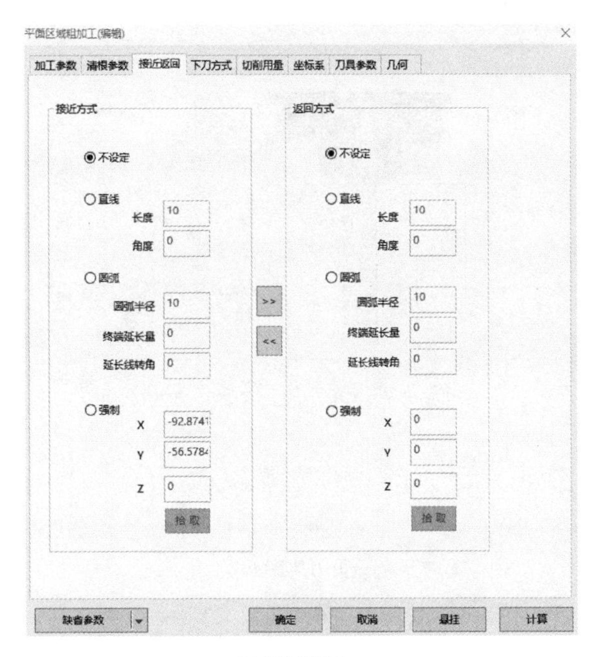

b) 接近返回

c) 切削用量

图 6-36 旋钮上盖轮廓粗加工参数表（续）

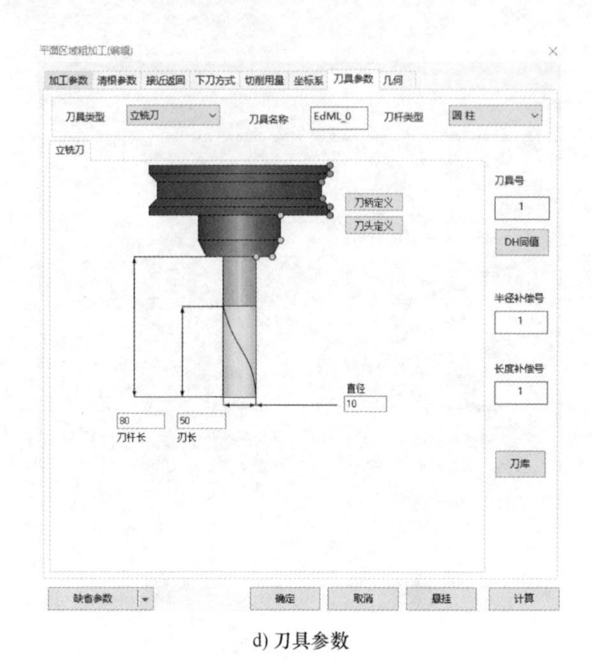

d) 刀具参数

图 6-36　旋钮上盖轮廓粗加工参数表（续）

3）根据提示拾取被加工工件表面轮廓、拾取所需方向、岛屿轮廓、拾取所需方向等，即可生成平面区域粗加工轨迹路线，如图 6-37 所示。

4）根据生成的轨迹路径生成 G 代码，单击加工工具栏中的后置处理按钮 G 后置处理，选择生成 G 代码功能，弹出生成后置代码对话框，选择 FANUC 数控系统，单击“确定”按钮后，根据系统提示选取刀具轨迹路径，确认后即可生成刀具轨迹路径 G 代码。生成的 G 代码程序如图 6-38 所示。

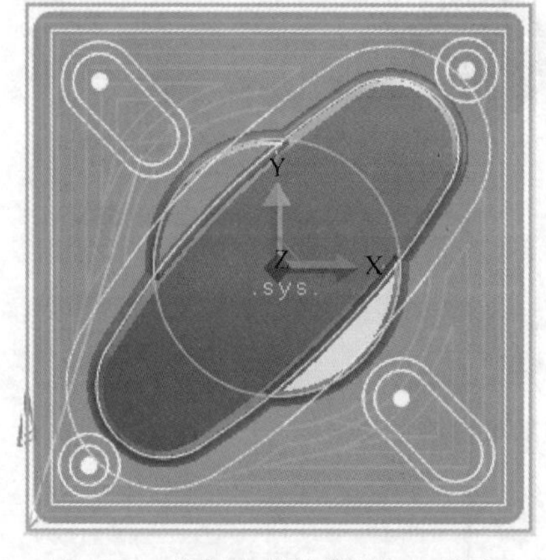

图 6-37　旋钮上盖轮廓粗加工轨迹

```
%
O1005
N10 T1 M6
N12 G90 G54 G80 G40
N14 S1200 M03
N16 G00 G43 H0 Z100. M08
N18 X-66.5 Y-66.5
N20 Z5.
N22 G01 Z-5. F1000
N24 Y66.5 F120
N26 X66.5
```

图 6-38　旋钮上盖轮廓粗加工 G 代码

（2）旋钮上盖曲面轮廓粗加工的程序编制与生成 G 代码

由于建模时默认的坐标系是以零件的底面为基准进行设置的，为了使生成的刀具轨迹、G 代码能被机床所用，需建立一个新的曲面坐标系。在工具菜单栏中选择“创建坐标系”，并输入“0，0，30”即可建立曲面坐标系，如图 6-39 所示。并自动激活该坐标系为当前坐标系。

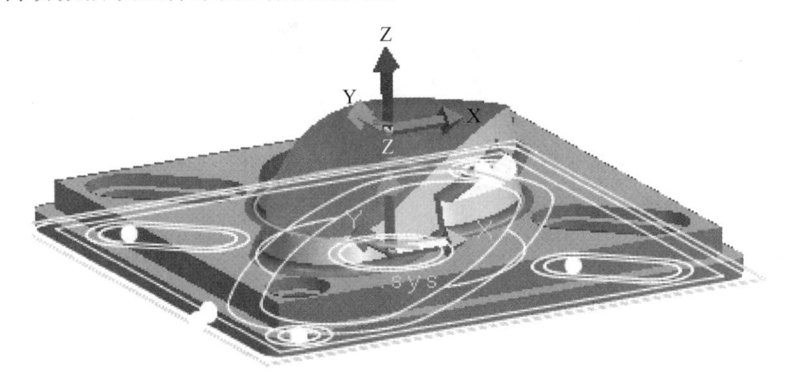

图 6-39　曲面坐标系

1）单击加工工具栏中的“等高线精加工”按钮，弹出等高线精加工的加工参数对话框，根据加工工艺切削参数、刀具表等信息填写，所填写各参数如图 6-40 所示。

2）根据提示拾取被加工工件曲面，即可生成粗加工轨迹路线（由于等高线精加工轨迹路径计算量较大，需耐心等待数分钟，才能显示刀具轨迹路径），生成的等高线加工轨迹如图 6-41 所示。

3）根据生成的轨迹路径生成 G 代码，单击加工工具栏中的“后置处理”按钮，选择生成 G 代码功能，弹出生成后置代码对话框，选择 FANUC 数控系统，单击“确定”按钮后，根据系统提示选取刀具轨迹路径，确认后即可生成刀具轨迹路径 G 代码。生成的 G 代码程序如图 6-42 所示。

（3）旋钮上盖曲面轮廓精加工的程序编制与生成 G 代码

1）单击加工工具栏中的“三维偏置加工”按钮，弹出三维偏置加工对话框，根据加工工艺切削参数、刀具表等信息填写，所填写各参数如图 6-43 所示。

2）根据提示拾取被加工工件曲面，即可生成精加工轨迹路径（由于三维偏置加工轨迹路径计算量较大，需耐心等待数分钟，才能显示刀具轨迹路径），生成的三维偏置加工轨迹如图 6-44 所示。

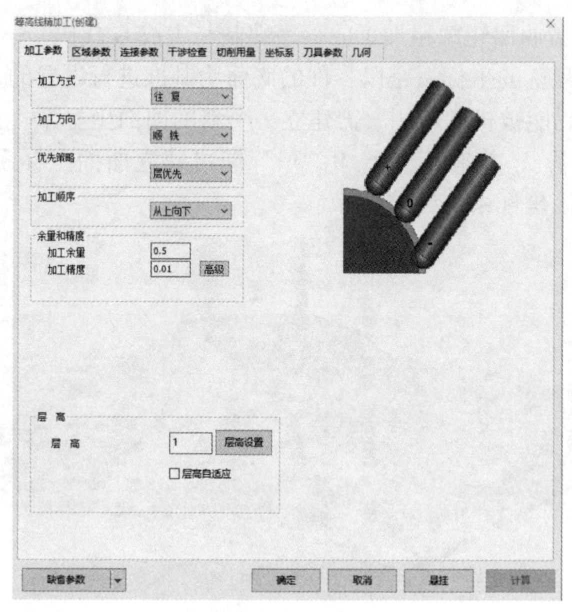

a) 加工参数

b) 区域参数

图 6-40　旋钮上盖

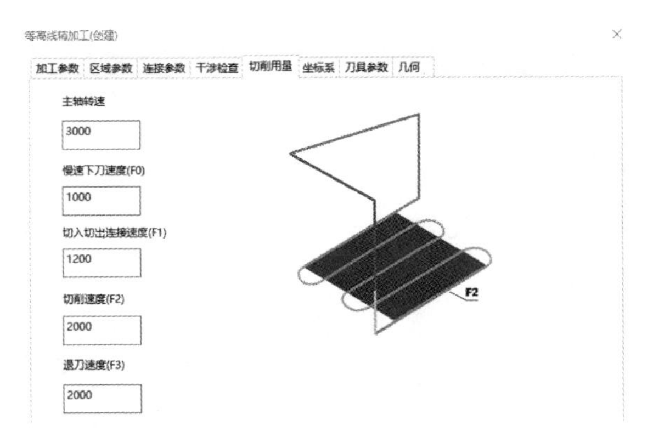

c) 切削用量

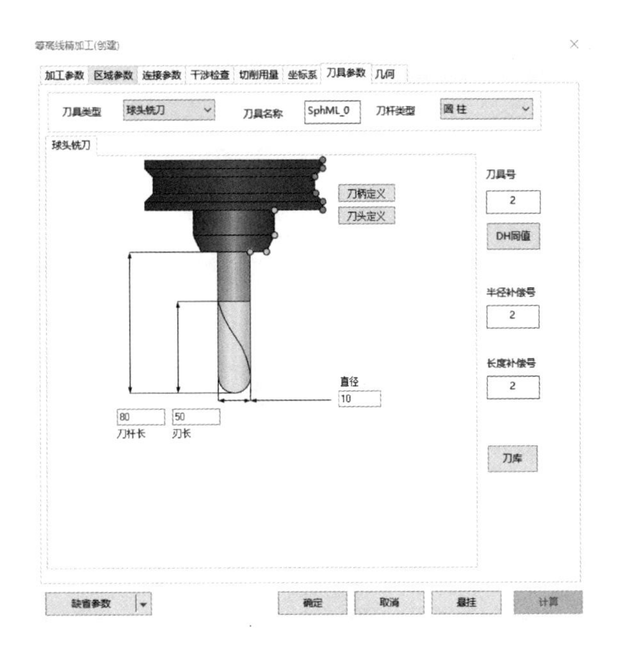

d) 刀具参数

曲面轮廓粗加工参数表

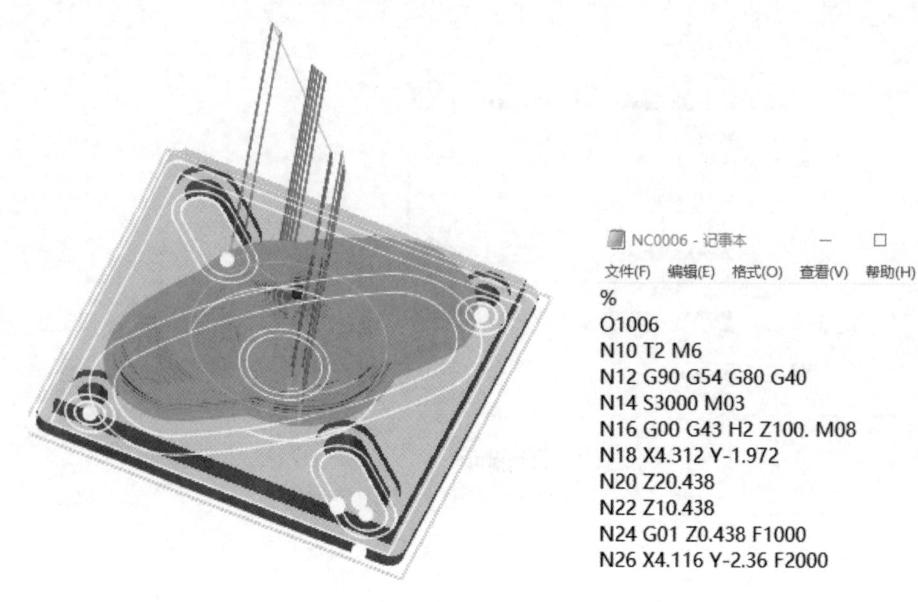

图 6-41 等高线加工轨迹　　图 6-42 等高线加工 G 代码

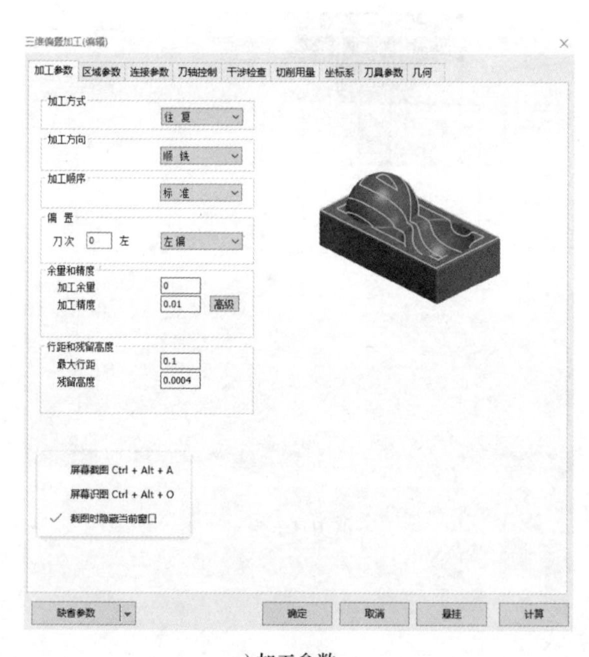

a) 加工参数

图 6-43 旋钮上盖曲面轮廓精加工参数表

三维偏置加工(编辑)

加工参数 | 区域参数 | 连接参数 | 刀轴控制 | 干涉检查 | 切削用量 | 坐标系 | 刀具参数 | 几何

加工边界 | 工件边界 | 坡度范围 | 高度范围 | 下刀点 | 补加工 | 分层

☐ 使用

加工边界

0　拾取加工边界　清除

刀具中心位于加工边界

◉ 重合
○ 内侧　偏移量 0
○ 外侧

投影方向

○ X 轴　VX 0
○ Y 轴　VY 0
◉ Z 轴　VZ 1
○ 用户定义　拾取

缺省参数　确定　取消　悬挂　计算

b) 区域参数

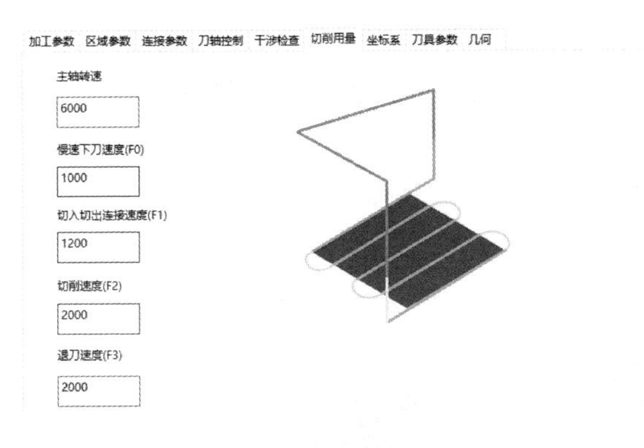

c) 切削用量

图 6-43　旋钮上盖曲面轮廓精加工参数表（续）

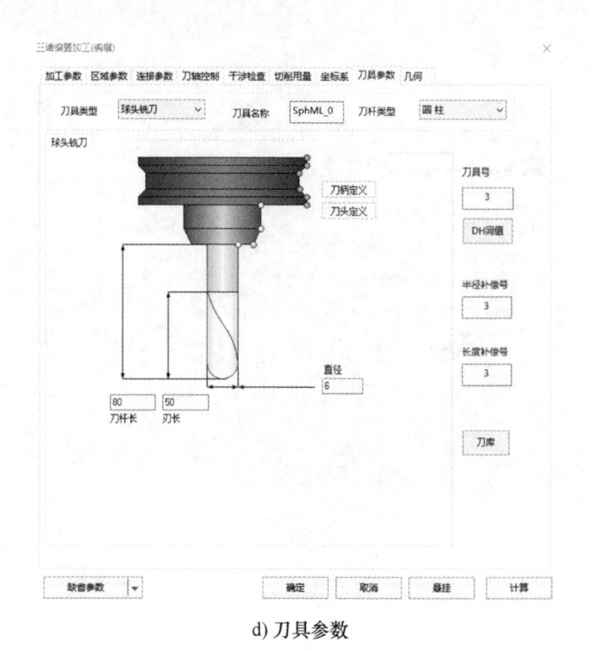

d) 刀具参数

图 6-43　旋钮上盖曲面轮廓精加工参数表（续）

3）根据生成的轨迹路径生成 G 代码，单击加工工具栏中的“后置处理”按钮，选择生成 G 代码功能，弹出生成后置代码对话框，选择 FANUC 数控系统，单击“确定”按钮后，根据系统提示选取刀具轨迹路径，确认后即可生成刀具轨迹路径 G 代码。生成的 G 代码程序如图 6-45 所示。

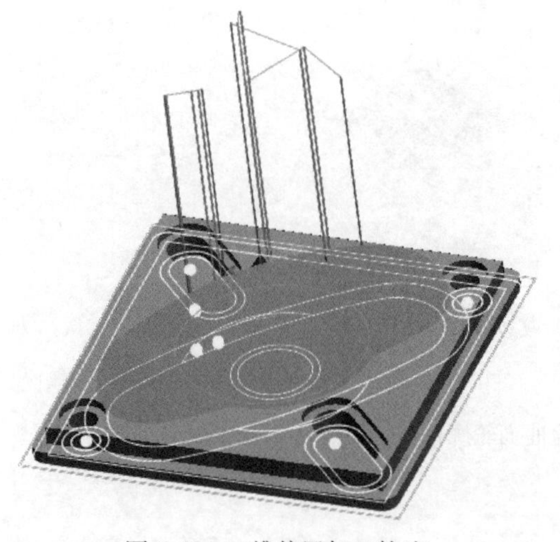

图 6-44　三维偏置加工轨迹

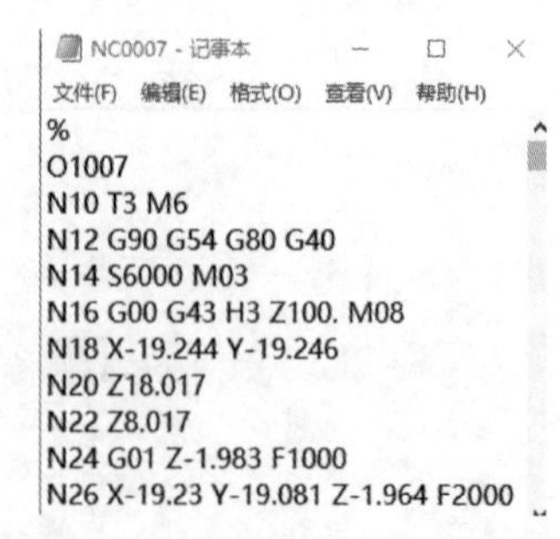

NC0007 - 记事本
文件(F) 编辑(E) 格式(O) 查看(V) 帮助(H)

```
%
O1007
N10 T3 M6
N12 G90 G54 G80 G40
N14 S6000 M03
N16 G00 G43 H3 Z100. M08
N18 X-19.244 Y-19.246
N20 Z18.017
N22 Z8.017
N24 G01 Z-1.983 F1000
N26 X-19.23 Y-19.081 Z-1.964 F2000
```

图 6-45　三维偏置加工 G 代码

（4）旋钮上盖曲面清根的程序编制与生成 G 代码

1）单击加工工具栏中的“笔式清根加工”按钮 笔式清根加工，弹出笔式清根加工对话框，根据加工工艺切削参数、刀具表等信息填写，所填写各参数如图 6-46 所示。

a) 加工参数

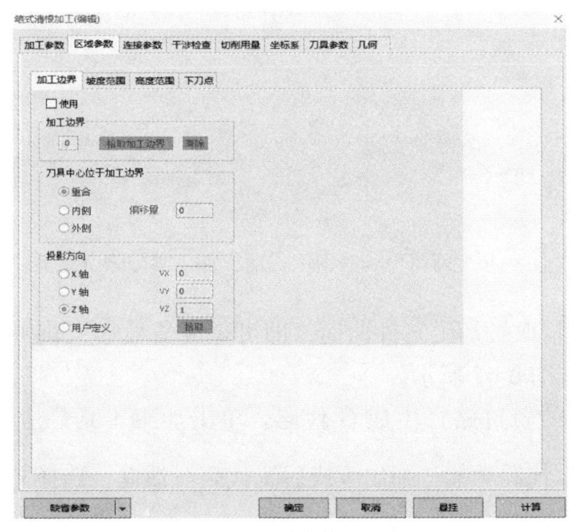

b) 区域参数

图 6-46　旋钮上盖曲面笔式清根加工参数表

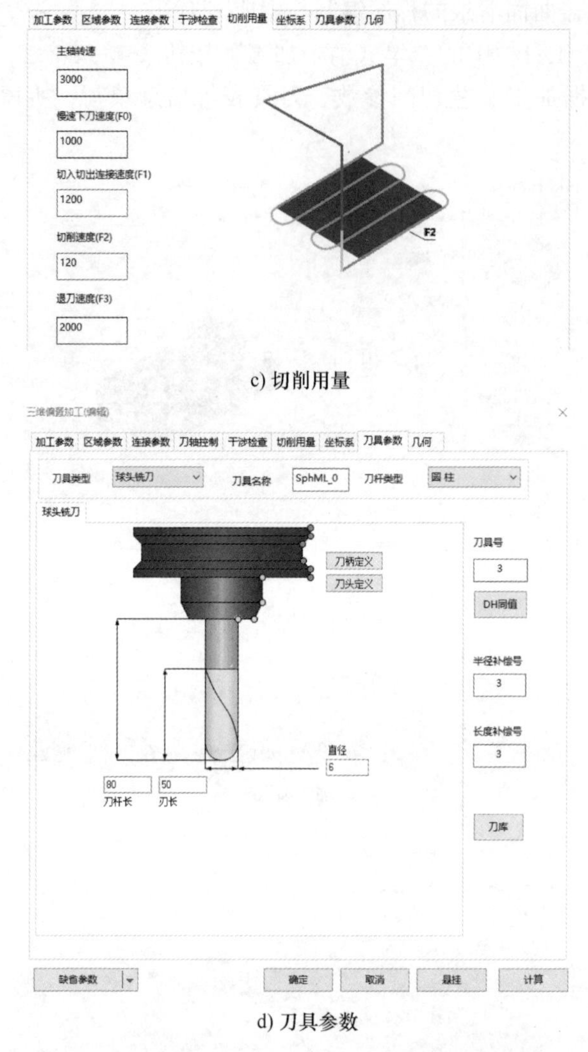

c) 切削用量

d) 刀具参数

图 6-46　旋钮上盖曲面笔式清根加工参数表（续）

2）根据提示拾取被加工工件曲面，即可生成清根加工轨迹路径，生成的笔式清根加工轨迹如图 6-47 所示。

3）根据生成的轨迹路径生成 G 代码，单击加工工具栏中的后置处理按钮 G 后置处理，选择生成 G 代码功能，弹出生成后置代码对话框，选择 FANUC 数控系统，单击“确定”按钮后，根据系统提示选取刀具轨迹路径，确认后即可生成刀具轨迹路径 G 代码。生成的 G 代码程序如图 6-48 所示。

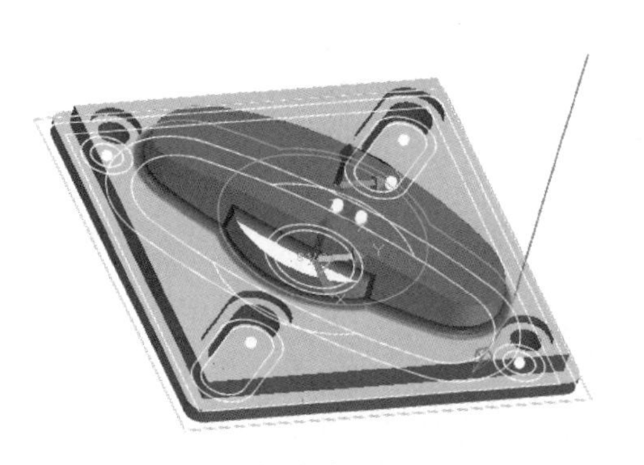

图 6-47　笔式清根加工轨迹

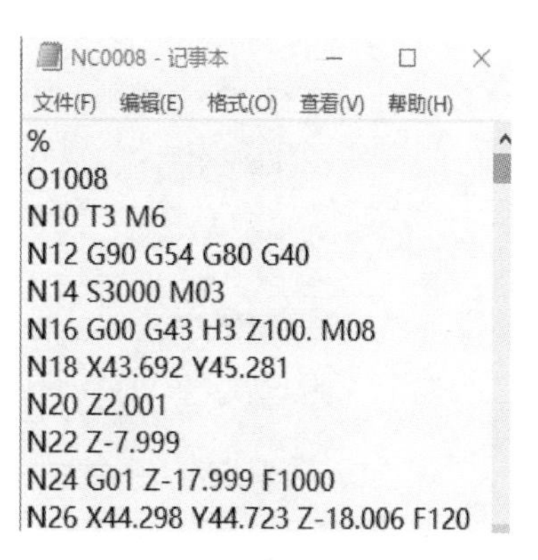

图 6-48　笔式清根加工 G 代码

4. 带旋钮上盖孔加工程序编制

（1）带旋钮上盖 4×R10mm、4×R7mm、2×ϕ16mm、2×ϕ10mm 内轮廓工艺孔程序编制

1）根据已绘制的旋钮上盖的零件图，确定该零件 4×R10mm、4×R7mm、2×ϕ16mm、2×ϕ10mm 内轮廓工艺孔位置，如图 6-49 所示。

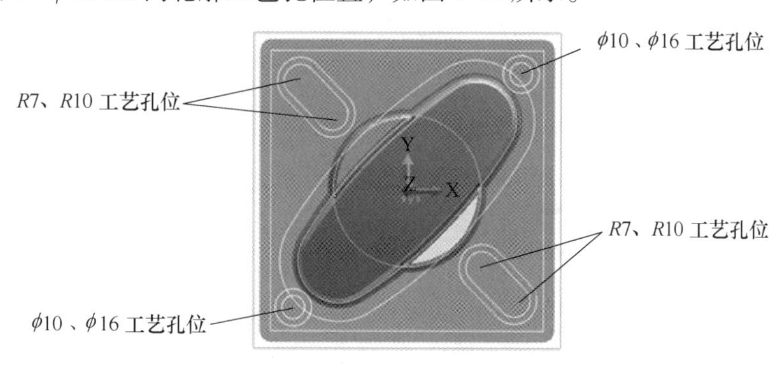

图 6-49　加工工艺孔位置

2）单击加工工具栏中的孔加工按钮，选取“孔加工”方式，弹出孔加工参数对话框，根据加工工艺切削参数、刀具表等信息填写，所填写各参数如图 6-50 所示。

3）根据提示拾取被加工的孔位置，即可生成孔加工轨迹路线，如图 6-51 所示。

4）根据生成的轨迹路径生成 G 代码，单击加工工具栏中的“后置处理”按钮 G 后置处理，选择生成 G 代码功能，弹出生成后置代码对话框，选择 FANUC 数控系统，单击“确定”按钮后，根据系统提示选取刀具轨迹路径，确认后即可生成

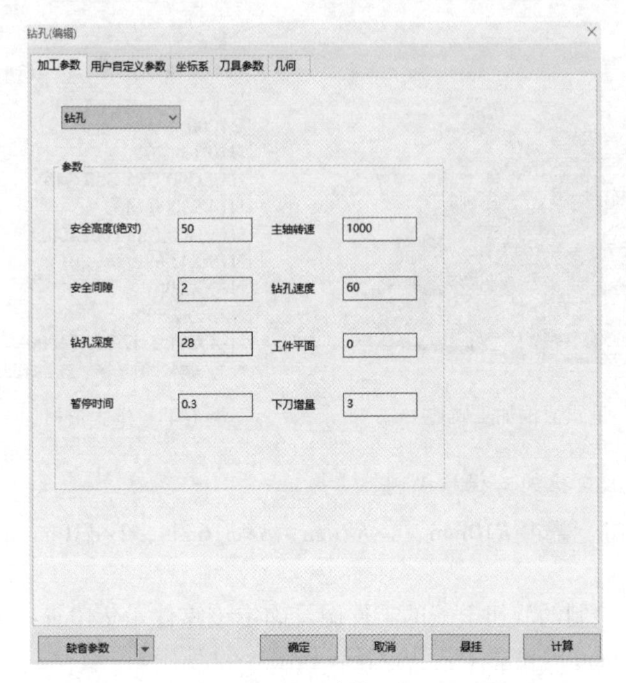

a) 加工参数

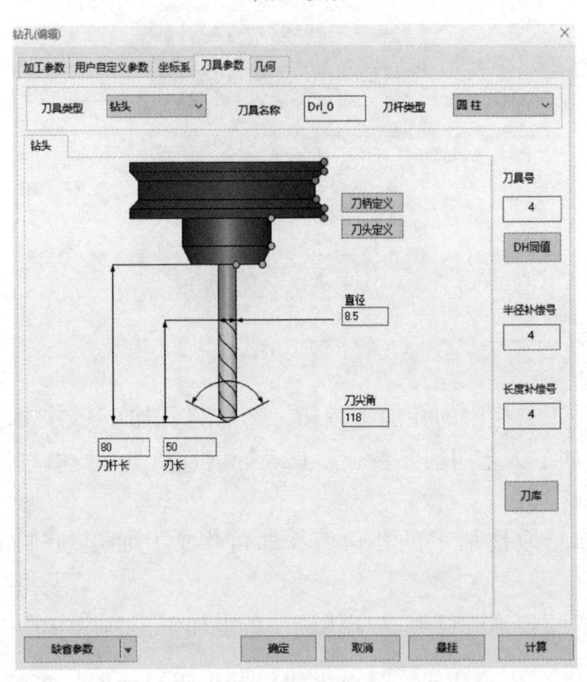

b) 刀具参数

图 6-50　工艺孔加工参数表

刀具轨迹路径 G 代码。生成的 G 代码程序如图 6-52 所示。

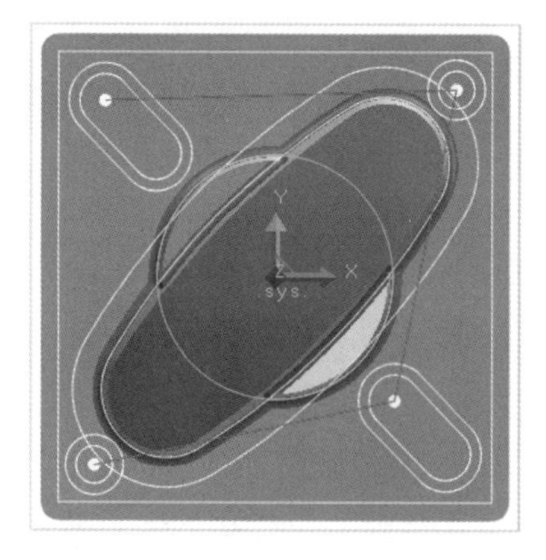

图 6-51　生成工艺孔轨迹路径

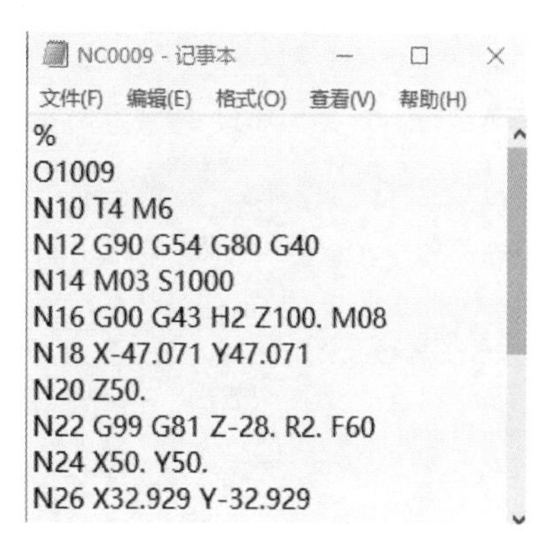

NC0009 - 记事本

文件(F) 编辑(E) 格式(O) 查看(V) 帮助(H)

```
%
O1009
N10 T4 M6
N12 G90 G54 G80 G40
N14 M03 S1000
N16 G00 G43 H2 Z100. M08
N18 X-47.071 Y47.071
N20 Z50.
N22 G99 G81 Z-28. R2. F60
N24 X50. Y50.
N26 X32.929 Y-32.929
```

图 6-52　生成工艺孔 G 代码

（2）带旋钮上盖 2×ϕ10mm 扩孔加工程序编制

1）根据已绘制的旋钮上盖的零件图，确定该零件 2×ϕ10mm 孔位置，如图 6-53 所示。

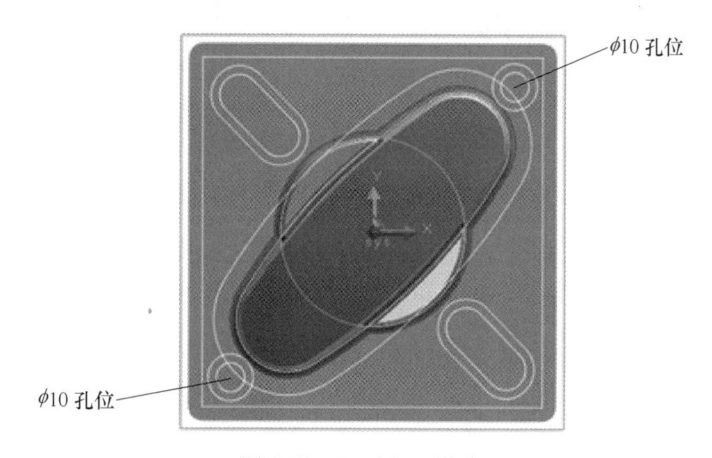

图 6-53　2×ϕ10mm 孔位

2）单击加工工具栏中的孔加工按钮，选取“孔加工”方式，选取后弹出孔加工参数对话框，根据加工工艺切削参数、刀具表等信息填写，所填写各参数如图 6-54 所示。

3）根据提示拾取 2×ϕ10mm 的孔位置，即可生成扩孔加工轨迹路线，如图 6-55 所示。

4）根据生成的轨迹路径生成 G 代码，单击加工工具栏中的“后置处理”按

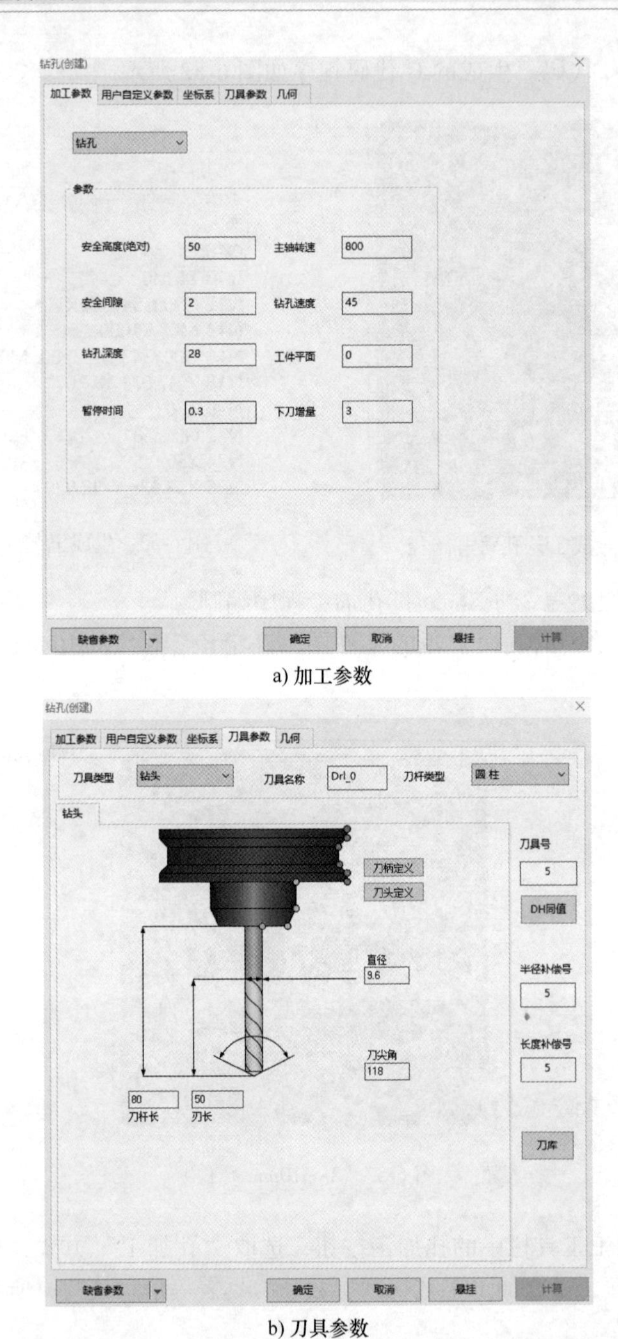

a) 加工参数

b) 刀具参数

图 6-54　扩孔加工参数表

钮，选择生成 G 代码功能，弹出生成后置代码对话框，选择 FANUC 数控系统，单击“确定”按钮后，根据系统提示选取刀具轨迹路径，确认后即可生成刀具轨迹路径 G 代码。生成的 G 代码程序如图 6-56 所示。

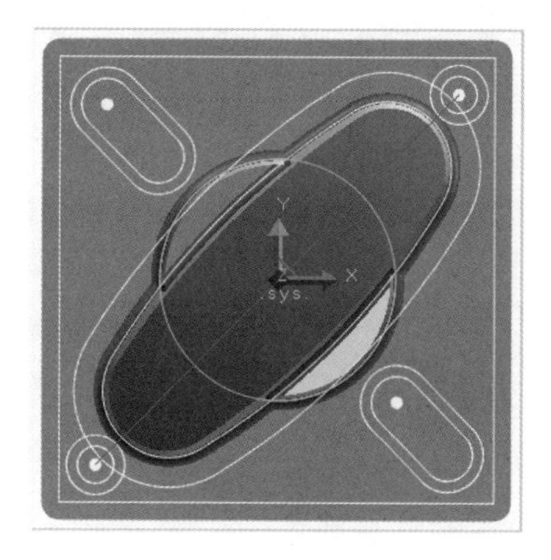

图 6-55　扩孔加工轨迹

NC0010 - 记事本
文件(F) 编辑(E) 格式(O) 查看(V) 帮助(H)
%
O1010
N10 T5 M6
N12 G90 G54 G80 G40
N14 M03 S800
N16 G00 G43 H5 Z100. M08
N18 X50. Y50.
N20 Z50.
N22 G99 G81 Z-28. R2. F45
N24 X-50. Y-50.
N26 G80

图 6-56　扩孔加工 G 代码

（3）带旋钮上盖 2×ϕ10mm 铰孔加工程序编制

1）单击加工工具栏中的孔加工按钮，选取“孔加工”方式，选取后弹出孔加工参数对话框，根据加工工艺切削参数、刀具表等信息填写，所填写各参数如图 6-57 所示。

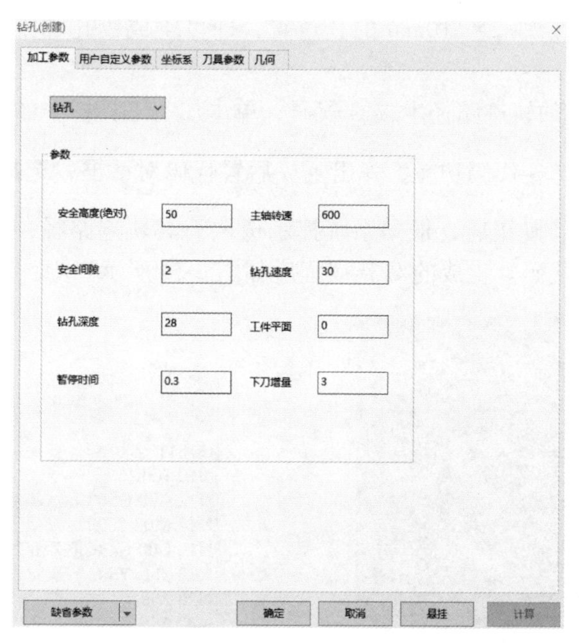

a) 加工参数

图 6-57　铰孔加工参数表

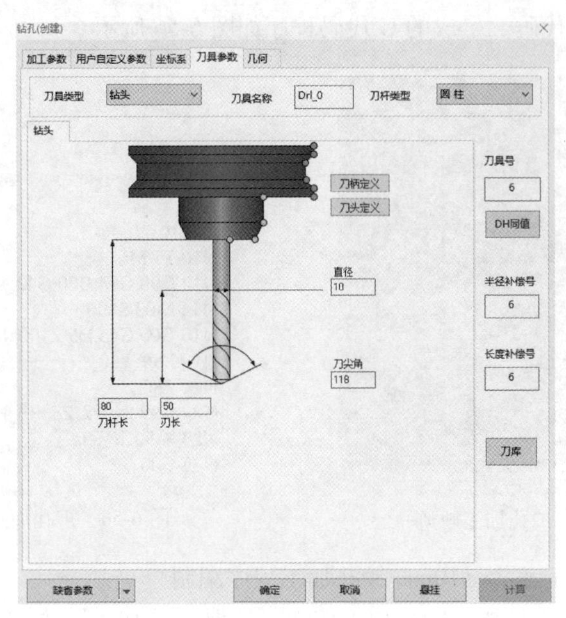

b) 刀具参数

图 6-57　铰孔加工参数表（续）

2）根据提示拾取 2×ϕ10mm 的孔位置，即可生成铰孔加工轨迹路线，如图 6-58 所示。

3）根据生成的轨迹路径生成 G 代码，单击加工工具栏中的“后置处理”按钮 G 后置处理，选择生成 G 代码功能，弹出生成后置代码对话框，选择 FANUC 数控系统，单击“确定”按钮后，根据系统提示选取刀具轨迹路径，确认后即可生成刀具轨迹路径 G 代码。生成的 G 代码程序如图 6-59 所示。

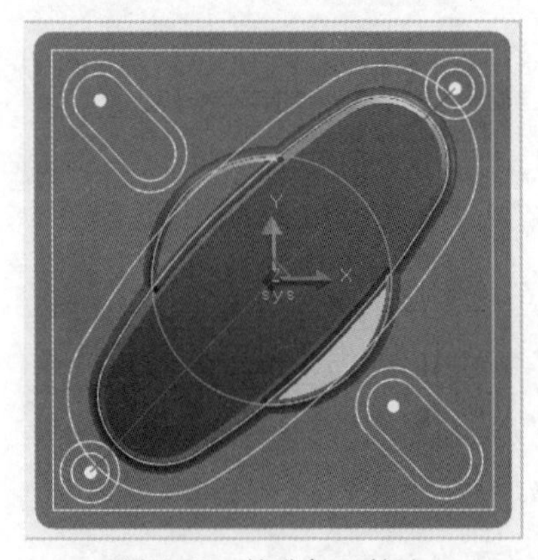

图 6-58　铰孔加工轨迹

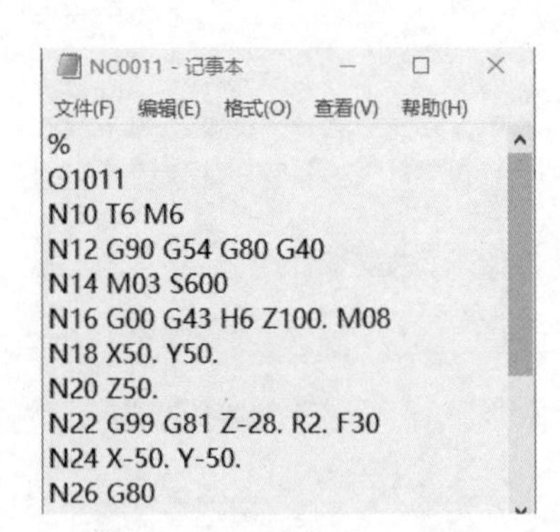


```
%
O1011
N10 T6 M6
N12 G90 G54 G80 G40
N14 M03 S600
N16 G00 G43 H6 Z100. M08
N18 X50. Y50.
N20 Z50.
N22 G99 G81 Z-28. R2. F30
N24 X-50. Y-50.
N26 G80
```

图 6-59　铰孔加工 G 代码

5. 带旋钮上盖 4×*R*10mm、4×*R*7mm、2×ϕ16mm 内轮廓程序编制

（1）旋钮上盖粗加工 4×*R*10mm、4×*R*7mm、2×ϕ16mm 内轮廓的程序编制与生成 G 代码

1）根据已绘制的旋钮上盖的零件图，确定该零件 4×*R*10mm、4×*R*7mm、2×ϕ16mm 内轮廓如图 6-60 所示。

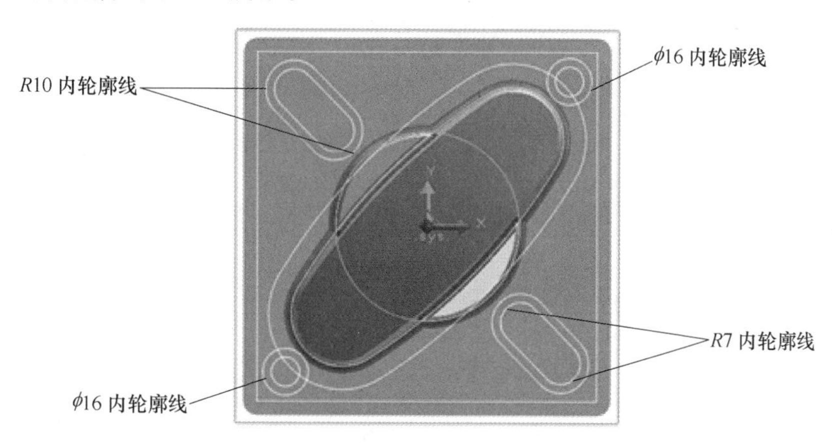

图 6-60 4×*R*10mm、4×*R*7mm、2×ϕ16mm 内轮廓线

2）单击加工工具栏中的“二轴加工”按钮，选取“平面区域粗加工”方式，选取后弹出二轴加工参数对话框，根据加工工艺切削参数、刀具表等信息填写，所填写各参数如图 6-61 所示。

3）根据提示拾取被加工工件表面轮廓、拾取所需方向等，即可生成粗加工轨迹路线，如图 6-62 所示。

4）根据生成的轨迹路径生成 G 代码，单击加工工具栏中的“后置处理”按钮，选择生成 G 代码功能，弹出生成后置代码对话框，选择 FANUC 数控系统，单击“确定”按钮后，根据系统提示选取刀具轨迹路径，确认后即可生成刀具轨迹路径 G 代码。生成的 G 代码程序如图 6-63 所示。

提示：4×*R*7mm、2×ϕ16mm 内轮廓粗加工轨迹生成及 G 代码生成步骤、方法与 4×*R*10mm 的内轮廓粗加工完全一致，在此处省略，参照执行即可。

（2）旋钮上盖精加工 4×*R*10mm、4×*R*7mm、2×ϕ16mm 内轮廓的程序编制与生成 G 代码

1）单击加工工具栏中的“二轴加工”按钮，选取“平面轮廓精加工”方式，选取后弹出二轴加工参数对话框，根据加工工艺切削参数、刀具表等信息

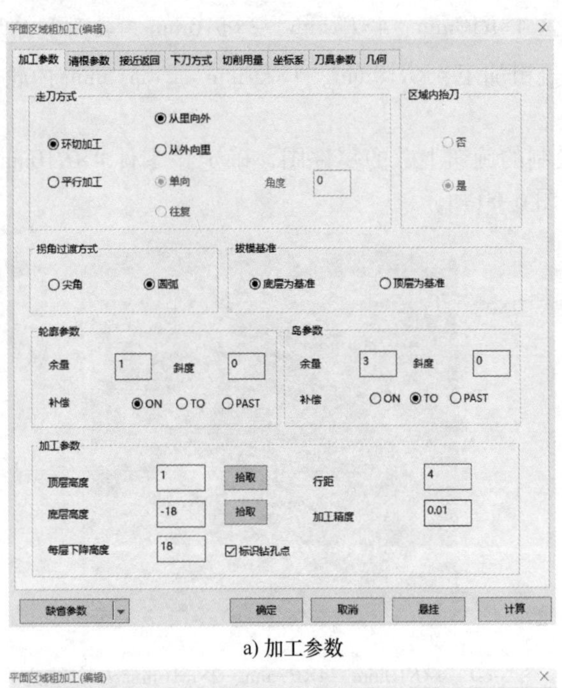

a) 加工参数

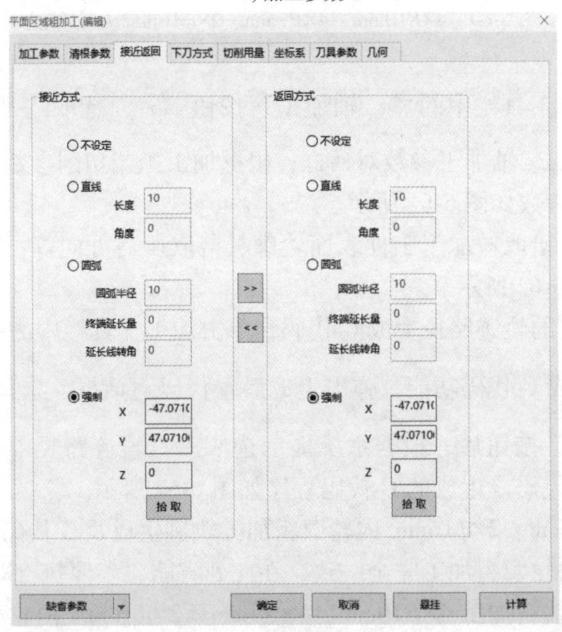

b) 接近返回

图 6-61　带旋钮上盖 4×*R*10mm 粗加工参数表

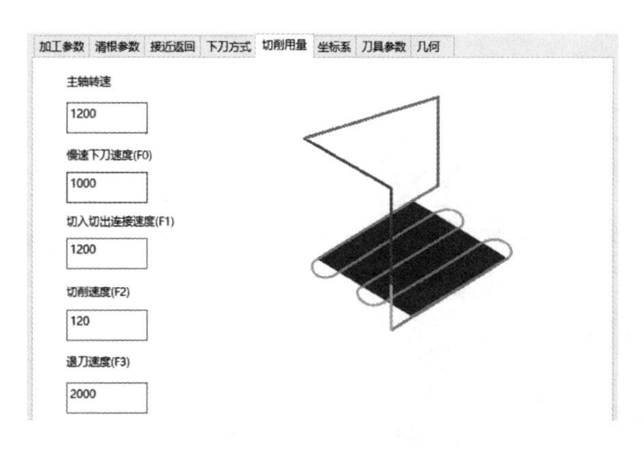

c) 切削用量

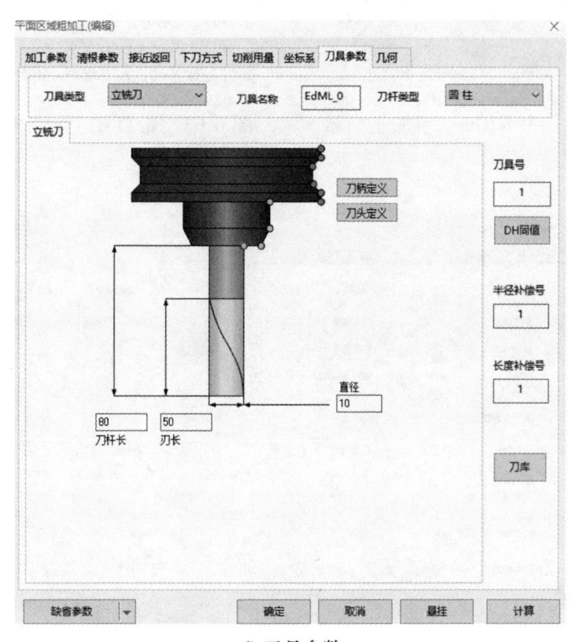

d) 刀具参数

图 6-61　带旋钮上盖 4×R10mm 粗加工参数表（续）

填写，所填写各参数如图 6-64 所示。

2）根据提示拾取被加工工件表面轮廓、拾取所需方向等进行选定。然后根据提示输入进刀点，选取圆心坐标位置为该刀具轨迹的进刀点位置；根据提示输入退刀点，为了保证轨迹路径整洁，将进、退刀点设置一样，选取圆心坐标位置为该刀具轨迹的进刀点位置，即可生成粗加工轨迹路线，如图 6-65 所示。

图 6-62 带旋钮上盖 4×R10mm 粗加工轨迹

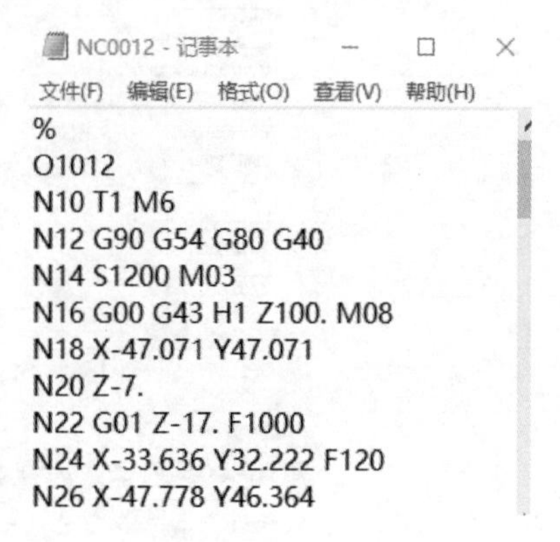

NC0012 - 记事本

文件(F) 编辑(E) 格式(O) 查看(V) 帮助(H)

```
%
O1012
N10 T1 M6
N12 G90 G54 G80 G40
N14 S1200 M03
N16 G00 G43 H1 Z100. M08
N18 X-47.071 Y47.071
N20 Z-7.
N22 G01 Z-17. F1000
N24 X-33.636 Y32.222 F120
N26 X-47.778 Y46.364
```

图 6-63 带旋钮上盖 4×R10mm 的 G 代码

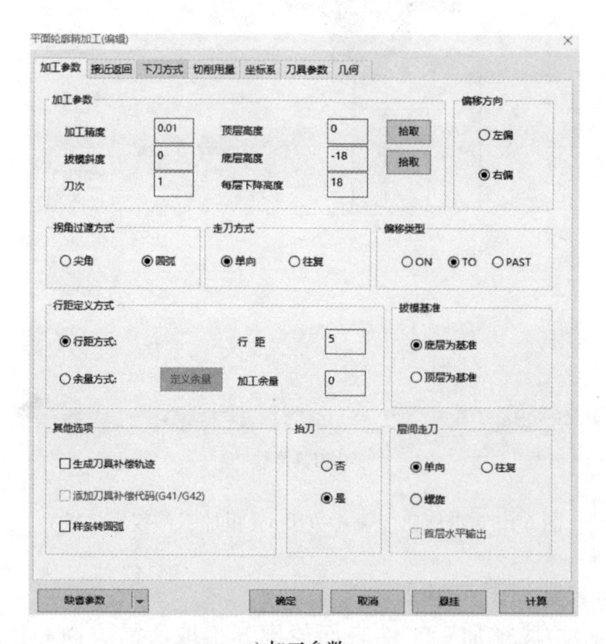

a) 加工参数

图 6-64 带旋钮上盖 4×R10mm 精加工参数表

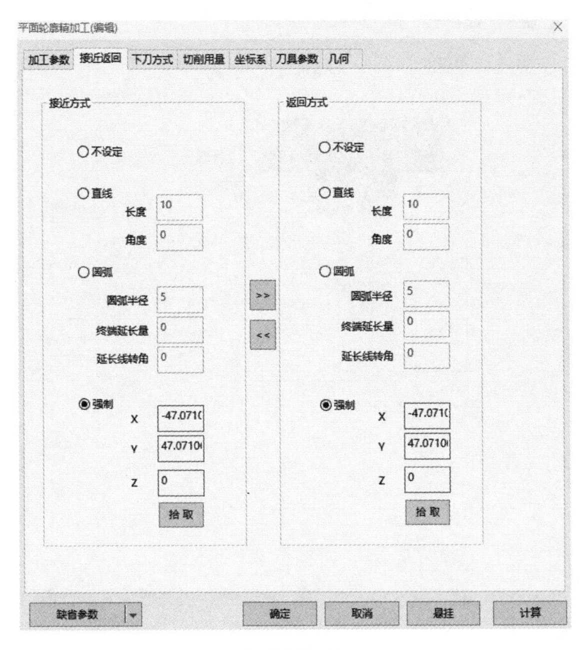

b) 接近返回

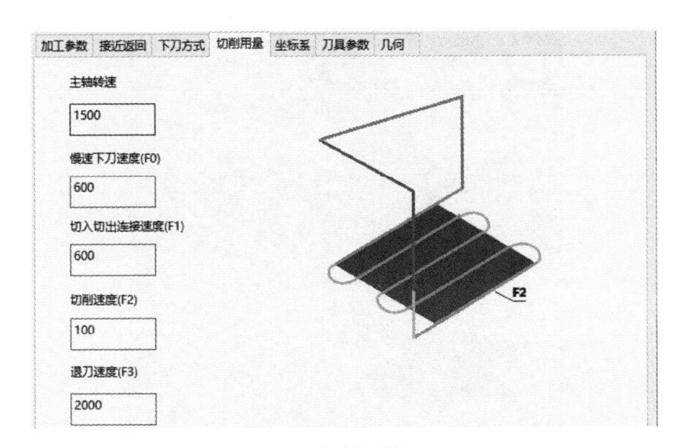

c) 切削用量

图 6-64 带旋钮上盖 4×*R*10mm 精加工参数表（续）

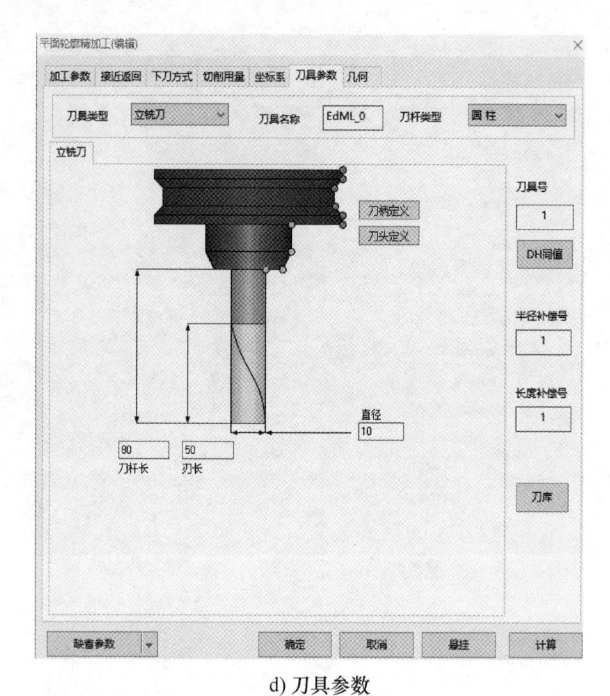

d) 刀具参数

图 6-64　带旋钮上盖 4×*R*10mm 精加工参数表（续）

图 6-65　带旋钮上盖 4×*R*10mm 精加工轨迹

3）根据生成的轨迹路径生成 G 代码，单击加工工具栏中的“后置处理”按钮 G 后置处理，选择“生成 G 代码”，跳出生成后置代码对话框，选择 FANUC 数控系统，单击“确定”按钮后，根据系统提示选取刀具轨迹路径，确认后即可生成刀具轨迹路径 G 代码。生成的 G 代码程序如图 6-66 所示。

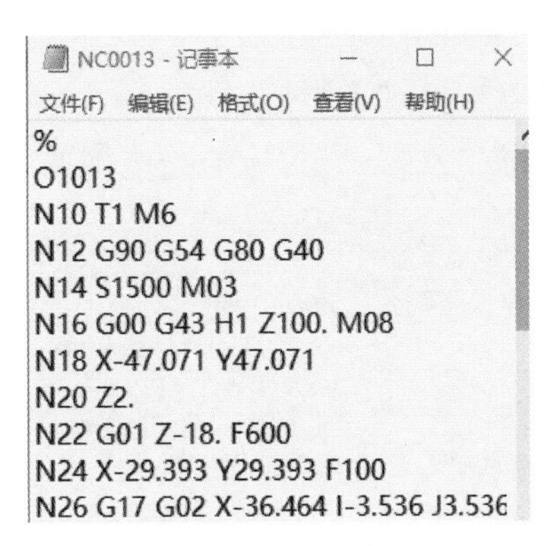
NC0013 - 记事本

文件(F)　编辑(E)　格式(O)　查看(V)　帮助(H)

```
%
O1013
N10 T1 M6
N12 G90 G54 G80 G40
N14 S1500 M03
N16 G00 G43 H1 Z100. M08
N18 X-47.071 Y47.071
N20 Z2.
N22 G01 Z-18. F600
N24 X-29.393 Y29.393 F100
N26 G17 G02 X-36.464 I-3.536 J3.536
```

图 6-66　带旋钮上盖 4×R10mm 内轮廓精加工程序

提示：4×R7、2×ϕ16mm 内轮廓粗加工轨迹生成及 G 代码生成步骤、方法与 4×R10 内轮廓粗加工完全一致，在此处省略，参照执行即可。

6. 带旋钮上盖反面 ϕ27mm、ϕ25mm 内轮廓程序编制

（1）旋钮上盖粗加工 ϕ27mm、ϕ25mm 内轮廓工艺孔的程序编制与生成 G 代码

1）根据旋钮上盖的零件图选取该零件 ϕ27mm、ϕ25mm 圆心坐标如图 6-67 所示。

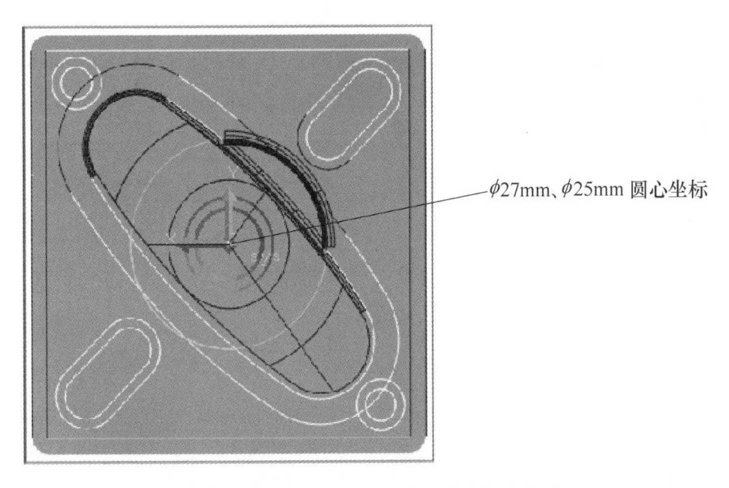

图 6-67　ϕ27mm、ϕ25mm 圆心坐标

2）单击加工工具栏中的孔加工按钮，选取“孔加工”方式，选取后弹出孔加工参数对话框，根据加工工艺切削参数、刀具表等信息填写，所填写各参数如

图 6-68 所示。

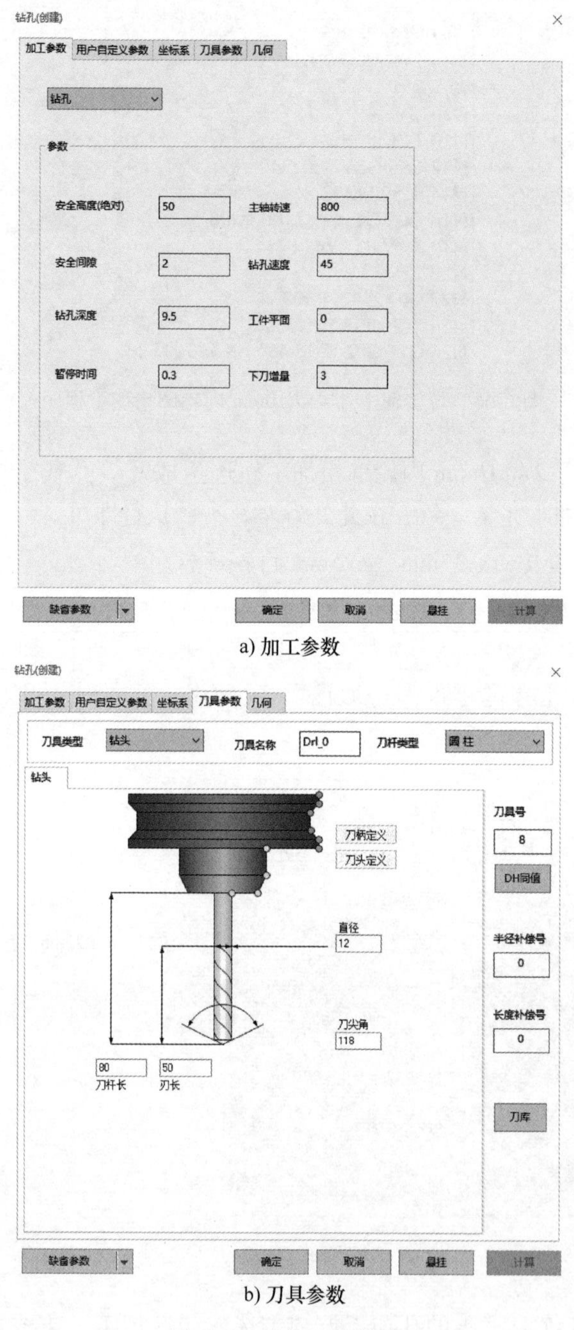

a) 加工参数

b) 刀具参数

图 6-68　孔加工参数表

3）根据提示将拾取 ϕ27mm 的孔位置，即可生成孔加工轨迹路线，如图 6-69 所示。

4）根据生成的轨迹路径生成 G 代码，单击加工工具栏中的“后置处理”按钮，选择“生成 G 代码”，弹出生成后置代码对话框，选择 FANUC 数控系统，单击“确定”按钮后，根据系统提示选取刀具轨迹路径，确认后即可生成刀具轨迹路径 G 代码。生成的 G 代码程序如图 6-70 所示。

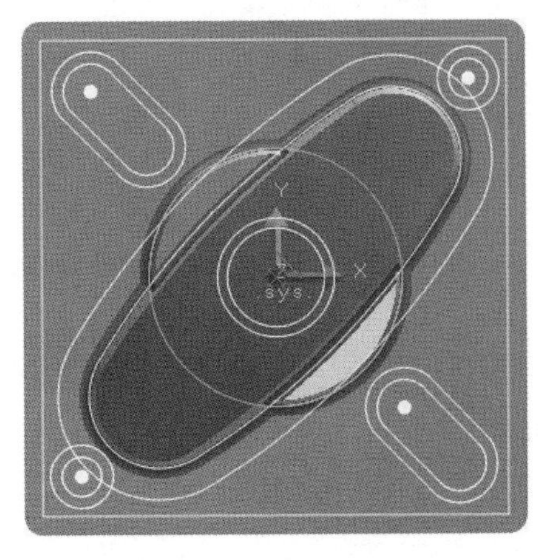

图 6-69　孔加工轨迹

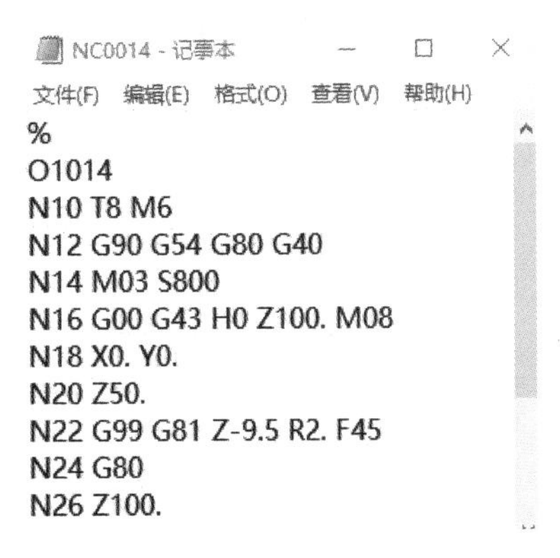

NC0014 - 记事本

文件(F)　编辑(E)　格式(O)　查看(V)　帮助(H)

```
%
O1014
N10 T8 M6
N12 G90 G54 G80 G40
N14 M03 S800
N16 G00 G43 H0 Z100. M08
N18 X0. Y0.
N20 Z50.
N22 G99 G81 Z-9.5 R2. F45
N24 G80
N26 Z100.
```

图 6-70　孔加工 G 代码

（2）旋钮上盖粗加工 ϕ27mm、ϕ25mm 内轮廓的粗加工程序编制与生成 G 代码

1）单击加工工具栏中的“二轴加工”按钮，选取“平面轮廓精加工”方式，弹出二轴加工“平面轮廓精加工”对话框，根据加工工艺切削参数、刀具表等信息填写，所填写各参数如图 6-71 所示。

2）根据提示拾取被加工工件表面轮廓、拾取所需方向等。然后根据提示输入进刀点，选取圆心坐标位置为该刀具轨迹的进刀点位置；根据提示输入退刀点，为了保证轨迹路径整洁，将进、退刀点设置一样，选取圆心坐标位置为该刀具轨迹的进刀点位置，即可生成粗加工轨迹路线，如图 6-72 所示。

3）根据生成的轨迹路径生成 G 代码，单击加工工具栏中的“后置处理”按钮，选择生成 G 代码功能，弹出“生成后置代码”对话框，选择 FANUC 数控系统，单击“确定”按钮后，根据系统提示选取刀具轨迹路径，确认后即可生成刀具轨迹路径 G 代码。生成的 G 代码程序如图 6-73 所示。

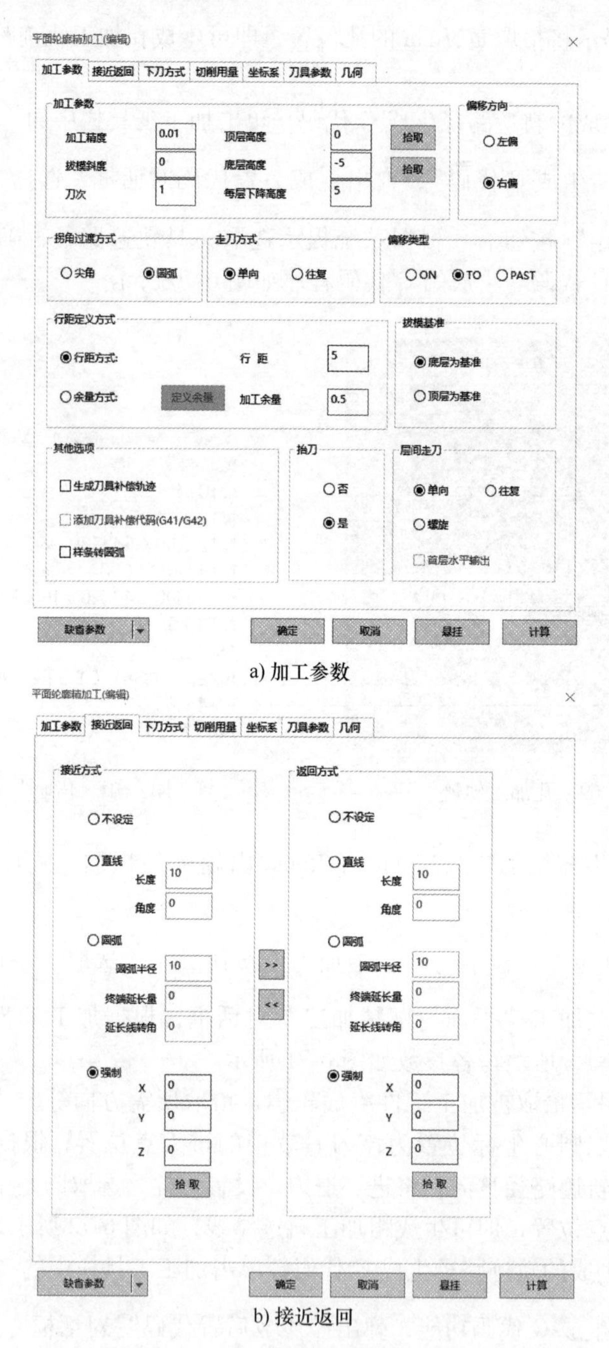

a) 加工参数

b) 接近返回

图 6-71　旋钮上盖轮廓粗加工参数表

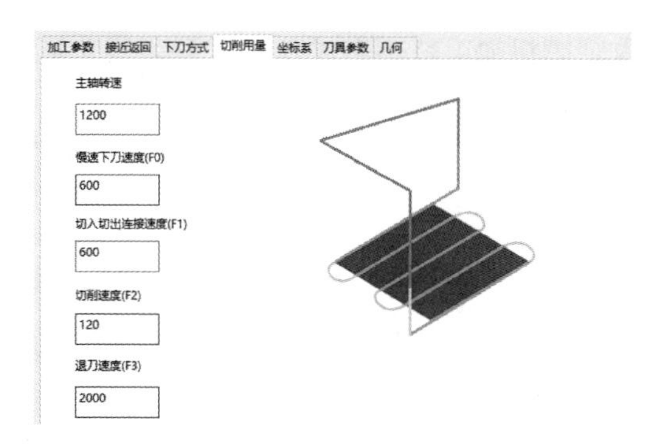

c) 切削用量

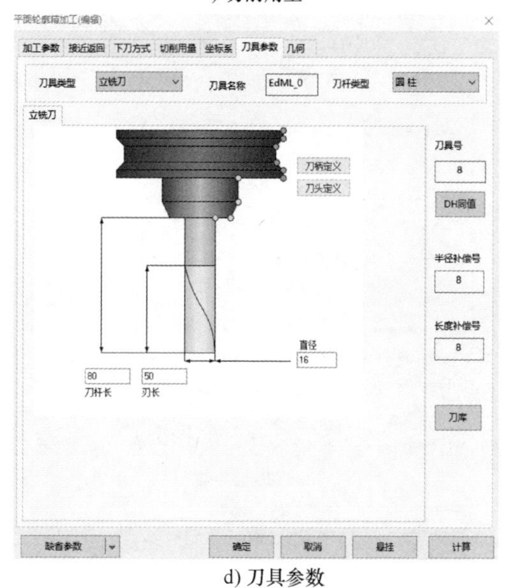

d) 刀具参数

图 6-71　旋钮上盖轮廓粗加工参数表（续）

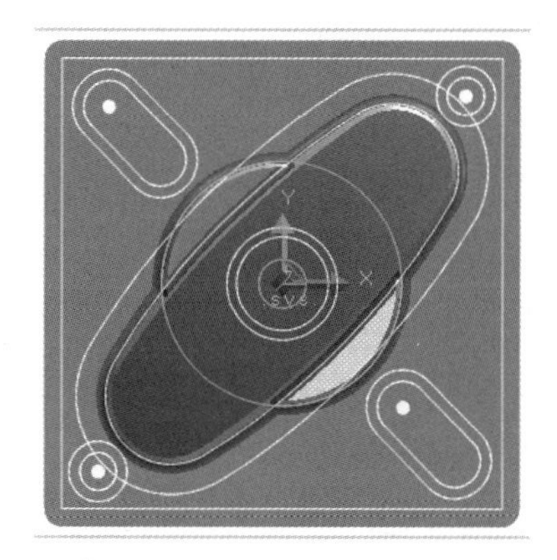

图 6-72　ϕ27mm 粗加工轨迹

```
NC0015 - 记事本
文件(F) 编辑(E) 格式(O) 查看(V) 帮助(H)
%
O1015
N10 T8 M6
N12 G90 G54 G80 G40
N14 S1200 M03
N16 G00 G43 H9 Z100. M08
N18 X0. Y0.
N20 Z2.
N22 G01 Z-5. F600
N24 F120
N26 X6.5
```

图 6-73　ϕ27mm 内轮廓粗加工程序

提示：ϕ25mm 内轮廓粗加工轨迹生成及 G 代码生成步骤、方法与 ϕ27mm 内轮廓粗加工完全一致，在此处省略，参照执行即可。

（3）旋钮上盖精加工 ϕ27mm、ϕ25mm 内轮廓的精加工程序编制与生成 G 代码

1）单击加工工具栏中的“二轴加工”按钮，选取“平面轮廓精加工”方式，选取后弹出二轴加工“平面轮廓精加工”对话框，根据加工工艺切削参数、刀具表等信息填写，所填写各参数如图 6-74 所示。

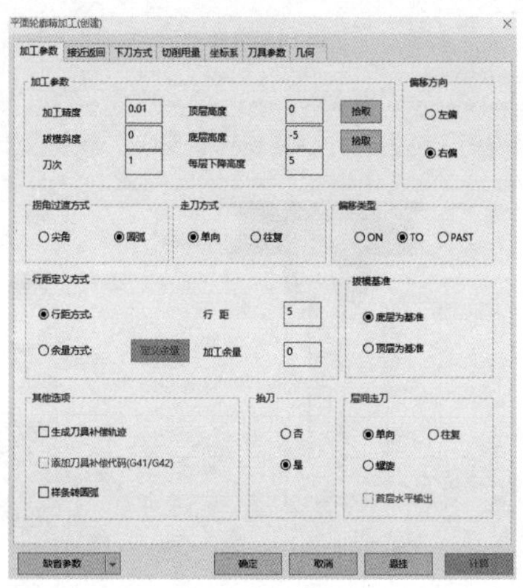

a) 加工参数

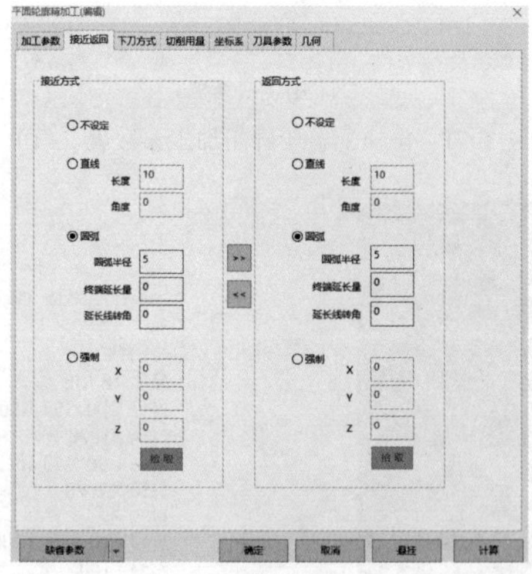

b) 接近返回

图 6-74　旋钮上盖轮廓精加工参数表

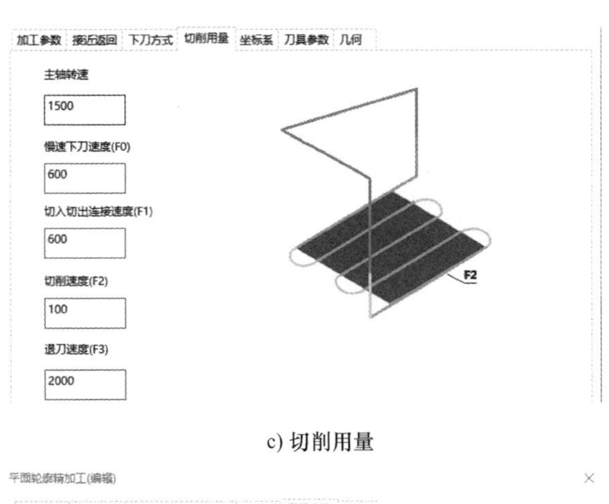

c) 切削用量

d) 刀具参数

图 6-74　旋钮上盖轮廓精加工参数表（续）

2）根据提示拾取被加工工件表面轮廓、拾取所需方向等。然后根据提示输入进刀点，选取圆心坐标位置为该刀具轨迹的进刀点位置；根据提示输入退刀点，为了保证轨迹路径整洁，将进、退刀点设置一样，选取圆心坐标位置为该刀具轨迹的进刀点位置，即可生成精加工轨迹路线，如图 6-75 所示。

3）根据生成的轨迹路径生成 G 代码，单击加工工具栏中的“后置处理”按钮 G 后置处理，选择生成 G 代码功能，弹出“生成后置代码”对话框，选择 FANUC 数控系统，单击“确定”按钮后，根据系统提示选取刀具轨迹路径，确认后即可生成刀具轨迹路径 G 代码。生成的 G 代码程序如图 6-76 所示。

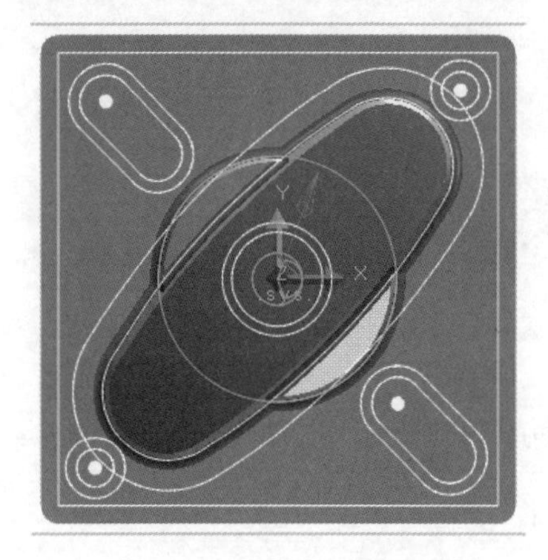

图 6-75　ϕ27mm 精加工轨迹

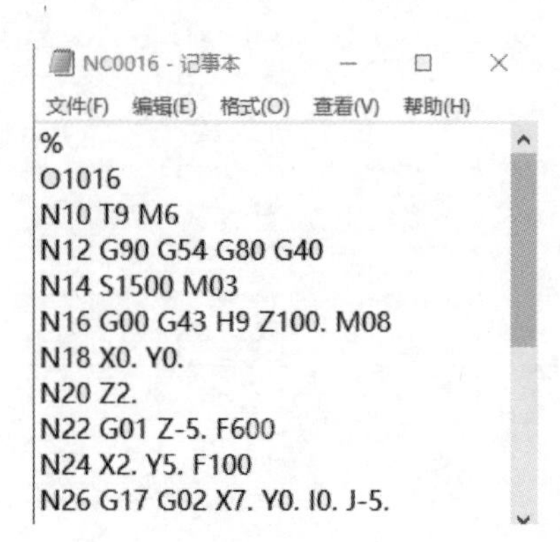

NC0016 - 记事本

文件(F) 编辑(E) 格式(O) 查看(V) 帮助(H)

```
%
O1016
N10 T9 M6
N12 G90 G54 G80 G40
N14 S1500 M03
N16 G00 G43 H9 Z100. M08
N18 X0. Y0.
N20 Z2.
N22 G01 Z-5. F600
N24 X2. Y5. F100
N26 G17 G02 X7. Y0. I0. J-5.
```

图 6-76　ϕ27mm 内轮廓精加工程序

提示：ϕ25mm 内轮廓精加工轨迹生成及 G 代码生成步骤、方法与 ϕ27mm 内轮廓精加工完全一致，在此处省略，参照执行即可。

6.5　后置程序与数控铣床联机调试

6.5.1　数控机床面板介绍

数控机床控制面板是由机床生产厂家设计制造的，不同厂家生产的机床控制面板布局差异还是比较大的，但功能却是基本差不多的。数控机床控制面板上的各种功能键可执行简单的操作，直接控制机床的动作及加工过程，一般有急停、模式选择、轴向选择、切削进给速度调整、主轴转速调整、主轴的起停、程序调试功能及机床辅助的 M、S、T 功能等。本书介绍的 VMC850 立式数控铣床 FANUC 数控系统及数控机床控制面板如图 6-77 所示。

1. 系统电源按钮

机床控制系统电源按钮如图 6-78 所示，其中“ON”为打开系统电源，按此按钮系统电源被打开，“OFF”为关闭系统电源，按此按钮系统电源被切断。

2. 急停按钮

在任何时刻（包括机床在切削过程中）点按此按钮，机床所有运动立即停止。一般在刀具发生碰撞或突发紧急状况时第一时间拍下该按钮，停止机床所有运动。释放紧急停止按钮时沿箭头所示方向旋转一定角度，受按钮内弹簧力的作用即自动释放，急停按钮如图 6-79 所示。

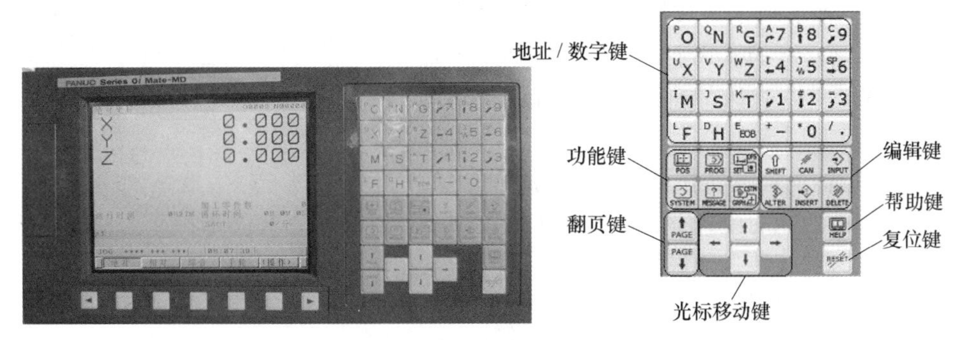

a) FANUC 0i Mate–MD 数控系统面板

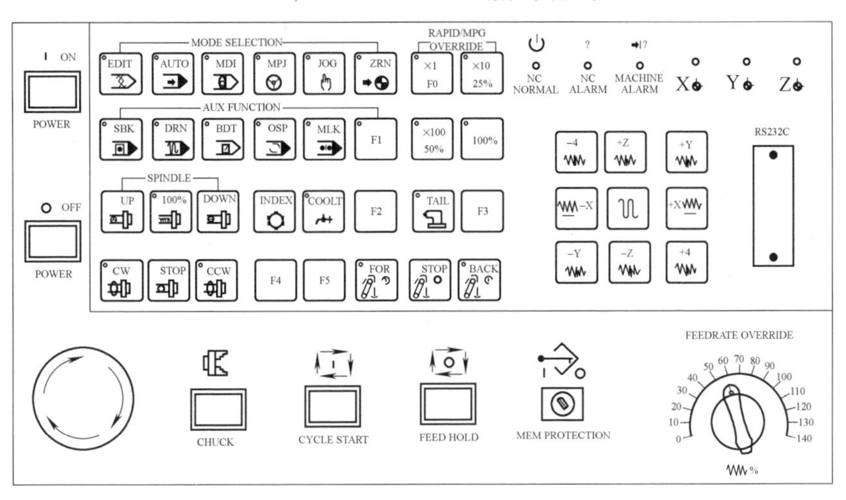

b) 数控机床操作面板

图 6-77 数控系统与数控铣床机床控制面板

图 6-78 机床控制系统电源按钮

图 6-79 急停按钮

3. 主轴手动控制

数控机床的主轴正转“CW”、反正“CCW”、停止“STOP”三个工作状态，不仅可以依靠数控程序控制，在手摇脉冲进给和手动移动功能的模式下，通过主轴手动控制按钮也可对其进行控制（主轴转速以上一次机床转速为依据），主轴手动控制按钮如图 6-80 所示。

1）主轴手动正转按钮，在手摇脉冲进给和手动移动功能的模式下，点按此按钮，主轴转速以最近一次机床转速为依据，控制主轴顺时针旋转，即主轴正转。

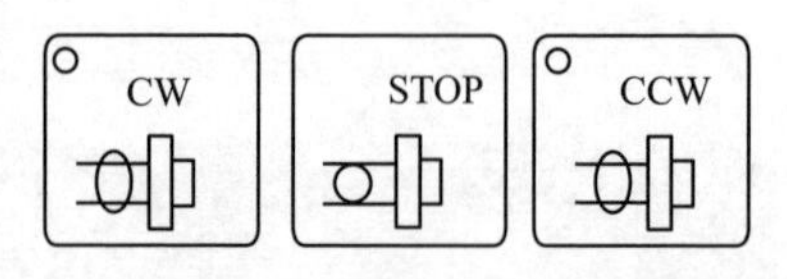

图 6-80　主轴手动控制按钮

2）主轴手动反转按钮，在手摇脉冲进给和手动移动功能的模式下，点按此按钮主轴转速以最近一次机床转速为依据，控制主轴逆时针旋转，即主轴反转。

3）主轴转速停止按钮，在手摇脉冲进给和手动移动功能的模式下，点按此按钮主轴停止转动。

在手摇脉冲进给和手动移动功能的模式下，机床主轴转速可以通过主轴转速修调按钮进行调整（以 100% 转速为基准）。每次点按 UP 键主轴转速提升 10%，每一次点按 DOWN 键主轴转速降低 10%，主轴转速修调按钮如图 6-81 所示。修调的主轴转速的上限为转速 120%，修调的主轴转速的下限为转速 50%，点按 100%主轴修调转速按钮即为实际转速。

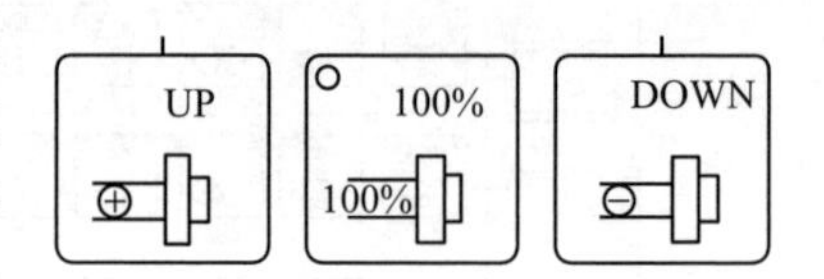

图 6-81　主轴转速修调按钮

4）机床指示灯。为了更加直观地判别机床处于什么状态，在加床面板上设置了一些指示灯，操作者可结合这些指示灯来判断机床什么运行状态，机床指示灯如图 6-82 所示。

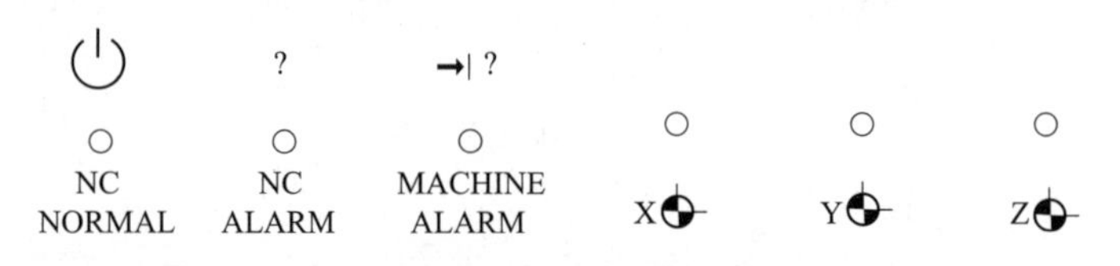

图 6-82　机床指示灯

5）机床功能键。数控机床一般由编辑功能（EDIT）、自动加工功能（AUTO）、MDI 功能（MDI）、手摇脉冲功能（MPJ）、手动移动功能（JOG）、回机械零点功能（ZRN）等，机床操作面板把这类功能按钮归纳为模式选择（WODE SELECTION）模块，如图 6-83 所示。

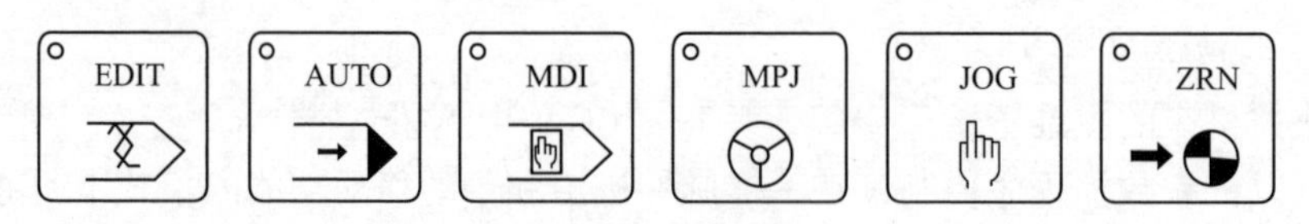

图 6-83　功能模式选择按钮

6.5.2 数控程序的录入及仿真

本案例的数控程序由 CAXA 制造工程师生成并保存在计算机上，因此需要借助准备好的 CF 卡、USB 转换接口进行程序的传输。

将数控程序通过 USB 转换接口复制到 CF 卡中（传输通道更改为 4，否则无法传输程序）。通过 CF 传输录入数控机床的具体步骤如下：

1）机床面板模式选择开关切换到编辑模式下，如图 6-84 所示。

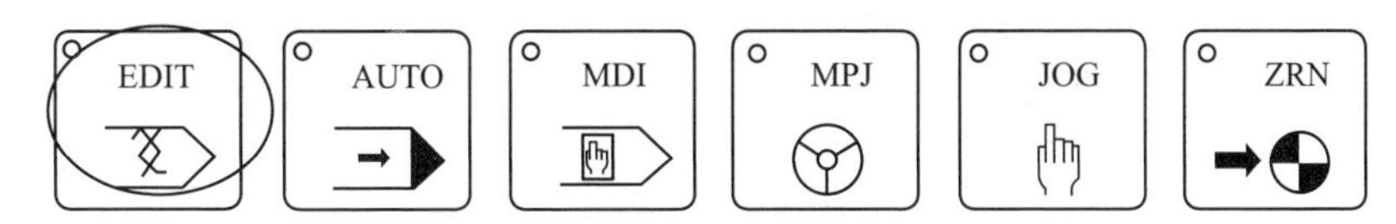

图 6-84 切换至编辑模式

2）点按系统数控面板上的【PROG】→【列表+】→【操作】→【设备】→【M -卡】，找到 CF 卡的存储程序界面，界面显示如图 6-85 所示。

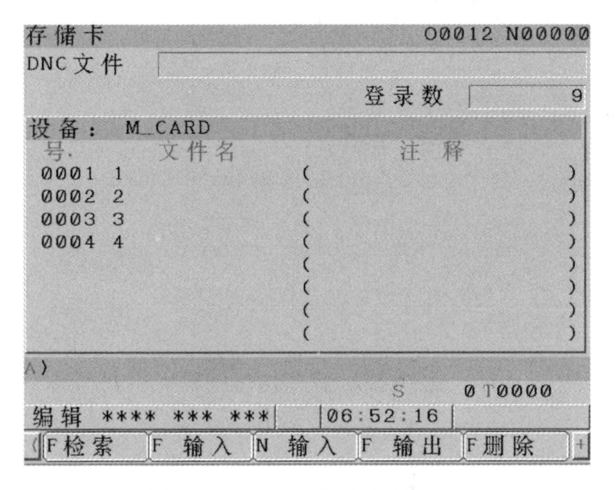

图 6-85 CF 卡程序存储界面

3）点按系统菜单【F 输入】，并输入需要传输的文件号和文件名，以 O1001 为例，输入文件号“1”，点按【F 设定】，输入文件名“1001”，点按【O 设定】，输入完成后如图 6-86 所示。

4）点按系统菜单【执行】，指定的程序将从 CF 卡上传输至数控系统中，传输过程会在系统显示器中显示“输出”字样，传输成功后，可在数控系统中查询到该程序。传输成功的程序显示界面如图 6-87 所示。

5）将机床面板模式选择开关切换至 AUTO 自动加工模式下，如图 6-88 所示。

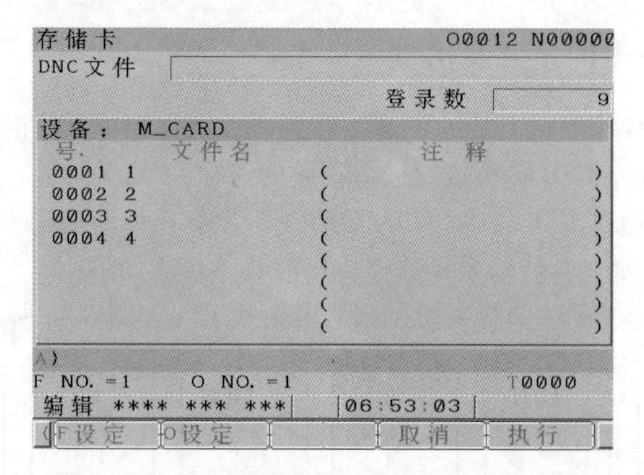

图 6-86　创建传输文件号、文件名

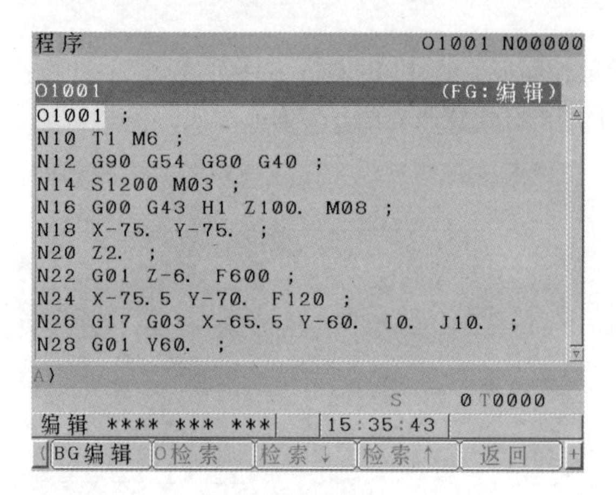

图 6-87　程序传输完毕

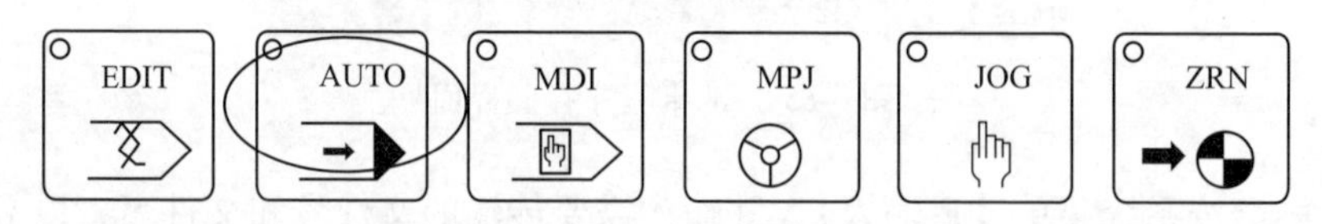

图 6-88　切换至 AUTO 模式

6）对已传输好的程序进行程序模拟仿真，按下机床面板机床锁定键“MLK”，以保证机床安全，如图 6-89 所示。

提示：按过机床锁定键后机床的各移动轴被锁住（机床主轴仍然会转），但系统坐标数值会随着程序变化。此时需对机床重新回零，方可进行对刀或自动加工。

7）按 FANUC【图形键】，并调整好显示画面比例，如图 6-90 所示。

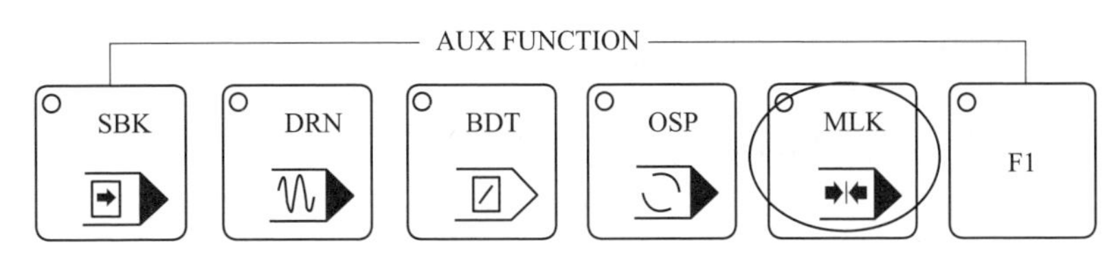

图 6-89　按下机床锁定键

8）按机床操作面板上的循环切削键“CYC LE START”如图 6-91 所示，此时系统坐标值移动，但机床实际坐标不动，这样可确保安全。

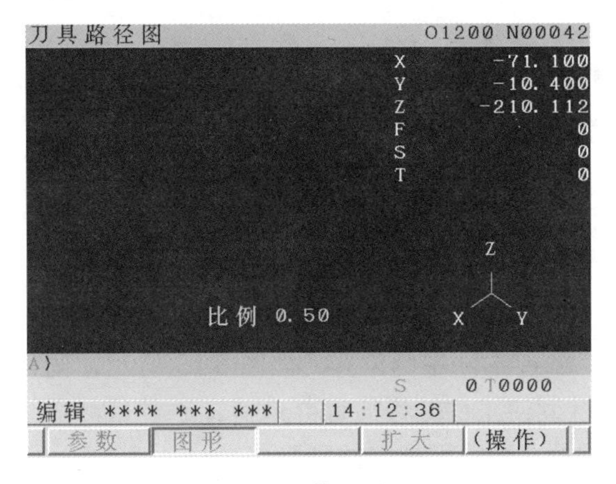

图 6-90　图像显示画面

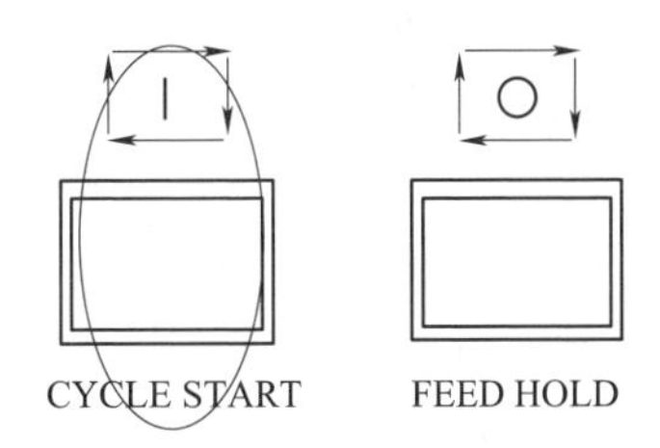

图 6-91　按机床“循环切削键”

9）仿真结束后，系统面板上出现刀具移动轨迹，如图 6-92 所示，观察图像显示与所加工的零件轮廓是否一致。

提示：刀具移动轨迹与切削轮廓有一定差别，请勿混淆。仿真过程中如出现程序错误，机床会报警并终止仿真。

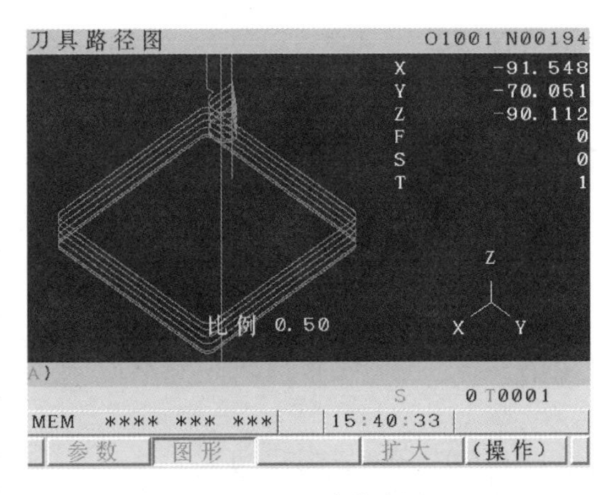

图 6-92　程序仿真图

10）如果调试正确，程序传输及校验工作结束；如与所加工轮廓不一致或程序错误，请在编辑模式下修改相关程序或重新通过 CAXA 软件进行编制程序并传输至数控系统中，重新进行校验工作同步骤5）~步骤 9），直至模拟出正确的仿真图形。

6.5.3 数控铣床对刀的操作与练习

所谓“对刀”就是使数控铣床的机械坐标值与工件编程坐标建立一个固定的关系。数控铣床对刀操作分为X、Y向对刀和Z向对刀，其中X、Y向的对刀方法主要有试切法对刀、机械偏心式对刀、光电寻边器对刀等；Z向的对刀方法主要有塞尺对刀、标准芯棒对刀、块规对刀、Z向对刀仪对刀等。对刀数据的准确程度将直接影响加工精度，因此对刀方法需根据零件加工精度要求决定。高端的数控铣床还自带对刀仪及自动对刀功能，本案例主要采用X、Y向机械偏心式对刀、Z向对刀仪对刀进行讲解。

1. X向机械偏心式对刀（先左侧再右侧）

使用偏心寻边器完全依赖操作者的观察来判断，操作过程需耐心、仔细。偏心寻边器的对刀操作方法步骤如下。

1）在MDI或手动模式下起动机床主轴（主轴转速500r/min左右为宜），使偏心寻边器产生偏心旋转。

2）将机床功能切换到脉冲手轮模式，用手轮（倍率采用“×100”）移动工作台和Z轴，使偏心寻边器快速移动、靠近工件左侧位置，如图6-93所示；调整手摇脉冲倍率（倍率采用“×10”）继续使工件缓慢靠近寻边器，通过目测最终使偏心消失，如图6-94示，此时工件的左侧边界被“找到”。

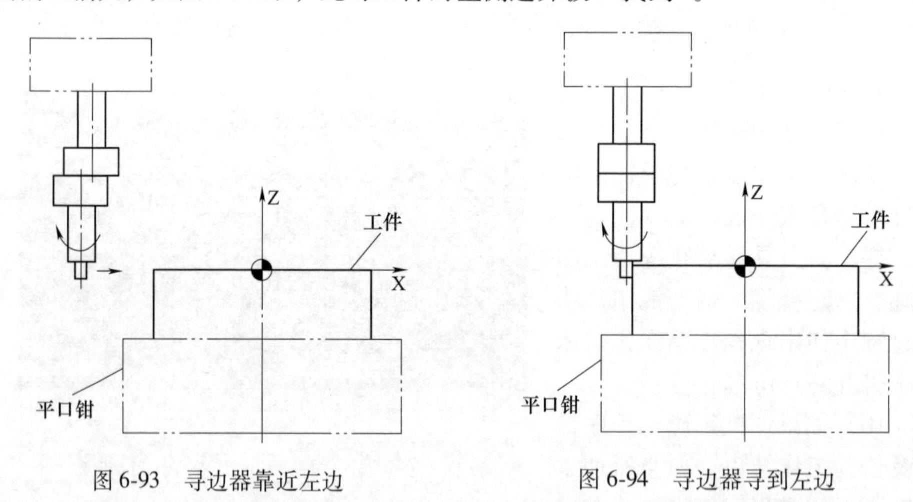

图6-93 寻边器靠近左边　　图6-94 寻边器寻到左边

3）通过数控系统面板的【POS】进入位置界面，选择【相对坐标】，通过数控系统面板输入“X”，点按系统面板上的【归零】，此时机床X轴的相对坐标值为0，如图6-95所示。

4）利用手轮将机床Z轴缓慢（倍率采用“×10”）抬高，直至离开工件表面

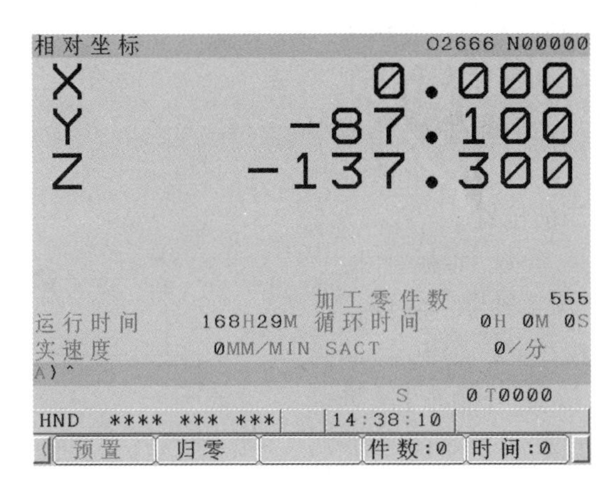

图 6-95 X 轴相对坐标归零

即可。

5）利用手轮将机床 X 轴快速（倍率采用“×100”）向右移动，移动至工件的右侧即可。

6）利用手轮将机床 Z 轴缓慢（倍率采用“×10”）下降，直至下降到工件表面下方 2~3mm 即可，如图 6-96 所示。

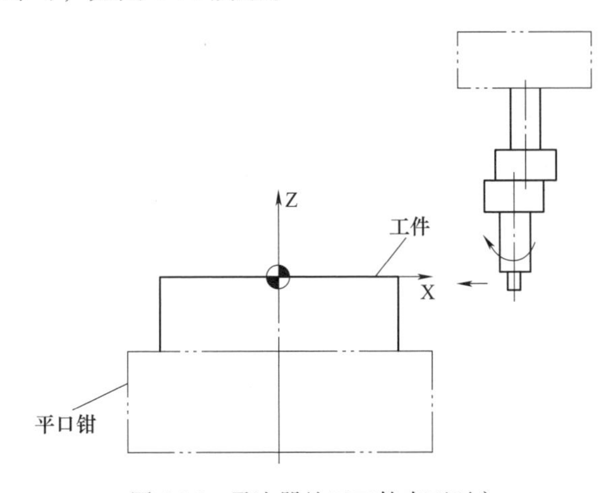

图 6-96 寻边器处于工件表面下方

7）利用手轮将机床 X 轴缓慢（倍率采用“×10”）向左侧移动，使工件缓慢靠近寻边器，通过目测最终使偏心消失如图 6-97 所示，此时工件的右侧边界被“找到”。

8）利用手轮将机床 Z 轴缓慢（倍率采用“×10”）抬高，直至离开工件表面即可。

9）此时观察X轴的相对位置值为“111.600”。如图6-98所示，利用手轮将机床移动至X轴相对位置为“55.8”（111.6/2=55.8）处，此时工件X轴的中心即为当前位置。

10）点按数控系统面板上的【RESET】键，使机床主轴停止旋转。

11）点按数控系统面板上的【OFFSET】键，点按【坐标系】，进入工件坐标系设定画面，如图6-99所示。

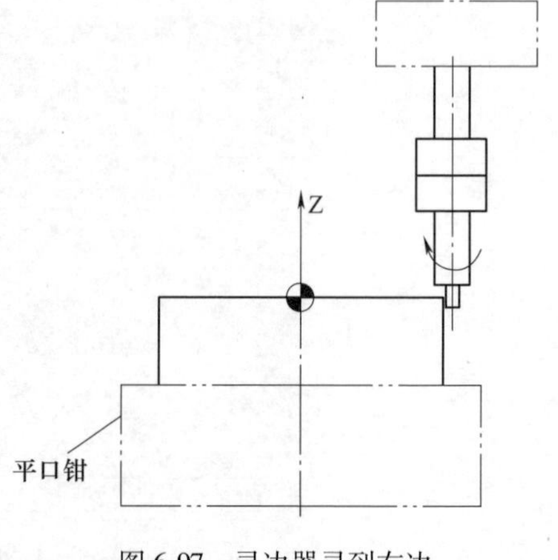

图6-97　寻边器寻到右边

图6-98　寻边器处工件右边时X轴相对坐标值

工件坐标系设定　O2666 N00000
(G54)

号.		数据	号.		数据
00	X	0.000	02	X	443.425
EXT	Y	0.000	G55	Y	-138.189
	Z	0.000		Z	0.000
01	X	-14.679	03	X	407.752
G54	Y	-31.908	G56	Y	-167.281
	Z	0.000		Z	0.000

A)^
S 0 T0000
HND **** *** *** 14:49:48
刀偏 设定 坐标系 (操作)

图6-99　坐标系设定画面

12）通过系统面板上的光标键，将当前光标移动至“G54”工件坐标系中，并通过系统面板上的按钮输入“X0”，点按软菜单中的【测量】，此时X轴的对刀零点设置完毕，如图6-100所示。

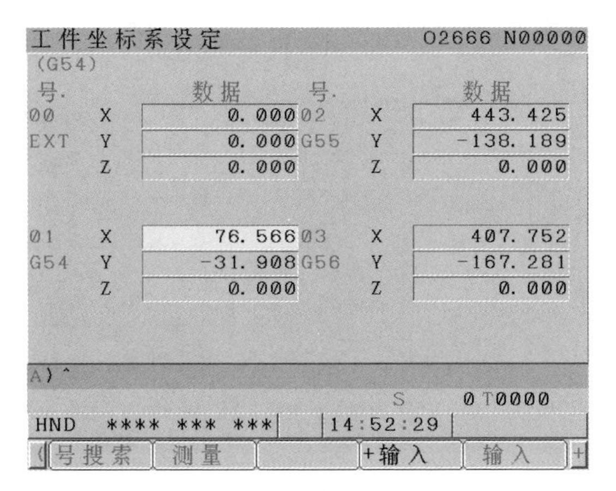

图6-100　X轴对刀完成

2. Y向机械偏心式对刀（先后侧再前侧）

数控铣床Y向机械偏心式对刀注意要点及操作流程与X向方法基本一致。具体请参见X轴向对刀。

3. Z向对刀仪对刀

1）将偏心寻边器从机床主轴上卸下，换上工件加工用刀具。

2）将刀具快速移至Z向对刀仪上方，如图6-101所示。

3）用手轮移动Z轴将刀具移动（倍率采用“×100”）到接近工件上表面位置。

4）调整手轮脉冲倍率（倍率采用“×10”），继续摇动手轮使刀具直至接触Z向对刀仪，并使指示针归零即可，如图6-102所示。

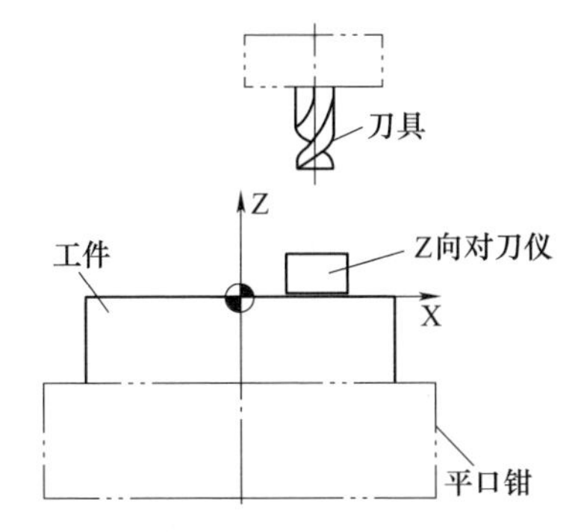

图6-101　刀具处于Z向对刀仪上方

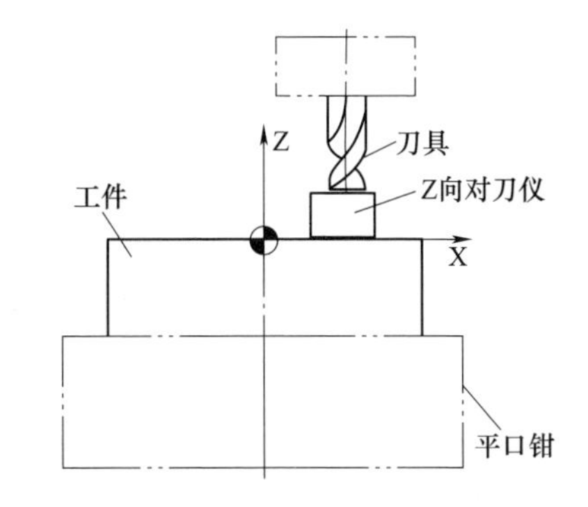

图6-102　刀具与Z向对刀仪接触（指针归零）

5）将显示器画面切换到坐标画面，点按软菜单中的【综合】键，此时“机械坐标”中显示的“Z”轴数值就是该刀具在工件Z轴方向上的坐标值，如图6-103所示，将该坐标值记录下来。

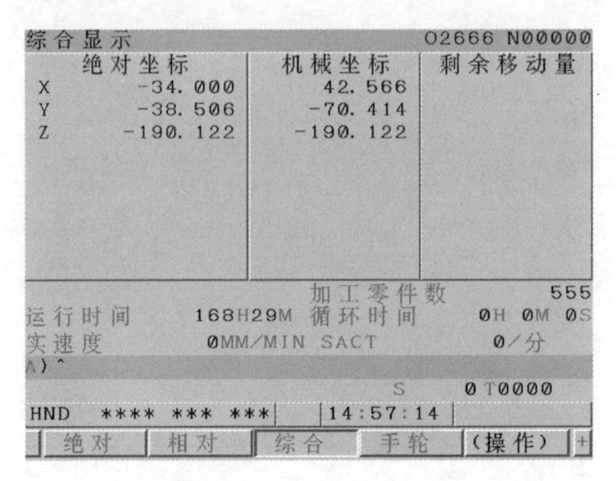

图6-103　显示综合坐标系

6）点按数控系统【OFFSET】按钮进入【刀偏】设定画面，如图6-104所示，通过数控系统面板上的光标键，将光标移动至当前刀具的位号“形状H”中，在缓存区输入Z轴对刀坐标值（上一步骤记录的数值“-190.112”），再点按系统面板上的【INPUT】键或显示器下方的软按钮【输入】，将数值输入形状H，此时Z轴对刀完成，如图6-105所示。

刀偏　　O2666 N00000

号.	形状(H)	磨损(H)	形状(D)	磨损(D)
001	0.000	0.000	0.000	0.000
002	0.000	0.000	0.000	0.000
003	0.000	0.000	0.000	0.000
004	0.000	0.000	0.000	0.000
005	0.000	0.000	0.000	0.000
006	0.000	0.000	0.000	0.000
007	0.000	0.000	0.000	0.000
008	0.000	0.000	0.000	0.000

相对坐标 X 18.800 Y -57.100
Z -174.900
A)^
S 0 T0000
HND **** *** *** 14:54:41
刀偏　设定　坐标系　(操作)

图6-104　刀偏设置画面

提示：

1）按照此方法依次换刀，把所有要加工使用的刀具的Z轴逐次对好，并将对刀的Z轴坐标数值输入在“形状（H）”对应框里。

刀偏　　O2666 N00000

号.	形状(H)	磨损(H)	形状(D)	磨损(D)
001	-190.112	0.000	0.000	0.000
002	0.000	0.000	0.000	0.000
003	0.000	0.000	0.000	0.000
004	0.000	0.000	0.000	0.000
005	0.000	0.000	0.000	0.000
006	0.000	0.000	0.000	0.000
007	0.000	0.000	0.000	0.000
008	0.000	0.000	0.000	0.000

相对坐标 X 18.800 Y -57.100
Z -174.900

A)^
S 0 T0000
HND **** *** *** | 15:03:25
号搜索 | | C输入 | +输入 | 输入

图 6-105　Z 轴对刀完成

2）由于用该方法对刀时，利用高度为 50mm 的 Z 轴对刀仪进行对刀，刀具的刀位点距离工件表面为 50mm，因此所有刀具 Z 轴对刀完成后，需点按数控系统面板上的【OFFSET】键，通过软菜单点按【坐标系】，进入工件坐标系设定画面，将光标移动至 00 号中的 Z 上，在缓存区输入“50.0”，再点按系统面板上的【INPUT】键或显示器下方的软按钮【输入】将数值输入 00 号中的 Z，此时 Z 轴对刀完成，如图 6-106 所示。

工件坐标系设定　　O1200 N00086
(G54)

号.		数据	号.		数据
00	X	0.000	02	X	0.000
EXT	Y	0.000	G55	Y	0.000
	Z	50.000		Z	0.000
01	X	76.566	03	X	0.000
G54	Y	-31.908	G56	Y	0.000
	Z	0.000		Z	0.000

A)
S 0 T0000
MEM **** *** *** | 14:15:41
号搜索 | 测量 | | +输入 | 输入

图 6-106　Z 轴整体偏置 50mm

3）“刀偏”设定画面中的“形状 D”为该刀具的半径值。

6.5.4　数控铣床执行程序加工

经过 CAXA 制造工程师生成了刀具轨迹路径，并利用其自带的仿真功能模拟路径轨迹，仿真无干涉、无撞刀的现象后，通过 FANUC 后置处理得到数控机床所需的 G 代码程序。为了实现数控机床的自动加工，将刀具进行对刀。完成上述操作后，下面介绍数控铣床自动加工步骤。

1）调用 CF 卡导入数控机床中的程序，在编辑模式下选择带旋钮上盖（正面 130mm×130mm 外轮廓）加工程序，并将光标移至程序头，程序处于待加工状态，如图 6-107 所示。

2）为避免机床 G00 执行速度过快，可将快速移动倍率切换至 25%状态，如图 6-108 所示。

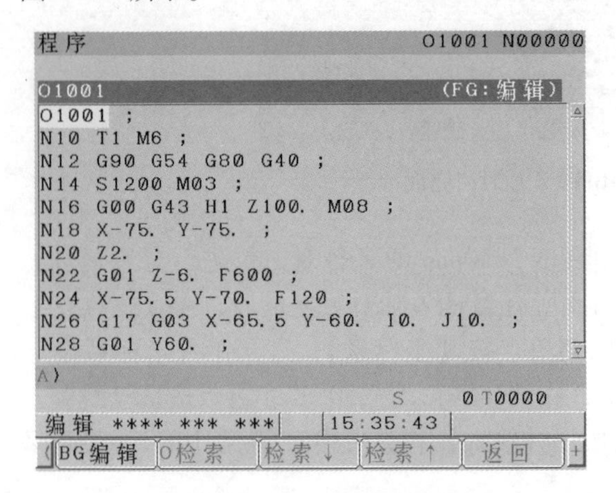

图 6-107　程序待加工状态

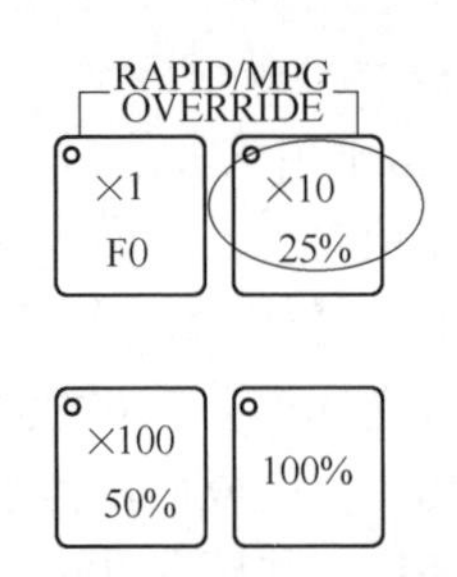

图 6-108　快速移动倍率切换至 25%

3）将功能模式选择开关切换至自动加工“AUTO”模式，如图 6-109 所示。

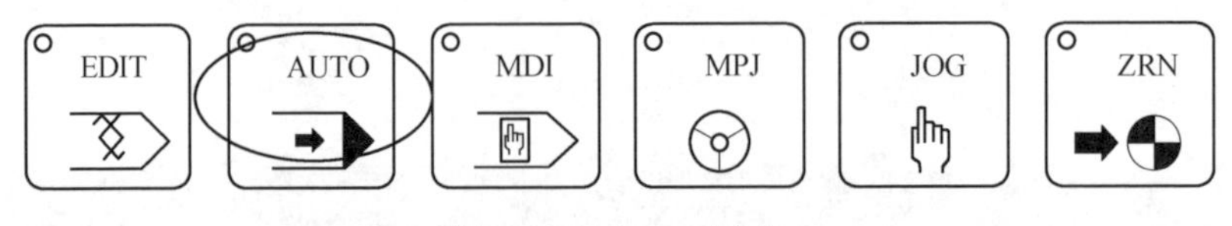

图 6-109　AUTO 模式

4）打开单步执行“SBK”的开关，如图 6-110 所示。

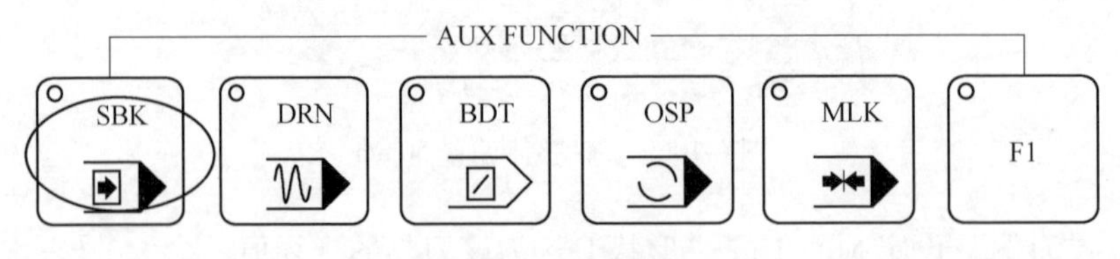

图 6-110　单步执行

5）切削进给倍率切换至 0%，如图 6-111 所示。

6）左手按击循环加工“CYCLE START”按钮，右手调整切削进给倍率旋钮，如图所 6-112 所示。

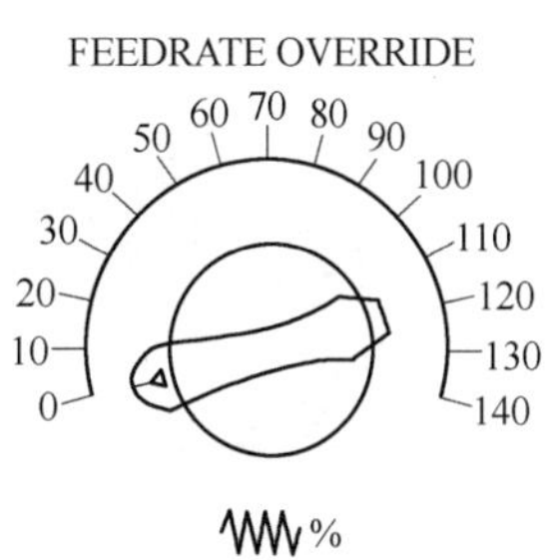

图 6-111　进给切削倍率 0%

7）开始切削时，眼睛一边看机床的运动情况，一边观察数控系统显示屏上的剩余坐标数值，如移动情况正常则继续执行，如判断有异常时应及时按数控系统面板复位按钮“RESET”或急停按钮，使机床停止运动。

8）当机床安全移动到快速定位后且判断位置情况正常，表示该刀具对刀的数据基本正确，可取消单步执行“SBK”按钮。左手控制进给修调倍率，右手

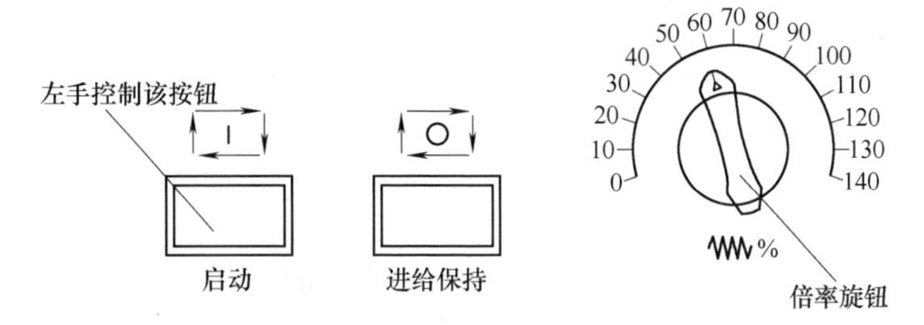

图 6-112　开始切削时左右手分工

放在数控系统面板复位按钮“RESET”边上，观察机床运动情况，如有异常情况及时按下复位按钮，如图 6-113 所示。

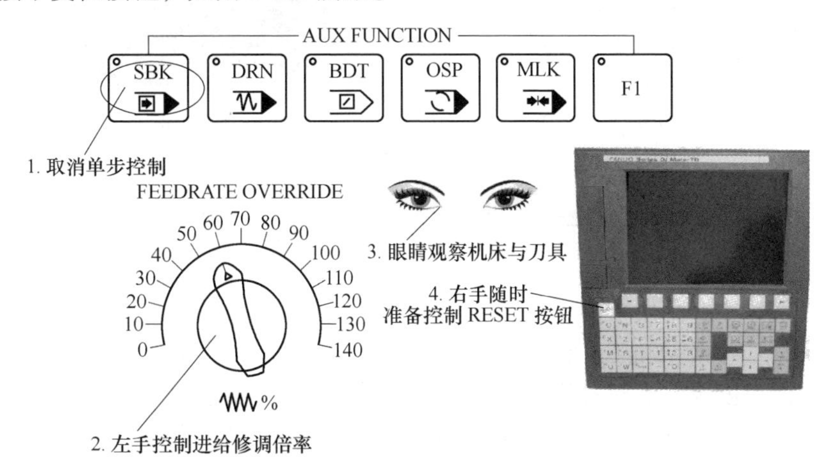

图 6-113　切削过程中手眼分工

9）带旋钮上盖（正面）的加工过程如图 6-114 所示。

10）粗加工结束后，用量具测量工件尺寸，进行刀具偏置补偿。

11）精加工步骤按 6）~9）执行。

图 6-114　带旋钮上盖（正面）加工过程图

提示：带旋钮上盖（反面）加工方式及方法与带旋钮上盖（正面）相似。参照该步骤执行即可。

12）带旋钮上盖加工后的工件如图 6-115、图 6-116 所示。

图 6-115　带旋钮上盖（正面）

图 6-116　带旋钮上盖（反面）

6.6　零件精度测量与调试

数控铣床主要利用数控程序铣削外轮廓、内轮廓、曲面等。一般而言通常分为粗铣和精铣，根据加工步和加工内容不同，粗加工后一般留 0.2~0.5mm 余量。不同部位的精度及轮廓样式等需要不同的量具、测量仪器进行尺寸测量，通过下面案例演示外径千分尺、内径千分尺、游标卡尺、高度尺、塞规、曲线样板等的测量与调试。

1. 外轮廓尺寸（游标卡尺）的测量与调试

以 130mm×130mm 外轮廓尺寸为例，为了保证±0.1mm 的精度，在粗铣后需进行尺寸测量，由于该尺寸精度要求不高，因此选用游标卡尺进行测量即可。测量的尺寸如图 6-117 所示，读出该尺寸为 130.58mm，编程时粗加工双边余量为 0.5mm，此时读取的数值应与粗加工后理论数值进行比较（理论粗加工数值为 130.5mm），实际测量尺寸比理论尺寸大 0.04mm，为了使零件尺寸处于公差带中间，应给数控系统补偿-0.04mm 为佳，在该刀具的磨损补偿中输入“-0.040”，如图 6-118 所示。

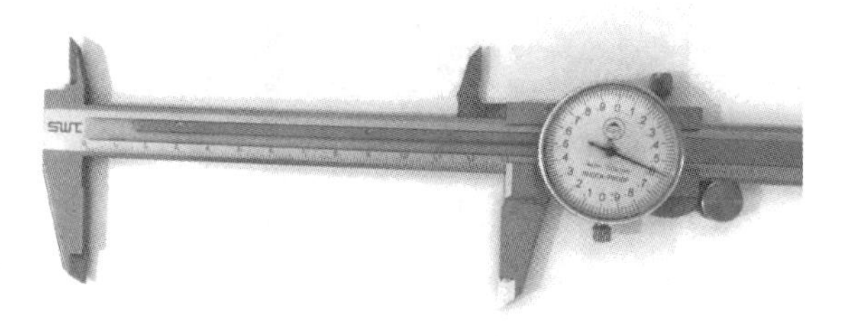

图 6-117　游标卡尺测出尺寸为 130.58mm

刀偏　　O1200 N00086

号.	形状(H)	磨损(H)	形状(D)	磨损(D)
001	-190.112	0.000	5.000	-0.040
002	-123.025	0.000	0.000	0.000
003	-136.040	0.000	0.000	0.000
004	-235.050	0.000	0.000	0.000
005	0.000	0.000	0.000	0.000
006	0.000	0.000	0.000	0.000
007	0.000	0.000	0.000	0.000
008	0.000	0.000	0.000	0.000

相对坐标　X　-37.103　Y　-21.490
　　　　　Z　150.014

A)

S　0 T0000

MEM　**** *** ***　14:16:59

号搜索　C输入　+输入　输入

图 6-118　1 号刀磨耗“-0.04”

经过精加工后再去测量该尺寸数值，如尺寸落在公差带中表明合格，如还有余量则利用同样方法继续补偿并再次进行精加工。

提示：非批量加工时该工序加工结束后需要将磨损更改为 0。

2. 外轮廓尺寸（外径千分尺）的测量与调试

以 120mm×120mm 外轮廓尺寸为例，为了保证±0.021mm 的精度，在粗加工后需进行尺寸测量，由于该尺寸精度要求相对较高，因此选用外径千分尺进行测量，规格为 100~125mm。测量的尺寸如图 6-119 所示，读出该尺寸为 120.54mm，编程时粗加工双边余量为 0.5mm，此时读取的数值应与粗加工后理论数值进行比较，理论粗加工数值为 120.5mm，实际测量尺寸比理论尺寸大 0.04mm，为了使零件尺寸处于公差带中间，应给数控系统补偿-0.02mm 为佳，在该刀具的磨损补偿中输入“-0.02”，如图 6-120 所示。

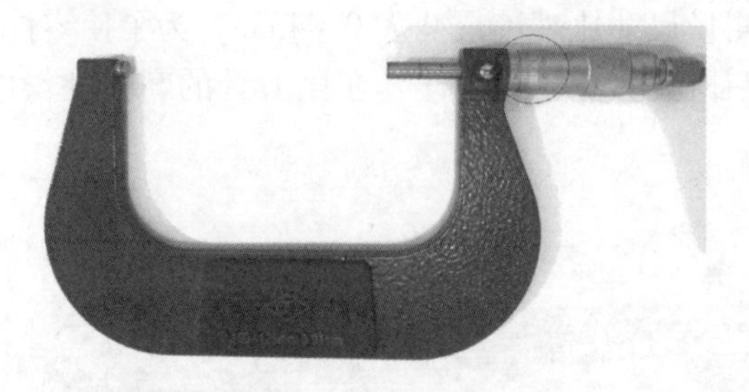

图 6-119　千分尺测得尺寸 120.54mm

刀偏　O1200 N00086

号.	形状(H)	磨损(H)	形状(D)	磨损(D)
001	-190.112	0.000	5.000	-0.020
002	-123.025	0.000	0.000	0.000
003	-136.040	0.000	0.000	0.000
004	-235.050	0.000	0.000	0.000
005	0.000	0.000	0.000	0.000
006	0.000	0.000	0.000	0.000
007	0.000	0.000	0.000	0.000
008	0.000	0.000	0.000	0.000

相对坐标　X　-37.103　Y　-21.490
Z　150.014

A)

S　0 T0000

MEM　****　***　***　|14:17:27|

(号搜索 | | C输入 | +输入 | 输入 | +

图 6-120　1 号 D 磨损“-0.02”

经过精加工后再去测量该尺寸数值，如尺寸落在公差带中表明合格，如还有余量则利用同样方法继续补偿并再次进行精加工。

提示：非批量加工时该工序加工结束后需要将磨损更改为 0。

3. 孔径尺寸（塞规）的测量与调试

以 2×ϕ10mmH7 孔径尺寸为例，为了保证孔径 H7 的精度，加工工艺为钻孔、扩孔、铰孔等，在用 ϕ9.6 钻头进行扩孔后需用 H7 精度的铰刀进行铰孔，由于该尺寸精度要求相对较高且孔径较小，不适应用内径千分尺进行测量，本案例采用 ϕ10mmH7 的塞规进行检验。

为了保证孔径尺寸的精度，在进行铰孔前，应进行钻孔、扩孔工艺，扩孔至 ϕ9.7mm 左右即可，铰孔加工前需对铰刀进行打表，校正其径向跳动度、与机床工作台垂直度等。

提示：铰孔时，为了保证孔径尺寸精度，试铰深度可设定 5mm 左右，并利用塞规进行精度检验，如不合格，结合实际情况进行调整。合格后再按图样深度进行铰孔加工。

4. 圆弧尺寸（圆弧规）测量与调试

以 4×R5mm 圆弧尺寸为例，分析该圆弧为自由公差，加工精度要求不高，一般没有精度的圆弧通过粗铣、精铣就能保证其加工精度，一般而言用相应的半径规进行效验即可。检测方法用眼观察透光即可，如图 6-121~图 6-123 所示。

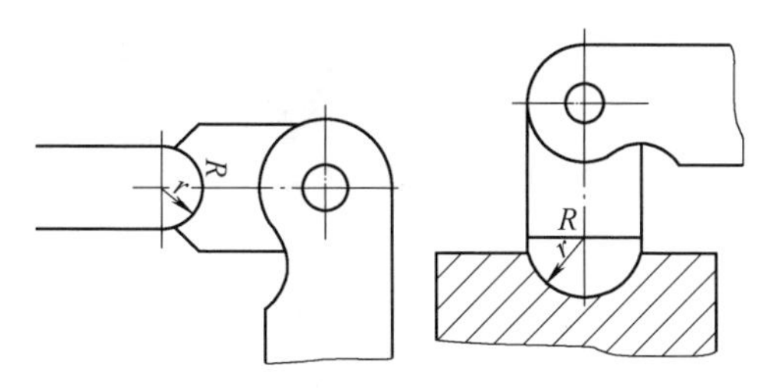

图 6-121　工件圆弧与半径规圆弧基本一致

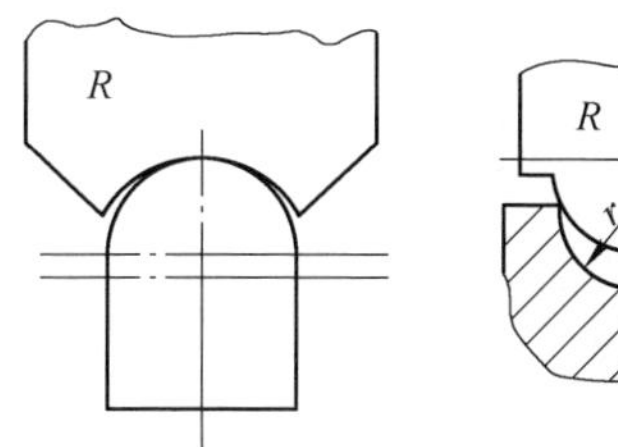

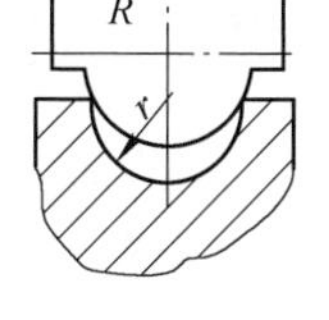

图 6-122　工件圆弧小于半径规圆弧

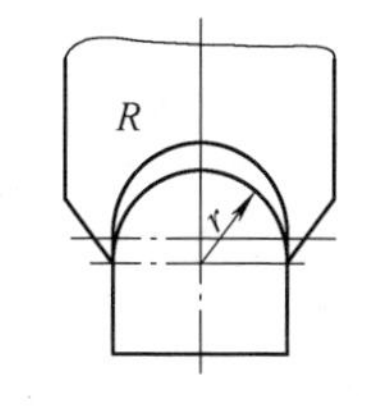

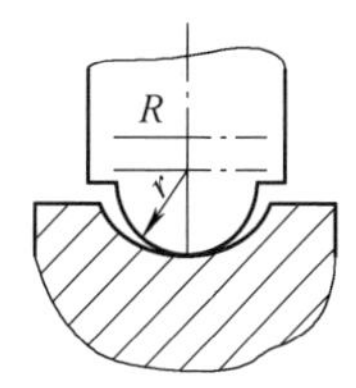

图 6-123　工件圆弧大于半径规圆弧

5. 厚度尺寸（外径千分尺）测量与调试

以零件厚度尺寸（30mm）为例，虽然该尺寸为自由公差，但为了保证上下底面平行度（0. 02mm）的要求，在调头装夹工件时，需借助铜棒、塞尺等辅助工具对工件进行辅助装夹。利用端面铣刀铣削完平面后，利用 26~50mm 的外径千分尺，对工件四个角进行测量。要求最大尺寸、最小尺寸误差控制在平行度的 2/3 以内为佳，通过试切后再进行测量是否符合要求，如不符合要求，还需要借助铜棒、塞尺等辅助工具进行调整、端面铣刀再次进行切削等。

调试达到要求后以端面铣刀将厚度的多余尺寸进行切除，保留精加工尺寸 0. 3~0. 5mm 为佳，再通过外径千分尺进行检验，最后实现尺寸误差至厚度尺寸公差范围内。

6. 孔径尺寸（内径千分尺）的测量与调试

以 27mm 孔径尺寸为例，为了保证孔径下极限偏差为 0，上极限偏差为 +0. 021mm的尺寸精度，加工工艺为粗铣、精铣等，在粗铣后需对孔径进行测量，由于该尺寸精度要求相对高，因此选用内径千分尺进行测量即可，规格为 6~30mm。测量的尺寸如图 6-124 所示，读出该尺寸为 27. 54mm（编程时粗加工双边余量为 0. 5mm），此时读取的数值应与粗加工后理论数值进行比较（理论粗加工数值为 27. 5mm），实际测量尺寸比理论尺寸大 0. 04mm，为了使零件尺寸处于公差带中间，应给数控系统补偿-0. 02mm 为佳，在该刀具的磨损补偿中输入“-0. 02”，如图 6-125 所示。

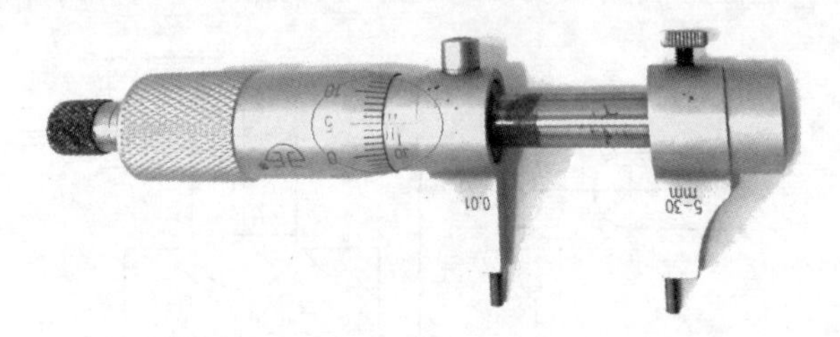

图 6-124　内径千分尺测量尺寸 27. 54mm

刀偏　　　　O1001 N00000

号.	形状(H)	磨损(H)	形状(D)	磨损(D)
009	-124. 360	0. 000	8. 000	-0. 020
010	0. 000	0. 000	0. 000	0. 000
011	0. 000	0. 000	0. 000	0. 000
012	0. 000	0. 000	0. 000	0. 000
013	0. 000	0. 000	0. 000	0. 000
014	0. 000	0. 000	0. 000	0. 000
015	0. 000	0. 000	0. 000	0. 000
016	0. 000	0. 000	0. 000	0. 000

相对坐标　X　0. 001　Y　0. 000
　　　　　Z　0. 000

A)

S　0 T0000

编辑 **** *** ***　09:36:53

刀偏　设定　坐标系　(操作)　+

图 6-125　9 号 D 磨损“-0. 02”

经过精加工后再去测量该尺寸数值，如尺寸落在公差带中表明合格，如还有余量则利用同样方法继续补偿并再次进行精加工。

7. 深度尺寸（深度游标卡尺）的测量与调试

以 10mm 尺寸为例，为了保证深度±0. 05mm 的尺寸精度，加工工艺为粗铣、精铣等，在粗加工后需对深度进行测量，由于该尺寸精度要求不高，因此选用深度游标卡尺进行测量，规格为 0~150mm。测量的尺寸如图 6-126 所示，读出该尺寸为 9. 82mm，编程时粗加工余量为 0. 1mm，此时读取的数值应与粗加工后理论数值进行比较（理论粗加工数值为 9. 9），实际测量尺寸比理论尺寸小 0. 08mm，为了使零件尺寸处于公差带中间，应给数控系统补偿 0. 08mm，在该刀具的 H 磨损补偿中输入“-0. 08”，如图 6-127 所示。

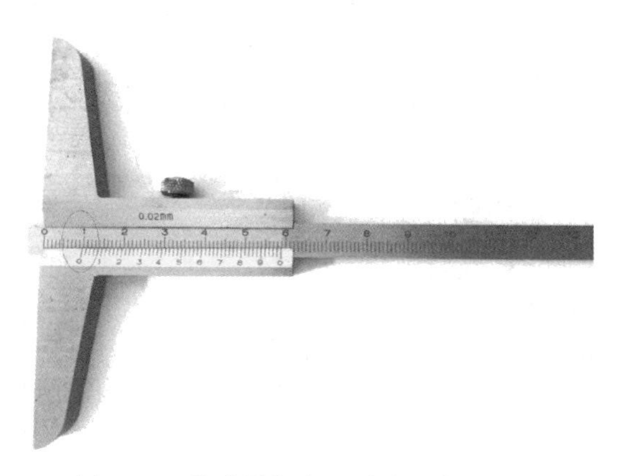

图 6-126　深度游标卡尺测量尺寸“9. 82”

刀偏　　　　O0000 N00000

号.	形状(H)	磨损(H)	形状(D)	磨损(D)
009	-124. 360	-0. 080	8. 000	0. 000
010	0. 000	0. 000	0. 000	0. 000
011	0. 000	0. 000	0. 000	0. 000
012	0. 000	0. 000	0. 000	0. 000
013	0. 000	0. 000	0. 000	0. 000
014	0. 000	0. 000	0. 000	0. 000
015	0. 000	0. 000	0. 000	0. 000
016	0. 000	0. 000	0. 000	0. 000

相对坐标　X　0. 001　Y　0. 000
Z　0. 000

A)

S　0 T0000

MDI　**** *** ***　|09:39:43|

(号搜索　　C输入　+输入　输入　+

图 6-127　9 号 H 磨损“-0. 08”

经过精加工后再去测量该尺寸，如尺寸误差在公差带中表明合格，如还有余量则利用同样方法继续补偿并再次进行精加工。

简　答　题

1. 简述 CAXA 制造工程师与数控铣床设备进行联机调试的完整流程。

2. 简述图 6-128 所示零件图的加工工艺，并完成加工工艺卡的制定。

3. 如何利用偏心式寻边器对零件进行分中（对刀）操作，试简述长方形毛坯、圆形毛坯对刀的步骤。

4. 在数控铣削过程中为了保证加工精度，需要用量具对粗加工、精加工后的零件进行测量，以调试出合格的零件，试以某个实例简述调试过程。

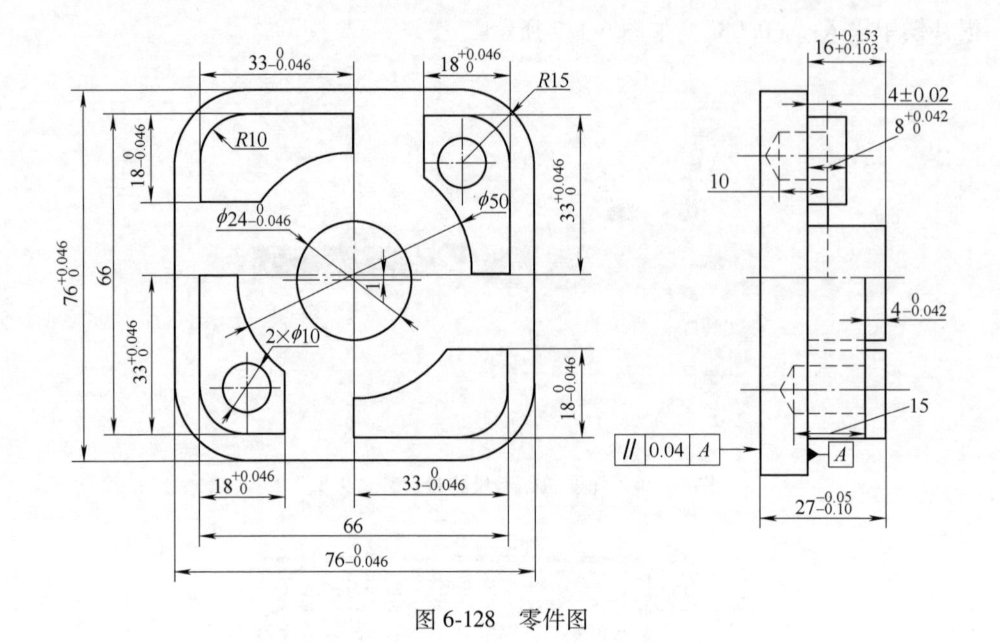
33-0.046
18+0.046
R15
R10
18-0.046
ϕ24-0.046
ϕ50
33+0.046
76+0.046
66
33+0.046
2×ϕ10
18-0.046
18+0.046
33-0.046
66
76-0.046
16+0.153 +0.103
4±0.02
8+0.042
10
4-0.042
15
0.04 A
A
27-0.05 -0.10

图 6-128　零件图

第7章 CAXA制造工程师编程练习题

1. 中等难度练习（图 7-1～图 7-4）

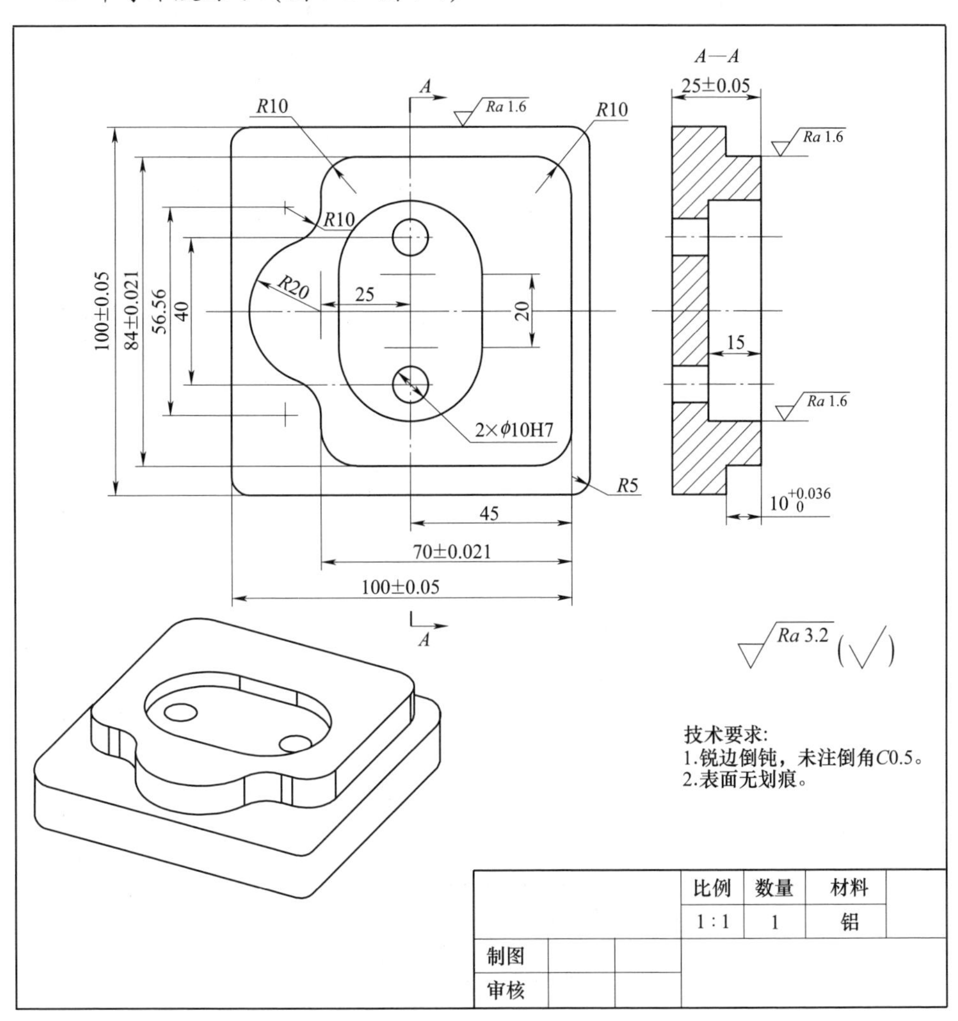

图 7-1

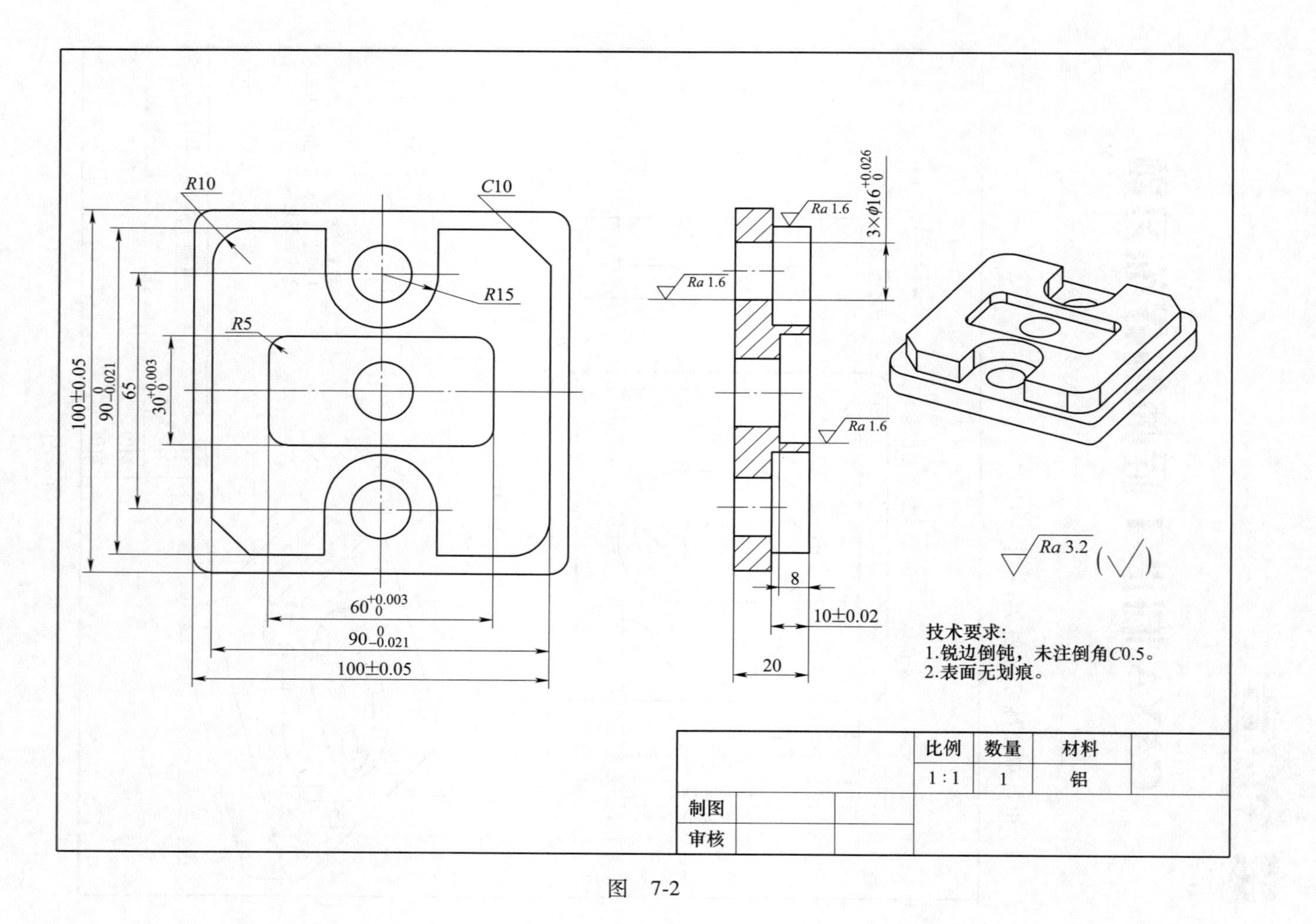

R10
C10
R15
R5
100±0.05
$90^{0}_{-0.021}$
65
$30^{+0.003}_{0}$
$60^{+0.003}_{0}$
$90^{0}_{-0.021}$
100±0.05
$3\times\phi16^{+0.026}_{0}$
Ra 1.6
Ra 1.6
Ra 1.6
8
10±0.02
20
Ra 3.2 (√)
技术要求:
1.锐边倒钝，未注倒角C0.5。
2.表面无划痕。
比例
数量
材料
1:1
1
铝
制图
审核

图 7-2

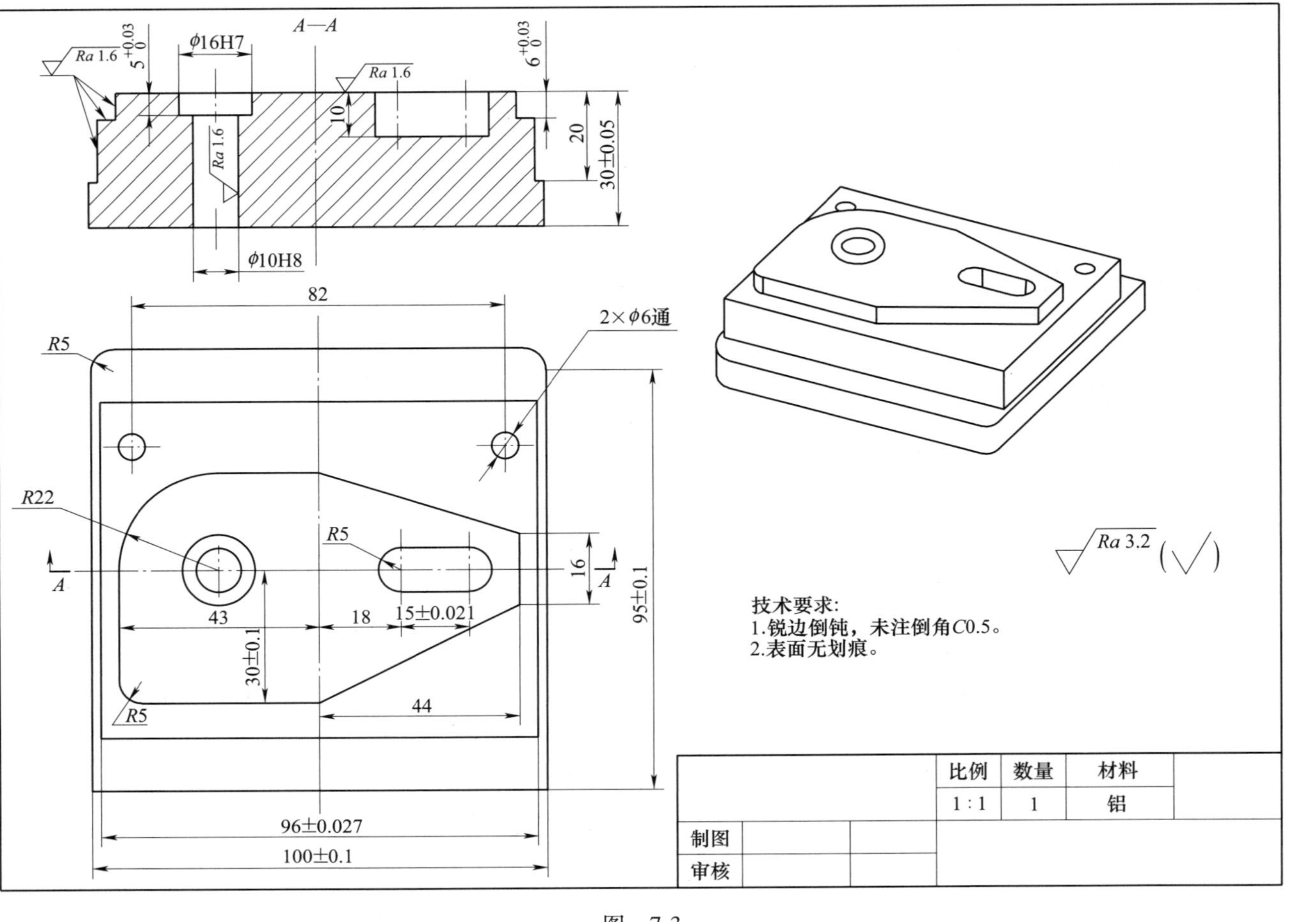
A—A
Ra 1.6
$5^{+0.03}_{0}$
φ16H7
Ra 1.6
$6^{+0.03}_{0}$
10
Ra 1.6
20
30±0.05
φ10H8
82
R5
2×φ6通
R22
R5
A
16
A
95±0.1
43
18
15±0.021
30±0.1
R5
44
96±0.027
100±0.1
Ra 3.2
技术要求:
1.锐边倒钝，未注倒角C0.5。
2.表面无划痕。
比例
数量
材料
1:1
1
铝
制图
审核

图 7-3

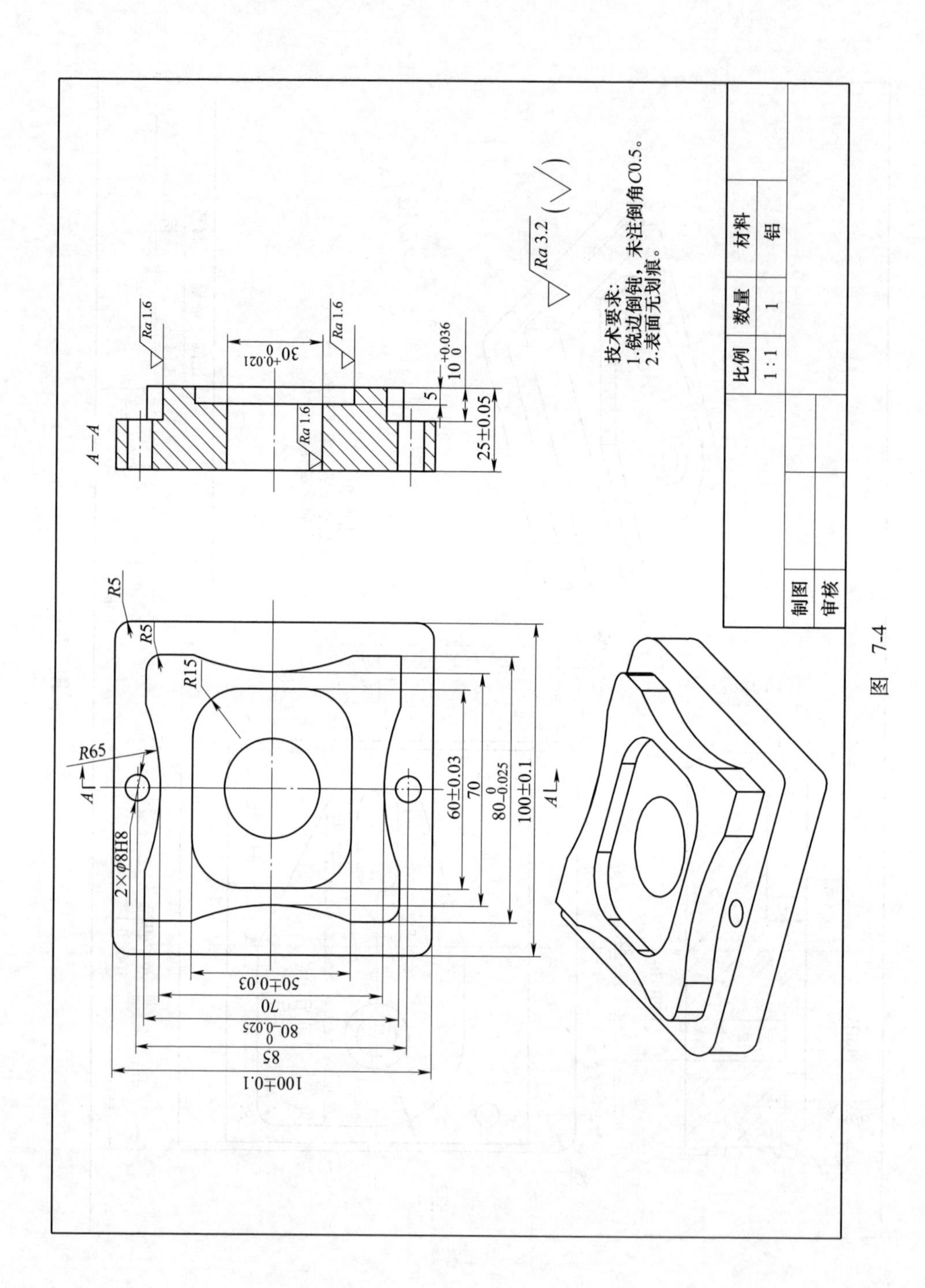

图 7-4

2. 复杂轮廓练习（图 7-5~图 7-8）

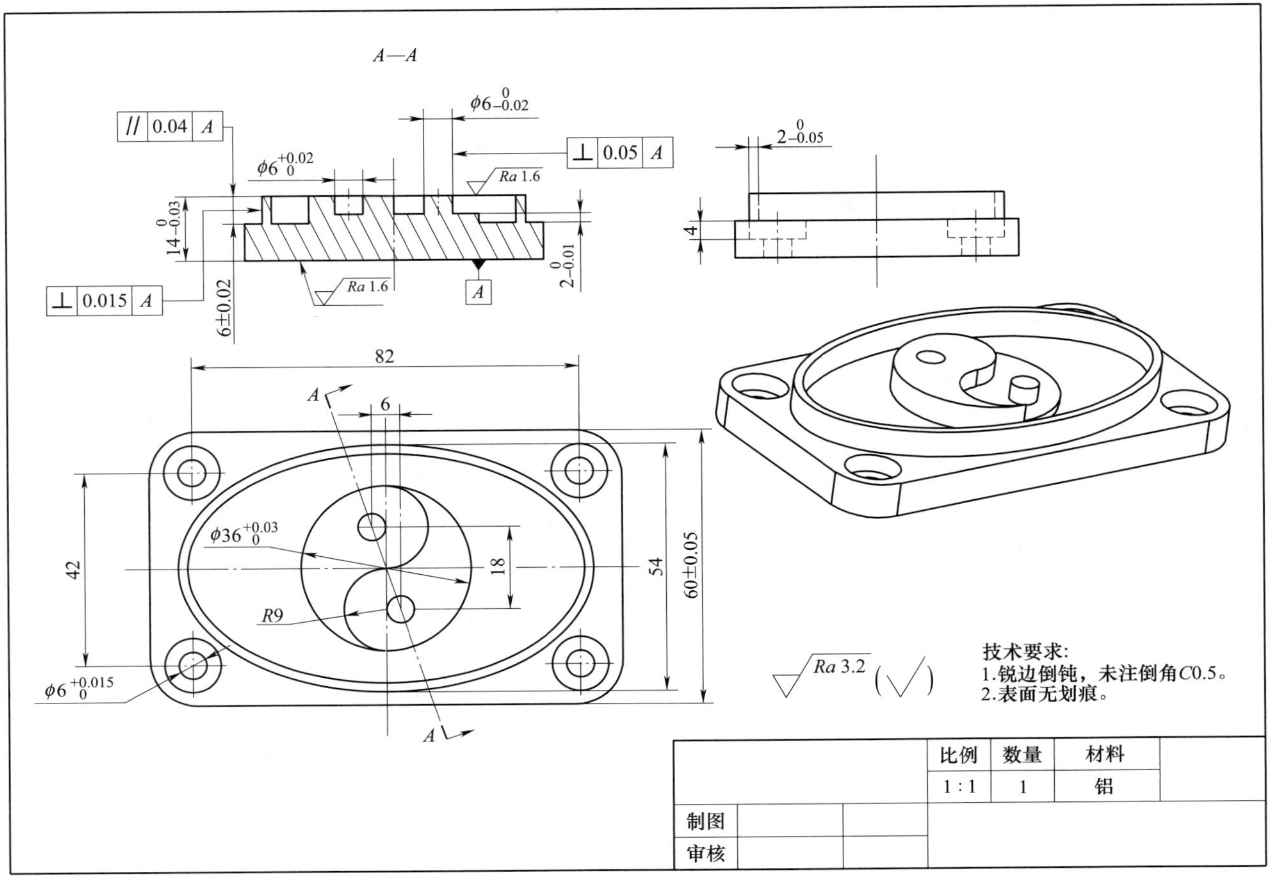

A—A

$\sqrt{Ra\,3.2}$ ($\surd$)

技术要求:
1.锐边倒钝，未注倒角C0.5。
2.表面无划痕。

		比例	数量	材料	
		1 : 1	1	铝	
制图					
审核					

图 7-5

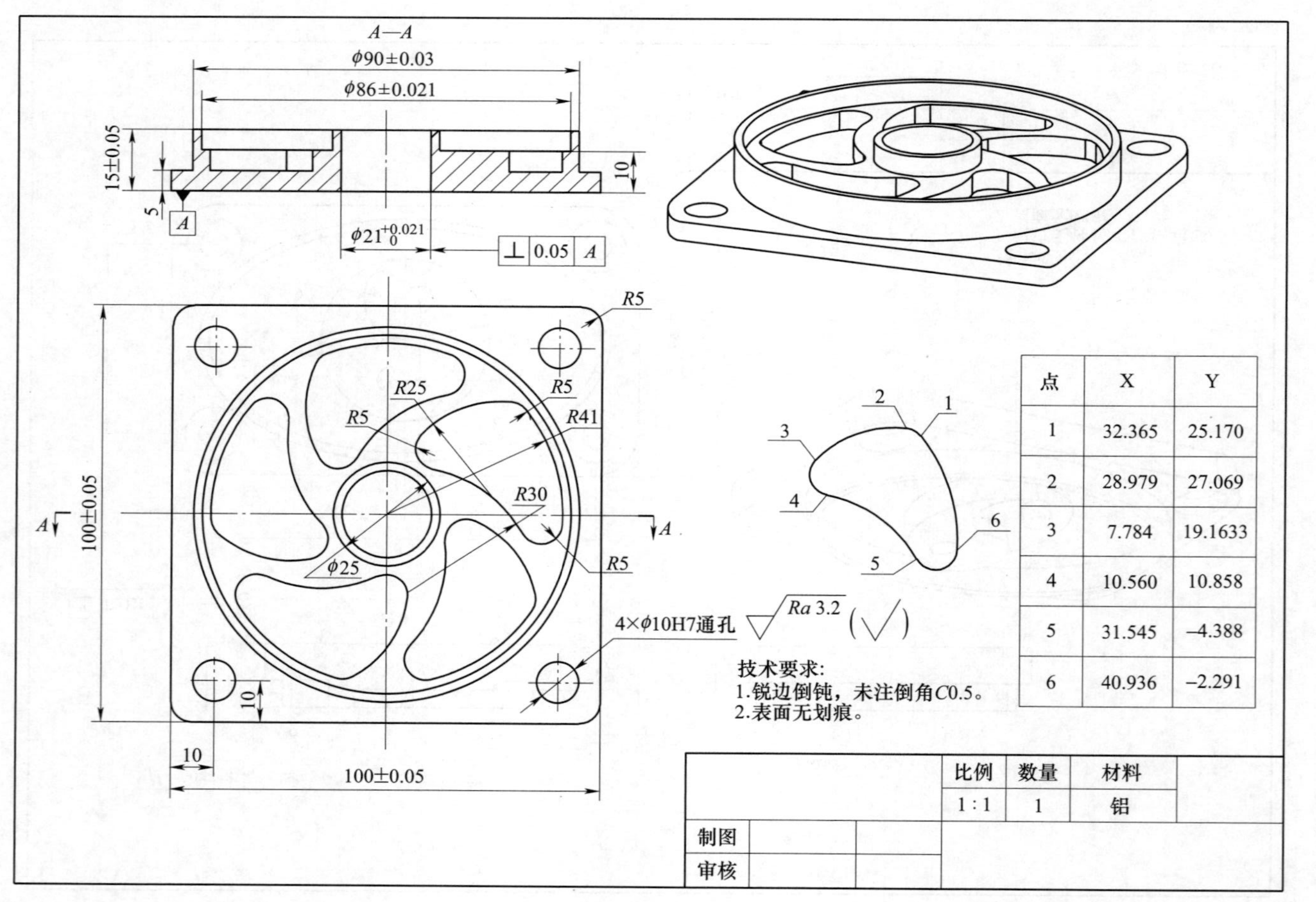

点	X	Y
1	32.365	25.170
2	28.979	27.069
3	7.784	19.1633
4	10.560	10.858
5	31.545	-4.388
6	40.936	-2.291

图 7-6

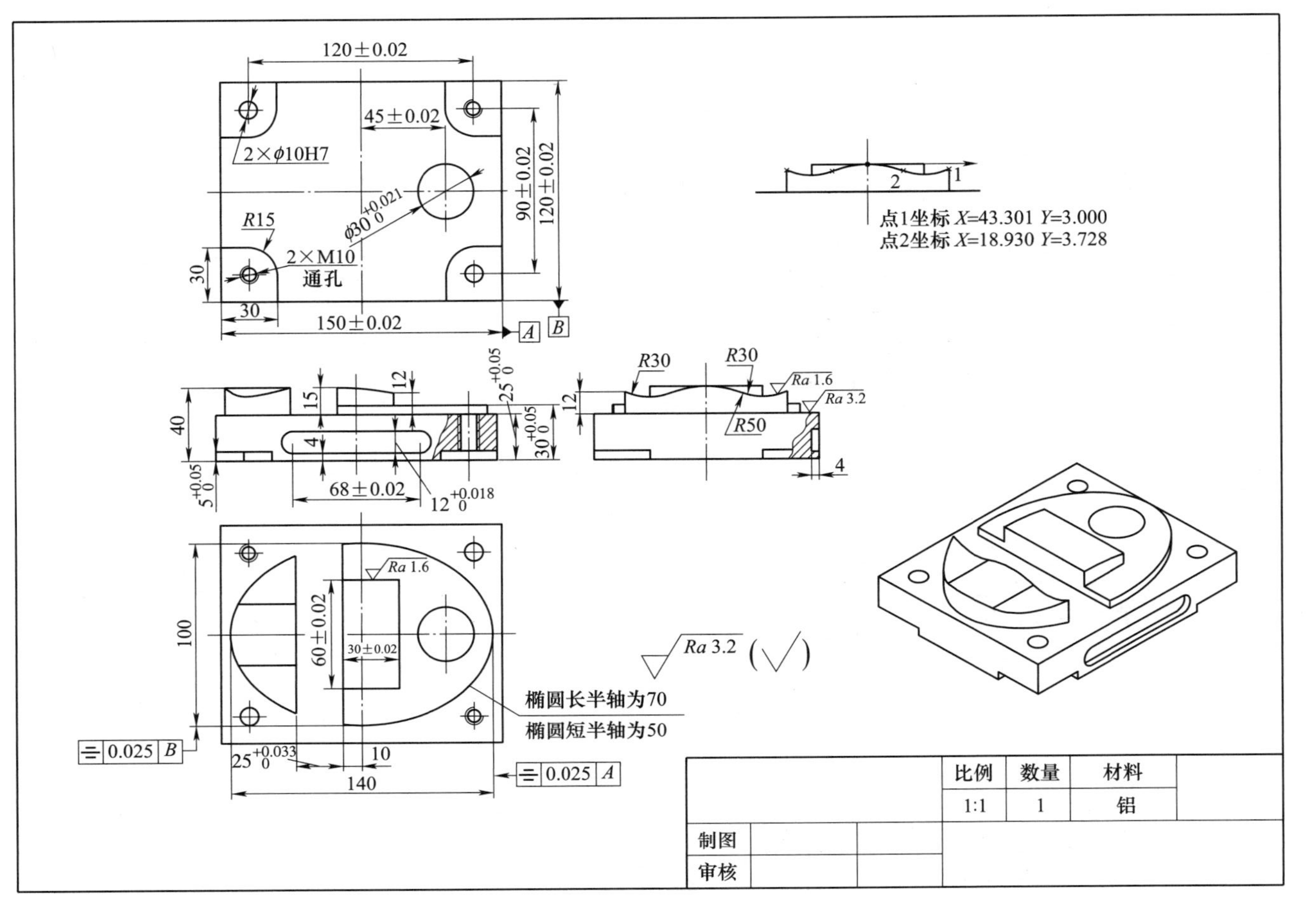
120±0.02
45±0.02
2×φ10H7
90±0.02
120±0.02
R15
2×M10
通孔
150±0.02
点1坐标 X=43.301 Y=3.000
点2坐标 X=18.930 Y=3.728
R30
R30
R50
Ra 1.6
Ra 3.2
68±0.02
60±0.02
30±0.02
100
140
Ra 3.2 (√)
椭圆长半轴为70
椭圆短半轴为50
0.025 B
0.025 A
比例
数量
材料
1:1
1
铝
制图
审核

图 7-7

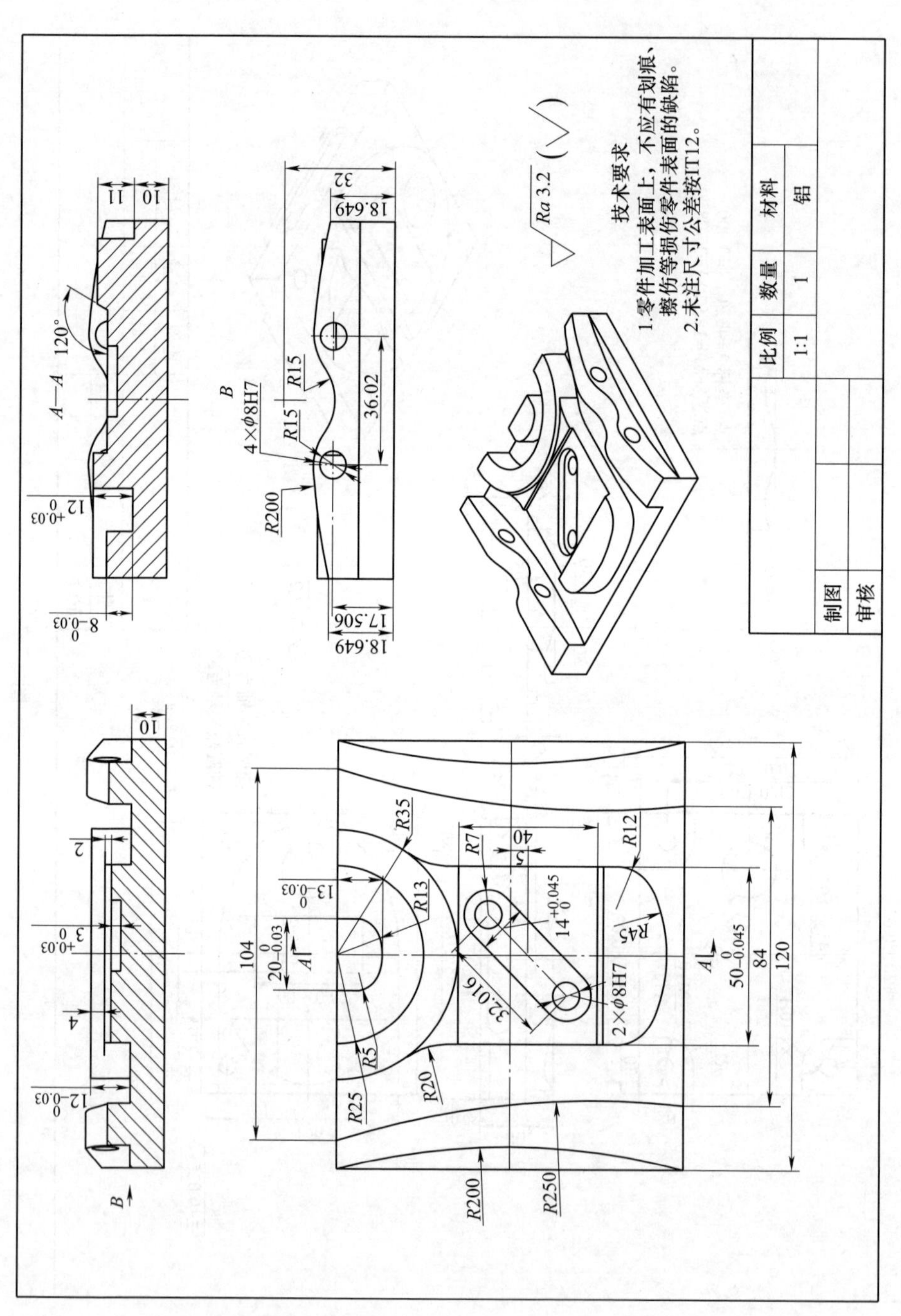
A—A
B
技术要求
1.零件加工表面上，不应有划痕、擦伤等损伤零件表面的缺陷。
2.未注尺寸公差按IT12。
比例
数量
材料
1:1
1
铝
制图
审核

图 7-8

3. 技能竞赛练习（图 7-9~图 7-16）

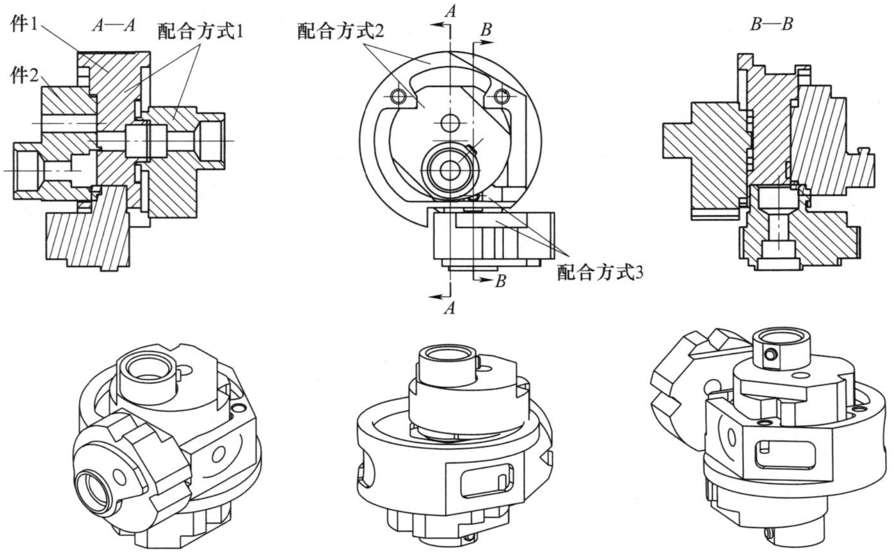

件1　件2　A—A　配合方式1

配合方式2　A　B　配合方式3

B—B

技术要求：

1.配合方式1：件1与件2通过$\phi28$的孔和圆柱配合后可以转动，凸轮侧面与$\phi68.25$直径的孔间隙均匀。

2.配合方式2：件1与件2通过燕尾形式配合，保证配合间隙0.1～0.25。

3.配合方式3：件2的外圆柱旋入件1的孔后，转动90°，件1薄壁变形，$\phi8$圆柱可以卡入$R4$的圆内。

制图				1:2
校核				

图　7-9

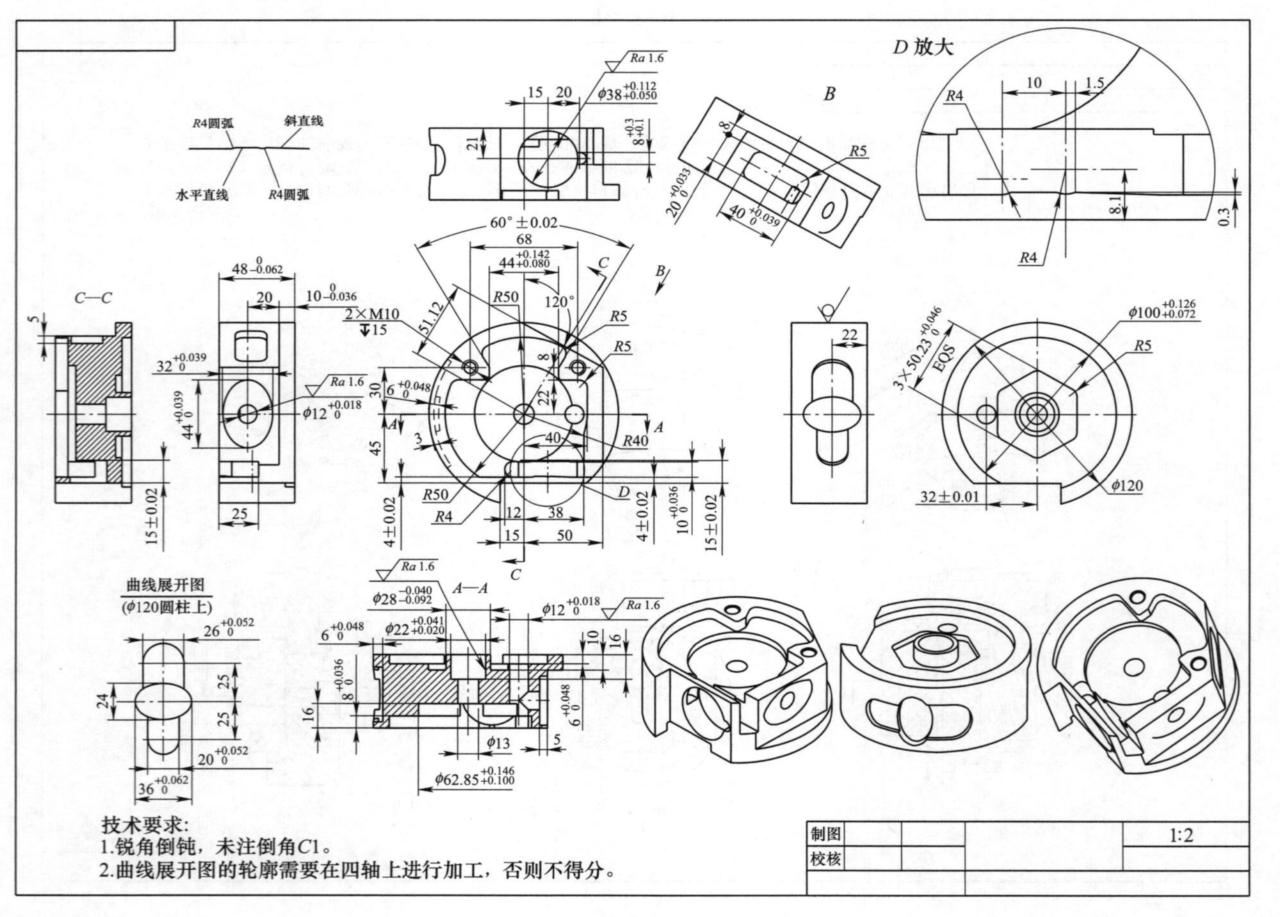
D放大
B
C—C
A—A
R4圆弧
斜直线
水平直线
R4圆弧
曲线展开图
(ϕ120圆柱上)
技术要求:
1.锐角倒钝，未注倒角C1。
2.曲线展开图的轮廓需要在四轴上进行加工，否则不得分。
制图
校核
1:2

图 7-10

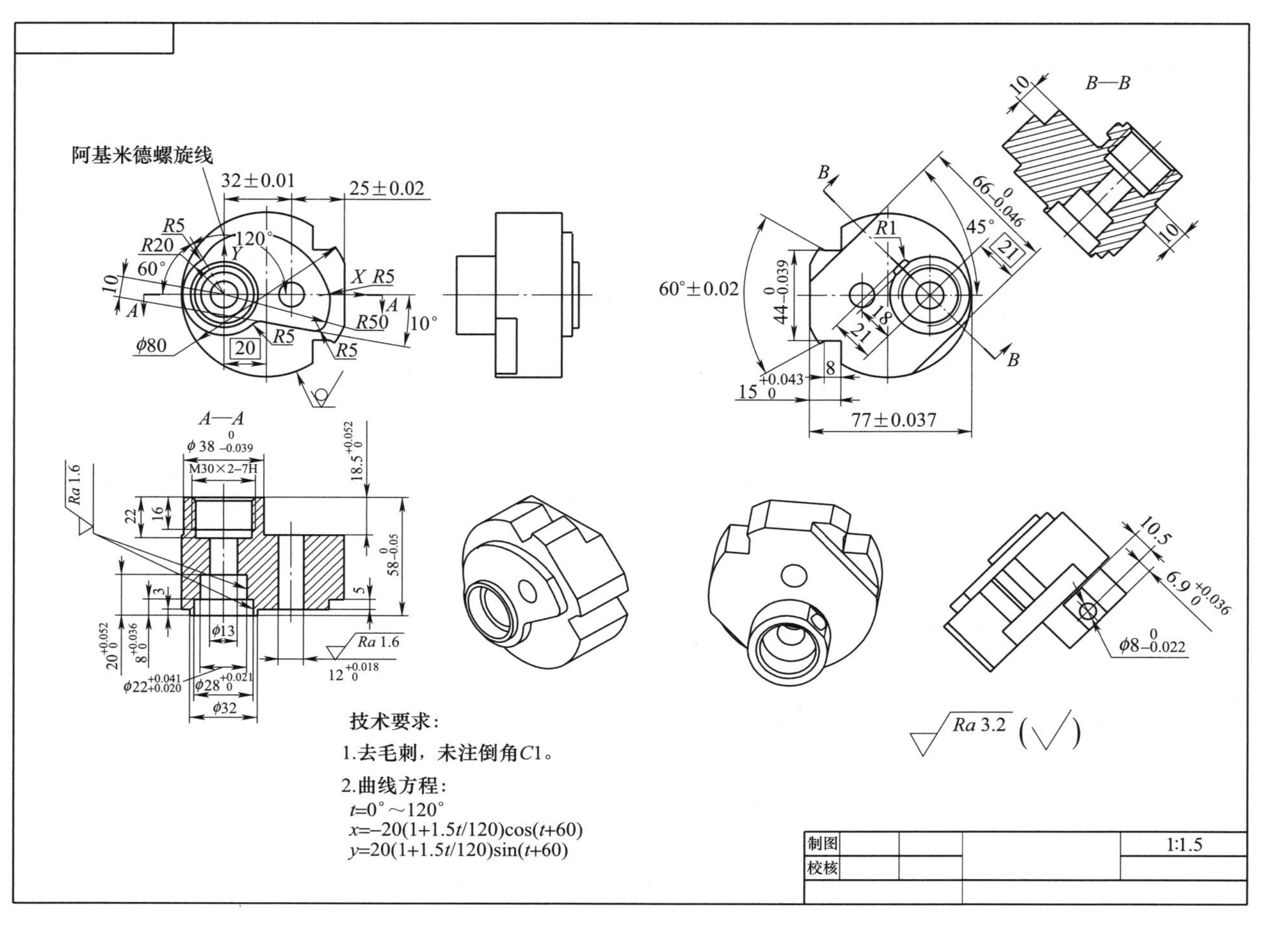
阿基米德螺旋线
A—A
B—B
M30×2-7H
技术要求：
1.去毛刺，未注倒角C1。
2.曲线方程：
t=0°～120°
x=−20(1+1.5t/120)cos(t+60)
y=20(1+1.5t/120)sin(t+60)
制图
校核
1:1.5

图 7-11

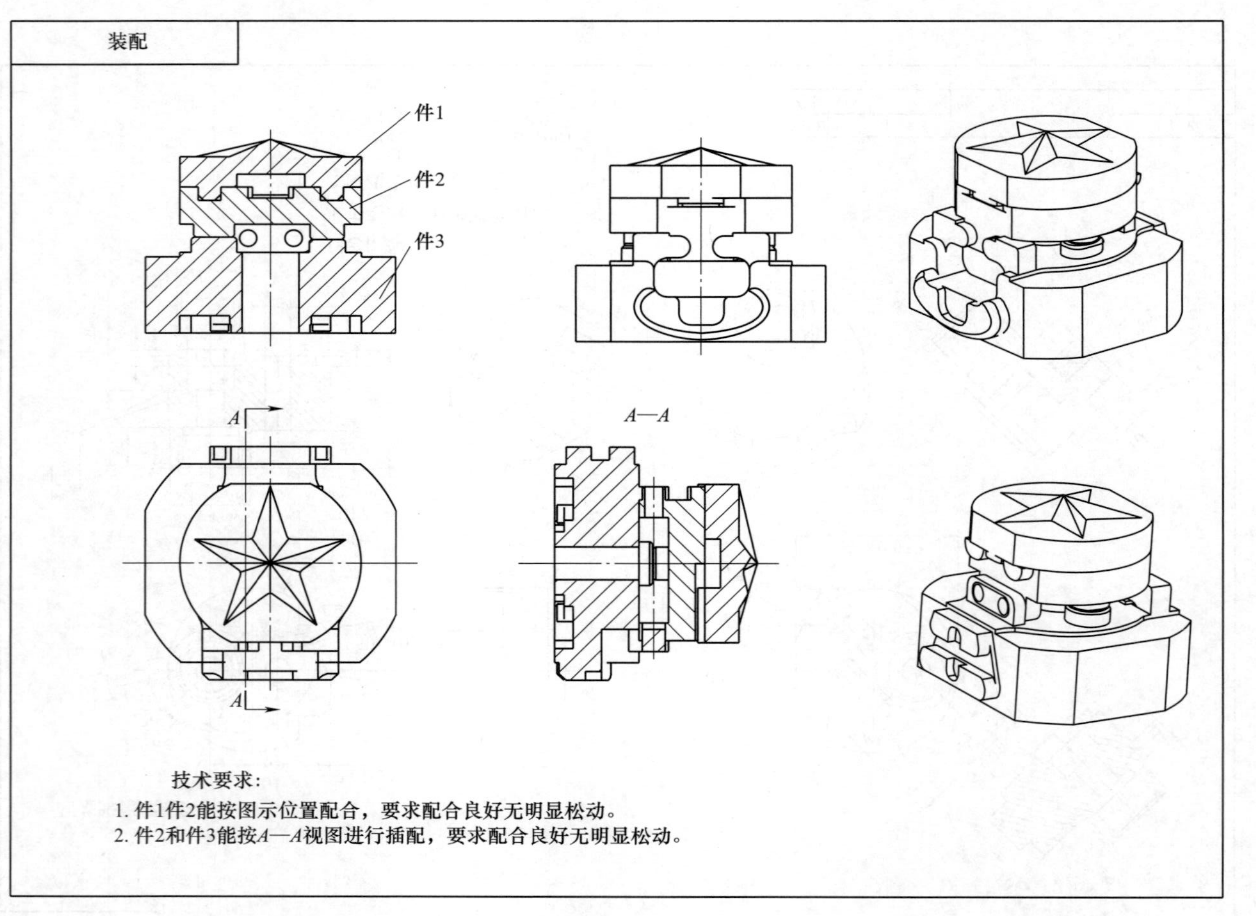
装配
件1
件2
件3
A
A
A—A
技术要求：
1. 件1件2能按图示位置配合，要求配合良好无明显松动。
2. 件2和件3能按A—A视图进行插配，要求配合良好无明显松动。

图 7-12

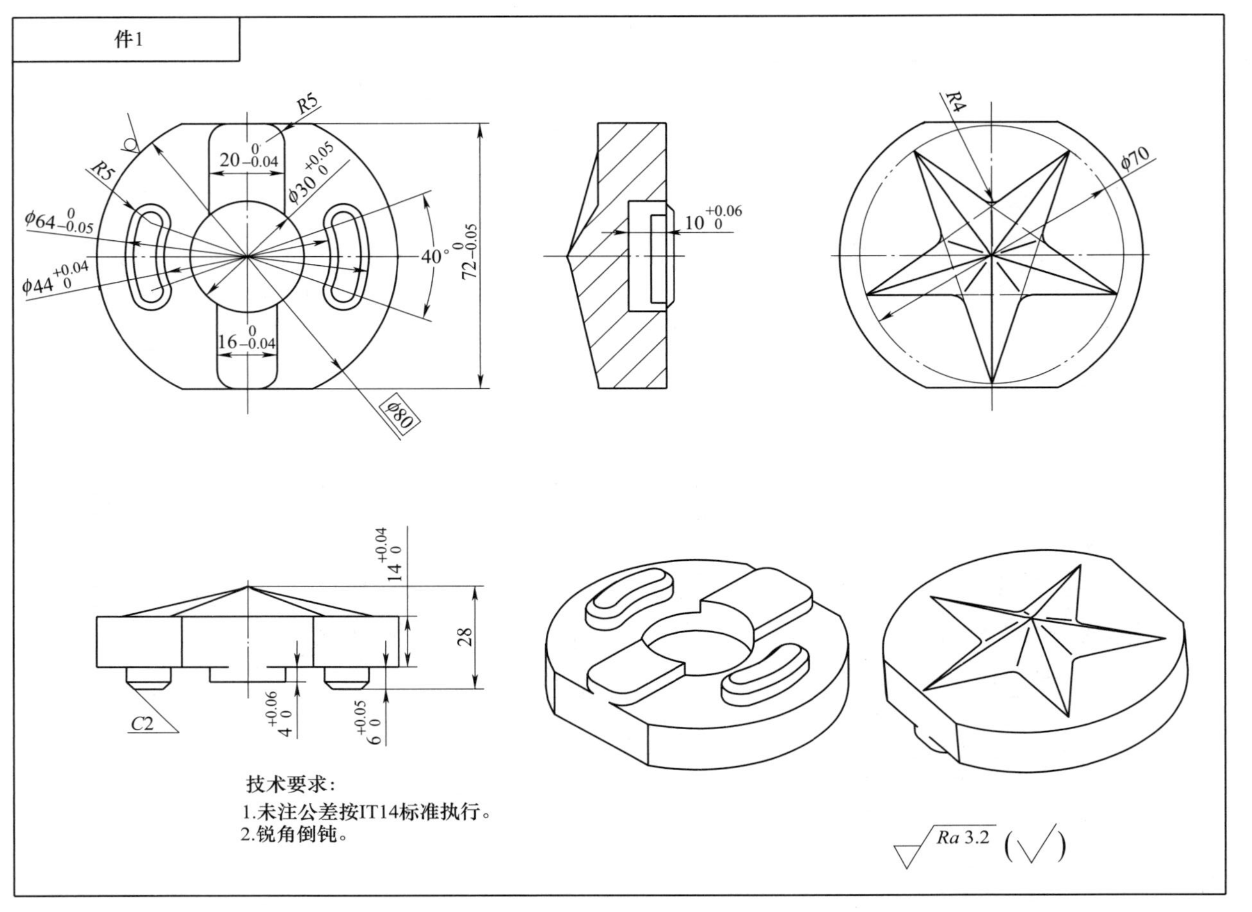
件1
R5
R5
$20_{-0.04}^{0}$
$\phi30_{0}^{+0.05}$
$\phi64_{-0.05}^{0}$
$\phi44_{0}^{+0.04}$
40°
$72_{-0.05}^{0}$
$16_{-0.04}^{0}$
φ80
$10_{0}^{+0.06}$
R4
φ70
$14_{0}^{+0.04}$
28
C2
$4_{0}^{+0.06}$
$6_{0}^{+0.05}$
技术要求：
1.未注公差按IT14标准执行。
2.锐角倒钝。
Ra 3.2 (√)

图 7-13

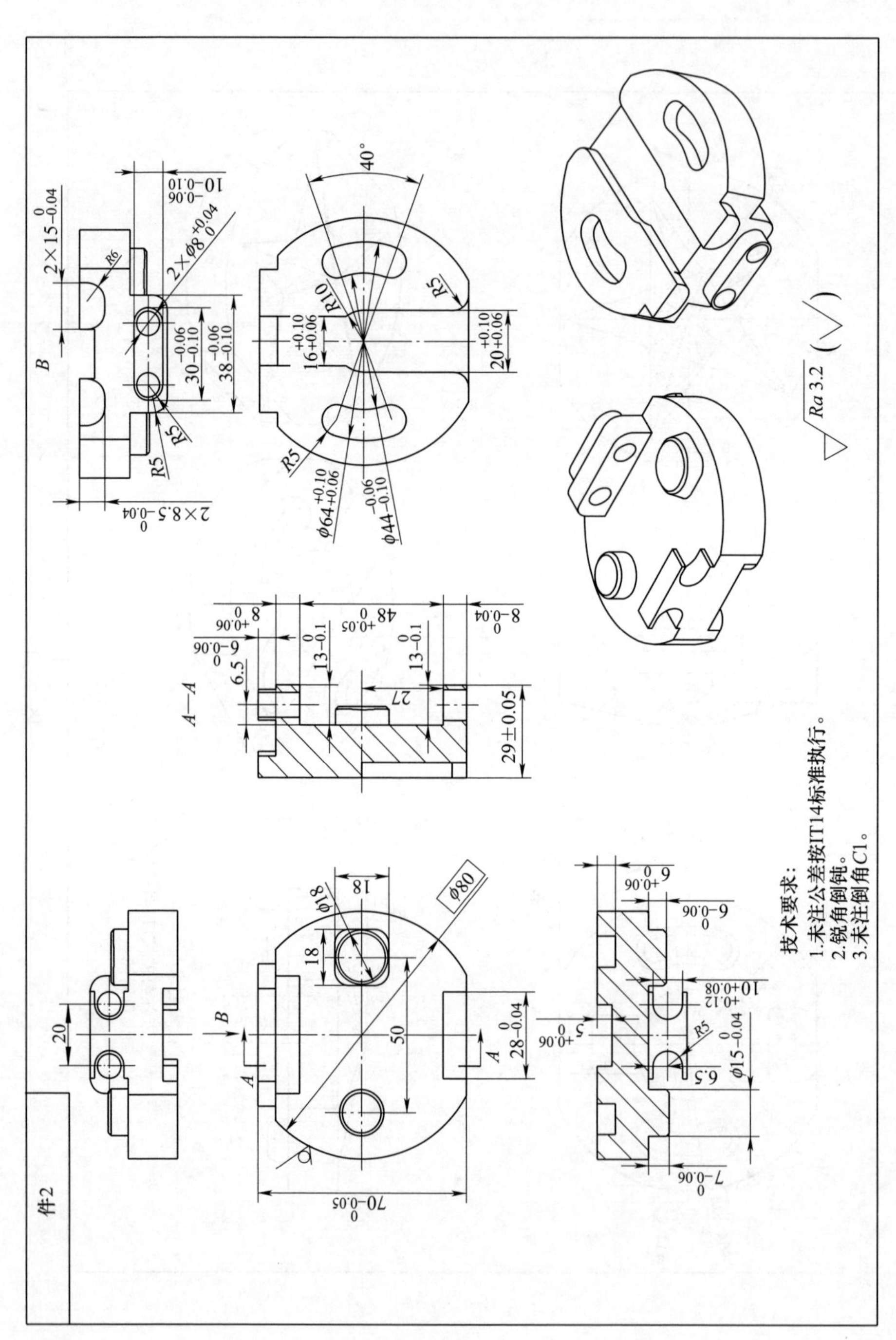

图 7-14

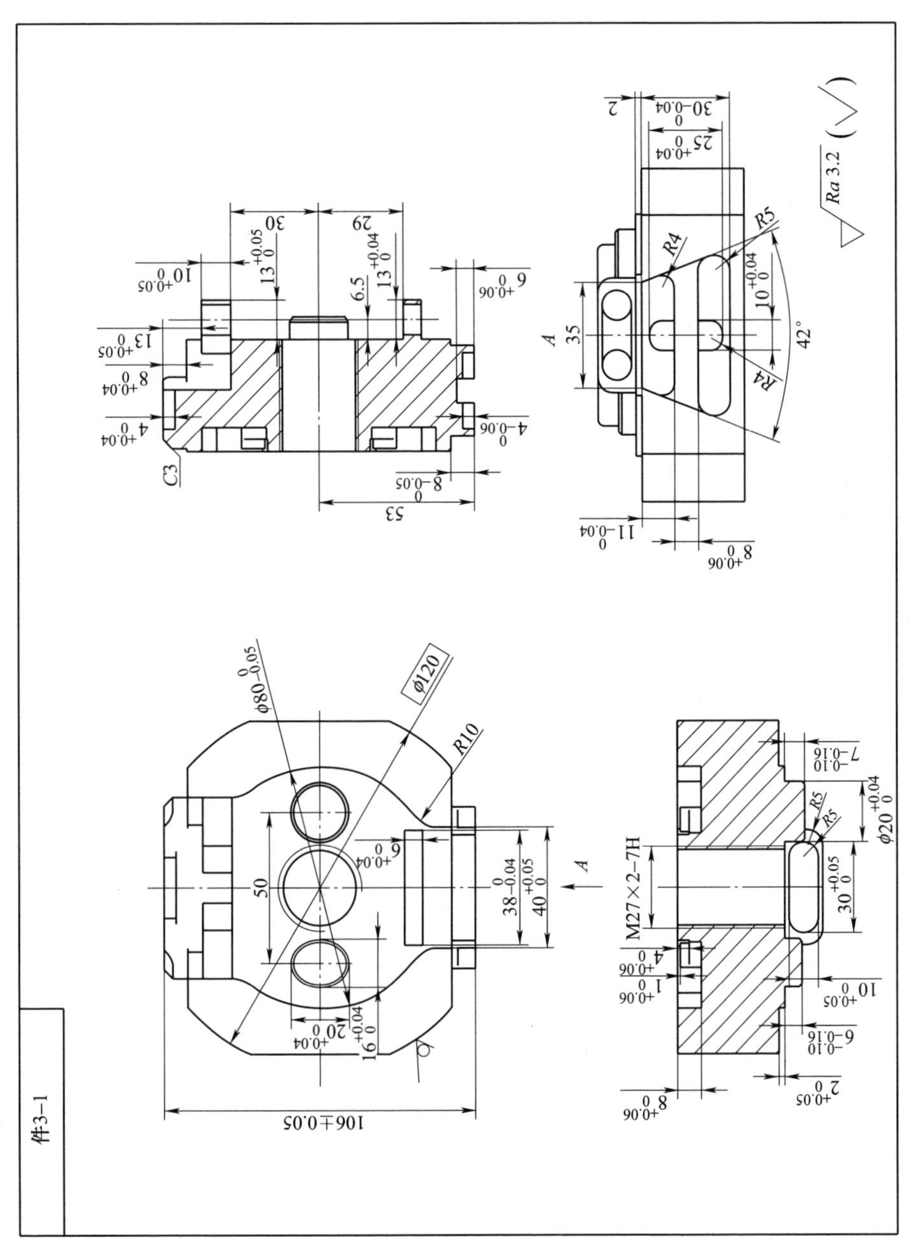

图 7-15

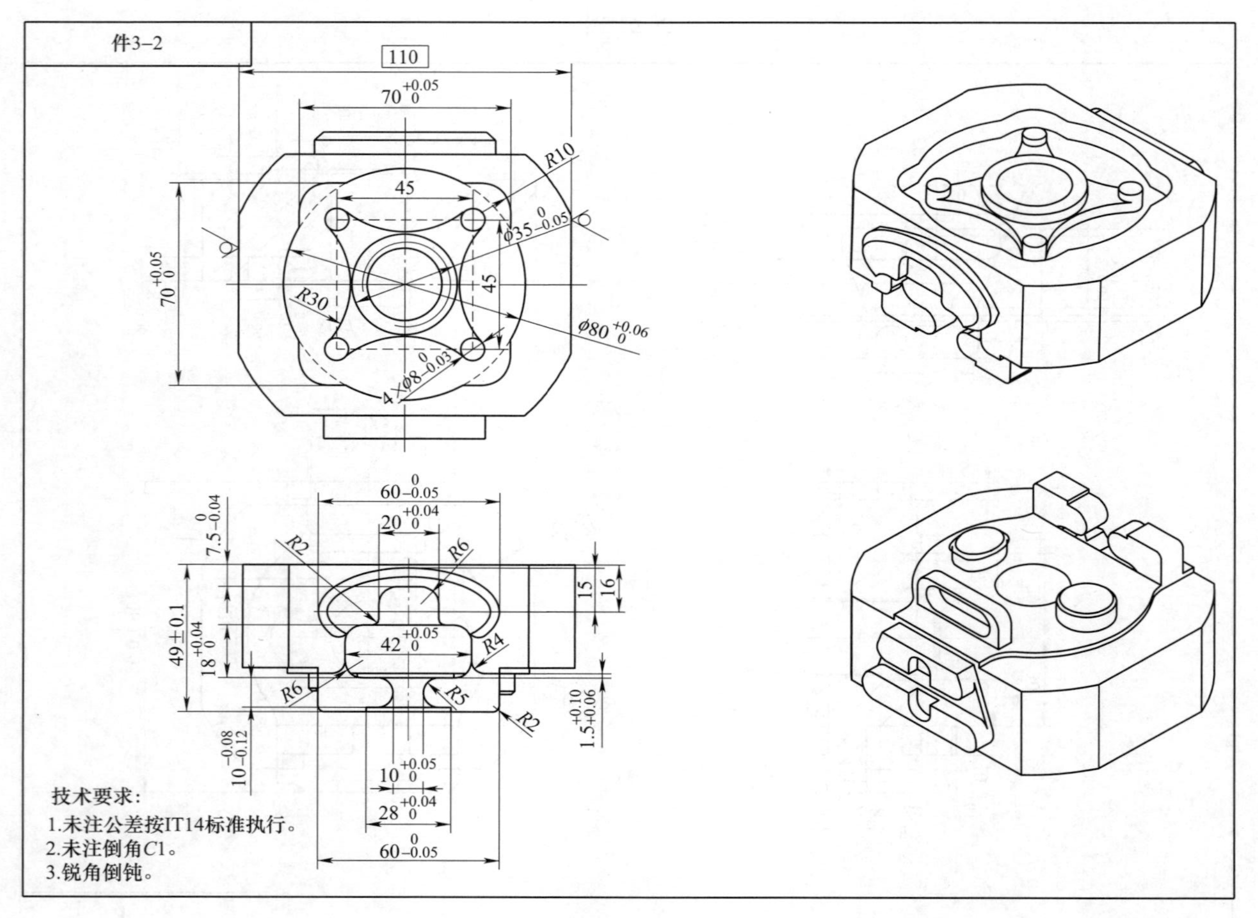

图 7-16

附　　录

附录 A　数控加工技术的常用术语

为了方便读者参阅相关数控技术资料，在此选择了一些常用的数控技术词汇及其英文对应单词。

1）计算机数字控制（Computerized Numerical Control，CNC）——用计算机控制加工功能，实现数字控制。

2）轴（Axis）——机床的部分可以沿着其做直线移动或回转运动的基准方向。

3）机床坐标系（Machine Coordinate System）——固定于机床上，以机床零点为基准的笛卡儿坐标系。

4）机床坐标原点（Machine Coordinate Origin）——机床坐标的原点。

5）工件坐标系（Work-piece Coordinate System）——固定于工件上的笛卡儿坐标系。

6）工件坐标原点（Work-piece Coordinate Origin）——工件坐标的原点。

7）机床零点（Machine Zero）——由机床制造商规定的机床原点。

8）参考位置（Reference Position）——机床启动用的沿着坐标轴上的一个固定点，它可以用机床坐标原点为参考基准。

9）绝对尺寸（Absolute Dimension）/绝对坐标值（Absolute Coordinates）——距一坐标原点的直线距离或角度。

10）增量尺寸（Incremental Dimension）/增量坐标值（Incremental Coordinates）——在一系列点的增量中，各点距前一点的距离或角度值。

11）最小输入增量（Least Input Dimension）——在加工程序中可以输入的最小增量值单位。

12）最小命令增量（Least Command Dimension）——从数值控制装置发出的最小增量单位。

13）插补（Interpolation）——在所需的路径或轮廓线上的两个已知点间，根据某一数学函数（例如：直线、圆弧或高阶函数），确定其多个中间点的位置坐标值的运算过程。

14）直线插补（Line Interpolation）——这是一种插补方式，在此方式中，两点间的插补沿着直线的点群来逼近，沿直线控制刀具的运动。

15）圆弧插补（Circular Interpolation）——这是一种插补方式，在此方式中，根据两端点的插补数字信息，计算出逼近实际圆弧的点群，控制刀具沿这些运动，加工出圆弧曲线。

16）顺时针圆弧（Clockwise Arc）——刀具参考点围绕轨迹中心，按负角度方向旋转所形成的轨迹。

17）逆时针圆弧（Counter-clockwise Arc）——刀具参考点围绕轨迹中心，按正角度方向旋转所形成的轨迹。

18）手工零件编辑（Manual Part Programming）——手工进行零件加工程序的编制。

19）计算机零件编辑（Computer Part Programming）——用计算机和适当的通用处理程序以及后置处理程序准备零件程序，得到加工程序。

20）绝对编程（Absolute Programming）——用表示绝对尺寸的控制字进行编程。

21）增量编程（Incremental Programming）——用表示增量尺寸的控制字进行编程。

22）字符（Character）——用于表示某一组织或控制数据的一组元素符号。

23）控制字符（Control Character）——出现于特定的信息文本中，表示某一控制功能的字符。

24）地址（Address）——一个控制字开始的字符或一组字符，用以辨认其后的数据。

25）程序段格式（Block Format）——字、字符和数据字在一个程序中的安排。

26）指令码（Instruction Code）——计算机指令代码，机器语言，用来表示指令的代码。

27）程序号（Program Number）——以号码识别加工程序时，在每一程序的前端制定的编号。

28）程序名（Program Name）——以名称识别加工程序时，在每一程序指定的名称。

29）指令方式（Command Mode）——指令的工作方式。

30）程序段（Block）——程序中为了实现某种操作的一组指令的集合。

31）零件程序（Part Program）——在自动加工中，为了使自动操作有效，按某种语言或某种格式书写的顺序指令集。零件程序是写在输入介质上的加工程序：也可以是为计算机准备的输入并经处理后得到的加工程序。

32）加工程序（Machine Program）——在自动加工控制系统中，按自动控制语言和格式书写的指令集。这些指令集、记录在适当的输入介质上，完全能实现直接的操作。

33）程序结束（End of Program）——指出工件加工结束的辅助功能。

34）数据结束（End of Date）——程序段的所有命令执行完成后，使主轴功能和其他功能（例如冷却功能）均被删除的辅助功能。

35）准备功能（Preparatory）——使机床或控制系统建立加工功能方式的命令。

36）辅助功能（Miscellaneous Function）——控制机床或系统的开关功能的一种命令。

37）刀具功能（Tool Function）——依据相应的格式规范，识别或调入刀具及与之有关功能的技术说明。

38）进给功能（Feed Function）——定义进给速度技术规范的命令。

39）主轴速度功能（Spindle Speed Function）——定义主轴速度技术规范的命令。

40）进给保持（Feed Hold）——在加工程序执行期间，暂时中断进给的功能。

41）刀具轨迹（Tool Path）——切削刀具上规定点走过的轨迹。

42）零点偏置（Zero Offset）——数控系统的一种特征。它允许数控测量系统的原点在指定范围内相对于机床零点移动，但其永久零点则存在数控系统中。

43）刀具偏置（Tool Offset）——在一个加工程序的全部或指定部分，施加于机床坐标系轴上的相对位移。该轴的位移方向由偏置值的正负来确定。

44）刀具长度偏置（Tool Length Offset）——在刀具长度方向上的偏置。

45）刀具半径补偿（Tool Radius Offset）——刀具在两个坐标方向的刀具偏置。

46）刀具半径补偿（Cutter Compensation）——垂直于刀具轨迹的位移，用来修正实际的刀具半径与编程的刀具半径的差异。

47）刀具轨迹进给速度（Tool Path Feed-rate）——刀具上的基准点沿着刀具轨迹相对于工件移动时的速度，其单位通常用每分钟或每转的位移量来表示。

48）固定循环（Fixed Cycle，Canned Cycle）——预先设定的一些操作命令，根据这些操作命令使机床坐标轴运动，主轴工作，从而完成固定的加工动作。例如，钻孔、镗削、攻螺纹以及这些加工的复合动作。

49）子程序（Subprogram）——加工程序的一部分。子程序可由适当的加工控制命令调用而生效。

50）工序单（Planning Sheet）——在编制零件的加工工序前为其准备的零件加工过程表。

51）执行程序（Executive Program）——在 CNC 系统中，建立运行能力的指令集合。

52）倍率（Override）——使操作者在加工期间能够修改速度的编程值（进给率、主轴转速等）的手工控制功能。

53）伺服机构（Servo-Mechanism）——这是一种伺服系统，其中被控量为机械位置或机械位置对时间的导数。

54）误差（Error）——计算值、观察值或实际值与真值、给定值或理论值之差。

55）分辨率（Resolution）——两个相邻的离散量之间可以分辨的最小间隔。

附录 B　CAXA 常用快捷键和键盘命令

CAXA 常用快捷键

快捷键	功能	快捷键	功能
Ctrl+N	新建文件	Ctrl+1	启动基本曲线工具栏
Ctrl+O	打开已有文件	Ctrl+2	启动高级曲线工具栏
Ctrl+P	绘图输出	Ctrl+3	启动曲线编辑工具栏
Ctrl+M	显示/隐藏 主菜单	Ctrl+4	启动工程标注工具栏
Ctrl+B	显示/隐藏标准工具栏	Ctrl+5	启动块操作工具栏
Ctrl+A	显示/隐藏 属性工具栏	Ctrl+6	启动库操作工具栏
Ctrl+U	显示/隐藏 常用工具栏	Ctrl+C	图像复制
Ctrl+D	显示/隐藏 绘图工具栏	Ctrl+V	图形粘贴
Ctrl+R	显示/隐藏 当前绘图工具栏	Ctrl+Z	取消上一步操作
Ctrl+I	显示/隐藏 立即菜单	Ctrl+	恢复上一步操作
Ctrl+T	显示/隐藏 状态栏	Delete	删除
Shift+Delete	图形剪贴	Shift+Esc	退出
F2	切换显示当前坐标/相对移动距离	F3	显示全部
F4	使用参考点	F5	切换坐标系
F6	切换捕捉方式	F8	切换正交

（续）

CAXA 常用键盘命令					
功能	键盘命令	便捷键	功能	键盘命令	便捷键
图层	Ltype		打断		Br
颜色	Color		平移复制		Co
线宽	Wind		删除		E
合并		J	拉伸		S
旋转		Ro	块打散		y
镜像		Mi	查询元素属性		Li
比例缩放		Sc	查询点坐标		Id
阵列		Ar	查询面积		Aa
平移		M	查询两点距离		Di
等距线		O	标注		D
裁剪		Tr	直线		L
过渡		Cn	两点线		Lpp
圆角过渡		F	角度线		La
延伸		Ex	角等分线		Lia
公式曲线		Fomul	切线/法线		Ltn
椭圆		EL	平行线		Ll
矩形		Rect	圆		C
多段线		Pl	圆心+直径		Cir
中心线		Cl	圆弧		Arc
等距线		O	样条线		Spl
剖面线		H	点		Po
填充		Solid	文字		t

附录 C　FANUC 数控系统 G、M 代码功能一览表

代码	意义	格式
G00	快速进给、定位	G00 X—Y— Z—
G01	直线插补	G01 X—Y— Z—
G02	圆弧插补 CW（顺时针）	G02X— Y—　R—
G03	圆弧插补 CCW（逆时针）	G03X— Y—　R—

（续）

代码	意义	格式
G28	回归参考点	G28 G91 X— Y— Z—
G43	刀具长度补偿	G43 H01 G00 Z—
G40	刀具补偿取消	G40
G41	左半径补偿	$\left\{\begin{matrix}G41\\G42\end{matrix}\right\}$ Dnn
G42	右半径补偿	
G80	孔加工取消	G80
G81	定点钻孔循环	G81X— Y— Z— R— F—
G83	啄孔钻循环	G81X— Y— Z— R— Q— F—
G85	镗孔循环	G85X— Y— Z— R— F—
G89	镗孔循环	G85X— Y— Z— R— Q— F—
G98	返回初始平面	
G99	返回 R 平面	
M00	停止程序运行	
M01	选择性停止	
M02	结束程序运行	
M03	主轴正向转动开始	
M04	主轴反向转动开始	
M05	主轴停止转动	
M06	换刀指令	M06 T—
M08	切削液开启	
M09	切削液关闭	
M30	结束程序运行且返回程序开头	
M98	子程序调用	M98Pxxnnnn：调用程序号为 Onnnn 的程序 xx 次

附录 D　常见数控铣削切削用量参考表

（单位：m/min）

工件材料		铸铁		钢及其合金		铝及其合金钢	
刀具材料		高速钢	硬质合金钢	高速钢	硬质合金钢	高速钢	硬质合金钢
铣削	粗铣	10~20	40~60	15~25	50~80	150~200	350~500
	精铣	20~30	60~120	20~40	80~150	200~300	500~800

（续）

工件材料		铸铁		钢及其合金		铝及其合金钢	
刀具材料		高速钢	硬质合金钢	高速钢	硬质合金钢	高速钢	硬质合金钢
镗削	粗镗	20~25	35~50	15~30	50~70	80~150	100~200
	精镗	30~40	60~80	40~50	90~120	150~300	200~400
钻孔		15~25	—	10~20	—	50~70	—
扩孔	通孔	10~15	30~40	10~20	35~60	30~40	—
	不通孔	8~12	25~30	8~11	30~50	20~30	—
铰孔		6~10	30~50	6~20	20~50	50~75	—
攻螺纹		2.5~5	—	1.5~5	—	5~15	—

附录 E　CAXA 常见曲线公式表

曲线类型	典型公式曲线案例
椭圆	$\frac{x^2}{a^2}+\frac{y^2}{b^2}=1(a>b>0)$
双曲线	$x=10\sqrt{1+t^2/169}$ $y=t$
抛物线	$x=0.03t^2$ $y=t$
正弦曲线	$x=2\times\sin(360t/25)$ $y=t$
渐开线	$x=6\times(\cos(t)+t\times\sin(t))$ $y=6\times(\sin(t)-t\times\cos(t))$

参 考 文 献

[1] 顾其俊，卢孔宝. 数控铣床（加工中心）编程与图解操作 [M]. 北京：机械工业出版社，2018.

[2] 北京数码大方科技股份有限公司. CAXA 制造工程师 2016 用户指南 [Z].

[3] 刘玉春. CAXA 制造工程师 2016 项目案例教程 [M]. 北京：化学工业出版社，2019.